程　杰 曹辛华 王　强 主编

中国花卉审美文化研究丛书

02

梅　文　化　论　集

程　杰　程宇静　胥树婷 著

北京燕山出版社

图书在版编目（CIP）数据

梅文化论集 / 程杰，程宇静，胥树婷著. -- 北京：北京燕山出版社，2018.3

ISBN 978-7-5402-5114-7

Ⅰ. ①梅… Ⅱ. ①程… ②程… ③胥… Ⅲ. ①梅－审美文化－研究－中国②中国文学－文学研究 Ⅳ. ① S662.4-092 ② B83-092 ③ I206

中国版本图书馆 CIP 数据核字 (2018) 第 087839 号

梅文化论集

作　　者：程　杰　程宇静　胥树婷
责任编辑：李　涛
封面设计：王　尧
出版发行：北京燕山出版社
社　　址：北京市丰台区东铁营苇子坑路 138 号
邮　　编：100079
电话传真：86-10-63587071（总编室）
印　　刷：北京虎彩文化传播有限公司
开　　本：787×1092　1/16
字　　数：366 千字
印　　张：32
版　　次：2019 年 3 月第 1 版
印　　次：2019 年 3 月第 1 次印刷
ISBN 978-7-5402-5114-7
定　　价：800.00 元

内容简介

本论集为《中国花卉审美文化研究丛书》之第2种。收录论文21篇，主要探讨梅文化诸多方面的情况，包括文化的基本状况，宋代梅品种、梅花象征生成的原因、梅花审美认识的发展，梅花题材音乐、绘画与生活艺术，林逋孤山植梅事迹，梅子的社会应用与文化意义，“青梅煮酒”事实和语义演变以及梅为中国国花等问题，从不同方面展示了我国梅文化的丰富历史和深厚传统。

作者简介

程杰，1959 年 3 月生，江苏泰兴人，文学博士，现为南京师范大学文学院教授、博士生导师。著有《北宋诗文革新研究》《宋代咏梅文学研究》《梅文化论丛》《中国梅花审美文化研究》《中国梅花名胜考》《梅谱》（编辑校注）等。

程宇静，1978 年 1 月生，河北石家庄人，文学博士。现为河北传媒学院国际传播学院教师。著有《欧阳修遗迹研究》，并发表《论“文宗”的内涵演变和文学史意义》《扬州平山堂历史兴废考述》等多篇学术论文。

胥树婷，1989 年 7 月生，安徽滁州人，文学硕士。现为南京师范大学附属中学仙林学校教师。主要从事唐宋文学与文化研究。发表硕士学位论文《论纸帐、纸衣、纸被——生活应用、文学书写和文化意义的阐释》。

《中国花卉审美文化研究丛书》前言

所谓“花卉”，在园艺学界有广义、狭义之分。狭义只指具有观赏价值的草本植物；广义则是草本、木本兼而言之，指所有观赏植物。其实所谓狭义只在特殊情况下存在，通行的都应为广义概念。我国植物观赏资源以木本居多，这一广义概念古人多称“花木”，明清以来由于绘画中花卉册页流行，“花卉”一词出现渐多，逐步成为观赏植物的通称。

我们这里的“花卉”概念较之广义更有拓展。一般所谓广义的花卉实际仍属观赏园艺的范畴，主要指具有观赏价值，用于各类园林及室内室外各种生活场合配置和装饰，以改善或美化环境的植物。而更为广义的概念是指所有植物，无论自然生长或人类种植，低等或高等，有花或无花，陆生或海产，也无论人们实际喜爱与否，但凡引起人们观看，引发情感反应，即有史以来一切与人类精神活动有关的植物都在其列。从外延上说，包括人类社会感受到的所有植物，但又非指植物世界的全部内容。我们称其为“花卉”或“花卉植物”，意在对其内涵有所限定，表明我们所关注的主要是植物的形状、色彩、气味、姿态、习性等方面的形象资源或审美价值，而不是其经济资源或实用价值。当然，两者之间又不是截然无关的，植物的经济价值及其社会应用又经常对人们相应的形象感受产生影响。

“审美文化”是现代新兴的概念，相关的定义有着不同领域的偏倚和形形色色理论主张的不同价值定位。我们这里所说的“审美文化”不具有这些现代色彩，而是泛指人类精神现象中一切具有审美性的内容，或者是具有审美性的所有人类文化活动及其成果。文化是外延，至大无外，而审美是内涵，表明性质有限。美是人的本质力量的感性显现，性质上是感性的、体验的，相对于理性、科学的“真”而言；价值上则是理想的、超功利的，相对于各种物质利益和社会功利的“善”而言。正是这一内涵规定，使“审美文化”与一般的“文化”概念不同，对植物的经济价值和人类对植物的科学认识、技术作用及其相关的社会应用等“物质文明”方面的内容并不着意，主要关注的是植物形象引发的情绪感受、心灵体验和精神想象等“精神文明”内容。

将两者结合起来，所谓“花卉审美文化”的指称就比较明确。从“审美文化”的立场看“花卉”，花卉植物的食用、药用、材用以及其他经济资源价值都不必关注，而主要考虑的是以下三个层面的形象资源：

一是“植物”，即整个植物层面，包括所有植物的形象，无论是天然野生的还是人类栽培的。植物是地球重要的生命形态，是人类所依赖的最主要的生物资源。其再生性、多样性、独特的光能转换性与自养性，带给人类安全、亲切、轻松和美好的感受。不同品种的植物与人类的关系或直接或间接，或悠久或短暂，或亲切或疏远，或互益或相害，从而引起人们或重视或鄙视，或敬仰或畏惧，或喜爱或厌恶的情感反应。所谓花卉植物的审美文化关注的正是这些植物形象所引起的心理感受、精神体验和人文意义。

二是“花卉”，即前言园艺界所谓的观赏植物。由于人类与植物尤其是高等植物之间与生俱来的生态联系，人类对植物形象的审美意识可以说是自然的或本能的。随着人类社会生产力的不断提高和社会财富的不断积累，人类对植物有了更多优越的、超功利的感觉，对其物色形象的欣赏需求越来越明确，相应的感受、认识和想象越来越丰富。世界各民族对于植物尤其是花卉的欣赏爱好是普遍的、共同的，都有悠久、深厚的历史文化传统，并且逐步形成了各具特色、不断繁荣发展的观赏园艺体系和欣赏文化体系。这是花卉审美文化现象中最主要的部分。

三是“花”，即观花植物，包括可资观赏的各类植物花朵。这其实只是上述“花卉”世界中的一部分，但在整个生物和人类生活史上，却是最为生动、闪亮的环节。开花植物、种子植物的出现是生物进化史的一大盛事，使植物与动物间建立起一种全新的关系。花的一切都是以诱惑为目的的，花的气味、色彩和形状及其对果实的预示，都是为动物而设置的，包括人类在内的动物对于植物的花朵有着各种各样本能的喜爱。正如达尔文所说：“花是自然界最美丽的产物，它们与绿叶相映而惹起注目，同时也使它们显得美观，因此它们就可以容易地被昆虫看到。”可以说，花是人类关于美最原始、最简明、最强烈、最经典的感受和定义，几乎在世界所有语言中，花都代表着美丽、精华、春天、青春和快乐。相应的感受和情趣是人类精神文明发展中一个本能的精神元素、共同的文化基因；相应的社会现象和文化意义是极为普遍和永恒的，也是繁盛和深厚的。这是花卉审美文化中最典型、最神奇、最优美的天然资源和生活景观，值得特别重视。

再从“花卉”角度看“审美文化”，与“花卉”相关的“审美文化”则又可以分为三个形态或层面：

一是“自然物色”，指自然生长和人类种植形成的各类植物形象、风景及其人们的观赏认识。既包括植物生长的各类单株、丛群，也包括大面积的草原、森林和农田庄稼；既包括天然生长的奇花异草，也包括园艺培植的各类植物景观。它们都是由植物实体组成的自然和人工景观，无论是天然资源的发现和认识，还是人类相应的种植活动、观赏情趣，都体现着人类社会生活和人的本质力量不断进步、发展的步伐，是“花卉审美文化”中最为鲜明集中、直观生动的部分。因其侧重于植物实体，我们称作“花卉审美文化”中的“自然美”内容。

二是“社会生活”，指人类社会的园林环境、政治宗教、民俗习惯等各类生活中对花卉实物资源的实际应用，包含着对生物形象资源的环境利用、观赏装饰、仪式应用、符号象征、情感表达等多种生活需求、社会功能和文化情结，是“花卉”形象资源无处不在的审美渗透和社会反应，是“花卉审美文化”中最为实际、普遍和复杂的现象。它们可以说是“花卉审美文化”中的“社会美”或“生活美”内容。

三是“艺术创作”，指以花卉植物为题材和主题的各类文艺创作和所有话语活动，包括文学、音乐、绘画、摄影、雕塑等语言、图像和符号话语乃至于日常语言中对花卉植物及其相应人类情感的各类描写与诉说。这是脱离具体植物实体，指用虚拟的、想象的、象征的、符号化植物形象，包含着更多心理想象、艺术创造和话语符号的活动及成果，统称“花卉审美文化”中的“艺术美”内容。

我们所说的“花卉审美文化”是上述人类主体、生物客体六个层面的有机构成，是一种立体有机、丰富复杂的社会历史文化体系，包含着自然资源、生物机体与人类社会生活、精神活动等广泛方面有机交融的历史文化图景。因此，相关研究无疑是一个跨学科、综合性的工作，需要生物学、园艺学、地理学、历史学、社会学、经济学、美学、文学、艺术学、文化学等众多学科的积极参与。遗憾的是，近数十年相关的正面研究多只局限在园艺、园林等科技专业，着力的主要是园艺园林技术的研发，视角是较为单一和孤立的。相对而言，来自社会、人文学科的专业关注不多，虽然也有偶然的、零星的个案或专题涉及，但远没有足够的重视，更没有专门的、用心的投入，也就缺乏全面、系统、深入的研究成果，相关的认识不免零散和薄弱。这种多科技少人文的研究格局，海内海外大致相同。

我国幅员辽阔、气候多样、地貌复杂，花卉植物资源极为丰富，有“世界园林之母”的美誉，也有着悠久、深厚的观赏园艺传统。我国又是一个文明古国和世界人口、传统农业大国，有着辉煌的历史文化。这些都决定我国的花卉审美文化有着无比辉煌的历史和深厚博大的传统。植物资源较之其他生物资源有更强烈的地域性，我国花卉资源具有温带季风气候主导的东亚大陆鲜明的地域特色。我国传统农耕社会和宗法伦理为核心的历史文化形态引发人们对花卉植物有着独特的审美倾向和文化情趣，形成花卉审美文化鲜明的民族特色。我国花卉审美文化是我国历史文化的有机组成部分，是我国文化传统最为优美、生动的载体，是深入解读我国传统文化的独特视角。而花卉植物又是丰富、生动的生物资源，带给人们生生不息、与时俱新的感官体验和精神享受，相应的社会文化活动是永恒的“现在进行时”，其丰富的历史经验、人文情趣有着直接的现实借鉴和融入意义。正是基于这些历史信念、学术经验和现实感受，我们认为，对中国花卉审美文化的研究不仅是一项十分重要的文化任务，而且是一个前景广阔的学术课题，需要众多学科尤其是社会、人文学科的积极参与和大力投入。

我们团队从事这项工作是从1998年开始的。最初是我本人对宋代咏梅文学的探讨，后来发现这远不是一个咏物题材的问题，也不是一个时代文化符号的问题，而是一个关乎民族经典文化象征酝酿、发展历程的大课题。于是由文学而绘画、音乐等逐步展开，陆续完成了《宋代咏梅文学研究》《梅文化论丛》《中国梅花审美文化研究》《中国梅花名胜考》《梅谱》（校注）等论著，对我国深厚的梅文化进行了较为全面、系统的阐发。从1999年开始，我指导研究生从事类似的花卉审美文化专题研究，俞香顺、石志鸟、渠红岩、张荣东、王三毛、王颖等相继完成了荷、杨柳、桃、菊、竹、松柏等专题的博士学位论文，丁小兵、董丽娜、朱明明、张俊峰、雷铭等20多位学生相继完成了杏花、桂花、水仙、蘋、梨花、海棠、蓬蒿、山茶、芍药、牡丹、芭蕉、荔枝、石榴、芦苇、花朝、落花、蔬菜等专题的硕士学位论文。他们都以此获得相应的学位，在学位论文完成前后，也都发表了不少相关的单篇论文。与此同时，博士生纪永贵从民俗文化的角度，任群从宋代文学的角度参与和支持这项工作，也发表了一些花卉植物文学和文化方面的论文。俞香顺在博士论文之外，发表了不少梧桐和唐代文学、《红楼梦》花卉意象方面的论著。我与王三毛合作点校了古代大型花卉专题类书《全芳备祖》，并正继续从事该书的全面校正工作。目前在读的博士生张晓蕾及硕士生高尚杰、王珏等也都选择花卉植物作为学位论文选题。

以往我们所做的主要是花卉个案的专题研究，这方面的工作仍有许多空白等待填补。而如宗教用花、花事民俗、民间花市，不同品类植物景观的欣赏认识、各时期各地区花卉植物审美文化的不同历史情景，以及我国花卉审美文化的自然基础、历史背景、形态结构、发展规律、民族特色、人文意义、国际交流等中观、宏观问题的研究，花卉植物文献的调查整理等更是涉及无多，这些都有待今后逐步展开，不断深入。

“阴阴曲径人稀到，一一名花手自栽”（陆游诗），我们在这一领域寂寞耕耘已近20年了。也许我们每一个人的实际工作及所获都十分有限，但如此络绎走来，随心点检，也踏出一路足迹，种得半畦芬芳。2005年，四川巴蜀书社为我们专辟《中国花卉审美文化研究书系》，陆续出版了我们的荷花、梅花、杨柳、菊花和杏花审美文化研究五种，引起了一定的社会关注。此番由同事曹辛华教授热情倡议、积极联系，北京采薇阁文化公司王强先生鼎力相助，继续操作这一主题学术成果的出版工作。除已经出版的五种和另行单独出版的桃花专题外，我们将其余所有花卉植物主题的学位论文和散见的各类论著一并汇集整理，编为20种，统称《中国花卉审美文化研究丛书》，分别是：

1.《中国牡丹审美文化研究》（付梅）；

2.《梅文化论集》（程杰、程宇静、胥树婷）；

3.《梅文学论集》（程杰）；

4.《杏花文学与文化研究》（纪永贵、丁小兵）；

5.《桃文化论集》（渠红岩）；

6.《水仙、梨花、茉莉文学与文化研究》（朱明明、雷铭、程杰、程宇静、任群、王珏）；

7.《芍药、海棠、茶花文学与文化研究》（王功绢、赵云双、孙培华、付振华）；

8.《芭蕉、石榴文学与文化研究》（徐波、郭慧珍）；

9.《兰、桂、菊的文化研究》（张晓蕾、张荣东、董丽娜）；

10.《花朝节与落花意象的文学研究》（凌帆、周正悦）；

11.《花卉植物的实用情景与文学书写》（胥树婷、王存恒、钟晓璐）；

12.《〈红楼梦〉花卉文化及其他》（俞香顺）；

13.《古代竹文化研究》（王三毛）；

14.《古代文学竹意象研究》（王三毛）；

15.《蘋、蓬蒿、芦苇等草类文学意象研究》（张俊峰、张余、李倩、高尚杰、姚梅）；

16.《槐桑樟枫民俗与文化研究》（纪永贵）；

17.《松柏、杨柳文学与文化论丛》（石志鸟、王颖））；

18.《中国梧桐审美文化研究》（俞香顺）；

19.《唐宋植物文学与文化研究》（石润宏、陈星）；

20.《岭南植物文学与文化研究》（陈灿彬、赵军伟）。

我们如此刈禾聚把，集中摊晒，敛物自是快心，乱花或能迷眼，想必读者诸君总能从中发现自己喜欢的一枝一叶。希望我们的系列成果能为花卉植物文化的学术研究事业增薪助火，为全社会的花卉文化活动加油添彩。

程　杰

2018年5月10日

于南京师范大学随园

序 言

这里收集的主要是本人梅文化方面的单篇论文。为了增加内容的覆盖面，也撷取了本人校注《梅谱》一书中宋人张镃《梅品》、赵孟坚《梅谱》、元人吴太素《松斋梅谱》三部分的重要内容。张镃《梅品》是文人品梅的风雅条例，属于赏梅方法的简明指导，具有经典意义和现实参考价值。赵孟坚《梅谱》是关于绘画的两首诗歌，主要宣扬盛行南宋画坛的一个墨梅画派，赵孟坚将其称作“逃禅宗派”。逃禅是南宋初年江西画家扬补之的号，他开创圈花写梅法，有不少江西画家追随其后，传效其法，奠定了传统墨梅技法的基本体系，影响极其深远。我们的注释就这一流派的人员和画法进行了详细考证，这对南宋墨梅画风演进和相关花鸟画发展史的认识应有裨益，所以不惮重复，再揭于此。《松斋梅谱》是一部画梅图谱，在我国失传已久，我们据日本藏抄本进行整理，这里的评介就相关情况详细介绍，有助于对这一画谱珍籍的了解。

这里还收录了程宇静、胥树婷女士与我合作或独立撰作的两篇论文，程宇静女士执笔的《论中国梅文化》本属园艺教材的一个章节，对梅文化的发展历史、精神传统和现代状况都有简明扼要的论述。胥树婷女士《梅花纸帐的文学意趣》讨论的情景十分有趣，是梅文化中的日常生活内容，也是古人艺术化生活的典型事例，值得我们重视。两位女士还帮助我对全部文字进行了仔细修订，补罅纠误，改观良多，谨志感谢。缀数语，聊为序。

程　杰

2018年5月21日

目　录

论中国梅文化

梅，拉丁学名 Prunus mume，是蔷薇科李属梅亚属的落叶乔木，有时也单指其果（梅子、青梅）或花（梅花）。今通行英译为 plum，西方人最初见梅，不知其名，以为是李，且认为来自日本，故称 Japanese plum（日本李），我国梅花园艺学大师陈俊愉先生主张以汉语拼音译作 mei[①]。梅原产于我国，东南亚的缅甸、越南等地也有自然分布，朝鲜、日本等东亚国家最早引种，近代以来逐步传至欧洲、大洋洲、美洲等地。树高一般 5 ～ 6 米，也可达 10 米。树冠开展，树干褐紫色或淡灰色，多纵驳纹。小枝细长，枝端尖，绿色，无毛。单叶互生，常早落，叶宽卵形或卵形，先端渐尖或尾尖，基部阔楔形，边缘有细密锯齿，背面色较浅。花单生或 2 朵簇生，先叶开放，白色或淡红色，也有少数品种红色或黄色，直径 2 ～ 2.5 厘米，单瓣或多瓣（千叶）。核果近球形，两边扁，有纵沟，直径 2 ～ 3 厘米，绿色至黄色，有短柔毛。每年的公历 12 月中旬至来年的 4 月，岭南、江南、淮南、北方的梅花渐次开放，江南地区一般在 2 月至 3 月中旬，果期在 5 ～ 6 月间。

梅在我国至少有 7000 年的利用历史。梅花花期特早，被誉为“花魁”“百花头上”“东风第一”“五福”之花，深受广大人民的喜爱。其

① 如陈俊愉先生所译宋人林逋《山园小梅》诗，诗题即译作 Delicate Mei Flowers at The Hill Garden，见其主编《中国梅花品种图志》卷首，中国林业出版社 2010 年版。

清淡幽雅的形象、高雅超逸的气质尤得士大夫文人的欣赏和推重，引发了丰富多彩的文化活动，被赋予崇高的道德品格象征意义，产生了广泛的社会影响，形成了深厚的文化积淀，在我国观赏花卉中地位非常突出，值得我们特别重视。

图 01　梅，古人又写作槑、楳，又称藔（lǎo）。梅原产于我国，为蔷薇科李属植物，花朵五瓣，以花期早、洁白幽香著称，果实称为梅子。图片引自高明乾主编《植物古汉名图考》（本论集插图均为此次出版新增。以下凡从网络引用图片，除查实作者或明确网站外，余均只称“网友提供”。因本论集为学术论著，所有图片均为学术引用，非营利性质，所以不支付任何报酬，敬祈谅解。对图片的摄者、作者和提供者致以最诚挚的敬意和谢意）。

一、梅文化的历史发展

先秦是梅文化的发轫期。据考古发现及先秦文献，我国先民对梅的开发利用历史最早可以追溯到六七千年前的新石器时代[①]。这一时期梅的分布远较今天广泛，黄河流域约当今陕西、河南、山东一线，都应有梅的生长。上古先民主要是采集和食用梅实，又将梅实作为调味品，烹制鱼、肉[②]。出土文物中，商、周以来铜鼎、陶罐中梅与兽骨、鱼肉同在[③]，就是有力的证明。相应地，这一时期的文献记载也表现出对果实的关注。《尚书·说命》“若作和羹，尔惟盐、梅”，是以烹饪作比方，称宰相的作用好比烹调肉汤用的盐和梅（功能

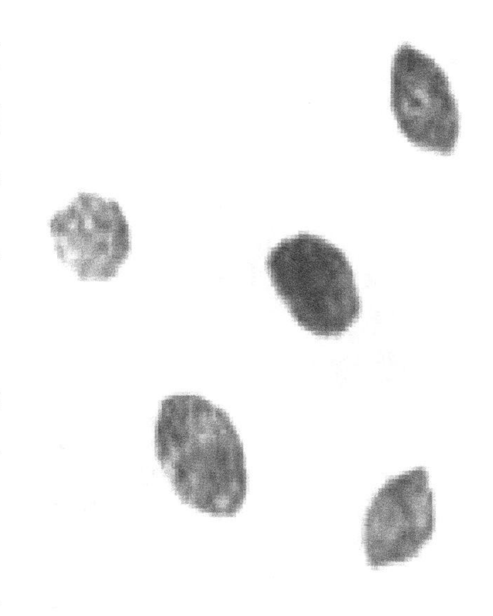

图 02　梅核。江苏铜山龟山二号西汉崖洞墓第九室水井中出土（南京博物院、铜山县文化馆《铜山龟山二号西汉崖洞墓》，《考古学报》1985 年第 1 期）。

① 1979 年，河南裴李岗遗址发现果核，距今约 7000 年，见中国社科院考古所河南一队《1979 年裴李岗遗址发掘报告》，《考古学报》1984 年第 1 期。

② 《礼记·内则》：“脍，春用葱，秋用芥。豚，春用韭，秋用蓼。脂用葱，膏用薤，三牲用藙，和用醯（xī），兽用梅。”这是一组烹调原料单，因时节、原料不同，调料也各有所宜，其中梅主要用来烹调兽肉。

③ 陕西考古研究所《高家堡戈国墓》，三秦出版社 1995 年版，第 50、62、102、135 页。

如醋），能中和协调各方，形成同心同德、和衷共济的社会氛围。《诗经》“摽有梅，其实七兮。求我庶士，迨其吉兮”，是说树上的梅子已经成熟，不断掉落，数量越来越少，求婚的男士要抓紧行动，不要错过时机。人类对物质的认识总是从实用价值开始的，梅的花朵花色较为细小平淡，先秦时人们尚未注意，这两个掌故寓意不同，却都是着眼于梅的果实，代表了梅文化最初的特点，我们称作梅文化的“果实实用期”。

图 03 ［隋］展子虔《游春图》。唐人摹本，绢本设色，纵 43 厘米，横 80.5 厘米，故宫博物院藏。此图湖水两岸、山庄周围点缀白花者当为梅树，是今天所见最早的梅花图像（朱家溍主编《国宝》，商务印书馆香港分馆 1983 年版，第 66 ～ 67 页）。

汉、魏晋、南北朝、隋唐时期，是梅文化发展的第二阶段。与先秦时期只说果实不同，人们开始注意到梅的花朵，欣赏梅的花色花香，欣赏早春花树盛开的景象，相应的观赏活动和文化创作也逐步展开，我们称之为梅文化的“花色欣赏期”。南宋杨万里《洮（tāo）湖和梅诗序》有一段著名的论述，说梅之起源较早，先秦即已知名，但“以滋不以象，以实不以华”，到南北朝始“以花闻天下”[①]，说的就是梅文化发展史上这一划时代的转折。其实，《西京杂记》记载，早在汉初修上林苑时，远方所献名果异树即有朱梅、紫叶梅、紫华梅、丽枝梅等七种。刘向《说苑》卷一二记载“越使诸发执一枝梅遗梁王”，可见春秋末期至战国中期越国已经把梅花作为国礼赠送。但这些记载未必十分可靠，所说也是一种偶然、零星现象。西汉扬雄《蜀都赋》、东汉张衡《南都赋》都写到城市行道植梅，人们所着意的仍主要是果树，并非花色。梅花引起广泛注意是从魏晋开始的。

魏晋以来，梅花开始在京都园林、文人居所明确栽培。西晋潘岳《闲居赋》：“爰定我居，筑室穿池……梅杏郁棣之属，繁荣丽藻之饰，华实照烂，言所不能极也。”[②]东晋陶渊明《蜡日》诗：“梅柳夹门植，一条有佳花。”[③]居处都植有梅树，并有明确的观赏之意。南北朝更为明显，梅花成了人们比较喜爱的植物，观赏之风逐步兴起。乐府横吹曲《梅花落》开始流行，诗歌、辞赋中专题咏梅作品开始出现。如梁简文帝萧纲《梅花赋》“层城之宫，灵苑之中。奇木万品，庶草千丛……梅花特早，偏能识春……乍开花而傍巘，或含影而临池。向玉阶而结采，拂网户而低枝”[④]，铺陈当时皇家园林广泛种植梅树的情景。东晋谢安修建宫殿，在梁上画梅花表示祥瑞。诗人陆凯寄梅一枝给长安友人，

① 杨万里《洮湖和梅诗序》，《诚斋集》卷七九，《四部丛刊初编》本。“滋”，滋味，指《尚书》所说“盐梅和羹”之事；“象”，指形象，指梅花的观赏价值；“实”，果实；“华”，即花；“闻”，闻名。

② 萧统《文选》卷一六，《影印文渊阁四库全书》本。

③ 陶渊明《陶渊明集》卷三，《影印文渊阁四库全书》本。

④ 张溥《汉魏六朝百三家集》卷八二上，《影印文渊阁四库全书》本。

图04　［宋］马远《岁寒三友图》。立轴，绢本设色，纵173厘米，横83厘米。题识：“缬朵铺枝雪未消，一般寒意各飘萧。竹梅解道同为友，可任孤松独后凋。”宋代，梅花的人格象征意义进一步深化，与松、竹并称“岁寒三友”。

“江南无所有，聊赠一枝春”，以梅传情，遥相慰问。每当花期，妇女们都喜欢折梅妆饰。相传南朝宋武帝公主在宫檐下午休，有梅花落额上，拂之不去，后人效作“梅花妆”。这些都表明，人们对梅花的欣赏热情高涨。隋唐沿此发展，梅花在园林栽培中更为普遍，无论是园林种植、观赏游览，还是诗歌创作都愈益活跃。中唐以来，梅花开始出现在花鸟画中，显示了装饰、欣赏意识的进一步发展。

宋、元、明、清是梅文化发展的第三阶段。与前一阶段不同的是，人们对梅花的欣赏并不仅仅停留在花色、花香这些外在形象的欣赏，而是开始深入把握其个性特色，发现其品格神韵。甚至人们并不只是一般的喜爱、观赏，而是赋予其崇高的品德、情趣象征意义，视作人格的“图腾”、性情的偶像、心灵的归宿。梅花与松、竹、兰、菊等一起，成了我们民族性格和传统文化精神的经典象征和“写意”符号。正是考虑这些审美认识和文化情趣上的新内容，我们将这一阶段称之为梅文化的“文化象征期”[①]。

开创这一新兴趋势的是宋真宗朝文人林逋（968—1028）。他性格高洁，隐居西湖孤山数十年，足迹不入城市，种梅放鹤为伴，人称“梅妻鹤子”。他有《山园小梅》等咏梅八首，以隐者的心志、情趣去感觉、观照和描写梅花，其中“疏影横斜水清浅，暗香浮动月黄昏”等名句，抉发梅花“暗香”“疏影”的独特形象和闲静、疏淡、幽逸的高雅气格，形神兼备，韵味十足，寄托着山林隐逸之士幽闲高洁、超凡脱俗的人格精神。稍后苏轼特别强调“梅格”，其宦海漂泊中的咏梅之作多以

① 关于我国花卉文化发展分为经济实用、花色审美和文化象征三大阶段的详细情况，请参阅程杰《论中国花卉文化的繁荣状况、发展进程、历史背景和民族特色》，载《阅江学刊》2014年第1期。有关中国花文化的发展历程，请参阅周武忠等《花与中国文化》相关部分，农业出版社1999年版。

林下幽逸的“美人”作比拟，所谓“月下缟衣来扣门”“玉雪为骨冰为魂”[①]，进一步凸显了梅花高洁、幽峭而超逸的品格特征。这一由林逋开始，由清新素洁到幽雅高逸、由物色欣赏到品格寄托的转变，是梅花审美认识史上质的飞跃，有着划时代的意义，从此梅花的地位急剧飙升。

南宋可以说是梅文化的全面繁荣阶段。京师南迁杭州后，全社会艺梅爱梅成风，不仅皇家、贵族园林有专题梅花园景，一般士人舍前屋后、院角篱边三三两两的孤株零植更是普遍，加之山区、平原乡村丰富的野生资源，使梅花成了江南地区最常见的花卉风景，也逐步上升为全社会的最爱，“騃女痴儿总爱梅，道人衲子亦争栽”[②]，“便佣儿贩妇，也知怜惜”[③]。梅花被推为群芳之首、花品至尊，“秾华敢争先，独立傲冰雪。故当首群芳，香色两奇绝”[④]，“梅，天下尤物，无问智贤愚不肖，莫敢有异议。学圃之士，必先种梅，且不厌多，他花有无多少，皆不系重轻”[⑤]。在咏梅文学热潮中，梅花的人格象征意义进一步深化，不仅是以高雅的“美人”作比喻，而且是以“高士”和有气节、有风骨的“君子”来比拟，梅花成了众美毕具、至高无上的象征形象，奠定了在中国文化中的崇高地位。与思想认识相表里，

---

① 苏轼《十一月二十六日松风亭下梅花盛开》《再用前韵》，王文诰辑注，孔凡礼点校《苏轼诗集》卷三八，中华书局 1982 年版。

② 杨万里《走笔和张功父玉照堂十绝句》其三，《诚斋集》卷二一。

③ 吕胜己《满江红》，唐圭璋编《全宋词》，中华书局 1965 年版，第 3 册，第 1759 页。（以下各论文《全宋词》皆不再注版本信息，只注册数与页码。）

④ 程俱《山居·梅谷》，北京大学古文献研究所编《全宋诗》，北京大学出版社 1991 ～ 1998 年版，第 25 册，第 16304 页。（以下各论文《全宋诗》皆不再注编者和版本信息，只注册数与页码。）

⑤ 范成大《范村梅谱》，《影印文渊阁四库全书》本。

相应的文化活动也进入鼎盛状态，体现在园艺、文学、绘画、日常生活等许多领域，奠定了中华民族梅文化发展的基本方式和情趣。

元代处于两宋梅文化高潮的延长线上。以宋朝故都杭州为中心的江南地区延续了崇尚梅花的风潮，随着大一统局面的巩固，梅花被引种到了元大都即今北京地区，改变了燕地自古无梅的格局。梅花品格象征中气节意识进一步加强，理学思想进一步渗透，梅花被更多地与《易经》、太极、太极图、阴阳八卦等理论学说联系在一起。明清两代是高潮后的凝定期，主要表现为对传统的继承和发扬。梅花的栽培区域仍以江南为重心并进一步拓展，新的野生梅资源不断发现，梅花成了广泛分布的园艺品种，随着社会人口的增加，梅的规模种植增加，产生了不少连绵十里的梅海景观。文学艺术中的梅花题材创作依然普遍，尤其是绘画中，梅花作为“四君子”之一广受青睐。以琴曲《梅花三弄》为代表的音乐亦广泛流行。许多学术领域对梅花的专业阐说和理论总结成果迭出，普通民众对梅花的喜爱不断增强和提高，红梅报春、梅开夺魁、古梅表寿等吉祥寓意大行其道，成了各类装饰工艺中最常见的图案。这些都进一步显示了梅文化的普及和繁荣。

二、梅文化的丰富表现

梅是我国的原生植物，花果兼用，资源价值显著。我国对梅的开发利用历史极其悠久，梅在我国的自然和栽培分布十分广泛。梅是我国重要的果树品种，梅实的经济价值显著，广受社会各界关注。梅花的观赏价值更是深得民众的喜爱和推崇，士大夫欣赏它的幽雅、疏淡和清峭，普通民众则喜欢它的清新、欢欣与吉祥。从物质和精神两方面看，梅在我国有着极为广泛的社会基础，广泛的利用、普遍的爱好反映到文学、音乐、绘画、工艺、宗教、民俗、园林等领域，呈现出丰富多彩、灿烂辉煌的繁荣景象。

（一）梅在我国的分布

梅在我国的分布比较广泛，我国陕西、四川、河南、湖北、湖南、江苏、上海等地出土的新石器时代至战国时期的遗址、墓穴中都曾有梅核发现，说明这些地区都有梅的分布[①]。《山海经·中山经》："灵山……其木多桃、李、梅、杏。"灵山当今大别山脉东北支脉。《诗经》召南、秦风、陈风、曹风中都提到梅，说明今陕西、湖北、河南、山东等地当时都有梅。魏晋时流行的乐府《梅花落》属胡羌音乐，起于北方地区。北魏《齐民要术》把"种梅杏"列为重要的农业项目，记载了一些梅子制作的方法。初唐诗人王绩是"初唐四杰"王勃的叔祖，绛州龙门（今山西河津）人，在诗中多次回忆老家的梅花[②]。中唐王建曾有诗写到塞上梅花[③]。晚唐李商隐诗曾写及今陕西凤翔一带梅花[④]。至于京、洛一线，杜甫《立春》"春日春盘细生菜，忽忆两京梅发时"[⑤]，李端《送客东归》"昨夜东风吹尽雪，两京路上梅花发"[⑥]，说明当时长安、洛

---

① 程杰《中国梅花审美文化研究》，巴蜀书社 2008 年版，第 3 ～ 6 页。

② 王绩《在京思故园见乡人问》："旧园今在否，新树也应栽……经移何处竹，别种几株梅。"《薛记室收过庄见寻，率题古意以赠》："忆我少年时，携手游东渠。梅李夹两岸，花枝何扶疏。"《全唐诗》卷三七，《影印文渊阁四库全书》本。（以下《全唐诗》不再注版本信息。）

③ 王建《塞上梅》："天山路傍一株梅，年年花发黄云下。昭君已殁汉使回，前后征人惟系马。"《王司马集》卷二，《影印文渊阁四库全书》本。

④ 李商隐《十一月中旬至扶风界见梅花》，《全唐诗》卷五三九。

⑤ 《全唐诗》卷二二九。

⑥ 《全唐诗》卷二八四。

阳之间早春梅花一路盛开。这些信息都表明，自古以来梅不仅在南方，在我国黄河流域至少是在陕、甘以东的黄河中下游地区，都有着广泛的分布，这种情况至少一直延续到唐朝。

梅花能凌寒开放，但梅树并不耐寒，自然生长一般不能抵御零下15℃以下的低温。宋代以来，随着气温走低，特别是北方地区整体生态环境的不断恶化，梅的自然分布范围较唐以前明显收缩，主要集中在秦岭、淮河以南，尤其是长江以南。北宋仁宗朝苏颂《本草图经》：梅“生汉中川谷，今襄汉、川蜀、江湖、淮岭（引者按：淮河、秦岭）皆有之”[①]。在淮岭、江南、岭南，“山间水滨，荒寒迥绝”[②]之地野梅比较常见，古人作品中经常提到连绵成片的梅景。如南宋吕本中称怀安（今福建闽侯）“夹路梅花三十里”[③]，喻良能也称“怀安道中梅林绵亘十里”[④]，杨万里《自彭田铺至汤田道旁梅花十余里》说今广东顺丰县北境当时有连绵梅林[⑤]，叶适说温州永嘉“上下三塘间，萦带十里余”[⑥]，清人记载黄山浮丘峰下“老梅万树，纠结石罅间，约十里”[⑦]，金陵燕子矶江边有十里梅花[⑧]，都是大规模的野生梅林。20世纪后期，现代科技工作者考察发现，自今西藏东部、四川北部、

---

① 唐慎微《证类本草》卷二三，《四部丛刊初编》本。

② 范成大《范村梅谱》。

③ 吕本中《简范信中钤辖三首》，《东莱诗集》卷一四，《四部丛刊续编》本。

④ 喻良能《雪中赏横枝梅花》诗注，《香山集》卷九，民国《续金华丛书》本，中华书局1961年版。

⑤ 杨万里《诚斋集》卷一七。

⑥ 叶适《中塘梅林，天下之盛也，聊伸鄙述，启好游者》，《叶适集》水心文集卷六。

⑦ 闵麟嗣《黄山志》卷一，清康熙刻本。

⑧ 蔡鋆（réng）《江边》，朱绪曾《国朝金陵诗征》卷九，清光绪十三年（1887）刊本。

图 05 苏州吴中太湖西山之林屋山驾浮阁梅景。梅的自然分布主要集中在长江以南，南宋时太湖西山就有梅景。宋高宗绍兴间李弥大《道隐园记》：“岩观之前大梅十数本，中为亭曰‘驾浮’，可以旷望，将驾浮云而凌虚也。”今为千亩梅海。

陕西南部、湖北、安徽、江苏至东海连线以南地区仍有不少成片野梅存在，这其中“川、滇、藏交界的横断山区是野梅分布的中心”，而山体河谷相对发达的川东、鄂西一带山区，皖东南、赣东北及浙江一带山区，岭南，贵州、赫章、威宁一带和台湾地区都是亚中心，都有一定规模的野生梅林[①]，这种情况应该愈古愈甚。这种丰富的野生资源是我国梅之经济应用和观赏文化发展得天独厚的自然条件，我国梅文化的繁荣发展首先包括同时也归功于这一深厚的自然基础。

① 陈俊愉主编《中国梅花品种图志》，第 20 ～ 21 页。

（二）梅实的社会应用和文化反映

梅文化的发展是从梅之果实应用开始的。梅是我国重要的果树，梅实俗称梅子、青梅、黄梅，是我国较为重要的水果，我国人民至少有7000年开发利用的历史。大致说来，梅的果实有这样几种生长和应用情景值得关注：

1.“盐梅”。指盐和梅，都是重要的调味品，主要用作烹煮鱼肉、兽肉等荤食。在食用醋没有发明之前，梅子是重要的酸味调料，不仅可以加速肉食的熟烂，更重要的是改善滋味，在先秦、两汉一直发挥着重要的烹调价值，并出现了“盐梅和羹”这样比较重要的说法。人们借用这一生活经验表达对朝政协调、政通人和的希望。

2.“摽梅”。即《诗经·摽有梅》，说的是采摘收获梅子的情景。诗人以树上果实的减少来表达时光流逝、婚姻及时的紧迫感。类似的情景，后人多以梅花开落来表达，而这首朴实的民歌以梅子来比兴，对后世产生了深远的影响。“摽梅”成了青年男女尤其是女性婚姻、爱情心理抒写的一个重要典故或符号。

3.黄梅。成熟的梅子呈黄色，故称黄梅。人们对黄梅的深刻印象主要不在果实，而是收获季节的气候。在淮河以南、长江中下游地区，每当这个时候常有数十日连绵阴雨的天气，空气极为潮湿，俗称“梅雨”“黄梅雨”，给人们的生产、生活影响很大。“楝花开后风光好，梅子黄时雨意浓”[①]，“黄梅时节家家雨，青草池塘处处蛙”（宋赵师秀《有约》），“江南四月黄梅雨，人在溟蒙雾霭中”（明钱子正《即事》），“试问闲愁都几许？一川烟草，满城风絮，梅子黄时雨”（宋贺铸《青玉案》），透过这些诗句，不难感受到黄梅季节的绵绵细雨给人们带

① 《全唐诗》卷七九六。

来的深刻印象和情绪变化。黄梅的这一气候标志意义，也可以说是梅实一个有趣的文化风景。

4. 乌梅（图 06）。由成熟的黄梅或未成熟的青梅烟火熏烘而成，色泽乌黑，有生津止渴、敛肺涩肠、驱蛔止泻之功效，是治疗虚热口渴、肺热久咳、久泻久痢等疾病的常用中药。汉张仲景《金匮要略》所载乌梅丸即是一服安蛔止痢的经典方。除药用治人疾病外，也用作酸梅汤一类饮料的原料。明清以来染坊用作染红黄等颜色的媒染剂，需求量比较大，经济价值和社会意义都极为显著。

5. 青梅。本指未成熟的梅子，古今都有以此统称所有梅之果实乃至整个梅果产业的现象。青梅是食品也是一道风景，文化意义比较丰富。青梅以味酸著称，《淮南子》记汉时有“百梅足以为百人酸，一梅不足为一人和”[①]之语，是说多能济少，少则不易成事的道理，《世说新语》所载曹操军队“望梅止渴”之事更是广为人知，都是与青梅酸味相关的典故。文学中，食梅成了人们形容内心酸苦的一个常用比喻，如鲍照《代东门行》“食梅常苦酸，衣葛常苦寒。丝竹徒满座，忧人不解颜”，白居易《生离别》“食檗（引者按：黄檗，也作黄柏，树皮入药，味较苦）不易食梅难，檗能苦兮梅能酸。未如生别之为难，苦在心兮酸在肝”。梅之果实圆小玲珑，未成熟时青翠碧绿，古人说“青梅如豆”、如“翠丸”，都较形象，讨人喜爱，尤得少年儿童之欢心。古人诗词中描写较多的是儿童采摘戏嬉之景，“儿时摘青梅，叶底寻弹丸。所恨襟袖窄，不惮颊舌穿。”（宋赵汝腾《食梅》）李白诗中所说“郎骑竹马来，绕床弄青梅”，也是此类儿童游戏。晚唐韩偓“中庭

① 刘安撰、许慎注《淮南鸿烈解》卷一七，《四部丛刊初编》本。此语下句，《艺文类聚》卷八六作“一梅不足为一人之酸”。

图 06　乌梅（网友提供）。由成熟的黄梅或未成熟的青梅烟火薰烘而成，有生津止渴之功效，是治疗久泻久痢等疾病的常用中药。

自摘青梅子，先向钗头戴一双”（《中庭》），李清照“和羞走，倚门回首，却把青梅嗅”（《点绛唇》）的诗句，写少女把弄青梅的顽皮、娇羞姿态，美妙动人，给人深刻印象。梅实较酸，多制乌梅、糖梅应用，但也有一些品种可以鲜食，如宋人所说消梅，“圆小松脆，多液无滓”，“惟堪青啖”[1]，即属纯粹的鲜食品种。人们也发明了以白盐、糖霜伴

① 范成大《范村梅谱》。

食的方法。生活中最常见的情景则是青梅佐酒，南朝鲍照诗中即有“忆昔好饮酒，素盘进青梅”（《代挽歌》）的诗句，宋人所说“青梅煮酒”是两种春日初夏风味之物，饮新开煮酒，啖新鲜青梅，相佐取欢，情趣盎然。[①]这本属生活常景，而文人引为雅趣，英雄以舒豪情，便具有了丰富的人文意味，产生了广泛的影响[②]。

青梅与桃、杏、梨等水果不同，青、熟均可采摘收获，然后以烘、晒、腌等法加工，利于保存和运输，因而可以大规模经济种植，正因此，古代经常出现一些大规模种植的梅产区，形成梅花连绵如海的景观，如苏州香雪海、杭州西溪、湖州栖贤、桐庐九里洲、广州萝岗、杭州超山等地历史上都或长或短地出现这种情况，给人们的梅花游赏提供了丰富的资源[③]。

（三）咏梅文学

有关梅花的描写和赞美以文学领域内容最为丰富，成就最大。汉魏以来诗赋中开始写及梅花，南朝以来，专题咏梅诗赋开始出现，何逊《咏早梅》“兔园标物序，惊时最是梅。衔霜当路发，映雪拟寒开。枝横却月观，花绕凌风台”，苏子卿《梅花落》“只言花是雪，不悟有香来”，陈叔宝《梅花落》“映日花光动，迎风香气来”，都紧扣梅花的花期和色、香，写出了梅花的形象特色。唐代诗人杜甫《和裴迪登蜀州东亭送客逢早梅相忆见寄》“江边一树垂垂发，朝夕催人自白头”，《舍弟观赴蓝田取妻子到江陵喜寄三首》（其二）“巡檐索共梅花笑，

---

① 详参程杰《论青梅的文学意义》，《江西师范大学学报》（哲学社会科学版），2016年第1期；程杰《“青梅煮酒”事实和语义演变考》，《江海学刊》2016年第2期。

② 请参阅林雁《论“青梅煮酒”》，《北京林业大学学报》2007年增刊第1期。

③ 请参阅程杰《中国梅花名胜考》，中华书局2014年版。

图07［清］吴昌硕《梅花图》轴。纸本设色，纵159.2厘米，横77.6厘米，上海博物馆藏。吴昌硕喜欢画红梅，以墨圈花，以色点染，花色在红紫之间，如“铁网珊瑚”，艳而不俗。并将书法、篆刻的行笔、运刀及章法、体势融入绘画，形成富有金石味的独特画风，在近现代画坛上影响颇大。

冷蕊疏枝半不禁”，或抒时序感伤之情，或抒聚会游赏之乐，展示了当时文人赏梅的风尚。晚唐崔道融《梅花》“香中别有韵，清极不知寒”，齐己《早梅》“前村深雪里，昨夜一枝开”都属专题咏梅，语言浅近而韵味鲜明。

宋以来梅花受到推重，文学作品数量剧增，名家名作频繁涌现，“十咏”“百咏”组诗大量出现，还出现了黄大舆《梅苑》（词）、李龏《梅花衲》（诗）等大规模咏梅总集。元、明、清三代延续了这一繁荣景象，明王思义《香雪林集》26 卷，收集诗、赋、词、散曲、对联、记、序、传、说、引、文、颂、题、启等文体，清黄琼《梅史》14 卷也大致相近，都是咏梅作品的大型通代总集。这些都反映了咏梅文学的极度繁荣，咏梅作品的数量位居百花之首。

当然繁荣并不只是数量的，宋以来的咏梅“神似”重于“形似”、“写意”重于“写实”、“好德”重于“好色”。林逋是第一个着力咏梅的诗人，有所谓“孤山八梅”，其中“疏影横斜水清浅，暗香浮动月黄昏”，“雪后园林才半树，水边篱落忽横枝”，“湖水倒窥疏影动，屋檐斜入一枝低”三联，尤其是第一联，抓住了梅花“疏影横斜”独特形象和水、月烘托之妙，不仅如古人所说“曲尽梅之体态”[1]，也写出了梅花闲静、疏秀、幽雅的韵味。苏轼《红梅》“诗老不知梅格在，更看绿叶与青枝”，提出了咏梅要得“梅格”的问题，而所作《和秦太虚梅花》“江头千树春欲暗，竹外一枝斜更好”，《松风亭梅花》三首“罗浮山下梅花村，玉雪为骨冰为魂。纷纷初疑月挂树，耿耿独与参横昏”，“海南仙云娇堕砌，月下缟衣来扣门”，或正面描写，或星月烘托，或人物比拟，都进一步凸显了梅花的清雅和高逸。

① 司马光《续诗话》，明《津逮秘书》本。

南宋陆游《卜算子·咏梅》："驿外断桥边，寂寞开无主。已是黄昏独自愁，更著风和雨。无意苦争春，一任群芳妒。零落成泥碾作尘，只有香如故。"[①]谢翱《梅花》"水仙冷落琼花死，只有南枝尚返魂"[②]，强调的都是梅花坚贞不屈的品格。而姜夔《暗香》"旧时月色，算几番照我，梅边吹笛"，《疏影》"客里相逢，篱角黄昏，无言自倚修竹"，刘翰《种梅》"惆怅后庭风味薄，自锄明月种梅花"[③]，则展示了文人赏梅爱梅的幽雅情趣。

元代画家王冕《梅花》"忽然一夜清香发，散作乾坤万里春"，《墨梅》"吾家洗砚池头树，个个花开淡墨痕。不要人夸好颜色，只留清气满乾坤"，都是水墨画的题诗，一颂梅之气势，一表梅之志节，简洁而精确，代表了文人画梅的写意精神。明高启《梅花》"雪满山中高士卧，月明林下美人来"，遗貌取神，以东汉袁安卧雪和隋赵师雄所遇罗浮梅比拟梅花，用事、俪对自然贴切，梅之高逸品格与幽美形象呼之欲出，广为传诵。汤显祖《牡丹亭》中男主人公叫柳梦梅，女主人公死后葬在梅花院中梅花树下，《红楼梦》第四十九回"琉璃世界白雪红梅……"以梅花作为情节元素，也都广为人知。总之，文学中的梅花创作起源早，又多出于精英阶层，加之语言艺术表达明确、灵活等优势，在整个梅文化的历史长河中，一直处于领先和主导的地位，发挥了广泛而深刻的影响。

（四）梅花音乐

以梅为题材的音乐作品很多，有早期的雅乐和清乐、唐宋时期的

---

① 唐圭璋编《全宋词》，第 3 册，第 1586 页。

② 谢翱《晞（xī）发遗集》卷上，清康熙四十一年（1702）刻本。

③ 《全宋诗》，第 45 册，第 27842 页。

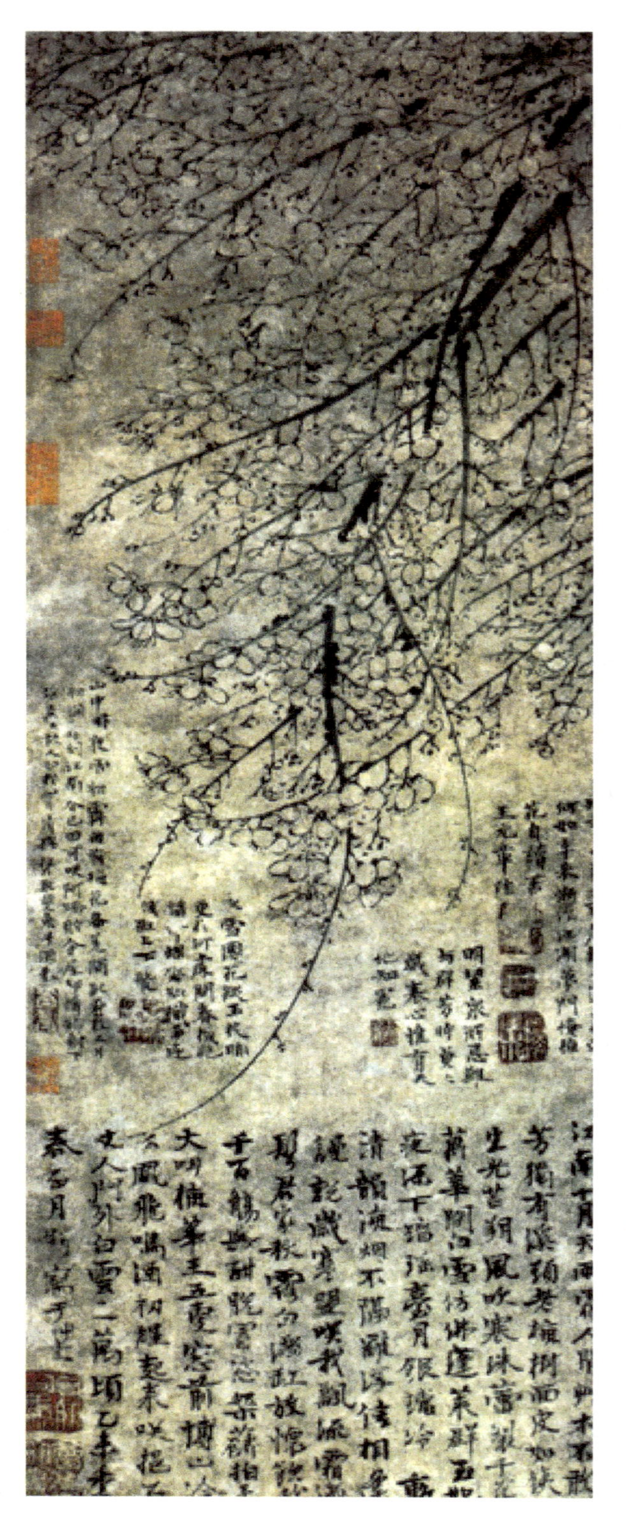

图 08 ［元］王冕《墨梅图》。纸本水墨，纵 31.9 厘米，横 50.9 厘米，故宫博物院藏。王冕墨梅大都枝干舒展奔放，无后世刻意盘曲、拗折做作之习。构图千丛万簇、千花万蕊，开密体写梅之先河。清人朱方霭《画梅题记》：“宋人画梅，大都疏枝浅蕊，至元煮石山农（引者注：王冕），始易以繁花，千丛万簇，倍觉风神绰约，珠胎隐现，为此花别开生面。”

燕乐、还有元明清时期的器乐曲。这些作品主题前后演进，由时节感伤到春色欣赏，再到品格赞颂，逐步上升，贯穿了整个梅文化发展的历史进程。《诗经・召南・摽有梅》是最早的涉梅民歌，晋唐时盛行的乐府横吹曲《梅花落》则是最早关注梅花的音乐作品，从后来文人同题乐府诗可知，该曲主要属于笛曲，也有角、琴等不同乐器的翻奏，通过“梅花落”的意象来表达征人季节变换、久戍不归的感伤情怀，音调悲苦苍凉。诗歌中有关描写多置于深夜、高楼、明月等环境气氛中，如李白《与史郎中钦听黄鹤楼上吹笛》“黄鹤楼中吹玉笛，江城五月《落梅花》”[①]，给人以深刻的印象和强烈的共鸣。唐宋时期新兴燕乐蓬勃发展，各类乐曲新声竞奏，词牌曲调层出不穷，以梅花为主题的乐曲也不例外，如《望梅花》《岭头梅》《红梅花》《一剪梅》《折红梅》《赏南枝》，赞美梅花的花色之新、时令之美。南宋，以姜夔《暗香》《疏影》为代表的文人自度曲，用诗乐一体的艺术方式，歌颂梅花清峭高雅的神韵品格，与同时诗歌和文人画中的情趣已完全吻合，对后来的梅花音乐主题影响深远。琴曲《梅花三弄》（图 09）可以说是梅花音乐最为经典的作品，唐宋时始有相关传说，宋元之际正式独立成曲[②]，今所见传谱始见于明洪熙元年（1425）朱权《神奇秘谱》。该曲共十段：一、溪山夜月；二、一弄叫月・声入太霞；三、二弄穿云・声入云中；四、青鸟啼魂；五、三弄横江・隔江长叹声；六、玉箫声；七、凌风戛玉；八、铁笛声；九、风荡梅花；十、欲罢不能。其中第七、八段音乐转入高音区，曲调高亢流畅，节奏铿锵有力，表现了梅花在寒风中凛然搏斗、

---

① 《全唐诗》卷一八二。

② 请参阅程杰《〈梅花三弄〉起源考》，《梅文化论丛》，中华书局 2007 年版，第 125 ～ 133 页。

坚贞不屈的形象。总之，在梅花这一中华民族精神象征的历史铸塑中，音乐一直以积极的姿态把握时代的脉搏，做出了显著的贡献。

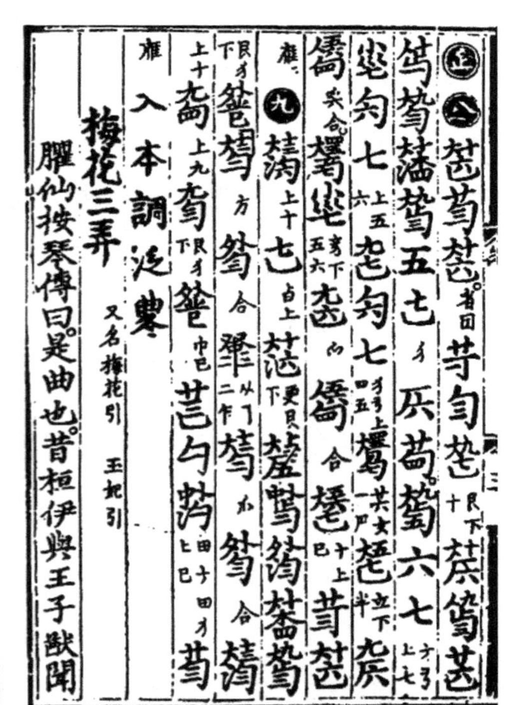

图 09 ［明］洪熙刻本朱权《臞仙神奇秘谱》卷中《梅花三弄》曲谱页影。琴曲《梅花三弄》是梅花音乐最为经典的作品，今所见传谱即始见于朱权《臞仙神奇秘谱》。

（五）梅花绘画

“问多少幽姿，半归图画，半入诗囊”[①]，中国古代以梅花为题材的绘画作品相当丰富。唐五代花鸟画中，梅花是画家所喜爱的花卉之一，画梅“或俪以山茶，或杂以双禽”[②]，多取其花色、时令之美，如五

① 岳珂《木兰花慢》，唐圭璋编《全宋词》，第 3 册，第 2516 页。

② 宋濂《题徐原甫墨梅》，《宋学士文集》卷一〇，《四部丛刊初编》本。

代徐熙的《梅竹双禽图》。宋代文人画兴起，水墨写梅确立，梅花开始作为题材独立入画。北宋文人水墨写意画开始兴起，画史公认的墨梅创始者为衡州（今湖南衡阳）花光寺长老仲仁（1052？—1123）。仲仁画梅多“以矮纸稀笔作半枝数朵”[1]，花头以墨渍点晕，辅以“疏点粉蕊”，轻扫香须。树干出以皴染，富于质感[2]。南宋扬无咎（字补之）改墨晕花瓣为墨线圈花，又学欧阳询楷书笔画劲利，飞白发枝，点节剔须，都别有一分清劲之气，奠定了后世水墨写梅的基本技法和风格，传世作品有《四梅图》《雪梅图》等。元代王冕墨梅主要继承扬无咎的画法，大都枝干舒展奔放、强劲有力，构图千丛万簇、千花万蕊，开密体写梅之先河。重要的传世墨梅有签题《南枝春早图》《墨梅》等。王冕画梅多题诗著文，诗、画有机结合，更具主观写意色彩。同时，王冕有明显售画谋生的色彩，代表了元明以来部分画家艺术市场化、作品商品化的趋势。

明代后期以来，梅花大写意风气出现，水墨写梅意态恣肆。如徐渭的墨梅落笔萧疏横斜，干湿快慢，略不经意，风格狂率豪放。清代“扬州八怪”金农画梅成就突出，所作墨梅质朴中寓苍老、繁密中含萧散。晚清吴昌硕喜欢画红梅，以墨圈花，以色点染，花色在红紫之间，如“铁网珊瑚”，艳而不俗。并将书法、篆刻的行笔、运刀及章法、体势融入绘画，形成富有金石味的独特画风，在近现代画坛上影响颇大。

梅花号称春色第一花，喜庆吉祥的色彩深得画家和大众喜爱，而细小的花朵、花期无叶、疏朗的枝条以及古梅虬曲的树干都形象疏朗，

---

① 刘克庄《花光梅》，《后村先生大全集》卷一〇七，《四部丛刊初编》本。

② 华镇《南岳僧仲仁墨画梅花》，《云溪居士集》卷六，《影印文渊阁四库全书》本。

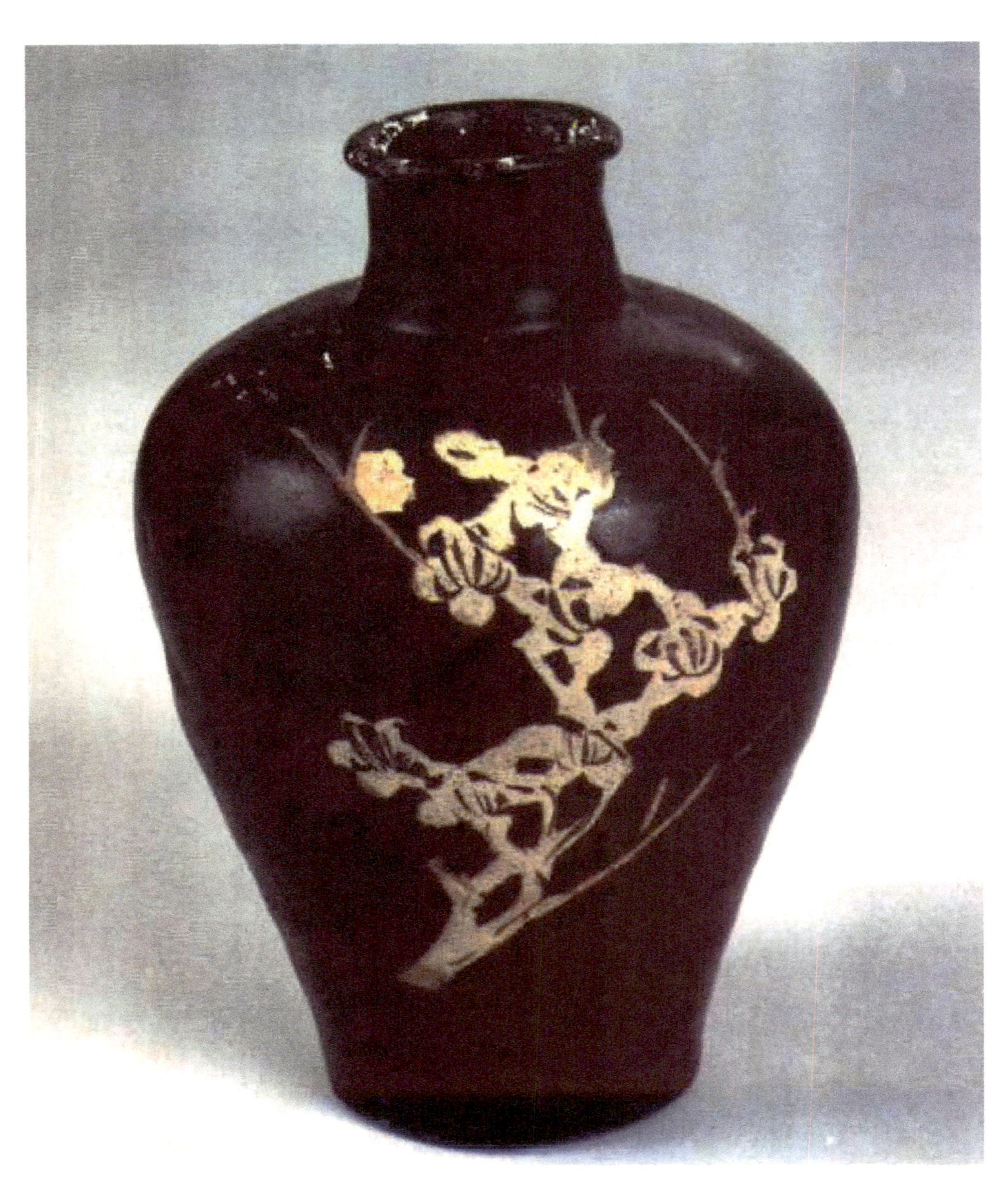

图10　[宋]黑釉剔花梅花纹瓶。高18.8厘米，口径4.8厘米，江西省宜春市文物管理委员会藏。制作时，先在白胎上贴剪纸两三梅朵，再上釉，剔去剪纸，刻上梅枝，最后画出蕊须（杨可扬主编《中国美术全集》，光明日报出版社2003年版，工艺美术编·陶瓷·中册，图187，第157页）。

构图简单，易于入画，尤其适宜非专业的文人画家的选择。这些题材优势，是梅花绘画极度繁荣的重要原因。其淡雅的形象、线条化的构图与传统诗歌、书法乃至于整个士大夫文人的高雅情趣都有更多的亲缘关系和相通之处。广大的画家尤其是文人画家以泼墨、戏笔、诗情画意有机结合等写意方式作画，使绘画中的梅花具有更多超越写实的意象形态，更多笔墨化、形式化的写意情趣和符号语汇。他们拓展了梅花形象的想象空间，深化了梅花审美的思想境界，同时又以视觉艺术的直观效果发挥了广泛而强烈的影响，因此在整个梅文化的发展体系中有着举足轻重的地位。

（六）工艺装饰中的梅花

梅花是陶瓷、纺织服饰、金银玉器等各类实用工艺中重要的装饰题材。陶瓷中使用梅花纹饰以吉州窑最为领先，图案形式主要有散点朵梅和折枝梅两种，受到了当时新兴墨梅的影响。明代陶瓷中“岁寒三友”纹开始流行，清代陶瓷中经常出现的构图是梅枝、喜鹊及绶带一类吉祥喜庆图案，如景德镇陶瓷馆藏同治朝黄地粉彩梅鹊图碗[①]。清代瓷器中还有一种在当时流行的冰梅纹，由不规则的冰裂纹缀以梅朵和梅枝图案组成。梅和冰是冬、春两季的代表性意象，破裂的冰纹与梅花相结合，寓含着春天的来临和美好的祝福。

纺织、编绣、印染装饰也多梅枝或“三友”构图，折枝梅纹如福建省博物馆藏明折枝梅花缎[②]、落花流水纹两色锦[③]（图 11），“三友”

---

① 汪庆正主编《中国陶瓷全集》，上海人民美术出版社 2000 年版，第 15 册，清代下，第 192 页。

② 高汉玉、包铭新《中国历代织染绣图录》，商务印书馆香港分馆、上海科学技术出版社 1986 年版，第 103 页，图 80。

③ 黄能馥、陈娟娟《中国历代装饰纹样》，中国旅游出版社 1999 年版，第 664 页。

纹如承德避暑山庄博物馆藏清代松竹梅缎带[1]，朵梅纹如故宫博物院藏明梅蝶锦[2]。五点朵梅纹是最常见的梅花装饰图案，由五个正圆圈或圆点组成，这应该是蔷薇科植物最常见的花形，南朝宋武帝公主“梅花妆”应该即是这种图形，此前所见正圆五瓣花纹未必定属梅花造型。

图 11　［明］落花流水纹两色锦，故宫博物院藏（黄能馥、陈娟娟《中国历代装饰纹样》，第 664 页）。

在金、银、玉质器皿与饰件中，有的是在器皿的壁上压上梅花纹，有的从整体造型到局部设计创意都取自梅花，如 1980 年四川平武发掘的窖藏银器中有一件银盏，腹壁呈五曲梅花形，外壁錾刻梅枝花蕾纹，另内壁、圈足、器柄都从梅花造型获得灵感。在金玉佩饰中，妇女的头饰以五瓣花朵的造型最为常见，簪头和钮扣等都常制成梅花形。建筑装饰中的梅花图案，最早可以追溯到东晋宫殿雕梁画梅之事。而到明清时期，梅花成了建筑中土木、砖石构件的重要纹饰。如安徽黟县某院落喜鹊登梅图案石雕漏窗[3]（图 12）。

---

① 高汉玉、包铭新《中国历代织染绣图录》，第 95 页，图 71。

② 吴山主编《中国历代服装、染织、刺绣辞典》，江苏美术出版社 2011 年版，第 326 页。

③ 陈绶祥主编《中国民间美术全集》（3，起居编民居卷），山东教育出版社等 1993 年版，第 171 页，图 228。

木制家具中也有梅花纹饰，如一清代衣架，架身上的横撑就雕成梅枝形，上有一喜鹊，取喜上眉梢之意[1]。

图 12　安徽黟县某院落喜鹊登梅图案石雕漏窗（网友提供）。

（七）民俗中的梅花

“梅花呈瑞”，是报春第一枝，一般民众对梅花的喜爱都是与夏历春节前后一系列年节活动联系在一起的。从六朝至唐宋时期，立春、人日、元宵，还有新年初一等节日剪彩张贴或相互赠送，称为“彩胜”，梅花与杨柳、燕子是最常见的图案，表达辞旧迎新、纳福祈祥的心愿。唐以来的仕女画或塑像额间多有五瓣朵纹，当即所谓“梅花妆”。宋以来人们强调梅花为春信第一，开始出现“花魁”“东风第一枝”“百

① 陈绶祥主编《中国民间美术全集》(4，起居编陈设卷)，第 251 页，图 342。

花头上”等说法。宋真宗朝有一位宰相王曾，早年参加科举考试时，写了一首《早梅》诗：“雪压乔林冻欲摧，始知天意欲春回。雪中未问和羹事，且向百花头上开。”后来他进士第一，正是应了“百花头上开”一句，梅花就被视为一个瑞象吉兆。元以来送人赶考，多以咏梅或画梅花作为礼物，以表祈祝。不仅是送考，祝寿等也常为寿星画梅、咏梅。梅花代表了春回大地，否极泰来，古梅更是象征春意永驻，老而弥坚。元人郭昂诗更是结合梅花五瓣形状，称梅花“占得人间五福先”[①]。这些丰富的寓意都主要是从梅花报春先发引伸来的，寄托了广大民众对美好生活的向往，因而宋元以来梅花成了民俗文化中最流行的吉庆祥瑞符号之一。

（八）园艺、园林中的梅花

梅花的栽培与观赏是整个梅花审美文化活动中最直接、最核心的方面，也是影响最广泛的方面。从花色和枝干形态看，梅花有不同的种类，如江梅、红梅等。江梅是最接近野生原种的一种，花色洁白，单瓣疏朵，香味清冽，果实小硬。“潇洒江梅似玉人，倚风无语淡生春”[②]，是一种简淡、萧散的美感，最得野逸幽雅之士的喜爱。红梅，应是梅和桃、杏之间的天然或人工杂交品种，“粉红色，标格犹是梅，而繁密则如杏，香亦类杏”[③]，人们表达喜庆、吉祥之意时候，多乐于使用。绿萼梅是一种特殊的梅花品种，白花，重瓣，萼片和枝梗都呈青绿之色，花开季节成片的绿萼梅白花青梗相映，一片晕染朦胧的嫩白浅绿，一片碧玉翡翠妆点的世界，煞是清妙幽雅，古人喻为“绿

---

① 解缙等《永乐大典》卷二八一〇，中华书局 1986 年版。

② 赵孟頫《梅花》，《松雪斋集》卷五，《影印文渊阁四库全书》本。

③ 范成大《范村梅谱》。

雪”，比作九嶷神仙萼绿华。玉蝶梅，白花，重瓣，花头丰缛，花心微黄，韵味十足。黄香梅，“花叶至二十余瓣，心色微黄，花头差小而繁密，别有一种芳香”[①]，花期较江梅迟一些。新中国成立后，园艺工作者又从国外引进了一些梅花新品种，如美人梅，它是重瓣粉型梅花与红叶李杂交而成，花色娇艳，较耐寒抗旱，尤其适合在黄淮以北地区推广种植。蜡梅别名腊梅[②]，属蜡梅科蜡梅属，灌木，而梅属蔷薇科李属，两者并非同类。蜡梅花色似黄色蜜蜡，与梅同时开放，香味也近，故名，古人多将其视作梅之一种，因此我们所说梅文化是包含蜡梅在内的。

最迟从汉代开始，梅花就用于园林种植。唐宋以来，尤其是宋以来梅花在园林种植中的地位大幅提升，成了最为重要的园林植物。皇家园林中，宋徽宗艮岳中有梅岭、梅渚等景点。士大夫宅园与别业专题小景中较为常见，如南宋范成大的苏州石湖别墅“玉雪坡”、范村梅圃，张镃南湖“玉照堂”都较著名。文人士大夫多在小园浅院、墙隅屋角、窗前檐下小株孤植，或在稍具规模的别墅山庄中因势造景，种植梅花，形成梅岭、梅坞、梅谷、梅坡、梅溪、梅涧、梅池、梅渚、“三友径”等名目，颇能展示幽谧、闲适的情趣。而丘陵山区自然形成或乡间农户经济种植的大片梅林，多有连绵十里、万树成片，清香弥漫、花雪繁盛的大规模林景，更是人们乐于游赏的风景，即今日所说农林观光资源。著名者如六朝时的广东南雄与江西大余交界的大庾岭、唐宋时的杭州西湖孤山、宋元时的广东惠州罗浮山下梅花村、明中叶至清中叶的苏州邓尉山（光福镇）、杭州西溪，晚清以来的浙江桐庐、

---

① 范成大《范村梅谱》。

② 蔷薇科梅花因其冬日开放也常泛称腊梅，并非品种之义。

图 13　杭州超山东园梅林，喻华摄。

广州萝岗、杭州超山（图 13）等，梅花风景都盛极一时，成了闻名遐迩的名胜景观。

古代梅花品种谱录类的文献成果颇多，著名的有范成大的《梅谱》，该书记录吴中梅花品种如江梅、官城、消梅、绿萼（又一种）、百叶缃梅、红梅等蔷薇科和蜡梅科品种 14 种。张镃的《玉照堂梅品》，虽名“梅品”，却不是品种，而是赏梅规范、品格的意思。全书有“花宜称”淡阴、晓日、薄寒等二十六条，“花憎恶”狂风、连雨、烈日等十四条，“花荣宠”主人好事、宾客能诗等六条，“花屈辱”俗徒攀折、种富家园内、赏花命猥妓等十二条，通过正反两方面的条例，指示欣赏梅花的正确方法，标举梅花观赏的高雅品位。

三、梅花的审美特色和象征意义

上述是各方面的历史发展，而贯穿其中的却是对梅花审美价值的感受和认识，对思想文化意义的把握和发扬。

（一）梅花的形象特色

梅花的观赏价值极高。以江梅系列为核心的梅花品种，最接近野生原种，代表了梅花形象的基本特征，大致说来，有这样几个方面：花色洁白。梅花花朵细小，单瓣五片，以白色为主，十分素淡雅洁，古人所谓“翻光同雪舞，落素混冰池”说的即是。花香清雅。梅花具有鲜明的香味，香气较为清柔、幽细、淡雅，与桂花、百合之类香气浓郁、热烈不同，若隐若现，似无还有，格外诱人，古人常以“暗香”“幽香”“清香”来形容。花色、花香是“花”之美感的两大要素，古人描写梅花“朔风飘夜香，繁霜滋晓白”，“风递幽香去，禽窥素艳来”，尤其是直称其为“香雪”，正是抓住了这两方面的特点。“疏影横斜”、古干虬曲。梅是木本植物，树之枝干是一大观赏元素。梅树的新枝生长较快，一年生嫩枝较为条畅秀拔，而且次年枝之顶端不再发芽生长，而是枝侧萌发新枝，因此梅树一般没有中心主干，树冠多呈放射状分布，颇耐修剪塑形。梅树是长寿树种，数百上千年的高龄老树较为常见，枝干多虬曲盘屈乃至苔藓斑驳。梅花花期无叶，唯淡小花朵缀于峭拔枝间。枝干形态较为突出，呈现出或疏秀淡雅，或苍劲峭拔的美感。梅花丰富的枝干形态之美，是梅花重要的生物特征，与菊花、兰花之娇小草本，与牡丹、玫瑰红花绿叶的浓艳品类多有不同，而与松、竹一类以枝干形态称胜的植物颇多相类之处，在众多花卉植物中特色极为鲜明；花期较早，凌寒冲雪。梅树虽不耐寒，但花期较早，一般在数日气温达到10℃的情况下即可开放，因此在三春花色最先，古人称其为“花魁”“百花头上”“东风第一枝”，都是说的这个意思。人们不只认其为春花第一，还进一步视其为冬花、“寒香”“冷艳”。上述这些形态和习性是梅花主要的生物特征，正是这些元素的有机统一，使梅花显示出淡雅、疏秀、幽峭、瘦劲的独特神韵，受到了人们特别关注和喜爱。

（二）梅花的象征意义

上述梅花的生物特征是梅花的自然属性，透过这些自然美的要素，人们可以感受到一种神韵和气质，这就是人们所说梅花的神韵之美；并且借以寄托主观的情趣和精神，这就是人们所说梅花的品格之美或象征意义。这些主观、客观不同因素高度融合、有机统一的美感，大致有这样三个方面：

1.“生气”。生气是生命的活力，与死气相对而言。人们都喜欢生气勃勃，而不愿死气沉沉。梅花是春花第一枝，是报春第一信，这是梅花最主要的生物特点。它代表了冬去春来，万象更新，欣欣向荣，令人们感受到时节的更替和时运的好转，自然的生机和生命的活力。人们喜爱梅花，赞赏梅花，这是最原始的出发点、最基本的因素，也是最普遍的心理。人们对梅花的“生气”，也是从不同角度去感受和欣赏的。梅花是春天的象征，“梅花特早，偏能识春”（萧纲《梅花赋》），“腊月正月早惊春，众花未发梅花新”（江总《梅花落》），梅花成了冬去春来、万象更新的代表符号，人们借以表达对春天的希望和新年的祝福。六朝至唐宋时期，立春、人日、元宵，还有新年初一等节日剪彩张贴或相互赠送，称为“彩胜”，梅花与杨柳、燕子是最常见的图案，

图 14　梅花（网友提供）。单瓣五片，以白色为主，素淡雅洁，南朝梁代王筠《和孔中丞雪里梅花诗》这样形容：“翻光同雪舞，落素混冰池。”

寄托的都是这类辞旧迎新、纳福祈祥的心愿。“梅花呈瑞”(宋无名氏《雪梅香》）成了梅花形象一个基本的符号意义。宋以来，人们进一步强调梅花为春信第一，开始出现“花魁”“东风第一”“百花头上”等说法。元人周权“历冰霜、老硬越孤高，精神好”（《满江红·叶梅友八十》），明人顾清“岁寒风格长生信，只有梅花最得知”（《陆水村母淑人寿八十》），说的就是这个意思。在绘画和工艺图案中，梅与松、鹤等一起成了寓意幸福、长寿的常见题材和图案。元人郭昂诗更是结合梅花五瓣形状，称梅花“占得人间五福先”[①]。这些丰富的寓意都主要是从梅花报春先发、“老树着花无丑枝”(宋梅尧臣《东溪》) 等“生气”之美引伸来的，寄托了人们对美好生活的向往，因而宋元以来梅花成了民俗文化中最流行的吉庆祥瑞符号。宋元理学家对梅花的“生气”之美还有自己独到的感悟，他们把梅花那样的春气盎然看作是道贯天地，生生不息的象征，梅花那样的一颖先发是君子“端如仁者心，洒落万物先”(宋陈淳《丙辰十月见梅同感其韵再赋》)，在道德修养上先知先觉的象征，进一步丰富了梅花“生气”之美的思想内涵。

图 15　梅花（网友提供）。张道洽《梅花》云：“质淡全身白，香寒到骨清。”

2.“清气”。在古人花卉品鉴中，梅被称为“清友”“清客”。所谓“清”是相对“浊”而言的，梅花的花色素洁、枝干疏淡、早花特立都是“清”

① 解缙等《永乐大典》卷二八一〇。

的鲜明载体，“色如虚室白，香似玉人清”[①]，“质淡全身白，香寒到骨清”[②]，“姑将天下白，独向雪中清”[③]，“不要人夸颜色好，只留清气满乾坤”，都显示一种幽雅闲静、超凡脱俗的神韵和气质，这就是“清气”。

3.“骨气”，古人又称为“贞节”，是相对于软弱、浮媚而言的，主要体现在梅的先春而放、枝干横斜屈曲等形象元素中。陆游“雪虐风饕愈凛然，花中气节最高坚”（《落梅二首》）说的就是岁寒独步、凌寒怒放的骨气。元朝诗人杨维桢“万花敢向雪中出，一树独先天下春”，曾丰“御风栩栩臞仙骨，立雪亭亭苦佛身”（《梅》）说的也是这个意思。在水墨写梅中，画家就着力通过枝干纵横、老节盘屈、苔点斑驳的视觉元素来抒写梅花的气节凛然、骨格老成之美[④]。

梅花的“清气”“骨气”之美是梅花审美意蕴和文化象征的核心，从北宋林逋、苏轼以来，人们的欣赏意趣主要集中在这两方面。从思想性质上说，“清”和“贞”，“清气”和“骨气”都是典型的封建士大夫文人的品德理想和审美情趣，但有着价值取向和情趣风格上的差别。“清气”是偏于阴柔的，而“骨气”是偏于阳刚的。“清气”是偏于出世或超脱的人生态度，而“骨气”则是一种勇于担当和执着的道义精神。前者主要是一种隐逸、淡退之士的情趣风范，出于老庄、释禅哲学的思想传统，而后者是一种仁人志士的气节意志，主要归属儒家的道义精神。众所周知，我国传统的思想文化是一种“儒道互补”

---

① 司马光诗句，陈景沂《全芳备祖》前集卷一，浙江古籍出版社2014年版。

② 张道洽《梅花》，方回《瀛奎律髓》卷二〇，《影印文渊阁四库全书》本。

③ 张道洽《梅花》，方回《瀛奎律髓》卷二〇，《影印文渊阁四库全书》本。

④ 详细论述请参阅程杰《论梅花的“清气”“骨气”和“生气”》，《现代园林》（农业科技与信息）2013年第6期。

图 16　老梅（网友提供）。花期无叶，唯细小花朵缀于古干虬曲枝间，呈现出苍劲峭拔的美感。

的结构，反映为士大夫的道德信念和人格结构，也是儒家与道、释两种思想兼融互补、相辅相成的结构模式。“清”“贞”二气无疑正是这种互补结构中的两个核心。王国维《此君轩记》说：“古之君子，其为道者也盖不同，而其所以同者，则在超世之致，与不可屈之节而已。”[1]所谓“超世之致”，就是“清气”；所谓“不可屈之节”，就是“骨气”。王国维是说不管什么身份、处境和立场，凡属正人君子，都不缺乏这两种品德，也就是说，这两种品德是封建士大夫最普遍的人格理想、最核心的道德信念。这两种品格的有机统一，构成了封建社会士大夫阶层人格追求乃至整个中华民族品格的普遍范式。

梅花的可贵之处在于两“气”兼备，“清”“贞”并美。“涅而不缁兮，梅质之清，磨而不磷兮，梅操之贞。”[2]“梅有标格，有风韵，而香、影乃其余也。何谓标格，风霜面目，铁石柯枝，偃蹇错樛，古雅怪奇，此其标格也；何谓风韵，竹篱茅舍，寒塘古渡，潇洒幽独，娟洁修姱，此其风韵也。”[3]所谓“风韵”即“清气”，所谓“标格”即“骨气”。这种两“气”兼备，“风韵”“标格”齐美的深厚内蕴，正好完整地体现了“儒道互补”的思想传统和精神法式。放诸花卉世界，同样是“比德”之象，兰、竹重在“清气”，松、菊富于“骨气”，只有梅花二“气”相当，相辅相成，有机统一，从而全面而典型地体现了这种民族文化传统和士人道德品格的核心体系。这是梅花形象思想意义之深刻性所在，也是其作为民族文化象征符号的经典性所在，值得我们特别的重

① 姚淦铭、王燕编《王国维文集》，中国文史出版社1997年版，第1卷，第132页。

② 何梦桂《有客曰孤梅访予于易庵孤山之下……》，《全宋诗》，第67册，第42160页。

③ 周瑛《敖使君和梅花百咏序》，《翠渠摘稿》卷二，《影印文渊阁四库全书》本。

视和珍惜[1]。

梅花的“生气”之美是相对表层和直观的。人们对梅花春色新好，尤其是其喜庆吉祥之义的欣赏，出现早，流行广，更多表现为大众的、民俗的情结和方式，寄托着广大民众对生活的美好愿望和积极情怀，是梅花象征意义不可忽视的一个方面。如果说“清气”“骨气”之美主要对应“士人之情”，体现精英阶层的高雅情趣，属于封建士大夫“雅文化”范畴，那么“生气”之美则主要对应“常人之情”，深得广大普通民众的喜爱，主要属于大众“俗文化”的范畴。如此不同阶层、不同群体普遍的喜爱和着意，使梅花获得了雅俗共赏的鲜明优势，赢得了最广大的群众基础。这是梅花形象人文意义的丰富性所在，也是其作为民族文化符号的广泛性、普遍性所在，同样值得我们重视和珍惜。

（三）梅花的审美经验

梅花的生物形象提供了人们欣赏和想象的客观对象或物质基础，而这一切还有待于人们主观感受、认识和发挥，有着物质环境、知识背景、生活处境和思想情趣等主体及其社会因素的参与和渗透，从而使梅花的欣赏和创造活动呈现着极为丰富、生动的情景，并积累了丰富的审美经验，形成了一些流行的观赏方法、思维模式、表达范式和文化语境。这无论是对梅花欣赏还是审美创造都富有启迪，值得我们认真总结和汲取。大致说来有以下几个方面：

1.梅花的形象。梅花香优于色，“花中有道须称最，天下无香可斗清”（宋葛天民《梅花》）。梅花是花更是树，从林逋以来，梅之“疏影横斜”之美受到关注，就成了梅花形象的一个核心元素，在文人水墨梅画中

① 有关论述请参阅程杰《两宋时期梅花象征生成的三大原因》，《梅文化论丛》，第 47 ～ 69 页。

更是成了最主要的内容，诗画相互影响，进一步促进了植物观赏和园艺种植和盆景制作的情趣。范成大《范村梅谱》：“梅以韵胜，以格高，故以横斜疏瘦与老枝怪奇者为贵。”明陈仁锡《潜确类书》：“梅有四贵，贵稀不贵密，贵老不贵嫩，贵瘦不贵肥，贵含不贵开。”[①]清龚自珍《病梅馆记》：“梅以曲为美，直则无姿；以欹为美，正则无景；梅以疏为美，密则无态。”都是这方面的精彩总结。

2.梅花的环境。就梅的生长环境而言，以野梅、村梅、山间水边为雅，以“官梅”“宫梅”之类为俗。范成大欣赏“山间水滨、荒寒迥绝之处”的野梅[②]，画家扬补之相传曾自称是“奉敕村梅”[③]，南宋画家丁野堂称自己所见只在“江路野梅”[④]，诗人裘万顷“竹篱茅舍自清绝，未用移根东阁栽”[⑤]，这些传说和诗句都寄托了人们对梅为山人野逸之景的定位，这样的环境更能显示梅花清雅幽逸之神韵。就梅之欣赏和描写而言，“水”“月”是烘托和渲染梅花清雅幽逸气韵两个最常见也最得力的意象。林逋的名句“疏影横斜水清浅，暗香浮动月黄昏”最早开创这种感受和描写模式，后来的诗人多加取法[⑥]，并有发展，诗人称梅“迥立风尘表，长含水月清”（宋张道洽《梅花》），“孤影棱棱，暗香楚楚，水月成三绝”（元仇远《酹江月》），都是说的这个意思。影响到园林多水边梅景的设置，“作屋延梅更凿池，是花最与水相宜”（宋

① 汪灏等《广群芳谱》卷二二，《影印文渊阁四库全书》本。

② 范成大《范村梅谱》。

③ 许景迂《野雪行卷》，解缙等《永乐大典》卷一八一二。

④ 夏文彦和《图绘宝鉴》卷四，元至正刻本。

⑤ 裘万顷《次余仲庸松风阁韵十九首》其四，陈思《两宋名贤小集》卷二五二，《影印文渊阁四库全书》本。

⑥ 请参阅程杰《梅与水月》，《宋代咏梅文学研究》，安徽文艺出版社2002年版，第275～295页。

陈元晋《题曾审言所寓僧舍梅屋》），画家多画梅月烘托之景，甚至有墨梅画最初的灵感来自月窗映梅的传说。梅花与“雪”的关系也是梅花欣赏和创作中的一个常见话题和模式。南朝苏子卿《梅花落》“只言花是雪，不悟有香来”，宋王安石《梅花》“遥知不是雪，为有暗香来”，卢梅坡《梅》“梅须逊雪三分白，雪却输梅一段香”[①]，人们直称梅为“香雪”，主要就“形似”而言，更为关键的是雪里着花，“前村深雪里，昨夜一枝开”（齐己《早梅》），这是早梅的极致，而“雪里梅花，无限精神总属他”[②]，更是品格气节的欣赏。在实际生活中，凌寒赏景、踏雪寻梅虽然机缘难得，但却是人们公认的风雅之事、幽逸之趣，《踏雪寻梅》也成了人物画中一个常见的题材（图 17）。

3. 梅花的配景。梅是植物，与其他花木景观的关系就成了观赏、认识的基本视角，其中有三个经典的组合模式和思考方式。一是梅柳。梅柳都是春发较早的植物，因而成了早春意象的经典组合。杜审言《和晋陵陆丞早春游望》“云霞出海曙，梅柳渡江春”，李白《携妓登梁王栖霞山》“碧草已满地，柳与梅争春”，杜甫《西郊》“市桥官柳细，江路野梅香”，辛弃疾《满江红》“看野梅官柳，东风消息”，都是很著名的诗句，“梅与柳对”是诗歌中出现频率最高的对偶。二是梅与桃、杏，三者同属蔷薇科李属植物，有更多近似之处，尤其是梅、杏，人们常相混淆，这样梅与它们的比较、抑扬就成了常见的话题和思路。宋以前桃、杏还是仙人、隐者常用之物，也属高雅之品，而随着人们对梅花的日益推重，梅花开始凌轹桃、杏，桃、杏被视为艳俗之物，

---

① 陈景沂编，程杰、王三毛点校《全芳备祖》前集卷一，浙江古籍出版社 2014 年版。

② 洪惠英《减字木兰花》，唐圭璋编《全宋词》，第 3 册，第 1491 页。

成了梅花的反衬、梅花的“奴婢”，“韵绝姿高直下视，红紫端如童仆”(宋苏仲及《念奴娇》)，苏轼明确提出梅之“暗香”“疏影”之美，桃杏李“不敢承当”[1]。三是梅与松竹、兰菊。梅与松竹本不同类，宋人始称“岁寒三友”，后人称“梅兰竹菊”为“四君子”，共推为崇高的“比德”之象，这无论在诗、画、工艺装饰还是园林营置中都成了流行的组合。梅与杨柳、桃杏、松竹三组物象的并列、比较和抑扬，展示了梅花美的不同侧面，同时也反映出梅花文化地位不断提升的历史步伐[2]。

图 17　［清］萧晨《踏雪寻梅图》，纸本设色。

4. 梅花的人格类比。梅花首先是花，美人如花、花如美人的联想是普遍的，梅花最初也是与美人联系在一起的，南朝咏梅诗赋中多是表达美人“花色持相比，恒愁恐失时”（萧纲《梅花赋》）的

① 王直方《王直方诗话》，郭绍虞辑《宋诗话辑佚》，中华书局 1980 年版，上册，第 13 页。

② 请参阅程杰《梅花的伴偶、奴婢、朋友及其他》，《宋代咏梅文学研究》，第 248 ～ 274 页。

感伤，宋代以来的仕女画中多有梅花、修竹的取景，如美国费城艺术馆所藏《修竹仕女图》[①]。宋以来，诗中多以月宫嫦娥、姑射神女、深宫贵妃、林中美人、幽谷佳人来比拟形容梅花，彰显梅花超拔于一般春花时艳的风神格调，而进一步人们觉得“以梅花比贞妇烈女，是犹屈其高调也”[②]，“神人妃子固有态，此花不是儿女情”[③]，“脂粉形容总未然，高标端可配先贤”[④]，“花中儿女纷纷是，唯有梅花是丈夫”[⑤]，于是人们开始将儒家圣贤、道教神仙、苦志高僧、山中高士、铁面御史、泽畔骚人，尤其是山林隐士、守节遗民来形容梅花。这种性别由“美人”到“高士”的变化，使梅花形象进一步脱弃了花色脂粉气，强化了气节、意志的象征意义和作为士大夫人格“图腾”的文化属性，可以说是梅花审美描写中最为顶级，也最为简明有力的方式[⑥]。

四、现代梅文化

我国梅文化的悠久传统在现代社会得到了继承和发展，梅花的文化影响深入人心。北伐战争胜利后（1928—1929），国民党南京政府曾创议梅花为国花，并正式通令全国将其作为徽饰图案，最终被全社

---

① ［美］毕嘉珍《墨梅》，江苏人民出版社 2012 年版，第 100 页。

② 冯时行《题墨梅花》，《缙云文集》卷四，《影印文渊阁四库全书》本。

③ 熊禾《涌翠亭梅花（和无咎）》，《勿轩集》卷八，《影印文渊阁四库全书》本。

④ 刘克庄《梅花十绝》三叠，《后村先生大全集》卷一七。

⑤ 苏泂《和赵宫管看梅三首》其一，《泠然斋诗集》卷八，《影印文渊阁四库全书》本。

⑥ 请参阅程杰《“美人”与“高士”》，《宋代咏梅文学研究》，第 296 ～ 321 页。

图 18　吴昌硕《梅花》。吴昌硕画梅常以怪石相伴，认为“石得梅而益奇，梅得石而益清”。此图题诗云：“十年不到香雪海，梅花忆我我忆梅。”吴昌硕去世后，家人遵其遗意葬在杭州超山十里梅海之中。

会公认为国花[①]。这一政治遗产为迁台后的国民党政权所继承，虽然早已失去正统之地位，但这一现象本身即表明梅花在当时国人心目中的地位。

这一时期不少著名画家都特别钟爱梅花。如吴昌硕为晚清遗老，爱梅成癖，题梅画诗云“十年不到香雪海，梅花忆我我忆梅”（图 18），去世后葬在梅花风景名胜杭州超山十里梅海之中。齐白石将住所命名为“百梅书屋”，张大千自喻“梅痴”，他们都留下了许多梅花题材的画作。京剧表演艺术家梅兰芳姓梅亦爱梅，取姜夔《疏影》中“苔枝缀玉”句，将自己在北京的居室命名为“缀玉轩”。新中国成立后，由于无产阶级革命思想和传统道德品格意识的潜在熏陶，长

① 请参见程杰《中国国花：历史选择与现实借鉴》，《中国文化研究》2016 年夏之卷。

期以来，人们对梅花的喜爱和推崇都要远过于其他花卉。开国领袖毛泽东特别爱好梅花，有《卜算子·咏梅》（风雨送春归）等词作，以其崇高的政治地位，产生了巨大的社会影响。咏梅、红梅、玉梅、冬梅、笑梅、爱梅之类的人名、店名、地名、商标风靡全国。与古人重视白色江梅不同，由于我国红色革命的政治思想传统，人们热情颂美多称红梅，这也可以说是特有的时代色彩。

民国以来，梅园的建设进入了新的时代，取得了一定的成就。江苏无锡梅园（图 19）由我国民族资本家荣宗敬、荣德生兄弟于民国元年（1912）创建，标志着我国现代专类梅园的出现，并在新中国成立后正式捐献给人民政府，完成了从豪门私园到人民公园的彻底转型。梅园位于无锡西郊东山、浒山、横山南坡，面临太湖。经数十年来再三拓展，今统称梅园横山风景区，简称梅园，占地一千多亩，其中梅树有七八千株，占地 300 多亩。中山陵梅花山位于今江苏南京东郊钟山（紫金山）南麓，紧傍明孝陵，起源于孙中山陵园所属纪念植物园的蔷薇科植物区，从 1929 年开始，便具有典型的现代公共园林性质，经过多年的建设，到 1937 年被日本占领前，花树满山，成了当时京郊春游赏梅的一大胜地[①]。梅花山的名称始于 20 世纪 40 年代中期，改革开放以后，梅花山建设进入了新阶段。截至 2008 年，整个梅花山风景区总面积已达 1533 亩，地栽梅花 35000 余株，盆栽 6000 余盆，品种 350 多个[②]，成了全国占地面积最大的观赏梅园，号称“天下第一梅山”（图 20）。东湖梅园位于今武昌东湖风景区磨山景区的西南麓。

① 请参见程杰《民国时期中山陵园梅花风景的建设与演变》，《南京社会科学》2011 年第 2 期。

② 南京梅谱编委会《南京梅谱》（第二版）卷首《再版前言》，南京出版社 2008 年版。

图 19　江苏无锡荣氏梅园念劬塔，董斌仁提供。

它萌芽于20世纪50年代初期，属于磨山植物园的一个分区，是新中国创办最早的梅花专类园。数十年来，东湖梅园积极开展梅花品种的收集、培育和引进，是目前国内观赏品种最为丰富的梅园。改革开放以来，随着经济建设的蓬勃兴起和人民生活水平的不断提高，园林建设和旅游产业迅猛发展，梅花专类园如雨后春笋不断涌现，尤其是近二十年来，政府和社会资本多方面积极投入，梅园的数量进一步增加，规模扩大，设施提高，而“南梅北移”的科研工作逐步展开，梅花的栽培分布范围明显扩大，给人们的赏梅活动提供了丰富的条件。

梅是我国的传统水果，传统的梅产区如苏州光福（邓尉）、杭州超山、广州萝岗等地的梅田花海仍有程度不等的延续，其中杭州余杭超山为

图 20　南京梅花山，中山陵园管理局提供。南京梅花山是全国占地面积最大的观赏梅园，号称“天下第一梅山”。

上海冠生园陈皮梅的原料基地。随着陈皮梅在上海等大都市的畅销，青梅种植面积进一步扩大，成了民国年间最大的赏梅胜地，享誉全国①。同时，广州东郊萝岗的青梅产业也较兴旺，其势头一直延续到 20 世纪五六十年代，“萝岗香雪”成了名动一方的胜景。改革开放以来，随着水果种植业的兴起，尤其是青梅制品的大量出口，在浙东、苏南、闽南、粤东、川西、广西、贵州、云南等地都有大规模的梅产地，这些乡村田园风光的梅景气势壮阔，风味浓厚，正逐步引起人们的注意②。

各地梅园尤其是产区梅景包含着丰富的观光旅游资源，各地政府

① 请参阅程杰《论杭州超山梅花风景的繁荣状况、经济背景和历史地位》，《阅江学刊》2012 年第 1 期。

② 以上梅花名胜风景，请参阅程杰《中国梅花名胜考》，中华书局 2014 年版。

和社会正在逐步加以开发和建设，南京、武汉、丹江口、泰州等城市将梅花推举为市花，武汉、南京、无锡、青岛等梅园，四川大邑（图21）、贵州荔波、福建诏安、广东从化等青梅产地也都积极举办梅花、青梅文化节，形成了广泛的社会影响。在旅游成为时尚的今天，这些地区性的花事活动大多闻名遐迩，吸引了不少游客，极大地丰富了人们的精神生活，有力地促进了梅文化的传播。

当代民众对梅花的美好形象和传统意趣热情不减，这鲜明地体现在传统名花与国花的评选活动中。1987 年 5 月，由上海文化出版社和上海园林学会等五家单位联合主办“中国传统十大名花评选”活动，经过海内外近 15 万人的投票推选和全国 100 多位园林花卉专家权威、各方面的知名人士评定，最后选出“中国十大传统名花”，梅花名列其首，这充分反映了当代梅花种植的广泛开展和民众对梅花的由衷热爱。在 1994 年以来的“国花”评选活动中，各界人士的意见一共有三类四种，一是“一国一花”，而这一花又有牡丹、梅花两种不同主张；二是“一国两花”，主要主张牡丹与梅花同为国花；三是“一国多花”，1994 年全国花协曾组织过一次评选活动，结论是以牡丹为国花，兰、荷、菊、梅四季名花为辅。无论是哪种方案，梅花都是“国花”的重要选项。梅花曾一度是硬币装饰图案，1992 年，我国所发行的金属流通币装饰图案，一元是牡丹，五角是梅花，一角是菊花。这都反映了我国人民对梅花作为民族精神和国家气象之象征的深度认同。①

对梅花的科学研究和文艺创作也取得了不少的成就，1942 年园艺

① 详参程杰《中国国花：历史选择与现实借鉴》，《中国文化研究》2016 年夏之卷。

图 21　四川大邑天车坡梅景，刘刚摄。

学家曾勉发表《梅花——中国的国花》[①]，对我国梅艺历史、梅花主要品种、品种分类体系等进行专题论述。北京林业大学陈俊愉（院士）对梅花的热爱既出于专业研究的责任，更有几分品格情趣的契合。他用几十年心血研究梅花，在梅花品种分类、品种培育和“南梅北移”等方面做出了杰出的贡献，主要有《中国梅花品种图志》（主编）、《梅花漫谈》等著作。他长期担任中国花协梅花蜡梅分会会长，1997 年当选中国工程院院士，人称“梅花院士”。1998 年，他被国际园艺学会任命为梅品种国际登录权威，这是中国首次获得国际植物品名登录殊荣。

画家于希宁（1913—2007）别号“梅痴”，斋号“劲松寒梅之居”，

---

① 该文原为英文，1942 年 4 月发表于时迁重庆的中央大学园艺系英文版《中国园艺专刊》第 1 号，中译文见陈俊愉《中国梅花品种图志》，中国林业出版社 2010 年版，第 200 ～ 203 页。

精通诗、书、画、篆刻之道，擅长花鸟，尤擅画梅，曾多次赴苏州邓尉、杭州超山、天台国清寺等地写生，所作墨梅多以整树入画，古干虬枝盘屈画面，繁简兼施，并自觉融会草书篆刻、山水皴擦、赭青渲染诸法，意境生动而个性鲜明，洵为当代画梅大家，有《于希宁画集·梅花卷》（山东美术出版社 2003 年版）、《论画梅》等著作。古琴演奏家张子谦也爱梅花，其《梅花三弄》是根据清代《蕉庵琴谱》打谱的广陵派琴曲，将梅花迎风摇曳、坚韧不拔的品格表现得淋漓尽致，曾自赋《咏梅》诗云，“一树梅花手自栽，冰肌玉骨绝尘埃。今年嫩蕊何时放，不听琴声不肯开”，其爱梅可见一斑。这些名流对梅花的热忱是我国人民爱梅风尚的缩影，其卓越的科学研究和文艺创作成就对梅文化的传播和弘扬无疑又是有力的表率和促进。

（原载《杭州学刊》2017 年第 1 期，程杰、程宇静合作，程宇静执笔。）

论梅子的社会应用和文化意义

梅是花、果兼利的植物，首先是果树，其次才是观赏花卉。梅的果实书面多称梅实，俗称梅子，因其成熟前后不同颜色而有青梅、黄梅等不同称呼。人们对梅的开发利用，首先是从果实开始的，这是由人类对果树资源认识和利用的普遍规律决定的。所谓梅文化的发展，果实的利用总是历史起点和一以贯之的方面。考古发现，我国人民使用梅之果实的时间至迟可以追溯到新石器时代。1979 年河南裴李岗遗址发现梅核，距今约 7000 年①。1961 年至 1976 年，上海市文物保管委员会等单位在发掘的上海市青浦县崧泽遗址中发现植物果核碎片，鉴定为蔷薇科果实的内果皮，认为可能是野生杏、梅，距今约 5200—5900 年②。裴李岗遗址是北方新石器时代的典型代表，崧泽遗址则是太湖流域新石器时代一个特殊阶段的代表，史学界称为“崧泽文化”，介于“马家浜文化”与“良渚文化”之间。裴李岗、崧泽遗址中的梅核，表明我们先民采用梅之果实至少有六七千年的历史。数千年来，人们开发了许多应用领域和应用方式，充分发挥其社会价值，积累了丰富的生活经验，也引发了许多情趣和感受，赋予其丰富的人文意味。本文拟就我国古代梅子的社会应用情况及其演生的文化意义进行系统

① 中国社科院考古所河南一队《1979 年裴李岗遗址发掘报告》，《考古学报》1984 年第 1 期。

② 上海文物保管委员会《上海市青浦县崧泽遗址的试掘》，《考古学报》1962 年第 2 期。

的梳理和阐发，这是全面把握梅这一物种的资源价值、历史贡献和文化意义不可或缺的一个方面。

一、梅子的社会应用

作为一种水果，梅子的社会应用极其普遍，经济价值较为显著。我们以下主要通过几个与梅子有关的经典产品和流行说法，来勾勒数千年来社会各方面的应用状况，展示这一水果资源的应用方式、经济价值和历史贡献。

（一）盐梅

“盐梅”说的是食盐和梅子，两者并称最早见于《尚书》。《尚书·商书·说命下》：“王曰……尔惟训于朕志，若作酒醴，尔惟曲糵；若作和羹，尔惟盐梅。”所谓“王”，指商朝高宗帝王，这是其任命傅说做宰相时的一段训谕。他说宰相好比造酒（酒醴）用的曲料（曲糵）和做肉汤（和羹）用的盐与梅，帝王要治理天下、成就大业，全靠贤相能臣的辅佐和协调。“和羹”指用不同的调味品烹制的羹汤，而盐咸、梅酸是烹制“和羹”最重要的调味品。

为什么是“梅”而不是其他？梅子以味酸著称，在食用醋发明、流行之前，梅子是人们获取酸味最重要的食物。春秋晏子所说“醯、醢”都是谷物和肉食发酵酿制的酱一类[1]，其中“醯”由谷物酿制，具有酸味，后世认为介于酒与醋之间，但梅子肯定是最典型也是最方便的酸味品，因而用作调料更为古老，也更为常见。后世烹调经验也证实，

① 晏婴《晏子春秋》外篇重而异者第七，《四部丛刊》景明活字本。

梅实之酸有除腥和催熟的双重作用。苏轼《物类相感志》称“煮猪肉，用白梅、阿魏 (引者按: 一种药物) 煮，或用醋或用青盐同煮，则易烂”，用白梅煮老鸡易烂。《礼记·内则》记载大夫宴食“兽用梅”，即烹制和食用兽肉用梅子作调料。考古资料也证明这一点，陕西泾阳戈国墓西周早期墓葬铜鼎中发现梅核与兽骨等[①]，湖北包山楚墓 12 件陶罐中发现梅、鲫鱼等[②]，可见梅子主要用来烹调鱼、兽等肉食。在用作调味烹制“和羹”中，梅子与盐的作用几乎相当，在食用醋流行之前，梅一直是日常生活中最常用的调味品。即便是食用醋流行之后，这一用途依然存在[③]。这是梅之实用价值最为重要的方面，也是其社会效益发挥中最为重要的历史环节。

（二）梅诸、白梅

“梅诸”见于《礼记·内则》：“鱼脍，芥酱。麋腥，醢酱。桃诸、梅诸，卵盐。”这是一组食品及其吃法。诸似菹，本指干菜，桃诸、梅诸，即桃干、梅干。也有解释说，诸是储也，是制作以便于贮存，而晒干是最基本的方法。《周礼·天官·笾人》：“馈食之笾，其实枣、栗、桃、干穛 (lǎo)、榛实。”这里主要讲祭祀用品，笾是一种盛果实的圆底高脚竹编浅盘。穛本指煮熟晒干的草，这里所说“干穛”，据汉代人的注解是梅诸的不同说法。《齐民要求》引《广志》记载，蜀人一直称梅为穛。汉代《大戴礼记·夏小正》：“五月……煮梅，为豆

① 陕西考古研究所《高家堡戈国墓》，三秦出版社 1995 年版，第 50、62、102、135 页。

② 湖北荆沙铁路考古队《包山楚墓》，文物出版社 1991 年版，第 198、199 页。

③ 即便是食用醋已经广泛应用的南北朝时期，仍有以梅子快速制醋的现象。贾思勰《齐民要术》卷八：“乌梅苦酒法：乌梅去核一升许肉，以五升苦酒渍数日，曝干作屑，欲食辄投水中，即成醋尔。”所谓苦酒即醋。

实也。”豆是木制的浅盘，形状、功用与笾相同。可见所谓梅诸、干梅的制法有可能是将青梅略事蒸煮，晾晒而成。无论用于贮存还是食用，梅干都是最简单、最常见的制品。《周礼》《礼记》都出现于西汉，长沙马王堆一号汉墓曾出土大量梅核、梅干，同时出土的标牌上称元梅、脯梅[①]，元梅或指生梅，而脯梅即干梅。可见这种制作和贮存方式历史悠久，自先秦至汉代相沿不绝，后世所说“白梅”也有一些应属这种制法。

“白梅”最早见于晋葛洪《抱朴子》《肘后备急方》，一则用以炼丹软金，另一用以治中风口闭不开。北魏贾思勰《齐民要术》记载具体的“作白梅法”：“梅子酸核初成时摘取，夜以盐汁渍之，昼则日曝。凡作十宿，十浸十曝便成。调鼎和齏，所在多入也。”与梅诸、干藤的煮晒不同，多以盐腌制晒干，表面会起盐霜，所以称白梅或霜梅。这也是梅之果实最家常的加工方法，便于贮存，多用作日常烹饪（调鼎）和腌菜（和齏）的调料。其他使用也极为广泛，如进一步加工制作，只需简单浸泡脱去盐分，也极方便。现代所说的梅胚也即这个制法[②]，可谓源远流长。

（三）梅煎、糖梅

梅煎，即梅饯，指蜜渍梅子。这也是梅子常见的食用方法和制品。梅子酸重，直接食用人多难以适应，于是便有蜜或糖渍一法。三国孙权的儿子孙亮好吃生梅，食时用蜜渍梅[③]，《齐民要术》引《食经》

---

① 湖南省博物馆、中国科学院考古研究所《长沙马王堆一号汉墓》，文物出版社 1973 年版，上集，第 117、118、119、127、141 页。

② 程杰《中国梅花名胜考》，中华书局 2014 年版，第 655 页。

③ 李昉《太平御览》卷一一八引《吴历》，《四部丛刊三编》本。

记载蜀人藏梅法即以蜜浸腌[1]，可见由来已久。南宋温革《分门琐碎录》记载更为详细："黄梅子不破者一百个、盐二两，于沙盆内中略擦匀后，一夕取出晒半干，炼蜜浸晒。如蜜酸，又换，候甜为度，入瓶紧闭。"[2]蜜渍梅既利于食用，也便于保存。唐李吉甫《元和郡县志》记载当时虔州南康（今江西赣州）土贡中有"蜜梅"[3]，宋《太平寰宇记》也有这一记载[4]。唐王焘《外台秘要》记载益州（今成都）土物中有梅煎[5]，当也作贡品。宋《太平寰宇记》记载江西洪州（今南昌）土产有梅煎，"开元二十五年，都督韩朝宗以梅煎难得，取乳柑代，今并停"[6]，是初盛唐时即有这一贡项，《新唐书》也有同样记载[7]。可见最迟在唐朝，今江西南昌、赣州、四川成都等地即向朝廷进贡梅煎。这种情况，宋以来各类正史未见有后续记载，仅明朝《南京都察院志》有南京尚膳监置办"梅子煎""蜜润梅子煎""蜜煎脆梅"进京之事[8]，数量也极有限，或此时朝廷集中采办更为方便而逐步取消。

糖梅是以糖腌制的梅子，操作方法与梅煎相同，只是易蜜为糖而已。蜜渍、糖腌，都简单易行，且广受人们喜爱。自宋以来，无论文人雅士，还是市井、乡村平民之家都较为常见。沈括《忘怀录》记载"糖松梅"，以糖和松子为主腌制青梅[9]。宋孟元老《东京梦华录》记京

① 贾思勰《齐民要术》卷四、种梅杏第三十六，《四部丛刊初编》本。
② 解缙等《永乐大典》卷二八一一，中华书局1986年版。
③ 李吉甫《元和郡县志》卷二九，清武英殿《聚珍版丛书》本。
④ 乐史《太平寰宇记》卷一〇八，《影印文渊阁四库全书》本。
⑤ 王焘《外台秘要》卷三一，《影印文渊阁四库全书》本。
⑥ 乐史《太平寰宇记》卷一〇六，《影印文渊阁四库全书》本。
⑦ 欧阳修等《新唐书》卷四一，清乾隆武英殿刻本。
⑧ 施沛《南京都察院志》卷二五，明天启刻本。
⑨ 解缙等《永乐大典》卷二八一一，中华书局1986年版。

师艺人打场卖艺“引小儿妇女观看，散糖果子之类，谓之卖梅子”[①]，可见糖腌梅子是市面上最常见的糖果子。《西湖老人繁胜录》“食店”条记蜜煎“昌园梅”，周密《武林旧事》也记临安市售“蜜渍昌元梅”[②]。昌元也作昌源、昌原、昌园，在今浙江绍兴市东南郊，南宋时盛产梅子，以“实大而美”著称[③]，蜜渍昌源梅是宋元时杭州市上极其盛销的茶果蜜饯[④]。元明以来士大夫人家蜜渍糖腌梅子更是普遍，元人《居家必用事类全集》有糖脆梅、糖椒梅的详细制法，明人刘基《多能鄙事》、韩奕《易牙遗意》、宋诩《竹屿山房杂部》等则有蜜梅、糖醋梅、糖椒梅[⑤]、糖脆梅[⑥]、糖紫苏梅、糖薄荷梅、糖卤梅[⑦]、造化梅、对金梅、韵梅[⑧]等蜜饯梅子制法，花色品种丰富，而制法也不断翻新。由于梅子酸重，其他杂色梅饯的制作也离不开放蜜或糖，以糖或蜜腌梅，改善口味总是最常见的食用方法。

在蜜、糖腌制梅饯中，清代岭南广州、惠州一带乡间的糖梅制作最为盛行。清初屈大均《广东新语》卷一四“食语”：“自大庾以往，溪谷、村墟之间在在有梅……结子繁如北杏，味不甚酸，以糖渍之可食……东粤故嗜梅，嫁女者无论贫富，必以糖梅为舅姑之贽，多者至数十百罂，广召亲串，为糖梅宴会。其有不速者，皆曰‘打糖梅’。糖梅以甜为贵，谚曰：‘糖梅甜，新妇甜，糖梅生子味还甜。糖梅酸，

① 孟元老《东京梦华录》卷三，《影印文渊阁四库全书》本。
② 周密《武林旧事》卷三，民国景明《宝颜堂秘籍》本。
③ 施宿《会稽志》卷一七，《影印文渊阁四库全书》本。
④ 程杰《中国梅花名胜考》，第191—194页。
⑤ 刘基《多能鄙事》卷三，明嘉靖四十二年刻本。
⑥ 韩奕《易牙遗意》卷下，明《夷门广牍》本。
⑦ 宋诩《竹屿山房杂部》卷二，《影印文渊阁四库全书》本。
⑧ 宋诩《竹屿山房杂部》卷二二，《影印文渊阁四库全书》本。

新妇酸，糖梅生子味还酸。’”是说广东到处都有梅树，产果多，人们也喜欢吃梅。嫁女都大量腌制糖梅作为拜见公婆的礼物，大喜之日举行糖梅宴，广招亲朋，有不请自来者，则以唱歌获赏糖梅，称“打糖梅”。客人“亦以糖梅展转相馈，务使人口尝而后已”。这一婚嫁礼俗，也称“梅酌”[①]，盛行于粤中。康熙《花县志》（今广州花都区）、乾隆《番禺县志》（今广州番禺区）、嘉庆《新安志》（今深圳一带）、光绪《广州府志》（今广州市）、《德庆州志》（今广东德庆县）、《四会县志》（今广东四会市）、《新宁县志》（今广东台山市）、《新安县志》（今深圳宝安区）、民国《东莞县志》（今广东东莞县）、《恩平县志》（今广东恩平市）、《开平县志》（今广东开平市）、《清远县志》（今广东清远市）的风俗志都有记载，可见在珠三角地区的今广州、肇庆、江门、深圳市所属地区较为盛行。

（四）乌梅

乌梅（图22）是一种中药材，由未成熟的青梅或成熟的黄梅烟熏、火烘而成，因色泽乌黑而得名。梅子入药，出现较早。《神农本草经》：“梅实，味咸平。生川谷。下气，除热烦满，安心，肢体痛，偏枯不仁，死肌，去青黑志、恶疾。”《本草经》是我国现存最早的药物学专著，一般认为最迟成书于东汉，收药360多种，是远古以来尤其是战国、秦汉间人们药物知识的总结。梅子居其一，是最早见于实用的药物之一，至少已有2000多年的历史。乌梅是梅子入药最主要的方式，东汉张仲景《伤寒论》、晋葛洪《肘后备急方》等早期医典所用多称乌梅。《齐民要术》卷四“作乌梅法”：“以梅子核初成时摘取，笼盛于突上，熏之令干，即成矣。乌梅入药，不任调食也。”突即烟囱，是说将未成

① 戴肇辰《（光绪）广州府志》卷一六，清光绪五年刊本。

熟的青梅，以笼子盛着放在烟囱上熏干即成，这是关于乌梅制法最经典的记载。

图 22　乌梅（网友提供）。

乌梅有生津止渴、敛肺涩肠、驱蛔止泻等功效，是治疗虚热口渴、肺热久咳、久泻久痢等疾病的常用药，用途较为广泛。张仲景《伤寒论》所载乌梅丸，即是一副安蛔止痢的经典方。稍后晋葛洪《肘后备急方》梅子单用或组方治疗心腹俱病、伤寒时气瘟病、寒热诸疟、胸膈痰癖、肠痈肺痈以及饮食诸毒等病症，李时珍《本草纲目》更是记载了 33 种使用乌梅的组方，可见乌梅在我国传统医药中的重要地位。而在实际生活中，乌梅几乎是一个四时家常备用药物。宋吴自牧《梦粱录》记载，临安市上有保和大师乌梅药铺。陆游《入蜀记》记载曾在江边蕲口镇买乌梅、薄荷，药店附煎煮须知之类帖子。梅子能醒睡、解酒毒，南朝陈永阳王伯智即曾以此解酒醉[1]，后人多效之。这些都可见乌梅使用的普遍。

乌梅因此也成了梅产地重要的贡品。《新唐书》记载江陵府（今湖北荆州）土贡中即有乌梅一项，这是乌梅作为贡物最早的记载，此后乌梅取代糖梅成了梅产地的实物（本色）和额办（折色）赋贡。如《宋会要辑稿》记载拨额在洪州（今江西南昌）等处采购乌梅6205斤[2]。明成化《湖州府志》记载岁承办乌梅100斤，续增300斤[3]，嘉靖《常熟县志》记载纳赋乌梅200斤[4]。康熙《常州府志》记载本府赋税本色乌梅200多斤、折色乌梅（计价缴钱）银36两[5]。这些都属于征收的药材份额。

乌梅不仅是重要的药材，而且是重要的染料，更确切地说，是因强烈的酸性用作媒染剂，在纺织、造纸等彩色染制尤其是毛纺染色中大量使用[6]。乌梅用作染料，最早可以追溯到唐代韩鄂《四时纂要》所载制胭脂法，当需要酸性原料如醋或石榴子时，即用乌梅代替[7]。胭脂是红色，后世染制红、黄、紫等彩色时，多添加乌梅。明宋应星《天工开物》卷上《诸色质料》："大红色，其质红花饼一味，用乌梅水煎出，又用碱水澄数次，或稻稿灰代碱，功用亦同。澄得多次，色

---

① 冯贽《云仙杂记》卷七《蜜浸乌梅解宿酲》，《四部丛刊续编》景明本。

② 徐松《宋会要辑稿》食货三四，稿本。

③ 劳钺、张渊《湖州府志》卷八，书目文献出版社1991年版《日本藏中国罕见地方志丛刊》本。

④ 冯汝弼《（嘉靖）常熟县志》卷二，明嘉靖刻本。

⑤ 于琨《（康熙）常州府志》卷八，清康熙三十四年刻本。

⑥ 用于造纸着色，如明王宗沐《（万历）江西省大志》卷八："（造纸）颜色系红花、乌梅，出于湖广、广东等处，论值收买，如法染造。"明万历二十五年刻本。

⑦ 韩鄂《四时纂要》卷三，朝鲜刻本。

则鲜甚。”乌梅与碱水交替使用，以调和酸碱度，增加着色的效果，无论官作、民坊用量都很大。从明清文献所载可见，各地承担的赋额较之药材要沉重许多。明弘治莫旦《大明一统赋》注称天下岁办颜料：“红花一万五千斤，蓝靛十万斤，槐花四千斤，栀子二千四百斤，乌梅八千四百斤。”[①]申时行《大明会典》记载户部甲字库征收颜料共计412222斤，其中乌梅39309斤[②]。据刘斯洁《太仓考》，这近四万斤赋贡由浙江、江西、湖广、福建、四川、广东等省，应天（驻今江苏南京）、苏州、松江、常州、镇江、淮安、扬州、徽州、宁国、池州、太平、安庆、滁州、广德等州府定额折色分摊[③]，各省分摊至州府，州府分摊至属县，形成庞大而严密的征收系统，有关各地县志大多记载了这项赋额。明万历以来，宫廷生活奢靡，织造华服耗资剧增，乌梅用量逐渐增多。明陈汝锜《甘露园短书》卷五《织造》：“上方每岁所用袍服，未闻其数，曾见陕西抚院贾待问疏称该省应造万历二十五年龙凤袍共五千四百五十四。额设机五百三十四张，该织匠五百三十四名，挽花匠一千六百二名。新设机三百五十张，该织匠三百五十名，挽花匠七百五十名，挑花络丝打线匠四千二百余名。举一省而他可知也。又于某县派染绒乌梅三千余斤，举一县而他可知也。”[④]陕西并非织造大省，更非乌梅盛产地，而承担之乌梅赋额如此之重，其他地区的情况就不难想见。

此项赋科入清后所在各地均仍承担折色征银。如清道光《来安县志》记载，该县明嘉靖甲字库贡额乌梅92斤，道光间乌梅折征银二钱七分

---

① 莫旦《大明一统赋》卷下，明嘉靖郑普刻本。

② 申时行《大明会典》卷三〇，明万历内府刻本

③ 刘斯洁《太仓考》卷一〇之四，明万历刻本。

④ 陈汝锜《甘露园短书》卷五，明万历刻清康熙重修本。

一厘[①]。道光《歙县志》记载，明户部征本色乌梅15斤，康熙十二年按每斤价银二分，折征银三钱九厘有零[②]。虽然赋额较明之后期略有减少，但仍是牵涉范围较广、数额较大的赋款，可见整个明清时期朝廷织染中乌梅用量的巨大。在民间也复如此，晚清、民国间所编《杭州府志》记载富阳乌梅“远市西北，云疗马疾，其就近货售者，染肆之用最巨，至以入药盖甚微也”[③]，是说市井染坊乌梅用量最大。

乌梅也是军事物资，不仅用于一般的军中疗伤，还用于制造炮火毒药，同时也反用作解药。如明茅元仪《武备志》所载法火药制法即用乌梅末与皂、椒、砒霜等作原料[④]，宋人曾公亮《武经总要》所记火药法中即以乌梅、甘草作为常用解药[⑤]。

乌梅还是“金银器去垢”[⑥]除锈的常用物，主要原理是乌梅中的酸性物质与金属表面的氧化物进行还原反应，从而达到除锈的目的。明宋诩《竹屿山房杂部》“白银法”和“熟铜造器”法介绍：“用乌梅置瓷器中，同水煎浓，以银物于火中烧去积垢，投之煮，令纯白光明，刷涤烘干。”“（铜器）乌梅煎汤揩之，明如金色。”《宋会要辑稿》记载宫中打造银器每百两银给乌梅四两[⑦]，清宫清洗圆明园铜像，也多用乌梅[⑧]。上述这些，古人认为“生梅、乌梅、白梅功用大约相似，

---

① 符鸿《（道光）来安县志》卷三，清道光刻本。
② 劳逢源《（道光）歙县志》卷五之二，清道光八年刻本。
③ 吴庆坻等《（民国）杭州府志》卷七九，民国十一年本。
④ 茅元仪《武备志》卷一一九，明天启刻本。
⑤ 曾公亮《武经总要》前集卷一二，《影印文渊阁四库全书》本
⑥ 张宗法《三农纪》卷五《梅》，清刻本。
⑦ 徐松《宋会要辑稿》职官二九。
⑧ 清官修《圆明园内工则例》，清抄本。

第乌梅较良，资用更多”[①]，是说乌梅质量好些，因而使用更为普遍。

（五）青梅、黄梅

青梅（图 23）、黄梅，统称生梅，指未加工的鲜果。未成熟时多呈碧绿色，称青梅，成熟时为黄色，称黄梅。上述白梅、糖梅、乌梅均由青梅或黄梅腌、晒加工而成，而作为水果，两者又都可直接食用。但梅子酸重，古人所说“多食损齿、伤筋、蚀脾胃，令人发膈上痰热”（宋人大明日华子《本草》）[②]，因而除个别偏嗜之人，一般只能少量品尝。

古人记载的品种中，也有极宜鲜食的，如消梅。范成大《梅谱》：“消梅，花与江梅、官城梅相似。其实圆小，松脆多液，无滓。多液则不耐日干，故不入煎造，亦不宜熟，惟堪青啖。”是说消梅不能腌、晒加工，只宜食用鲜果，果肉极为清脆，是优良的鲜食品种。北宋理学家邵雍有诗《东轩消梅初开劝客酒二首》[③]，其洛阳宅园安乐窝有此品种，时间至迟在神宗熙宁间（1068—1077）。《王直方诗话》：“消梅，京师有之，不以为贵。因余摘遗山谷（引者按：黄庭坚），山谷作数绝，遂名振于长安。”[④]可见宋哲宗元祐年间（1086—1093），消梅闻名于开封。南宋施宿《（嘉泰）会稽志》卷一七：“消梅，其实脆而无滓，其始传于花泾李氏，故或谓之李家梅。”花泾，山名，在绍兴山阴县（今浙江绍兴县），是说南宋绍兴也有这种品种。明成化《湖州府志》卷八：“消梅出道场山下，青脆殊甚，其实尤早。”[⑤]可见明中叶湖州还盛产。同时华亭（今上海松江）宋诩《竹屿山房杂部》称消梅“白花，重者小，

---

① 缪希雍《神农本草经疏》卷二三，《影印文渊阁四库全书》本。

② 李时珍《本草纲目》卷二九，《影印文渊阁四库全书》本。

③ 《全宋诗》，第 7 册，第 4505 页。

④ 郭绍虞辑《宋诗话辑佚》，中华书局 1980 年版，上册，第 109 页。

⑤ 劳钺、张渊《湖州府志》卷八。

单者大”[①]，说消梅又分重瓣与单瓣两种。此后各类记载多属抄录范成大《梅谱》和宋氏所说，未见新的有效信息。今人褚孟嫄主编之《中国果树志·梅卷》记载197个果梅品种，未见有消梅，可能早已失传了，这是令人十分遗憾的事。

图23　青梅酸脆，鲜食可解渴，《世说新语》所载曹操军队望梅止渴即是典型例子。图片网友提供。

尽管梅子鲜食多忌，但梅是落叶果树中结实和采食最早的水果，落花两个多月后，果实渐成，古人多称“青梅如豆”，进而称“如弹”“脆丸”，即可采摘食用。其最鲜明的功用是解渴，《世说新语》所载曹操

① 宋诩《竹屿山房杂部》卷九。

军队望梅止渴的故事就是典型的例子。西晋陆玑《诗义疏》说梅子“可含以香口”[①]，是说含咀梅子可以除口臭，相当于今天吃口香糖之类，当然咀嚼梅干、乌梅效果应相同。

梅子采食时，正是清明至立夏前后暮春、初夏的美好季节，加之果实碧圆，肉质酸脆，给人清鲜时新的感觉，人们乐于食用。宋人白玉蟾《青梅》诗所说“青梅如豆试尝新”，就是说的这个风味。同时陆游即有“生菜入盘随冷饼，朱樱上市伴青梅”（《雨云门溪上》）、“苦笋先调酱，青梅小蘸盐”（《山家暮春》）、“催唤比邻同晚酌，旋烧笙笋摘青梅”，“下豉莼羹夸旧俗，供盐梅子喜初尝”（《东园小饮》）、“青梅旋摘宜盐白，煮酒初尝带腊香”（《初夏幽居偶题》）、“糠火就林煨苦笋，密罂沉井渍青梅”（《初夏野兴》）、“小穗闲簪麦，微酸细嚼梅”（《初夏幽居杂赋》）等诗句，或蘸盐吃，或浸井水以改善口味，或与樱桃、新笋、蚕豆等伴食，构成暮春初夏时节典型的时令风味果蔬。

青梅食用最常见的还是佐酒。南朝诗人鲍照《挽歌》“忆昔好饮酒，素盘进青梅”，唐代诗人李郢《春日题山家》“依岗寻紫蕨，挽树得青梅……嫩茶重搅绿，新酒略炊醅”，都是说的这种情景。梅酸之重味当以酒之甘辛可以中和，而梅子又有明显的“去烦闷”“消酒毒”（宋初本草学家日华子）[②]的作用。江南盛产梅子，到了宋代，社会重心向江南转移，青梅荐酒的风气也就更为兴盛。其中最值得注意的是所谓“青梅煮酒”，说的是青梅与煮酒两种时令风物。煮酒不是动词而是名词，指经过烧煮过的酒，相对应的是清酒、生酒。后者酿好后直接饮用，而煮酒则是酿好后装瓮蒸煮杀菌，封存数月，生产工艺与品

① 贾思勰《齐民要术》卷四，《四部丛刊》本。

② 唐慎微《证类本草》卷二三，《四部丛刊》本。

质类型都与后世黄酒基本相同。煮酒一般在腊月酿制泥封，到来年清明、立夏间开坛发售和食用，而此时正是青梅采摘的时节。两者相遇于春夏之交，成了当令佐食的风味搭档，因而就有了“青梅煮酒”这个流行说法。元以来煮酒之名渐废，黄酒之名兴起，煮酒之名演变为动词，所谓“青梅煮酒”多是说以青梅煮酒或煮青梅酒[①]。另有所谓青梅酒，所说也不是以青梅作原料酿制的酒，而是浸有青梅的酒[②]，实际所说都是青梅下酒之法。

青梅不仅鲜食其果，果肉也可取以烹饪。南宋宠臣张俊招待宋高宗的菜谱中即有梅肉饼儿、杂丝梅饼儿[③]，是掺入青梅等果丝的面食。明宋诩《竹屿山房杂部》所载羹汤类食品中有梅丝汤，“青梅用大而坚者，趁众手切丝，不可迟”，以甘草、新椒、生姜、盐拌腌制，用作烹汤的原料[④]。青梅也可与其他食材搭配腌制，如明高濂《遵生八笺》所载蒜梅：“青硬梅子二斤、大蒜一斤或囊剥净，炒盐三两，酌量水，煎汤，停冷浸之。候五十日后卤水将变色，倾出，再煎其水，停冷浸之入瓶。至七月后，食梅无酸味，蒜无荤气也。”[⑤]以蒜之荤味与梅之酸味相互制约，反复腌制，以改善口味，应是一道风味独特的腌菜。

日常以糖、盐腌梅最为普遍，腌制后的卤汁称梅卤。成熟黄梅去核搅碎，或经晒干贮存，用时掺水并加糖或盐，则称梅酱。清人顾仲《养小录》称，梅酱、梅卤可用以代醋拌蔬，而制作各类果卤、果酱或保

① 有关这一问题的详细论述请见程杰《“青梅煮酒”事实和语义演变考》，《江海学刊》2016 年第 3 期。

② 梁鼎芬《（宣统）番禺县续志》卷一二：“或以浸酒曰青梅酒。”民国二十年重印本。

③ 周密《武林旧事》后武林旧事卷三，民国影明《宝颜堂秘籍》本。

④ 宋诩《竹屿山房杂部》卷一三。

⑤ 高濂《遵生八笺》卷一二，明万历刻本。

存鲜花时，“入汁少许则果不坏，而色鲜不退”[①]。梅酱、梅卤也是简单易行的梅子贮藏法，可备四季不时之需。明王世懋《学圃杂疏》“梅供一岁之咀嚼，园林中不可少”，说的就是这种生活经验。

梅卤、梅酱还是制作酸梅汤的主要原料。酸梅汤是我国源远流长、贫富皆宜的解暑饮料。《礼记》中即提到一种叫作“醷（yì）”的浆水，汉郑玄注称“梅浆”[②]，即梅酱，是以梅子制作，介于酱、醋之间，主要用作调味品。宋张君房《云笈七签》中记载“造梅浆法”，是以梅子捶碎加盐烧煮取汁，所说并非食用，而是炼丹的辅料[③]。至迟在宋代，用作冷饮解暑的酸梅汤正式出现，当时叫作“卤梅水”，《西湖繁胜录》、周密《武林旧事》均有记载[④]，顾名思义是以梅卤冲制的饮料。明人生活类书籍中有许多以青梅、黄梅制作的汤类名目[⑤]，正如韩奕《易牙遗意》所说，“青梅汤家家有方”，“大同小异”[⑥]。清乾隆间王应奎《梅酱》称：“今世村家夏日辄取梅实打碎，和以盐及紫苏，赤日晒熟。遇酷暑辄用新汲井水，以少许调和，饮之可以解渴……古为王者之饮，而今为村家之物，有不入富贵人口者。”[⑦]清郝懿行《证俗文》也说：“今人煮梅为汤，加白糖而饮之。京师以冰水和梅汤，

① 顾仲《养小录》卷上，清《学海类编》本。
② 郑玄注《礼记》卷八，《四部丛刊》景宋本。
③ 张君房《云笈七签》卷七一，《四部丛刊》景明正统《道藏》本。
④ 西湖老人《西湖繁胜录》、周密《武林旧事》卷六。
⑤ 刘基《多能鄙事》卷二饮食类《酸汤》，明嘉靖四十二年刻本。韩奕《易牙遗意》卷下诸汤类《青脆梅汤》《黄梅汤》。
⑥ 韩奕《易牙遗意》卷下。
⑦ 王应奎《柳南续笔》卷三，清《借月山房汇钞》本。

尤甘凉。”[1]是说京城已有冰镇酸梅汤[2]。苏州光福“香雪海”的村民所产梅子也有不少用于制作酸梅汤，清人赵翼《芸浦中丞邀我邓尉看梅……》：“园丁种树岂因花，为卖酸浆冰齿牙。”[3]不仅是平常农户、城镇普通市民，即使像《红楼梦》所写，宝玉挨打后，撒娇要喝的也是酸梅汤，可见也是王公贵族之家常用的饮料。

二、梅子的文化意义

从以上排比梳理不难发现，梅子虽然不入传统“五果”之列，但实用价值较为丰富，在我国的开发应用历史极其悠久，社会应用十分广泛，在我国人民的物质生活中发挥了积极的作用，受到人们的普遍重视和喜爱。反映在文化上，梅子丰富的使用价值和悠久的应用历史带给人们极为丰富的感受和经验，引发许多美好的思想和情趣，在人们精神生活的许多方面产生了显著的影响，留下了深刻的印迹，形成了丰富的人文意蕴。

---

① 郝懿行《证俗文》卷一，清光绪东路厅署刻本。

② 郝懿行《晒书堂集》诗钞卷下《都门竹枝词四首》其一：“底须曲水引流觞，暑到燕山自解凉。铜碗声声街里唤，一瓯冰水和梅汤。”清光绪十年东路厅署刻本。清李虹若《都市丛载》卷七《冰梅汤》：“搭棚到处卖梅汤，手内频敲忒儿当（以两铜令背击而响，其声若忒儿当）。伏日蒸腾汗如雨，一杯才饮透心凉。”清光绪刊本。冰振酸梅汤起源也很早，《金瓶梅》第二十九回写春梅为西门庆做酸梅汤，“放在冰里湃一湃”，又说“向冰盆内倒了一瓯儿梅汤”，是冰梅汤的不同做法。或者所谓冰梅汤未必非用冰不可，因味酸而口感凉爽也称冰梅汤，如清孙衣言《漱兰顷有所赠，题其函曰冰敬，戏作一诗为谢》注：“都中六月以水浸青梅，谓之冰梅汤。”《逊学斋诗钞》续钞卷四，清同治刻增修本。

③ 赵翼《瓯北集》卷三八，清嘉庆十七年湛贻堂刻本。

（一）梅酸的喻义

梅子以酸味著称，在食用醋发明之前，是人们获取酸味最主要的食材和调味品，其地位几乎与盐相当。从人类认识史的一般规律来说，物质的实用价值、经济价值总是形容其他价值理念最方便、最常见的方式。正是梅子味酸这一特性和作用，使其成了人们形容、表达某些类似或相关情绪感受和思想理念的常用比喻和象征。

其中最重要的当属《尚书·说命》所说“盐梅和羹”。本意是说盐多则咸，梅多则酸，盐梅适当，就能成为美妙的和羹。《尚书》借助这一烹调经验表达对大臣辅佐朝政、调和万方的期待，后世多用来比喻君臣之间齐心合力，治理国政的美好关系，形容君臣和谐，朝政协畅的政治理想。同时，在现实生活中也用作赞颂或恭维他人器当大任、位极人臣的流行誉辞。

稍后春秋时还有一段议政之辞也以“和羹”为喻。《左传》和《晏子春秋》记载，齐景公称其嬖臣梁丘据与他最“和”，晏子说梁丘据与齐王只是“同”，算不得“和”。齐景公问“和与同异乎？”晏子说：“异，和如羹焉，水火、醯醢（xī hǎi）、盐梅以烹鱼肉，焯之以薪。宰夫和之，齐之以味，济其不及，以泄其过。君子食之，以平其心。君臣亦然，君所谓可，而有否焉，臣献其否，以成其可。君所谓否，而有可焉，臣献其可，以去其否。是以政平而不干，民无争心。”[1]晏子，晏婴，春秋时齐国人。他以鱼肉之羹的做法来说明“和而不同”的道理。要烹制美妙的肉汤，不能缺少水与火，醯、醢一类酱液，还有盐和梅等调味品，厨师将它们综合一起，各效其力，各尽其用，相互协作，才能真正完成。治国理政的道理与此类似，君臣之间有不同理念、

① 晏婴《晏子春秋》外篇重而异者第七。

意愿和才能，相互补充、综合平衡才行。臣子的“和”决不是“同”，所谓“同”只是一味顺从附和，而“和”是及时提出不同的观点去弥补君主的不足，制约君主的过度要求。这样君臣之间上下制约，相济为美，政事就会公正合理、和谐协调。

两处都以“和羹”之事来比方治国理政，所说或重视君臣间的和谐协调，或强调不同观点的相互制约、相辅相成，关键都在一个“和”字。“和”是我国传统文化中最古老、最核心的理念之一，无论是人与自然（天）之间，还是人与社会之间，都特别强调和谐协调。经典所说“天人合一”，“天时不如地利，地利不如人和”，“礼之用，和为贵”，“君臣和睦，上下同心”，“君子和而不同”等，倡导的是天地万物以及各类生命群体、社会力量和思想观念的和谐共处、相济为美。饶有趣味的是，这一理念在先秦文化原典中都是通过人们熟知的烹饪之事来譬喻和阐发的，而梅子正是烹饪中的主要调料，因而成了这一经典譬喻中的重要元素，成了“和”这一重要思想理念的形象载体。这是梅子人文意蕴中最重要的内容。

汉代还有一个与此有些类似的譬喻。西汉刘安《淮南子》说：“百梅足以为百人酸，一梅不足以为一人和。”东汉许慎注称：“喻众能济少，少不能有所成也。”[①]《淮南子》在另一处说“日计之不足，而岁计之有余”，许慎注则说：“譬若梅矣，百梅足以为百人酸，一梅不足为百人酸。”[②]两处正文和注解正好互训，表明当时有这样一种流行的谚语。到了梁元帝萧绎《金楼子》则说成“百梅能使百人酸，一梅不足成味”。三处说法大同小异，其喻意则完全一致，都是说人或物多了，

① 刘安著，许慎注《淮南鸿烈解》卷一七，《四部丛刊》景抄北宋本。
② 刘安著，许慎注《淮南鸿烈解》卷二，《四部丛刊》景抄北宋本。

有协调的空间，就容易成事，而相反则无回旋余地，难以运转。按当时的说法是多能济少，少不成事，日计不足，岁计有余。这是一个不难理解的道理，仍是用梅子调味作比方，生活经验与世事道理间相互启发和印证，进一步显示了梅子的生活意义和比喻作用。

魏武帝曹操“望梅止渴”的故事，也是涉及梅子酸味功用的著名掌故。南朝刘义庆《世说新语》本是作为反映曹操机诈、狡黠之反面事例，但也反映了人们对梅子“甘酸可以解渴”的常识记忆和深刻体验。这一故事成了古今汉语中使用频率较高的成语，形容人们愿望无法实现时以空想作慰解的心理状态。从心理学上说，这是一种积极的心理机制，而在成语用法上则多属贬义，与画饼充饥、闻春忘饥等较为相近，但由于梅之酸味直接和强劲，使这一成语给人的感受要远为真切和强烈，是表达这类心理活动和精神状态最为生动有力的短语。

上述几条都是由梅子浓重的酸味引发的譬喻和成语，都发生在梅花引起关注之前。魏晋以来，梅“始以花闻天下”，此前人们留意的只在果实及滋味，而不是花色形象，即所谓“以滋不以象，以实不以华(引者按：花)”[①]。在梅花尚未引起注意时，梅的果实在人们的日常生活中发挥了极为重要的作用，人们的感受丰富，体会深刻，因而借以表达一些重要的思想理念和生活经验。这是我们考察梅文化发展历程时必须首先了解的。

人们对梅花的关注兴起之后，梅子的味觉体验依然在人们的经验书写中发挥积极的作用。最值得注意的是，在文学作品中，梅酸与椒辛、蜜甜、冰寒、荼苦、黄柏苦、黄连苦、莲心苦一起成了人们相应情绪感受最简明通俗，同时也是流行而有力的比喻。南朝诗人鲍照《代东

① 杨万里《洮（táo）湖和梅诗序》，《诚斋集》卷七九，《四部丛刊》景宋写本。

门行》抒写游子羁旅思乡之苦:“野风吹秋木,行子心肠断。食梅常苦酸,衣葛常苦寒。丝竹徒满坐,忧人不解颜。”这是最早以食梅形容生活酸苦的诗例。唐白居易《生离别》:“食檗不易食梅难,檗能苦兮梅能酸。未如生别之为难,苦在心兮酸在肝。晨鸡再鸣残月没,征马连嘶行人出。回看骨肉哭一声,梅酸檗苦甘如蜜。”以梅子酸、黄柏(黄檗)苦两个强烈的味觉联袂重复比喻,说得更为醒豁,都产生了深远的影响[①]。显然,这样的通俗比喻有着心理共鸣的生活基础。

(二)梅子的时令意义

由于梅子的实用价值和经济利益,梅子生长、收获、制作都成了人们关注的对象,相应的过程多被引为时令的标志,具有节候的象征意义。

先秦典籍中最重要的有两处:一是《诗经·召南·摽有梅》:“摽有梅,其实七兮。求我庶士,迨其吉兮。摽有梅,其实三兮。求我庶士,迨其今兮。摽有梅,顷筐塈之。求我庶士,迨其谓之。”“召南”是西周早期在南方江、汉流域新开辟的领地,约当今湖北的北部、河南的南部地区。这是一首怀春思嫁的民歌,出于青春少女的口吻,表达的求嫁心情比较急切。以梅子的收获起兴,所谓“摽”是坠落的意思。诗歌说树上梅子越来越少了,爱我的男士选个吉日来求婚吧。梅子七个变成三个了,得抓紧用篮筐去拾取,爱我的男士不要磨蹭了,就直接来说吧。后世常见的士大夫家庭少女怀春、少妇闺怨之情多用梅花开、梅花落来比兴烘托,而这是乡村农家少女的歌曲,用梅子的收获起兴,也是典型的“劳者歌其事”。可见实际的梅子收获季节是比较紧张忙

---

① 关于文学中梅子酸味表现作用的详细情况,请参阅程杰《青梅的文学意义》,《江西师大学报(社科版)》2016 年第 1 期。

碌的，参与劳作的不仅是女子还有男子。这种紧迫的收获场景是女子急切心情生动、贴切的比喻，也由于这首作品，“摽梅”一语成了传统文化中表达女大当嫁、婚姻及时之期望和忧怨最常用的典故和措辞。另一是汉代《大戴礼记·夏小正》：“五月……煮梅，为豆实也。”《夏小正》是一个包含许多夏朝历法信息的历书，这里说的是五月的农事，煮梅当是蒸煮晒制梅干，以供祭祀和日常食用。既然写入历书，也应是一个有着标志意义的重要节候和时令内容。

六朝以来，随着人口增殖繁衍，社会生活不断丰富，人们对梅的关注也便越来越多。梅子的生长过程覆盖整个春三月，绵延至初夏。由于在三春花树中结实、成熟最早，也就获得更多时节流转的标志意义。其中有青梅、黄梅两个明显不同的时节。梅子未成熟时称青梅，按果实大小，又有两个阶段。一是“青梅如豆”，果实成形不久，细小如豆，这在江南地区约当春分、清明时节。如五代冯延巳（一作欧阳修）《醉桃源》：“南园春半踏青时，风和闻马嘶。青梅如豆柳如眉，日长蝴蝶飞。”明祁彪佳《春日口占》：“青青梅子正酸牙，妆点清明三两家。”说的就是美好的仲春时节。二是梅果稍大，可以摘食，古人常以“弹丸”来形容，在江南地区约当谷雨至立夏前后。明沈守正《立夏》“青梅如弹酸螯口，家家蒌蒿佐烧酒”，说的就是这种时节。这类风物节令在江南地区晚春、初夏季节的时序、风景、田园、山水等诗歌中较为常见，形象鲜明，情趣生动，意境优美。另外，应劭《风俗通义》记载，“五月有落梅风，江淮以为信风”[①]，说的是初夏季节的大风天气，唐人李峤《莺》诗中曾提到[②]，也是以梅子为标志的一种节候。

---

① 李昉（fǎng）《太平御览》卷九七〇，《四部丛刊三编》景宋本。

② 《全唐诗》卷六〇，《影印文渊阁四库全书》本。

最著名的莫过于梅子最后黄熟的阶段，此时江淮沿江地区常细雨连绵，天气湿溽，世称“梅雨”“黄梅雨”，这一季节称作“黄梅天”。这一名称最早见于西晋周处《风土记》，初唐徐坚《初学记》辑其文称：“周处《风土记》曰：梅熟时雨谓之梅雨。”[①]《太平御览》一处所引同[②]，又一处作：“夏至之日雨，名曰黄梅雨。”[③]南北朝诗人庾信《奉和夏日应令》“麦随风里熟，梅逐雨中黄”，隋薛道衡《梅夏应教》“细雨应黄梅”，隋炀帝《江都夏》“黄梅雨细麦秋轻”云云，所说都着眼“梅子黄时雨”。初唐徐坚《初学记》说得更为明确：“梅熟而雨曰梅雨，江东呼为黄梅雨。”[④]这些材料都充分显示，所谓梅雨乃因时值梅子黄熟而得名[⑤]。

梅雨是东亚大气环流在春夏之交季节转变期间的特有现象，在我

---

① 徐坚《初学记》卷三岁时部上，清光绪孔氏三十三万卷堂本。

② 李昉《太平御览》卷二二，中华书局1996年版。

③ 李昉《太平御览》卷二三。

④ 徐坚《初学记》卷二天部下。此语宋人叶廷珪《海录碎事》卷一天部上、魏仲举注柳宗元《河东先生集》卷四三《梅雨》诗均引作梁元帝《四时纂要》。

⑤ 《太平御览》卷九七〇还辑有应劭《风俗通义》：“五月有落梅风，江淮以为信风。又其霖霪号为梅雨，沾衣服皆败黦。”但宋吴淑《事类赋》注、《王荆公诗》李壁注、《东坡诗集》任渊注引周处《风土记》均作“夏至之前雨名为黄梅雨，沾衣服皆败黦”，沾衣服败黦云云，当为周处《风土记》所云，《太平御览》两处所辑梅雨资料均言明出自《风土记》，此处当是误书而承上作应劭《风俗通义》，未见他书有类似记载，宋以后归诸应劭《风俗通义》者都应出于此。后世误认东汉应劭《风俗通义》有此语，遂以为梅雨本义作霉雨，而误为梅雨，如明顾充《古隽考略》、周祈《名义考》等。此说不妥，衣物败黦之语或为《风俗通义》所言，也无因之得名之意。更为重要的是，从此类风信雨期的命名规律看，也以得名于花开果熟这类自然物候为正常，无需多费周折，以雨期滞久后衣物霉变，而雨期短暂之年份还未必出现之结果来命名。我们认为，梅雨的明确记载应首见晋周处《风土记》，梅雨当得名黄梅，而非衣物发霉。

国主要表现在长江中下游地区，每年的初夏即公历的六月中旬至七月中旬，江淮流域经常出现一段持续较长的阴雨连绵、温热湿溽的气候，构成这一带特有的天气现象，对人们的生产和生活产生了深刻的影响。在农业上，“五月若无梅，黄公揭耙归”，“梅不雨，无米炊”[1]，“若无梅子雨，焉得稻花风”（元方回《梅雨连日五首》），梅雨的多少、久暂对农业生产的关系甚重。“黄梅时节家家雨，青草池塘处处蛙”（宋赵师秀《约客》），“江南四月黄梅雨，人在溟蒙雾霭中”（明钱子正《即事》），“黄梅节届雨连绵，绨绤临风倍爽然。十里芰荷香馥馥，一堤芳草软芊芊”（清郑熙绩《莲舟即事分得芊字》），这一时节独特的风景也给人们留下深刻而美好的印象。而“江南梅雨天，别思极春前”（唐释皎然《五言送吉判官还京赴崔尹幕》），“江南梅子雨，骚客古今愁”（宋方回《五月九日甲子至月望庚午大雨水不已十首》），“试问闲愁都几许，一川烟草，满城风絮，梅子黄时雨”（宋贺铸《青玉案》），由此引发的人生感怀和心理体验也是十分丰富而浓厚的。文学中有关风景描写和情绪寄托极为丰富，形成了一种特定的节令情结和书写氛围，对此已有学者进行了专题阐发[2]，我们不再赘言。梅子作为这一重要季节的标志，同时也作为这一时令的特殊风物，因此浸染了这一季节特有的生活风情，打上许多情感的烙印，给人们留下极为深刻的印象。

（三）生梅鲜食的情趣

前文所说梅酸的意义主要着眼于梅子物质特性和食用常识在文化

---

① 程杰、范晓婧、张石川《宋辽金元歌谣谚语集》，南京师范大学出版社2014年版，第149、151页。

② 渠红岩《论中国古代文学中的梅雨意象》，《人文杂志》2012年第5期；《论梅雨的气候特征、社会影响和文化意义》，《湘潭大学学报（社会科学版）》2014第5期。

图 24　黄梅指梅子最后黄熟的阶段，此时江淮沿江地区常细雨连绵，天气湿溽，世称“梅雨”“黄梅雨”，这一季节称作“黄梅天”。图片网友提供。

中的引用，而食用生梅尤其是未成熟的青梅极富生活情趣，人们乐于歌咏和描写。南朝诗人鲍照《挽歌》“忆昔好饮酒，素盘进青梅”，是说以青梅佐酒。陈暄《食梅赋》称梅为“名果”，赞其食用之美。唐宋以来尤其是宋以来，人们的描写、歌咏就更为频繁和具体。陆游《闰二月二十日游西湖》“岂知吾曹淡相求，酒肴取具非预谋。青梅苦笋助献酬，意象简朴足镇浮”，高度评价其清贫简朴的韵味和乡村野逸的气息，赋予食用青梅以高雅的意趣和品格。

在梅子食用中最普遍的情景是青梅佐酒，正如李清照《卷珠帘》所说“随意杯盘虽草草，酒美梅酸，恰称人怀抱”，而最具文化意义的无疑是“青梅煮酒”。这一说法流行于宋代，如晏殊《诉衷情》“青梅煮酒斗时新”、谢逸《望江南》“漫摘青梅尝煮酒，旋煎白雪试新茶”、王炎《上巳》“旋擘红泥尝煮酒，自循绿树摘青梅”、姜夔《鹧鸪天》“呼煮酒，摘青梅，今年官事莫徘徊”等所说即是，给人们带来的情趣多多。而《三国演义》中曹操、刘备“青梅煮酒论英雄”之事更是脍炙人口，其浊酒逞豪、粗茶闲话的情景和氛围成了人们抒情托意的经典意象和流行话语[①]，产生了显著的社会影响。

（四）梅果赏玩的情趣

梅花谢后，果实逐渐生长，至春末夏初，“青梅子在树，累累可观”[②]，果形圆硬，气息青鲜，肉质酸脆，极富视觉、嗅觉美感，令人赏心悦目。古人多以“青梅如豆”和“碧弹”“翠丸”来形容，十分讨人喜爱，诗歌中经常描写采摘把玩的情景。李白“郎骑竹马来，绕床弄青梅”，说的就是顽童摘玩的游戏。晚唐韩偓《中庭》：“夜短睡迟慵早起，日高方始出纱窗。中庭自摘青梅子，先向钗头戴一双。”这是写女性以青梅插髻装饰。清沈钦韩《咏蜜煎消梅》注称，“吴俗立夏日，女子以簪贯青梅插髻边”[③]，可见佩戴青梅在江南地区还一度

① 程杰《“青梅煮酒”事实和语义演变考》，《江海学刊》2016年第3期。

② 郑光祖《一斑录》杂述四，清道光《舟车所至丛书》本。

③ 沈钦韩《幼学堂诗文稿》诗稿卷一二，清嘉庆十八年刻道光八年增修本。又冯桂芬《（同治）》苏州府志〉卷三《风俗》：“立夏日荐樱、笋、麦蚕（引者按：未成熟的嫩麦粒略施蒸炒后，碾磨或捣搓成的蚕形面条）、蚕豆，妇女各插青梅子一颗于鬓。”清光绪九年刊本。

形成风气。宋梅尧臣《青梅》："梅叶未藏禽，梅子青可摘。江南小家女，手弄门前剧。"写的是小家碧玉门前把玩。陈克《菩萨蛮》："绿窗描绣罢，笑语酴醾下。围坐赌青梅，困从双脸来。"是写女伴窗下赌梅同玩。最生动的情景莫过于李清照《点绛唇》："蹴罢秋千，起来慵整纤纤手。露浓花瘦，薄汗轻衣透。见有人来，袜刬金钗溜，和羞走。倚门回首，却把青梅嗅。"写天真活泼的闺中少女，遇见陌生人慌张、娇羞的动作神情，给人留下极其生动、美好的印象。上述文学情景，都成了我们文学创作中的经典形象，有些更是凝结为日常生活的流行话语[①]。

（五）儒释道和民俗中的梅子象征

儒、释、道三教是我国传统思想的核心因素，出于不同的生活因缘，都有引梅子作为譬喻明道传法的现象。其中宋明理学家以梅子比喻天理、仁心的说法最值得注意。理学家把梅花先春开放视作阴阳消长、天理流机、"天地之大德曰生"的典型象征[②]，由梅花进而想到果实，并以果核中的子仁谐音儒家视作天理核心的"仁"。"天心何处见，梅子已生仁"[③]，"梅才有肉便生仁"[④]。"花耿冰雪面，实蕴乾坤仁"[⑤]，梅花是"得气之先，斯仁之萌"，而梅子是"自华至实，斯仁之成"[⑥]，

① 以上有关古代文学中的青梅情景，详细论述请见程杰《青梅的文学意义》，《江西师范大学学报（哲学社会科学版）》2016 年第 1 期。

② 详细论述请见程杰《中国梅花审美文化研究》，巴蜀书社 2008 年版，第 119 ～ 128 页。

③ 汪志伊《知新诗・梅仁见天心也》，《稼门诗文钞》诗钞卷九五，清嘉庆十五年刻本。

④ 张至龙《题白沙驿》，宋陈起《江湖小集》卷一八，《影印文渊阁四库全书》本。

⑤ 陈栎《题梅庵图》，《定宇集》卷一六，《影印文渊阁四库全书》本。

⑥ 陈深《梅山铭》，《宁极斋稿》，民国《宋人集》本。

“梅子生仁”是天理良知最终圆满落实的象征。理学家又有“梅具四德”之说：“梅蕊初生为元，开花为亨，结子为利，成熟为贞。”[①]本意是说梅具乾卦之“元、亨、利、贞”四德，其中梅之结实成熟代表万物顺遂和坚正的境界。理学家的这些说法都是宋以来梅花欣赏成风、地位高涨之后出现的，由推尊梅花而兼及果实，象征内容则由心性之高而践行之实，通过强调梅子来推举道德贯通、理事充实的更高境界。

佛教与梅子有关的喻义莫过于黄梅。黄梅为县名，今属湖北，本汉蕲春县地，六朝时析置，始名永兴、新蔡，隋因境内有黄梅山，改名黄梅县。明弘治《黄州府志》称：“黄梅山，在治西四十里，山多梅，隋唐时皆以此名县。”[②]黄梅与佛教之关系，全赖佛教禅宗四祖、五祖在黄梅的弘法传教活动。禅宗四祖道信在黄梅县西的双峰山（又称破头山）造寺驻锡传禅，门徒剧增，后称四祖寺。五祖弘忍是黄梅人，悟道后开法于黄梅县冯茂山（又名东山）。四祖、五祖都是禅宗史上极为重要的人物，开创了定居传法、以农养禅、“四仪”（衣食住行）“三业”（身口意）均为佛事的崭新传统，禅宗因此得到了极大的发展，学禅之人急剧增加，社会影响不断扩大。尤其是五祖弘忍时代门徒数以万计，禅教南宗始祖慧能、北宗始祖神秀均出其门，四祖、五祖与六祖惠能之间均在黄梅完成衣钵传授。正因此黄梅被视为禅宗一个重要的发祥地，而其中关键人物五祖弘仁更以黄梅县人，后世影响更大的六祖惠能是“自黄梅得法”[③]，“曹溪宗于天下，而黄梅为得法之源”[④]，

① 黎靖德《朱子语类》卷六八，明成化九年陈炜刻本。

② 卢希哲《（弘治）黄州府志》卷二，明弘治刻本。另，薛乘时《（乾隆）黄梅县志》山川志也采此说，清乾隆五十四年刻本。

③ 释惠能《坛经》，大正新修《大藏经》本。

④ 惠洪《请璞老开堂》，《石门文字禅》卷二八，《四部丛刊》景明径山寺本。

使黄梅成了南宗法门的崇高象征。《景德传灯录》记载一则宗门话头，法常禅师曾从学马祖道一，问“如何是佛”，马祖答“即心即佛”，师即大悟。后驻锡明州大梅山，马祖派人试探，称马祖师已改说“非心非佛”了，法常回说“任汝非心非佛，我只管即心即佛”，马祖闻后对众僧道“梅子熟也”[①]。这里的“梅子”一语双关，即指法常所住梅山，更象征黄梅宗法，马祖的意思是赞许法常禅师法性圆满了。

具有道家思想的学者同样也从梅之阴阳消息中去体验太极之理、自然变化之道，认为“梅即道，道即梅”[②]。仅就与梅子有关而言，有道教养生术中的取梅子法，将童女天癸中的血精结块称作梅子[③]，既是喻形，也如理学视梅为天地初心一样，以梅子喻其阴血初形之义。

民间常以梅谐音媒，不分花果均有此义。仅就梅子而言，传说宋人赵抃与妓女间有一段捷对，妓头戴杏花，赵戏之说：“髻上杏花真有幸。”妓应声说：“枝头梅子岂无媒。”[④]《金瓶梅》中西门庆要王婆帮助勾引潘金莲，王婆故意将做梅汤听成做媒人。明冯梦龙《山歌》所辑苏州民歌《梅子》：“姐儿像个梅子能，嫁着（子介）个郎君口软（阿一介）弗爱青。姐道郎呀，我当初青青翠翠那间吃你弄得黄熟子，弗由我根由蒂瓣骂梅仁。”[⑤]嫁个郎君不知爱，我生得如青梅鲜脆你却爱黄熟，怎能不怨当初说媒人。这里说的“梅仁”谐指媒人，这些都是民间俗语中常有的谐音传统和情趣。

---

① 释道原《景德传灯录》卷七，《四部丛刊三编》景宋本。

② 张之翰《题刘洪父〈梅花百咏〉后》，《西岩集》卷一八，《影印文渊阁四库全书》本。

③ 孙一奎《赤水玄珠》卷一〇《取梅子法》，《影印文渊阁四库全书》本；高濂《遵生八笺》卷一七《取梅子法》，明万历刻本。

④ 宋人《蕙亩拾英集》，许自昌《捧腹编》卷五，明万历刻本。

⑤ 冯梦龙《山歌》卷六，明崇祯刻本。

综上所述，梅是十分独特而重要的水果品种，食用、药用及其他因强烈酸性而产生的应用价值都是十分丰富的，数千年来我国人民积极种植收获、开发利用[①]。青梅、黄梅既可直接食用，也可作为加工原料。梅干、糖梅、乌梅是最主要、最简便的加工制品，至少有两三千年的历史。梅酱、梅卤、酸梅汤等家常制品使用都极为普遍。这些都丰富了人们的物质生活，发挥了显著的社会效益。在漫长的生活应用中，人们既积累了丰富的知识，产生了深刻的记忆，也引发了深厚的感情，寄托了丰富的思想情趣。梅酸的调味功能成了“盐梅和羹”“和而不同”“众能济少，少不成事”等重要思想理念和生活哲理的经典说辞，也成了人生悲苦酸辛的有力比喻。在江南地区，青梅、黄梅成了暮春初夏季节一些时令、气候的著名标志，产生了广泛的影响。人们采摘把玩、煮酒鲜食，更是洋溢着浓郁的时令风物气息，给人们带来许多美好的生活情趣。儒释道三教也都借用梅子进行道德、法术方面的说教。这些都赋予梅子丰富的人文意义。梅子的实用价值是梅这一果树物种资源价值、社会贡献的核心方面，梅的精神文化意义主要体现在梅花的观赏活动中，而梅子引发的人文情趣也是梅之精神文化意义不可忽视的方面，是传统梅文化的重要内容。只有综合梅子与梅花两方面的丰富表现，才能充分体现和全面把握这一物种资源的资源价值、历史贡献和文化意义。

（原载《闽江学刊》2016 年第 1 期）

① 关于历代我国各地青梅产业发展的具体情况，请参阅程杰《中国梅花名胜考》。

“青梅煮酒”事实和语义演变考

曹操、刘备青梅煮酒论英雄是《三国演义》最著名的情节之一，数百年来脍炙人口，但种种迹象表明，自明代中叶以来，人们对“青梅煮酒”四字的理解与原书描述的本义有着明显的差异。其中最关键的是“煮酒”二字，原书本义是一种酒名，而后人通常理解成温酒即给酒加热之类的举动。对此已有学者初步讨论过，但思考不够全面，论述不甚充分。我们重拾此题，在较为广阔的历史时空中，将相关酒文化史迹与文学书写综合考察，对“青梅煮酒”这一说法的前世今生就有了不少新的发现。这不仅有助于全面、准确和深入地把握“青梅煮酒”这一生活常识、文学掌故和文化符号的来龙去脉和实际含义，而且对《三国志演义》的成书时代、宋元酿酒业的发展等相关问题的认识也不无启发和帮助。我们的论述按时间顺序展开。

一、宋代“青梅”与“煮酒”，两种食物

“青梅煮酒”连言始见于宋代。北宋仁宗朝晏殊《诉衷情》：“青梅煮酒斗时新，天气欲残春。”神宗朝王安礼《潇湘逢故人慢》：“况庭有幽花，池有新荷。青梅煮酒，幸随分，赢取高歌。”南宋范成大《春日三首》：“煮酒青梅寒食过，夕阳院落锁秋千。”陆游《初夏闲居》：

“煮酒青梅次第尝，啼莺乳燕占年光。”都是典型的例证。

图 25　青梅生食酸脆，古人常用以佐酒。图片网友提供。

论者已经指出，宋人所说“青梅煮酒”，本义是两种食物，即青梅与煮酒。其中煮酒不是温酒或酿酒的行为，而是一种酒的名称[①]。笔者就此反复验证，宋人所说的确如此。如苏轼《赠岭上梅》:“不趁青梅尝煮酒，要看细雨熟黄梅。”谢逸《望江南》:“漫摘青梅尝煮酒，旋煎白雪试新茶。”陆游《春日》：“迟日园林尝煮酒，和风庭院眼（引者按：读作浪，晒）新衣。”王炎《临江仙•落梅》：“擘泥尝煮酒，拂席卧清阴。”所说煮酒都是“尝”的对象，

① 胥洪泉《“青梅煮酒”考释》，《西南师范大学学报（人文社会科学版）》2001 年第 2 期；林雁《论“青梅煮酒”》，《北京林业大学学报》2007 年增刊。

指享用的食物。又如陆游《初夏幽居偶题》："青梅旋摘宜盐白，煮酒初尝带腊香。"王炎《上巳》："旋擘红泥尝煮酒，自循绿树摘青梅。"姜夔《鹧鸪天》："呼煮酒，摘青梅，今年官事莫徘徊。"吴泳《八声甘州·和季永弟思归》："况值清和时候，正青梅未熟，煮酒新开。"[①]煮酒与青梅对仗并举，都是名称，合指两种食物。其他单见或与他物并举时，"煮酒"也是一种名称。如刘跂《和曾存之约游北园》："煮酒未成逃暑饮，夹衣犹及惜花时。"张耒《三月十二日作诗董氏欲为筑堂》："老病夹衣犹怯冷，春深煮酒渐闻香。"陆游《新辟小园》："煮酒拆泥初滟滟，生绡裁扇又团团。"《春晚闲步门外》："午渴坼瓶尝煮酒，晴暄开笥换单衣。"《春雨中偶赋》："残花已觉胭脂淡，煮酒初尝琥珀浓。"张镃《睡起述兴》："煮酒未尝先问日，夹衣初制渐裁纱。"陈文蔚《程子云欲还乡阻雨聊戏之》："榴花照眼新篁翠，卢橘盈盘煮酒香。"郑刚中《重五》："煮酒无寻处，菖蒲在水中。"《寒食杂兴》："试破泥头开煮酒，菖蒲香细蜡花肥。"陈造《留交代韦倅》："已办明朝开煮酒，丝桐小置式微篇。"前七例都是"煮酒"与其他物什对仗，后三例非对偶句，煮酒则都是动作的对象。

上述诗例都明确显示，煮酒是一种物品、一种酒名。经常与青梅搭配食用，因而连言并举，成了一种流行话语。青梅是未成熟的果实，因颜色青翠而称青梅，相对于成熟时的黄梅而言。青梅生食酸脆，人们常用以佐酒。南朝诗人鲍照《挽歌》："忆昔好饮酒，素盘进青梅。"唐白居易《早夏游平原回》："紫蕨行看采，青梅旋摘尝。疗饥兼解渴，

① 吴泳《鹤林集》卷四〇，《影印文渊阁四库全书》本。

一盏冷云浆。”李郢《春日题山家》：“依岗寻紫蕨，挽树得青梅……嫩茶重搅绿，新酒略炊醅。”都是说的以梅佐酒。入宋后诗人言之更多，司马光《看花四绝句呈尧夫》：“手摘青梅供按酒，何须一一具杯盘。”郭祥正《次曲江先寄太守刘宜翁五首》：“兵厨酒熟青梅小，且置玄谈伴醉吟。”范成大《春日田园杂兴》：“郭里人家拜扫回，新开醪酒荐青梅。日长路好城门近，借我茅亭暖一杯。”王洋《僧自临安归说远信》：“旋打青梅新荐酒，且须耳热听歌呼。”舒岳祥《春晚还致庵》：“翛然山径花吹尽，蚕豆青梅荐一杯。”高九万《喜乡友来》：“晚肴供苦笋，时果荐青梅。甚欲浇离恨，呼镫拨酒醅。”都是说的青梅荐酒，可见已成为人们基本的饮食习惯。而从上述众多煮酒与青梅连言并举的状况可知，煮酒也正是一种最常与青梅搭配食用的酒类，因此我们必须首先弄清什么是煮酒。

二、何谓煮酒

在宋代，煮酒有动词和名词两种性质。煮酒作为动词，是酿酒的一道工序，指酒液酿出后进行烧煮加热杀菌的过程。此义在唐时即已出现，初唐孙思邈《千金宝要》提到“煮酒蜡”，所谓煮酒蜡是酒液酿成蒸煮封瓮时添加，而最终溶浮凝结在封口处的蜡油[1]。中唐房千里《投荒杂录》记载岭南酿酒“饮既烧，即实酒满瓮，泥其上，以火烧

① 参见北宋朱肱《北山酒经》“酒器”“煮酒”“火迫酒”等条目，有涂蜡与加蜡的内容。明刘基《多能鄙事》卷一“煮酒法”：“用黄蜡一小块放酒中，方泥起，酒冷蜡凝，味重而清也。”

方熟，不然不中饮”[1]。这是给酒液加热杀菌的过程。晚唐刘恂《岭表录异》记载：“南中酝酒……地暖，春冬七日熟，秋夏五日熟。既熟，贮以瓦瓮，用粪扫火烧之（亦有不烧者为清酒也）。”[2]所说较房氏更为科学，不是临饮烧煮，而是酒熟后烧煮封贮。北宋朱肱《北山酒经》有更明确的“煮酒”之法，详细介绍其工艺技术。所谓烧煮是指给满盛密封的酒器加热杀菌，防止酸败并促进酒液醇熟的一道工序，这是后来黄酒生产中的经典工艺流程，可能在唐之早期即已出现，宋代酿酒中已普遍采用。

煮酒作为名词，则是指经过烧煮封贮这道工序的成品，是煮酒封贮的结果。范成大《冬日田园杂兴》：“煮酒春前腊后蒸，一年长飨瓮头清。”这里的煮酒固然可以理解成酿酒之举，其实煮酒是酒名，而“春前腊后蒸”，则是生产煮酒的时间和行动，这样理解更能反映当时生活的状况，说明两种词性间的实际关系。唐人诗文作品中未见有明确的煮酒名称，前引《岭南录异》有小字注文“不烧者为清酒”，是经过烧煮的酒与清酒相对而言，只是此法当时尚未通行，名称则呼之欲出。煮酒作为酒名通称可能要到宋代才正式出现，宋人提到煮酒，最早为《宋会要辑稿》所载“真宗咸平二年（引者按：公元999）九月，诏内酒坊法酒库支暴酒以九月一日，煮酒以四月一日”[3]。宋仁宗天圣七年（1029）四月有《令法酒库不得积压煮酒诏》[4]，仁宗至和二年（1055）文彦博《奏永兴军衙前理欠陪备》称永兴军“清酒务年计出卖煮酒，

---

① 李昉《太平广记》卷二三三，民国景明嘉靖谈恺刻本。

② 李昉《太平御览》卷八四五，《四部丛刊三编》本。

③ 徐松《宋会要辑稿》方域三，稿本。

④ 徐松《宋会要辑稿》食货五二。

图 26　[民国]唐子桢《竹林煮酒图》。在宋代，“煮酒”是名词。酒酿出后，经过烧煮，并封贮数月后，称“煮酒”。酿成后未煮的酒，称为清酒。元代，煮酒逐渐演变为动词，成为温酒之意。此图所绘即是作为动词的“煮酒”。

而官不给煮酒柴，或量给而用不足”[①]。可见宋初即有煮酒、暴酒、清酒等酒类名称。从《北山酒经》可知，所谓暴酒是夏日所酿酒[②]，宋人言之不多，而清酒、煮酒则比较常见。宋末元初方回《续古今考》卷三〇《五齐三酒恬酒》：“今之煮酒，实（引者按：指注满酒瓮、酒

① 文彦博《潞公集》卷一八，明嘉靖五年刻本。

② 宋朱翼中《北山酒经》“暴酒法”：“此法夏中可作，稍寒不成。”可见是暑间所酿酒。明曾才汉《（嘉靖）太平县志》卷三“宋经总制钱”：“黄岩县煮酒、暴酒并商税钱一万二千七十七贯六百五十四文。”明嘉靖刻本。

瓶之类贮酒器）则蒸，泥之季冬者佳。曰清酒，则未蒸者。”《宋史》卷一八五《食货志》:“自春至秋酝成即鬻，谓之小酒……腊酿蒸鬻（yù），候夏而出，谓之大酒。”可见清酒又称生酒、小酒，是酿成未煮之酒；煮酒则经蒸煮封贮数月而成，又称熟酒①、大酒。

宋代实行严格的“榷酤之法”，即严禁民间私酿，统一由官署专营，“诸州城内皆置务酿酒，县镇乡闾或许民酿而定其岁课”②，而以官酿官榷为主。这就在生产、贮藏和销售中形成了全社会明确、统一的酒品分类体系，而煮酒和清酒就属于其中最主要的两大产品类型。真宗乾兴元年（1022）“置杭州清酒务”③，负责酒业征榷，其他地方纷纷效仿，此时所谓清酒是清酒、煮酒兼而言之。《东京梦华录》记载四月八日佛生日“在京七十二户诸正店，初卖煮酒”④，联系前引真宗诏书和文彦博奏书，可见煮酒早已成了京师酒坊、外州各地酒务通行的产品之一。而到了南宋，酒类榷酤数量增加，在管理上分类就更为明确、严密。陈亮《义乌县减酒额记》举义乌酒额之重，“岁之二月至于八月煮酒，以四百石为率，为缗钱八千六百有奇，余为清酒，犹四千八百缗”，是说义乌按煮酒、清酒分项上缴岁利。吴自牧《梦粱录》记载临安点检所酒库分“新、煮两界”⑤，所谓新界即清界。《咸淳临安志》也载在京酒库分“清库”“煮库”⑥。杨潜《（绍熙）云间

① 南宋杨万里《生酒歌》将“生酒”与“煮酒”并称，宋末谢维新《事类备要》外集卷四四饮膳门“生熟酒”条引此诗，“煮酒”均作“熟酒”。

② 脱脱等《宋史》卷一八五，中华书局1977年版。

③ 李焘《续资治通鉴长编》卷九八，《影印文渊阁四库全书》本。

④ 孟元老《东京梦华录》卷八，《影印文渊阁四库全书》本。

⑤ 吴自牧《梦粱录》卷一〇，清《学津讨原》本。

⑥ 潜说友《（咸淳）临安志》卷五五，《影印文渊阁四库全书》本。

志》记所属“酒务，清、煮两界”[①]。宋梅应发《（开庆）四明续志》记所属鄞县、象山县酒坊“生、煮酒”两种榷额[②]。这些都充分显示，煮酒与清酒构成了宋代榷酤中的两大酒类，人们的沽饮自然也以此为通称，其社会影响可想而知。

按今天的酒类术语，所谓清酒、煮酒即以米、秫等谷物酿制的低度原汁酒。两者的不同，只在于煮酒是经过蒸煮杀菌封藏过的，因而颜色和味道都更沉厚些。南宋杨万里《生酒歌》：“生酒清于雪，煮酒赤如血，煮酒不如生酒烈。煮酒只带烟火气，生酒不离泉石味。”简要地揭示了两者的特点，煮酒因经蒸煮封藏而酒色更为黄褐，无论酿造工艺和成品类型都与后世的黄酒相近。清人陶煦《周庄镇志》：“煮酒，亦名黄酒。冬月以糯米水浸，蒸成饭，和麦曲、橘皮、花椒酿于缸。来春漉去糟粕，煮熟封贮于甏，经两三月者，谓之新酒，经一年外者谓之陈酒，味亦醇。其酿成而未煮者，谓之生泔酒，乡村多饮之。”[③]虽然所说是清末苏州一带的酒类，但与宋时的情景完全吻合。今天的黄酒与宋人的煮酒一脉相承，令我们倍感亲近，我们不妨简单地说，宋代的煮酒就是当时的黄酒。

三、“青梅煮酒斗时新”，时令与风味

大量事实表明，早在宋代，“青梅煮酒”就已是人们生活中的一个热词。青梅佐酒由来已久，宋人这方面的经验更多，宋初本草学家日

① 杨潜《（绍熙）云间志》卷上，清嘉庆十九年古倪园刊本。
② 梅应发《（开庆）四明续志》卷四，清刻《宋元四明六志》本。
③ 陶煦《周庄镇志》卷一，清光绪八年元和刻本。

华子称梅子可以“去烦闷”“消酒毒”“令人得睡”[1]，李清照《蝶恋花》说“随意杯盘虽草草，酒美梅酸，恰称人怀抱”[2]，无论物理功能还是心理感觉都十分搭配，因而以梅佐酒成了生活中的常见情景。而这其中何以青梅与煮酒佐食言之最多？关键是煮酒成熟的时节与青梅采食季节的奇妙遇合。

煮酒酿成后，要蒸煮泥封贮存数月，一般以“泥之季冬者佳”，也就是说在腊月酿蒸泥封贮存，至暮春、初夏开坛饮用和发售。宋人有所谓“开煮”之说，是指打开泥封，发售煮酒。前引宋真宗诏内酒坊法酒库支“煮酒以四月一日”，即指内库四月一日开始发放煮酒。吴自牧《梦粱录》卷二：“临安府点检所管城内外诸酒库每岁清明前开煮。”又佚名《都城纪胜》：“天府诸酒库每遇寒食节前开沽煮酒。”宋末周密《武林旧事》卷三“迎新”：“户部点检所十三酒库例于四月初开煮，九月初开清。”所说时间不一，或者与腊月煮封时间、地点与技术有关，但都在寒食至初夏之间。谢逸《梅》：“底事狂风催结子，要当煮酒趁清明。”苏轼《岐亭五首》：“我行及初夏，煮酒映疏幕。”都是说的这一时节。这与青梅采食的时节正好吻合，两者巧妙相遇，构成了这个时节最当令的食物和家常易行的佐食方式，饱含着丰富而美好的生活情趣，受到了人们的普遍喜爱。

首先是春末初夏的时令风味。青梅是入春以来最早采食的水果，带着未成熟的青涩酸脆风味，煮酒是带着腊香、久醅新发的醇鲜美酒，这是一个最为美妙的组合。在宋人大量诗句中，与青梅、煮酒同时出

---

① 唐慎微《证类本草》卷二三，《四部丛刊》景金泰和晦明轩本。

② 《江海学刊》发表时该词牌作《卷珠帘》，是《蝶恋花》别名，承扬州大学刘勇刚教授指点，改用通名，谨此志谢。

现而经常佐食的还有新茶、蕨菜、新笋、蚕豆等，都是仲春至初夏的时令食物，洋溢着这个季节生机勃勃、清新鲜嫩的气息。晏殊《诉衷情》“青梅煮酒斗时新”，方夔《春晚杂兴》“青梅如豆正尝新”，李之仪《赏花亭致语口号》“绿阴初合燕归来，煮酒新尝换拨醅”，白玉蟾《青梅》“青梅如豆试尝新，脆核虚中未有仁”，都用一个“新”字称赞，强调的就是时新清鲜之意。

在食材内容和食用方式上，既不是烹肥割鲜，更不是钟鸣鼎食，而是家常易得的果蔬与酒食。正如司马光《看花四绝句呈尧夫》所说，“手摘青梅供按酒，何须一一具杯盘”，草草杯盘，当令蔬果，简单易行，体现着家常生活的简单和朴素，洋溢着鲜明的乡野气息和田园风味。陆游《闰二月二十日游西湖》“岂知吾曹淡相求，酒肴取具非预谋。青梅苦笋助献酬，意象简朴足镇浮”，说的即是这种饮食的简朴、清雅风味。

从分布区域上说，梅以江南盛产，而煮酒、清酒主要以稻米尤其是糯米酿制[①]，酒户多集中在江南水稻产区，因此江淮以南尤其是江南地区，以青梅佐酒的现象就更为普遍，文人言之最多。同是煮酒新开的季节，北宋尚见煮酒与青杏连言并举的现象，如欧阳修《寄谢晏尚书二绝》“红泥煮酒尝青杏，犹向临流藉落花”，郑獬（xiè）《昔游》“小旗短棹西池上，青杏煮酒寒食头”，都是作于汴、洛一线的诗歌。北宋中期以来，青杏煮酒连言搭配的现象就逐渐消失，青梅煮酒后来居上。而到了南宋，宋金对峙，社会重心完全南移，“青梅煮酒”也就完全淹没了“青杏煮酒”的说法。如陆游在故乡绍兴所作《村居初夏》：“煮酒开时日正长，山家随分答年光。梅青巧配吴盐白，笋美偏宜蜀豉香。”《春

① 李华瑞《宋代酒的生产和征榷》，河北大学出版社1995年版，第69～73页。

夏之交风日清美，欣然有赋》："日铸（引者按：日铸岭，在绍兴城东南，产茶颇有名）珍芽开小缶，银波煮酒湛华觞。槐阴渐长帘栊暗，梅子初尝齿颊香。"都是典型江南地区的生活场景和饮食风味。青梅煮酒可以说是春夏之交江南风物的完美组合，带着江南社会生活的浓郁氛围。

正是上述时令、方式和风土等元素交会映发，使"青梅煮酒"成了固定的时令风物组合，凝聚了丰富和美好的生活情趣，逐渐成了饮食风习和生活常识。汪莘《甲寅西归江行春怀》"牡丹未放酴醾小，并入青梅煮酒时"[①]，范成大《春日》"煮酒青梅寒食过，夕阳庭院锁秋千"[②]，吴泳《八声甘州》"况值清和时候，正青梅未熟，煮酒新开"[③]，程公许《黄池度岁赋绝句》"趁取青梅煮酒时"[④]，言及青梅煮酒都带着明显的时令意识。以致咏梅诗中，也多自然联想到煮酒，如谢逸《梅》"底事狂风催结子，要当煮酒趁清明"。可见两者的固定组合，既是流行的饮食风习，又是生动的时令标志，反映到文学中，则成了一道经典的美妙意象和流行话语[⑤]。

四、元人"煮酒"，从名词到动词

就在宋人"青梅煮酒"日盛其势时，元蒙大军铁蹄纷纷南下，随着

---

① 汪莘《方壶存稿》卷三，《影印文渊阁四库全书》本。

② 范成大《石湖诗集》卷一一，《四部丛刊》影清爱汝堂本。

③ 吴泳《鹤林集》卷四〇，《影印文渊阁四库全书》本。

④ 程公许《江涨有感》序，《沧洲尘缶编》卷九，《影印文渊阁四库全书》本。

⑤ 程杰《青梅的文学意义》，《江西师范大学学报（哲学社会科学版）》2016年第1期；《论梅子的社会应用及文化意义》，《阅江学刊》2016年第1期。两文有较详细的论述，请参阅。

南宋王朝的覆灭，这个势头也就戛然而止。元人“青梅煮酒”的说法远不如宋人那么频繁，更不如其一致，重点在“煮酒”二字上，短短几十年中，有着明显的从酒类名称向温酒动作的转化趋势，最终几乎完全抹去了名词说法的印迹。

先看金末元初郝经（1223—1275）《真州沙瘴》：“侵晓烟煤半抹墙，急烧煮酒嚼盐姜。”宋末元初方回（1227—1305）《再赋春寒》：“已近江南煮酒天，单衣时节更重绵。”《三月八日百五节林敬舆携酒约……》：“暮年无不与心违，节物过从事总非。何处青梅尝煮酒，谁家红药试单衣。”陈思济（1232—1301）《寄陈处士》：“杏桃落尽清明后，姚魏开时谷雨中。为问西湖陈处士，青梅煮酒有谁同。”所言“煮酒”明显都仍是酒名。

图 27　［明］陈洪绶《饮酒读骚图》。图中文士正在煮酒，身后石桌花瓶中插着一枝梅花。图片引自2006嘉德拍卖会展品。

稍后马致远（1250—1324）《青歌儿》：“东风园林，昨暮被啼莺唤将春去。煮酒青梅尽醉，渠留下西楼美人图闲情赋。”《迎仙客》：“红渐稀，绿成围，串烟碧纱窗外飞。洒蔷薇，香透衣，煮酒青梅正好连宵醉。”都应是沿用宋人成语。而《双调夜行船》“裴公绿野堂，陶令白莲社，爱秋来那些。和露摘黄花，带霜分紫蟹，煮酒烧红叶”，所说煮酒则是温酒的行动，典型体现了过渡的态势。

而元之后期萨都剌(1272—1355)《夜寒独酌》:“欲雪不雪风力强，欲睡不睡寒夜长。玉奴剪烛落燕尾，银瓶煮酒浮鹅黄。”《题江乡秋晚图》:“携家便欲上船去，买鱼煮酒杨子江。”《马翰林寒江钓雪图》:“洗鱼煮酒卷孤篷，江上云山好晴色。”张仲深（约公元1338年前后在世）《次乌继善城南三首》：“杏林煮酒心先醉，草阁看山手自支。”许有壬(1286—1364)《记游》：“发火煮酒，引满数爵，诸生暨从者遍饮之，乃缘南崖微径，迤逦而西而北。”所谓煮酒都是温酒供饮之举。只有元末吴兴（今浙江湖州）郯韶(约公元1341年前后在世)《过吴兴沈十二秀才》“北里缫车如雨响，东家煮酒入林香”，俨然以煮酒作为名词使用，但多少也具动词色彩。透过这些诗例的不同用义，不难感受到“煮酒”名词逐步淡出，而动词意义不断增加和流行的趋势。与《全宋诗》所见51处“煮酒”尽为酒类名称相比，这一变化趋势极为明显。

五、变化的原因

元朝为什么会出现这种变化？需要从两个方面来讨论:

（一）“煮酒”作为酒类名称为何遽然沉寂

这主要有四个方面的原因:

1. 元朝对酒业的管理由宋朝的国营榷酤为主改为以“散办”课税

为主[①]。元蒙自太宗二年（1230）开征酒税[②]，除世祖至元十五年（1278）短暂推行榷酤之法，整个元代都按户口、酿酒耗粮或酒产量征税，“听民自造”[③]。在这样一种酒业税收管理体系下，宋时榷酤管理中统一的煮酒、清酒两大产品（商品）分类名称就失去意义，有关说法也就日益消退。虽然如元人《居家必用事类全集》也仍载有详细的煮酒之法，但属抄录宋人《北山酒经》的内容。实际生活中，人们更是很少使用这一名称。仅就盛产煮酒的江南地区而言，仇远、赵孟頫、吴澄、袁桷、虞集、杨载、张雨、杨维桢、王冕、贡性之、王逢等著名文人传世诗文作品都不少，均未见提到“煮酒”一词。

2. 元朝酒禁频繁且严格。按照一般的生活常理，像煮酒这种在宋朝长期流行的定名，至少在南宋故土应有一定的语言惯性，一定时期内为人们所沿用，而入元后却骤然消失，这不能不说与元朝严格的禁酒政策有关。史学界已经注意到，因一统天下，版图扩大，人口增加，灾荒频仍，粮食供应紧张，元朝不断在灾区局部乃至全国厉行禁酒，压缩生产规模，减少消费数量。“元代酒禁之多在历史上可居各朝之冠”[④]，自至元四年（1267）至至正二十七年（1367）的一个世纪中，颁布的禁酒诏令达65次之多[⑤]。元之酒禁，不仅禁止私酿私酤，严者官私两方面酿造、饮酒活动一应并禁，至有官员以“面有醉容”遭到纠弹的[⑥]。虽然酒禁多因灾荒局部权宜施行，南北不同，且多旋禁旋开，

① 陈高华《元代的酒醋课》，《中国史研究》1997年第2期。
② 宋濂《元史》卷二太宗本纪。
③ 宋濂《元史》卷一三世祖本纪。
④ 吴慧主编《中国商业通史》第三卷，中国财经出版社2005年，第491～495页。
⑤ 王敬松《浅述元朝的酒禁》，王天有、徐凯主编《纪念许大龄教授诞辰八十五周年学术论文集》，北京大学出版社2007年版，第38～55页。
⑥ 苏天爵《魏郡马文贞公墓志铭》，《滋溪文稿》卷九，民国《适园丛书》本。

但这种极不正常的现象对人们的生活尤其是饮酒活动产生了深刻影响。元初罗志仁《木兰花慢·禁酿》、尹济翁《声声慢·禁酿》直以酒禁为题。方回《屡至红云亭并苦无酒》“欲呼邻友相酬唱，官禁何由致酒杯”、《社前一日用中秋夜未尽韵》“又况禁酒严，罄室覆老瓦”、杨公远《又雪十首》“惜乎官禁瓶无酒，胜赏空辜药玉船”云云，说的都是禁酒带来的生活不便和无趣。最著名的莫过于泰定二年(1324)吉州刘诜所作《万户酒歌》：“城中禁酿五十年，目断炊秫江东烟。官封始运桑落瓮，官隶方载稽山船。务中税增沽愈贵，举盏可尽官缗千。先生嗜饮终无钱，指点青旗但流涎。”由于长期反复禁酒，导致酒业零落，酒价高涨，士人饮酒极不自由，酒业的生产和销售此起彼伏较为混乱，两宋三百年形成的以煮酒、清酒为核心的生产和消费体系急剧衰落，煮酒、清酒等有关说法也就失去了流行的社会基础。

3.元人饮酒风习趋于多元，品种结构和饮食方式发生了明显变化。元蒙草原民族有尚饮的传统，随着大一统国家的形成，国土辽阔，地域民风差别较大，南北各阶层社会地位悬殊，饮酒的场合氛围和风气都呈现多元化倾向。蒙古贵族的富贵豪奢、南方士绅的江湖闲逸、市井才人的纵情放浪和乡村书生的朴野简淡各极其情，自得其乐[①]。两宋时期那种由严密统一的榷酤制度作支撑，以江南士人为主体的饮酒风习受到了强力冲击，失去了核心和主导地位。即以品种而言，蒙古民族以饮马奶酒为主，西域和山西等北方地区葡萄酒、枣酒等果酒开始盛行，而中原和南方广大农业区仍以煮酒、清酒之类粮食酒为主，其中市酤与村醪、不同酒户的产品又应有质量、风味上的明显差异。元

① 请参阅杨印民《元代的酒俗、酒业和酒政》，2003年河北师范大学硕士学位论文，第2～17页。

中叶蒸馏技术从海外传来，在全国迅速传播，当时称作烧酒，由于价廉物美、耗粮较少、饮少即餍，发展优势强劲。粮食酒、马奶酒、葡萄酒和蒸馏烧酒多元化生产和消费体系逐步形成，煮酒一支独大的地位开始丧失，反映在日常生活和社会文化中，人们的言谈也就很少提及。

4. 黄酒名称开始出现。今人追溯黄酒历史，多从新石器时代开始，其实所说是整个粮食酒的酿造史。对于黄酒来说，更切实的是弄清其核心工艺产生的时代和“黄酒”作为普通粮食原汁低度酒通称的由来。酒液酿成后蒸煮封存无疑是黄酒生产的关键工序，至迟在唐朝已经出现，而宋之“煮酒”无疑进入了成熟和流行的阶段。上古酒名复杂繁琐，但性质不外清浊之分、“厚薄之差”[①]，说的都是谷物酒的纯度和浓度而已，中古人们常言的“清酒”就是既清且醇之酒。唐人言酒多称黄、红二色，以鹅黄、琥珀、松花等形容[②]，正是今人所说广义黄酒的基本颜色，反映酿酒技术大幅提高，酒的浓度、纯度有了明显改进。晚唐皇甫松《醉乡日月》评论说：“凡酒以色清味重而饴为圣，色如金而味醇且苦者为贤，色黑而酸醨者为愚。”[③]分清白、金黄和沉黑三色，代表了晚唐五代酒色的基本种类，所谓沉黑当为有些酸败劣质的酒色。宋人承此而来，规范的产品分为清酒、煮酒两类，反映在颜色上，则

① 窦华《酒谱》“酒之名”，陶宗仪《说郛》（百二十卷）本。

② 杜甫《舟前小鹅儿》：“鹅儿黄似酒，对酒爱新鹅。”白居易《江南喜逢萧九彻因话长安旧游戏赠五十韵》：“炉烟凝麝气，酒色注鹅黄。”李白《酬中都小吏携斗酒双鱼于逆旅见赠》：“鲁酒若琥珀，汶鱼紫锦鳞。”《客中行》：“兰陵美酒郁金香，玉碗盛来琥珀光。”权德舆《放歌行》：“春酒盏来琥珀光，暗闻兰麝几般香。”琥珀以黄褐色为主。王建《设（一作税）酒寄独孤少府》：“自看和酿一依方，缘看松花色较黄。”另王象之《舆地纪胜》卷一三二载张九龄诗：“谢公楼上好醇酒，三百青蚨买一斗。红泥乍擘绿蚁浮，玉碗才倾黄蜜剖。”

③ 曾慥《类说》卷四三，《影印文渊阁四库全书》本。

是黄红与淡清为主。杨万里《生酒歌》说“生酒清于雪，煮酒赤如血”，又说“瓮头鸭绿变鹅黄”，正是两种基本颜色，所谓如雪、鸭绿、鹅黄、如血都是因原料、酒曲和酿煮工艺微妙变化而酒色黄褐深浅有差而已。后世通称黄酒，既扎根炎黄子孙农耕社会的文化底蕴，同时也抓住了稻黍等谷物原浆酒以黄褐色为主的特点。

“黄酒”正式作为酒类名称始见于元。元早期戏曲家郑光祖（1264？—1324前）《伊尹耕莘》净角陶去南：“我做元帅世罕有，六韬三略不离口。近来口生都忘了，则记烧酒与黄酒。”将黄酒与烧酒并称，视作两种日常用酒，显然类名之义已十分明显。稍后萨都剌《江南春次前韵》：“江南四月春已无，黄酒白酪红樱珠。”元末张昱《送张丞之汤阴》：“瓮头黄酒封春色，叶底红梨染醉颜。”都表明黄酒已成了明确稳定的酒名，明清两朝更是如此，逐步替代了宋代煮酒的地位。

（二）煮酒作为温酒动作之义如何兴起

作为动作，煮酒有酿酒之义，而日常饮用中所说则指给酒适当加热以适宜饮用。六朝至两宋多称温酒、暖酒、热酒、烫酒（汤酒），一般见于两种情况：一是体质不宜冷饮者，如《世说新语》：“桓为设酒，不能冷饮，频语左右，令温酒来。”另一是寒冷、潮湿气候。白居易《问刘十九》：“绿蚁新醅酒，红泥小火垆。晚来天欲雪，能饮一杯无。”《和梦得冬日晨兴》：“照书灯未灭，暖酒火重生。”《初冬早起寄梦得》：“炉温先暖酒，手冷未梳头。”所说就是这种情景。

宋人这种情况也多。苏辙《腊月九日雪三绝句》：“病士拥衾催暖酒，闭门不听扫瑶琼。”张耒《索莫》：“何当听夜雪，暖酒夜炉红。”范成大《冬日田园杂兴》：“榾柮（gù duò）无烟雪夜长，地炉煨酒暖如汤。”朱熹《行林间几三十里，寒甚，道傍有残火温酒……》：“温酒正思敲石火，偶逢寒烬得倾杯。”韩淲《正月二十八日二首》：“春寒不敢出篱门，且拨深炉暖酒尊。”王之道《对雪和子厚弟四首》：“起来拨残灰，暖酒手自倾。”赵汝鐩《刘簿约游廖园》：“春晚花飞少，墙高蝭度迟。注汤童暖酒，拍案客争棋。”说的都是寒冷、潮湿环境温酒之事。

图 28　中国电视剧制作中心 1995 年制作《三国演义》第 14 集《煮酒论英雄》剧照，曹操与刘备把酒论英雄。

值得注意的是，上述例证或温或暖或煨或汤，没有称作煮酒的。揣度原因，温酒只需微火略炙，无需煮沸，上述诗例中有以残灰、寒烬煨酒的，也有以热水冲烫的，加热十分有限。元人贾铭《饮酒须知》

即称“凡饮酒宜温不宜热”[1]，现代科技也证明给酒加热过高则乙醇、甲醇等重要成分会迅速挥发。若用“煮”字，则是大火烹煮之义，未免过重了。而元朝紧承两宋“煮酒”之言盛行之后，虽然相关名称已明显衰落，但语言习惯和书面影响犹在。我们看到元代俗文学作品中，凡温酒加热之义多称“热酒”“烫酒”（汤酒），而正统文人诗文中则多称“煮酒”，与“温酒”“暖酒”等词一同使用，而且使用频率还略胜一筹[2]，这不能不说是两宋时期“煮酒”一词的潜在影响。

从前引马致远“煮酒青梅尽醉”“煮酒青梅正好连宵醉”，“煮酒”是名词而俨然似动词，而萨都剌“银瓶煮酒浮鹅黄”，“煮酒”是动作又俨然似名词，不难感受到名词与动词间顺势演化的微妙关系。可以说，正是两宋时期“煮酒”盛极一时的惯性作用，使“煮酒”一词绝处逢生，成功转型，由流行的酒类名词演变为表示温酒之义的动词，与唐宋时人们常说的“温酒”“暖酒”等词汇平分秋色，甚至凌轹其上，成了表达此类动作的又一常用说法。

六、曹操“青梅煮酒”的时代

正是在两宋清酒、煮酒向明清黄酒名称演化转变的关键时期，《三国演义》提供了著名的曹操与刘备“青梅煮酒论英雄”的故事。众所周知，

① 贾铭《饮食须知》卷五，清学海类编本。

② 我们以《中国基本古籍库》网络检索系统进行检索，清顾嗣立《元诗选》（三集）得“煮酒”4处、明臧懋循《元曲选》得“热酒”23处，其他“温酒”“暖酒”“烫酒”均未见。另以“元代”“艺文库”为条件检索，得“煮酒”27处、“温酒”11处、“暖酒”9处、“热酒”14处、“烫酒”0处。以上均可见“煮酒”一词的出现频率要高于“温酒”“暖酒”等其他同义词。

一般认为《三国演义》成书于元末明初，也有根据内外不同证据向前向后略作延伸而有作于南宋、元中叶、元晚期、明中叶等不同说法。由于作者资料的缺乏和版本信息的复杂，迄今争论不休，无从定论。令我们感兴趣的是，这些不同主张涵盖的时间以元中叶至明代初期为主，而这正是“煮酒”一词语义逐步变化的关键阶段。《三国演义》“青梅煮酒”这一细节描写中“煮酒”的定义及其在同期“煮酒”语义演变进程中的位置，就是一个值得关注的问题。

还是回到故事文本。明嘉靖元年刻本《三国志通俗演义》是目前确认传世最早的版本，卷五《青梅煮酒论英雄》一节的叙述是这样的，曹操约刘备酒叙，先介绍自己昔时领军曾“望梅止渴”，继而说：“今见此梅不可不赏，又值缸头（引者按：叶逢春本系统无缸头二字）煮酒正熟，同邀贤弟小亭一会，以赏其情。”接着写道：“玄德心神方定，随至小亭，已设尊俎，盘贮青梅，一尊（引者按：叶逢春本系统一尊作壶斟或壶酌）煮酒。二人对坐，开怀畅饮。”所谓“缸头”指酿酒所用瓮坛之类容器，也径指新熟之酒[①]。“煮酒正熟”不是说加热煮酒已沸，而是说酿制的煮酒已经成熟，正可开坛享用。所谓“一尊煮酒”，尊是盛酒器，而不是煮酒器，所说正如今人言一壶煮酒的意思，而不是以尊温酒。叙事末尾又有诗为证：“绿满园林春已终，二人（引者按：叶逢春本系统二人作曹刘）对坐论英雄。玉盘堆积（引者按：叶逢春本系统积作翠）青梅满，金斝（引者按：叶逢春本系统斝作翠）飘香煮酒浓。”斝与尊同属盛酒器，形制稍异，有三足。作者换用此

① 李昉《太平广记》卷二〇八引《法书要录》：“江东云缸面，犹河北称瓮头，谓初熟酒也。”宋梅应发《（开庆）四明续志》卷四官营酒库所收酒税中有“缸头钱”一项，清刻宋元四明六志本。

图 29　中国电视剧制作中心 1995 年制作《三国演义》第 14 集《煮酒论英雄》剧照，盆中浸有青梅。明嘉靖元年刻本《三国志通俗演义》卷五《青梅煮酒论英雄》中曹操说："今见此梅不可不赏，又值缸头煮酒正熟，同邀贤弟小亭一会，以赏其情。""玄德心神方定，随至小亭，已设尊俎，盘贮青梅，一尊煮酒。二人对坐，开怀畅饮。"其中青梅与煮酒分明为二物。而电视剧《三国演义》按常规理解为用酒煮青梅。

字也只是诗歌的平仄所需，其意与尊完全相同。诗中"煮酒"与"青梅"对仗，同属名词，所说完全是重复前面的叙事。我们这里不惮其烦地一一详细解析，意在提醒读者不要轻易笼统地滑过这些饮食细节，要留心与今人的习惯理解不同之处。这里曹操提供的"青梅煮酒"，正是宋人所说的青梅与煮酒两种食物，而非以青梅去煮酒，煮酒不是烧煮加温之义，与《三国演义》关公温酒斩华雄之温酒并非一事。

这一令人颇感意外的细节，也许包含了《三国演义》作者和写作年代的某些信息。考虑到作为《三国演义》蓝本的《三分事略》和《三国志平话》都无此情节，则此情节很可能是《三国志通俗演义》作者的原创。从前面的论述可知，至迟元中叶以来，“煮酒”作为酒名的说法已经寥若晨星，几乎无人使用。在这样一个普遍的情势下，《三国志通俗演义》这段“青梅煮酒”的描写，却严格忠实于宋人的生活实际，应该有这样两种可能：一、这段故事的写作时代与宋朝相去不远，在元朝出现的年代不会太晚，应该不会晚至明朝，更不会晚至明代中叶。二、故事的叙述者有着深厚的江南地区生活经历。如果元末明初贾仲明（1343—1425后）《录鬼簿续编》记载的戏曲家罗贯中即《三国志通俗演义》作者罗贯中，则此人“号湖海散人”，与贾仲明为“忘年交”。所谓“湖海”应非泛泛的江湖之义，而是标榜其一生中重要的生活空间，一般指湖泊密集、濒临大海的长江下游，即今江苏的南部和浙江省为核心的江南地区。明田汝成《西湖游览志余》、郎瑛《七修类稿》称罗贯中为钱塘人、杭州人，或者不是空穴来风，《三国演义》的作者罗贯中有可能长期居住在杭州一带，至少应年长贾仲明30岁以上。我们不可想象，如果不是在时间上贴近南宋或者长期生活在“青梅煮酒”风气十分浓厚的江南苏、杭一线，会有这样贴近宋人生活实际原汁原味的细节描写。当然，我们这里说的只是全书的一鳞片羽，如果就全书所涉名物风俗、方言俚语、地名人名等进行全面的排比验证，或者可望在《三国演义》作者、写作时代等方面获得一些新的认识。

七、明清以来，从“青梅煮酒”到以青梅煮酒、“煮青梅之酒”

尽管《三国演义》原本说得极为明确，没有丝毫的模糊和分歧，而宋人言谈中的“青梅煮酒”指两种食物更是明白无误，而我们现代的理解却表现出“集体无意识”的共同偏差。我们以大陆版《辞源》《汉语大词典》和台湾版《中文大辞典》对“青梅煮酒”的释义为代表。《辞源》说“煮酒”是“古代的一种煮酒法”，然后举晏殊词句、苏轼诗句为书证，但未进一步申说，大意应是理解为以青梅煮酒的一种方法。《汉语大词典》说：“以青梅为佐酒之物的例行节令性饮宴活动。煮酒，暖酒。”这是总释与拆解相结合的方式，概括解释大致不差，而将煮酒释为温酒，显然与上述宋人原意和《三国演义》本义有差。《中文大辞典》说是“以青梅之实酿酒”，将煮酒释作酿酒，而直接用青梅作原料酿制果酒，梅酸过甚不利曲菌发酵，各类酒经及生活类著述也未见记载。三种解释虽然都分别引宋人诗词和《三国演义》为证，但显然对宋人和《三国演义》的实际语义并不了解，关键是对煮酒的名词之义一无所知，因而不免望文生义。然而这正是长期以来我们共同的认知，电视剧、各类通俗读物乃至于《三国演义》的学术整理本均作此理解[①]。何以出现这样的情况，这不能不说与元代以来人们有关活动和说法的

---

① 中央电视台电视剧《三国演义》第14集《煮酒论英雄》案上陈设一盘青梅、一小坛浸有青梅的酒。（图29）农村读物出版社2002年版陈云鹏整理《说唱三国》第35回：“（曹操说）‘今见此梅不可不赏，又置煮酒正热，特请使君园亭小酌’……杯盘已设，一盘青梅，一壶热酒。二人对坐，开怀畅饮。”大中国文化丛书编委会《中国酒文化》第103页解说“青梅煮酒论英雄”：“亭中的桌上摆着热酒和青梅。”煮酒指温过的酒。文汇出版社2008年版沈伯峻校注本《三国志通俗演义》注“斝（jiǎ）”：“古代酒器，用以温酒。”显然是以煮酒为温酒。

长期演化和积淀有关。

在“青梅煮酒”各类说法中，“煮酒”的词性词义无疑是其中的核心。明朝以来，作为酒类名称的“煮酒”仍然见诸记载，尤其是通俗生活百科类、医药本草和一些方志著作中仍多涉及。如明刘基《多能鄙事》、宋诩《宋氏家要部》《竹屿山房杂部》、王鏊《（正德）姑苏志》等都有相关的技术说明和酒类介绍，但内容一如元人《居家必用事类全集》一样，主要仍是宋人有关说法的转述。在明朝诗文中，我们只找到明初刘基《渔父词》“采石矶头煮酒香，长干桥畔柳阴凉”，明中叶杨基《立夏前一日有赋》“蚕熟新丝后，茶香煮酒前”等少数一两条仍属酒名的诗例，一般情况下，人们所说“煮酒”都是温酒的动作之义，晚清以来也通称整个酿酒活动[①]，而不是酒类的名称。明中叶以后，

① 煮酒是酿酒工艺中的一道工序，在宋代风气盛行，也代指整个生产行为。但元代至清康熙、乾隆间，人们言之，如非酒名，即指温酒活动。清道光以来，温酒之外始通称整个酿酒活动。舒钧《（道光）石泉县志》（道光二十九年刻本）田赋志第四：“苞谷之为物，一穗千粒，不堪久贮，经夏则飞为虫。乡间秋成方庆，即煮酒饲猪，醉饱一时。”盛镒源《（同治）城步县志》（民国十九年活字本）：“宜永禁米谷煮酒熬糖也。查本地所造水酒、饴糖，从前均以米谷煮做，虽屡经出示严禁，而无知之徒仍敢以身试法。”张鹏翼《（光绪）洋县志》（清抄本）卷四：“山中多苞谷之家，取苞谷煮酒，其糟喂猪。”蒋芷泽《（民国）兴义县志》（民国三十七年稿本）第七章《经济》：“自耕农与佃农之副业，每岁除种植普通农作物外，间有煮酒、织布、编竹器、织草棕履等为副业。”《申报》1926年3月11日《泰兴酒业对火酒问题之表示》：“泰兴农田，沙土居多，最易生虫。故农田肥料，独能讲求，十之六七均取给于猪粪，不但肥田，且易杀虫。由是农家无不养猪，而猪食以酒糟为大宗，故养猪之家又无不煮酒，所产烧酒年达二十万担，均农家之副产也。”由晚清至民国至当代，煮酒之酿酒义愈益明确和流行。

尤其是入清后，煮酒与烹茶、烹豚、烹羊、烹鱼、杀鸡等连言对举[1]，成为设食宴客、盛情聚友的常见活动或标志方式，“围炉煮酒”“拥炉煮酒”、泥铛煮酒等会友娱宾的细节频频出现在各类诗文歌吟和描写中，煮酒与温酒、暖酒、热酒、烫酒等同义，同指饮前给酒加热的举动。

在这样的流行语境下，“青梅”与“煮酒”连言和对举的含义也就发生了明显的变化。首先仍指青梅佐酒，这是宋人“青梅煮酒”本有的意思，也是“青梅煮酒”一词最基本的含义。如明虞谦《游顾龙山》“林间煮酒青梅熟，雨后烹茶紫笋香”，杨慎《归田四咏为宪副卞苏溪赋（卞名伟）·春耕》“饷陇青梅煮酒，访邻绿笋烹茶”，清常熟徐涵《雅集》“摘梅倾煮酒，削笋和蒸豚”[2]，虽然词性是动词，但都两两一组，是搭配佐食之义。清陈维崧《绿头鸭·清和》“烘朵玫瑰，剪枝芍药，摘梅煮酒且娱宾”，也是明显的摘梅佐酒之意。但这种情况下，更多的则是泛言饮酒或其他酒食而以青梅相佐助兴，而不用“煮酒”一词。如明杨基《虞美人·湘中书所见》“青梅紫笋黄鸡酒，又剪畦边韭”，清文昭《夏日集韵得行字》“纱橱竹簟眠初觉，红杏青梅酒数行”，郑世元《分佩招同俯恭崙表陪家寄亭集吾庐和寄亭韵》“青梅如豆酒初熟，长啸一声山鸟闲”即是。

只要“煮酒”作为动词与“青梅”配合举食，就面临生活常识上的挑战。众所周知，饮前加热温酒一般用于天寒、夜冷、气湿的时节和环境，前引唐宋人的“温酒”“暖酒”“煨酒”之事都属于这种情景。

---

① 如明张光孝《招杨子饮》：“煮酒搅竹叶，烹茶点松花。”清焦循《杭州杂诗·得家书口占》：“老母呼唤速归去，煮酒烹豚告祖坟。”刘大绅《暮归自绿豆庄》：“剸鸡煮酒尽交情，十里徐徐信马行。”李骥元《泽口》：“楚女不冶容，门中自炊爨。烹鱼复煮酒，殷勤供客案。”

② 单学傅《海虞诗话》卷九，民国四年铜华馆本。

而宋元以下淮岭以北多无梅树，江淮以南青梅可食的时节在春末夏初，而此时的江南气温已高，若非特殊情况，饮酒不必再加温，我们在宋人作品中甚至还看到因春暖而“嫌温酒”的现象[①]。因此我们看到，整个明清时期虽然人们的饮酒活动决不会少于两宋，但以“煮酒”与“青梅”组合出现的机率却大幅减少，有关“青梅煮酒”的说法，大多属于点化古人风雅之语，食青梅而温酒并非生活之必需。更多的情况下所说是另一种青梅佐酒方式，这就是煮青梅下酒、以青梅煮酒或煮青梅之酒。吴绮（康熙时人）《和庞大家香奁琐事杂咏》：“煮得青梅同下酒，合欢花上画眉啼。”顾舜年（乾隆时人）《酷相思》：“手摘青梅将酒煮，更有甚闲情绪。”应宝时（道光时人）《玉抱肚》：“恨青梅酒冷无人煮，恨青萍剑冷无人舞。”樊增祥（咸丰举人）《消夏绝句》：“天靳相如露一杯，酒鎗无意煮青梅。”《笏卿见和前韵再叠一首》：“榨头新熟鹅儿酒，待煮青梅约使君。”《五月三日送西屏暂归青门》：“美田新酿鹅黄酒，烂煮青梅伫尔归。”或以酒煮梅，或径称煮青梅酒，说的都是将青梅入酒煮饮。即便像吴绮所说“煮得青梅同下酒”，以青梅鲜脆，似不必另行水煮，实际表达的可能仍是酒煮青梅或煮酒浸梅。而煮酒绝不会“烂煮”，只是文火暖酒，合理的情景应是将青梅置于酒中适当加温，或温酒后浸入青梅备饮，这是有清一代所谓“青梅煮酒”更为常见的说法和更为切实的方式。

在上述青梅煮酒的语意环境里，《三国》青梅煮酒之事也就受到了与原著不同的理解和转述。如毕木（？—1609）《耍孩儿七调》：“菡

---

① 赵崇森《春暖》：“把杯早自嫌温酒，盥手相将喜冷泉。”《全宋诗》，第38册第23717页。依今人饮酒的经验，黄酒饮前加温至45℃，毒素充分挥发，口感更为香醇。

图30 ［清］康熙青花花鸟纹瓶。高41厘米，口径3.9厘米，南京博物院藏。

苕新红茂叔台，智仙亭上欧阳醉。玉川子烹茶解闷，曹孟德煮酒青梅。”毕木出生于嘉靖初年，这正是《三国志演义》嘉靖本出现的年代，所说“煮酒”已非名词之义，而是与“烹茶”相对应的动作。再看《三国演义》文本的变化，明嘉靖本原为《青梅煮酒论英雄》《关云长袭斩车胄》两节，清初毛宗岗整顿后的回目是《曹操煮酒论英雄，关公赚城斩车胄》，这种对仗的方式使“煮酒”明白无误地定格在温酒的动作上。再看同期诗文作品，明末陈函辉《题唐灵水曳杖寻梅图》：“檐前箸落，青青在手。我所寻梅，曹公煮酒。”清初董以宁《洞庭春色》：“坛坫英雄谁敌手，便添煮，青梅佐曲车。闲评论，问使君与某，是也非耶？”张贵胜《遣愁集》卷六“赏鉴”：“刘备尝依曹操，一日青梅如豆，操煮酒与备共论英雄。”乾隆朝曹学诗《会稽家左仪先生暨德配蒋太君双寿序》：“试煮青梅之酒，谁为借箸之英雄；闲听红豆之歌，愿化凌波之神女。”张九钺《题清容太史雪中人填词》：“吹箫屠狗事何穷，游侠须传太史公。好对江南三尺雪，围炉煮酒话英雄。”晚清樊增祥《满江红》：“纵我生稍晚，犹及光丰。时代如今逢过渡，中流击楫几英雄。约使君，添酒煮青梅，操请从。”所说“煮酒”尽为动作，或以青梅煮酒，或以酒煮青梅，说的都是一义。其中张贵胜是直接抄述《三国》故事，却成了曹操煮酒与刘备共话，与《三国志通俗演义》原义明显不同。青梅作为佐酒之物，或有入酒与不入酒煮的不同调制方式，煮酒作为加热温酒的动作则是明以来有关说法的一致含义，对曹操青梅煮酒故事的各类引用和复述更是如此。前引《辞源》《汉语大词典》等今人通行的理解和说法，正是元以来这一生活常识和文学故事长期误解和传述的产物，包含了元明以来数百年间相关活动和思维的历史积淀，构成了我们今日对“青梅煮酒”这一生活常识、文学掌故和文化符号的基本认知和感受。

八、总　结

综上可见，“青梅煮酒”早在两宋时就是一个社会热词，实际说的是青梅、煮酒两种食物佐食取趣的活动。煮酒是一种酒类的通称，其生产技术和产品性质都与后世的黄酒相当，是当时政府榷酤的一大商品酒类。它与青梅同是春夏之交的当令食品，人们以青梅佐酒，形成风气，包含了丰富而美好的生活情趣，文学作品乐于描写与赞美，从而凝结为文学的经典意象和饮食活动的流行话语。但这一盛况在元朝并未得到延续，元朝的酒业生产和管理、全社会的饮酒风气都发生了剧烈的变化，瓦解了煮酒盛行的根基，作为酒类通名的煮酒也就逐渐淡出历史舞台，让位给新兴的黄酒。与此同时，“煮酒”作为温酒的动作之义却开始兴起并逐步流行起来。《三国演义》曹操“青梅煮酒论英雄”的故事正是产生于这个词义转折的关键时期，但原文所说“青梅煮酒”保留了宋人两种食物的旧义，这也许包含了这一故事产生时代和作者生活背景的某些信息。明清以来，由于煮酒名词之义的沉寂，对“青梅煮酒”的定义和理解也就发生了明显的转移，更多情况下说的是以青梅煮酒或煮青梅之酒，这正是我们今日对“青梅煮酒”这一文学掌故和生活常识的基本理解。认清这一逶迤复杂的历史过程，不仅可以全面、深入地把握“青梅煮酒”这一文学事迹、生活常识、成语掌故的实际含义、历史积淀，了解其来龙去脉、前世今生，而且对《三国演义》的成书时代、宋元时期酒业的发展状况、黄酒名称的起源等相关问题都有直接的参考价值和启发意义。

（原载《江海学刊》2016 年第 2 期）

梅花的历史文化意义论略

在我国古代文化中，梅花无疑是一个极其重要的植物意象和文化符号。笔者曾就《文苑英华》《全唐诗》《全宋词》《古今图书集成》《佩文斋咏物诗选》《佩文斋题画诗类》《历代赋汇》等书所收植物题材作品综合统计，位居前五位的依次是竹、梅、杨柳、松柏与莲荷。如果我们就植物的历史作用和文化意义进行考察，由此建构一个展示其价值地位和符号意义的“文化丛林”，那么上述五物无疑是这一“丛林”中的五强。而在上述五种植物中，梅花是名列前茅的。

梅花的历史价值和文化地位是梅的生物种性与社会应用相互作用的结果，我们可以从以下几个方面来把握：

一、生物性

植物的生物种性总是其社会价值和文化意义的先决条件和原始基础。陈俊愉院士曾经说过梅花有“十大优点”，其中八条是说的生物方面：（一）“花开特早而花期常较长”，南北变化幅度大。（二）“树树立风雪”，迎雪开放。（三）“我国特产名花”，野生分布较广。（四）树姿苍劲，姿、形、色、香俱美。（五）品种繁多，枝姿、花型、花色等变化丰富。（六）长寿树种。（七）抗性强，抗旱、虫能力强。

图 31　梅，选自清吴其濬《植物名实图考》（吴其濬《植物名实图考》，商务印书馆 1957 年版，第 749 页）。

（八）易于形成花芽，耐修剪，易于催花，适于盆景、切花，还有食用、药用等广泛用途[1]。这还主要着眼于观赏价值而言，梅是花、果兼利之品，观赏价值与经济价值都较丰富，这是其他价值单一或偏倚之物种不可比拟的，梅栽培历史的悠久与审美欣赏的普遍就与此密切相关。而作为观赏栽培，梅属于木本植物，亦花亦树，有色有香，品种繁多，花期特早，树龄耐老，包含着丰富的观赏内容。其中花期早、香气清雅、枝干形态丰富可以说是三大特色或优势资源，显示了鲜明的物色个性，易于引发、寄托丰富和深刻的思想感受。

（一）花期。在世界各国文化中，植物尤其是开花植物经常作为事物周期性特征的象征，这是一个普遍的规律。梅之花期特早，为春色最先，古语“百花头上”“东风第一枝”，今人称“报春使者”，说的就是这一点。梅花进而抗身岁寒，纵跨两个特殊季节，因而在物色上成了春回大地、万物复苏的主要代表，在精神上则成了坚毅忍耐、更始再生的重要象征。

（二）香气。我国古人说：“香者，天之轻清气也，故其美也，常

① 陈俊愉主编《中国花卉品种分类学》，中国林业出版社 2001 年版，第 86 ～ 87 页。

彻于视听之表。”[1]西方人说：“香料的微妙之处，在于它难以觉察，却又确实存在，使其在象征上跟精神存在和灵魂本质相像。”[2]梅花花容花色较为平淡无奇，而香气却浓郁独特，这是其作为高雅之精神象征的一个重要因素。

（三）枝干形态。这是一般草本植物所欠缺的，而在木本植物中，梅树枝干也较为丰富、独特。梅枝来年不再续发新芽，只萌发侧枝，因此梅树没有中心主干。新抽枝条当年生长迅速，显得特别条畅秀拔。林逋以来，“疏影横斜”以来成了观赏的重点，各领域充分开发利用。园艺中盆梅，

尤其是绘画中墨梅异常发达，枝干视觉张力是最重要的表现元素。正是这些丰富而独特的生物种性资源，构成了梅花文化衍生发挥之活色生香的基础和内容，这是我们把握中国梅花文化情景应首先予以注意的。

二、历史性

按照人类历史的一般规律，植物的利用总是先及其实用价值，然后才是观赏。按古人的说法，梅是“果子花”，花果兼利。因此，其开发利用历史极其悠久。考古发现，早在七千年前的新石器时代，先民已经采用梅实。反映在文化上则产生了“盐梅和羹”“摽有梅”“百梅足以为百人酸，一梅不足以为一人和”等观念。魏晋以来人们开始

---

① 刘辰翁《芗林记》，《须溪集》卷五，《影印文渊阁四库全书》本。

② 《世界文化象征辞典》编写（译）组编译《世界文化象征辞典》，湖南文艺出版社 1992 年版，第 1076 页。

欣赏其花，宋元以来推阐其精神象征意义，拉抬其思想文化地位。梅经历了一个由“果子实用”到“花色欣赏”，再到“文化象征”的完整过程。在宋以来的“文化象征”推演中，又隐有从“花”到“树”不断深入演义的轨迹。梅及梅花的开发利用历史涵盖了整个中国历史文化发展的全程，而像牡丹、水仙、海棠、茉莉这样主要以花色取胜的植物，无论其开发历史和展开幅度都是与梅不可同日而语的，尤其是没有这样的历史纵深。梅暨梅花可以说是一个开发历史跨度较大，文化年轮丰富、完整的植物，包含着深厚的社会文化积淀，是解剖中国社会历史和思想文化演变轨迹的一个重要的花卉标本。

三、普遍性

首先是自然和栽培分布面广。虽然随着历史气候的起伏变迁和我国人口增殖、生态植被状况的不断恶化，今日梅花的分布大多局限在淮河、秦岭以南，但纵观历史，梅花的自然分布优势还是很明显的。至少在上古到隋唐的漫长历史阶段，梅花几乎覆盖了整个中华大地。宋以来，分布范围明显向南方地区萎缩，但仍占我国传统版图的大半区域，而且这一过程还与古代社会经济南北格局的转变密切相对应。综合言之，梅的分布一直与我国古代社会广大的核心区域相叠合。梅是重要的经济树种，田园种植和园艺栽培都极为简单，因而栽培分布极为广泛。这使得梅花欣赏有着广泛的社会基础，受到广大民众的普遍喜爱。无论是士绅阶层，还是草根社会，对梅花的了解、种植与爱好都是极普遍的。如牡丹、兰花等实用价值有限、种植技术复杂的植物，种植的范围不广，而民众欣赏也就大受限制，社会覆盖面不免略显偏狭，文化意义难以展开。牡丹举世公认其富贵，兰花各界只称其幽洁。而梅花则不同，士大夫层面高揭其幽雅、疏淡、清峭，普遍民众喜其新鲜、欢欣、吉祥。反映在文化上，由于开发历史悠久，社会普遍喜爱，因而其表现领域广泛，园林、文学、音乐、绘画、工艺、宗教、民俗等领域都有持续、深入的运用与演绎，举诸群芳列卉，也只有竹可与等量齐观。其中文学和绘画领域，梅花题材（咏梅与墨梅）创作独立发展，持续形成高潮，尤为灿然大观。

四、思想性

在中国古代植物意象的“文化丛林”中，梅花的文化象征意义无疑是较为深厚和崇高的。无论从历史进程还是思想逻辑上看，植物观赏大致有四个方面的思想情感，一是原始图腾，二是实用隐喻，三是物色审美，四是文化象征。除原始图腾外，其他三种思想情感于梅都有，而宋以来梅花欣赏的持续高潮，就是不断推演、张扬其品德象征意义。封建伦理秩序及其道德思想的强化是中国封建社会后期思想文化、意识形态发展的主要趋势和时代特色，梅花物性的“另类”个性与封建社会后期士大夫文人主导的道德思潮巧妙遭遇，赋予了梅花极其高超的精神品德象征内涵。其中主要有这样三种情趣：一是体现个人独立自由、超凡脱俗之精神追求的“清气”；二是体现道德情操、气节意志的“骨气”（“贞气”）；三是体现仁者生物、德化万物、更始复生的“生气”。这三“气”是一种结构性精神体系，尤其是其中的“清”“贞”

图 32 ［明］边文进《雪梅双鹤图》。纵 156 厘米，横 91 厘米，广东省博物馆藏。此画寄托梅鹤延年的美好愿望。

二气，笔者曾撰文论述：在宋人心目中“清”主要与“尘俗”相对，重在人格的独守、精神的超越，代表着广大士大夫在自身普遍的平民化、官僚化之后坚持和维护精神之高超和优越的心理祈向，一切势利、污浊、平庸与鄙陋都是其反面。“贞”即正直刚毅、大义凛然，一切柔媚苟且之态、淫靡邪僻之性与之相对，重在发扬儒家威武不屈、贫穷不移、富贵不淫的道义精神，呼唤人的主观意志。两者一阴一阳，一柔一刚，既有不同的思想侧重和现实风格，又互补融通，相辅相成，构成了士大夫道德意志和人格理想的普遍法式，代表着宋代道德建设的基本成就。其意义也远远超出了宋代，正如王国维所说：“古之君子，其为道者也盖不同，而其所以同者，则在超世之致，与不可屈之节而已。”[①]“超世之致”即“清”，“不屈之节”为“贞”，这两种理念成了封建社会后期士大夫阶层人格追求乃至整个民族性格的普

① 王国维《此君轩记》，姚淦铭、王燕编《王国维文集》，中国文史出版社 1997 年版，第一卷，第 132 页。

遍范式。[1]根据古人的意见，梅花最为典型地、“集大成”地承载着这样的精神信念和文化理念，其文化地位和思想价值也就可想而知了。至于民俗中的“梅开五福”“梅鹤延年”（图32）之类的说法也寄托了人类生活的美好理想，都值得我们珍视。

五、民族性

陈俊愉院士所说“十大优点”中，“国外栽培少，独树一帜”即是此意。梅花原产我国，朝鲜半岛、日本、印度支那半岛也有栽培的记载，但历史都晚于我国，相应的文化演义也多出于中土，欧西引种和认识更是近代以来的事。可以这么说，梅与梅花是中国原生态的、最富于中国历史文化个性特色的植物，是华夏民族精神的典型载体[2]。

正是基于这些基本认识，笔者多年来一直致力于探讨我国古代围绕梅花所展开的社会历史景观，揭示梅花意象蕴含的思想文化意义，换一个说法就是研究历史文化中的梅花，研究梅花中的历史文化。这是一种专题文化史的研究，也可以说是一种主题文化学的研究，自然也少不了借鉴主题学的视野和理论方法。

（原载《文化学刊》2010年第6期）

---

① 程杰《梅文化论丛》，中华书局2007年版，第59～60页。

② 以上论述请详参笔者《中国梅花审美文化研究》一书，巴蜀书社2008年版。

两宋时期梅花象征生成的三大原因

梅花的审美地位大致经过三个发展阶段，宋人对此论述颇明。南宋罗大经说："《书》曰：'若作和羹，尔惟盐梅。'《诗》曰：'摽有梅，其实七兮。'又曰：'终南何有，有条有梅。'毛氏曰：'梅，柟也。'陆玑曰：'似杏而实酸。'盖但取其实与材而已，未尝及其花也。至六朝时，乃略有咏之，及唐而吟咏滋多。至本朝，则诗与歌词，连篇累牍，推为群芳之首。"[①]在中国传统花卉中，梅花是后起之秀，不像桃李、芍药、兰蕙、荷花那样自古即以芳华著称。秦汉以前，人们言及梅花但取其果实与材用，"未尝及其花"。我们可以把这段时间称作梅花的"实用"或"前审美"阶段。

晋宋以来，梅花"始以花闻天下"[②]，其早春芳菲的形象引起注意和欣赏，有关诗赋吟咏渐见增多，梅花成了超功利的审美对象，这是梅花形象发展的第二阶段。这一从"实用"到"审美"的飞跃，与魏晋以来封建士人主流文化尤其是艺术审美文化、自然美鉴赏意识蓬勃发展息息相关。魏晋以来，自然景物成了最为普遍的感怀对象，充分展示了对象化的审美意义。许多以往名不见经传的自然物开始进入文艺家的视野，成了诗吟歌赋、音乐绘画等艺术的题材。许多以往只以实用性著称的植物，开始迎来了人们审美欣赏的目光，焕发出崭新

① 罗大经《鹤林玉露》丙编卷四，中华书局1983年版。

② 杨万里《洮湖和梅诗序》，陈景沂编，程杰、王三毛点校《全芳备祖》前集卷一。

的魅力。梅花与牡丹、木犀、荔枝、海棠等花卉的审美价值，都是这一时期逐渐为人们所认识和欣赏的。

但与其他花卉不同的是，梅花并不停留于一个三春芳菲的靓丽形象，梅花在完成了从“实用”到“审美”的飞跃之后，又有了进一步的提升。中唐以来尤其是两宋之际，梅花的审美特征越来越受到关注与推崇，精神寄托意义不断丰富和凸显，价值地位持续走高，最终被推为“群芳之首”，成了崇高的文化象征。梅花何以得天独厚，成此独尊，其中有着中唐以来社会生活、思想文化的深厚背景，也与梅花自身的生物因素密不可分。下面，我们从三个方面加以阐述。

一、社会学原因

艺术史的研究表明，一个事物引起某种联想或成为象征，依赖于它与其他事物间的“相似之处”及与人类的“生物关联这两个因素”。“一个物体越跟我们有生物关联，我们就越能敏于识别这个物体。”[①] 梅花要成为一个象征，尤其是一个公认的文化象征，首先取决于它与人们生活的关系，人们对它的了解和熟悉程度。两宋时期，园林花卉事业高度发展，梅花成了最为普遍的自然和园林植物，赏梅艺梅成了士庶流行的雅尚，这是梅花走向文化象征最基本的条件。

六朝至隋唐时期诗赋所咏梅花，虽然也偶有“庭梅”“宫梅”“官梅”一类人工标志，但以自然野生梅景为主。认识上也主要视梅为桃杏一类的早春芳物。诗赋咏梅以乐府《梅花落》为代表，主要以“花

---

① 范景中编选《艺术与人文科学：贡布里希文选》，浙江摄影出版社 1989 年版，第 28 页。

图 33　广东梅州潮塘古梅盛花景观，丘波提供。

开花落”的景象引发情感，所谓“兔园标物序，惊时最是梅”[①]，由此抒发时序迁转、青春易逝、人生飘荡的凄苦悲怨。在这种情况下，梅花主要作为时序变迁、物色荣谢的一个表象，引起的也主要是“物色之动，心亦摇焉”[②]的时序悲慨，梅花尚未取得独立自足的审美意义。这种情况从中唐开始明显得到改变。中唐文人开始表现出积极探寻、

① 何逊《咏早梅诗》，逯钦立辑校《先秦汉魏晋南北朝诗》，中华书局 1988 年版，中册，第 1699 页。

② 刘勰《文心雕龙・物色》，《影印文渊阁四库全书》本。

赏心悦目的意态和情趣。杜甫有“巡檐索共梅花笑”[1]的诗句，白居易更有《和薛秀才寻梅花同饮见赠》《与诸客携酒寻去年梅花有感》《忆杭州梅花因叙旧游寄萧协律》《新栽梅》[2]等诗作，或叙携友踏青探梅之乐事，或写闲居植梅赏花之雅趣。仅就诗歌的题目也不难想象与《梅花落》悲声古调完全不同的文人揽物赏花、休闲游乐意态。不仅是梅花，有学者在对唐诗中樱花描写的考察中也发现了类似的变化[3]。这种士大夫闲宴娱乐的文化生活对花卉审美活动的促进是十分显著的。由此我们看到中晚唐之际咏梅赋梅创作较之六朝与初盛唐在深度广度上都有所拓展，构成了宋代梅花审美活动的直接前提。

宋代承唐之势，士人阶层进一步壮大，生活面貌进一步改观。政治上科举取士制度进一步扩大和完善，新型官僚政治体制取代门阀政治势力，广大庶族地主阶级知识分子成了政治的骨干，其政治利益得到了制度性保障。经济上土地私有制进一步发展、租佃制日益普遍，

① 杜甫《沙头》，钱谦益笺注《钱注杜诗》，上海古籍出版社1958年版，下册，第570页。

② 白居易《和薛秀才寻梅花同饮见赠》《与诸客携酒寻去年梅花有感》《忆杭州梅花因叙旧游寄萧协律》《新栽梅》，分别见《全唐诗》卷四四三、四四三、四四六、四四七，《影印文渊阁四库全书》本。

③ 日本市川桃子《中唐诗在唐诗之流中的位置（下）——由樱桃描写的方式来分析》：“在描写樱桃花之际，盛唐诗人只对花之‘开’‘落’感兴趣。这并不意味盛唐诗人的表现力贫乏，而只显示出他们关注的趣向所在。在盛唐诗中，作者们无论咏樱桃还是咏风景，都不是着眼于樱桃、风景本身，而是把重点放在述说由此触发的作者自身的心境。”“与此不同，中唐诗相对人生深重的感慨及那种场合漠然的气氛来说，更关心具象的事物。”中唐文人“自白居易、韩愈以降，大体都有享受安逸生活的体验，在那种时候，似乎也有爱花种花的余暇，中唐普遍流行欣赏植物的风气”。“这个时期许多植物都被人欣赏，它们的姿态描绘在诗中。爱花而至于自己种植，自然会观察得更加细致，描写得更加具体，而且感情会随之移入到作为描写对象的植物中去。”蒋寅译，载江苏古籍出版社《古典文学知识》1995年第5期。

地主和自耕农经济迅猛发展。在这两方面，官僚地主阶级都是最大的既得利益者，相应地士大夫主流文化全面发展，经史子集、道释农医、琴棋书画、衣食住行，物质和精神生活丰富多彩，并且越来越弥漫着一种士夫缙绅风流儒雅、闲适娱乐的意味。

在这些封建士大夫即官僚地主阶级文人为主导的“雅”文化中，花卉园艺可以说是最生动的一个方面。汉唐时期园林艺术发展本就呈现这样的趋势，即由皇家园林的一统天下逐步让位给私家园林的发展，在私家园林中，又由六朝少数豪门贵族和寺院规模庞大的庄田园林逐步让位给官僚士大夫的别业经营。入宋后由于土地买卖和租佃制的发展，广大官僚地主更是普遍地占有土地，士大夫积极经营私产，促进了园林圃艺的兴盛。北宋时京、洛（开封和洛阳）园林最盛，李格非《洛阳名园记》录名园十九处，其中公卿士大夫私园十八处。另南京（今河南商丘）、颍州、扬州、江宁（今南京）、苏州等地都是著名的园亭胜地。南宋时苏杭一线经济繁荣、人气旺盛，园林之盛更是过于京洛。吴自牧《梦粱录》卷一九记载西湖一带比较著名的私园十六处，周密《武林旧事》卷五记述更达四十五处。周密《癸辛杂识》前集记述吴兴（今浙江湖州）园林达三十六处。除了这些较为集中的园林胜地外，士夫文人退处居闲，“求田问舍”之经营更是随处见宜。宋代文人田舍宅园之著名者如苏舜钦苏州沧浪亭、韩琦相州昼锦堂、邵雍洛阳安乐窝、范成大之石湖、王十朋梅溪、洪适盘洲、杨万里万花川谷、辛弃疾带湖等，许多士人的别号也多反映了一定规模的别业经营，如晁补之晚年退居山东金乡，葺归来园，号“归来子”。叶梦得在湖州石林卜筑精舍，号“石林居士”。这些园林，大多是日常居处之宅园，部分属于游憩之别墅和专门植树莳花之花园。

无论是花园还是宅园，花木种植都是最主要的造景方式。如洛阳的私园大都有成片的林景花圃。洪适之盘洲、杨万里之万花川谷都以花径卉圃为主要内容。尤其是对于广大中下层官僚知识分子来说，私产多属小型别墅和日居宅园，莳花艺木较之凿石叠山、筑台建楼简俭易行、力所能及，因而更为普遍。朱敦儒晚居嘉禾（今浙江嘉兴）。“一个小园儿，两三亩地。花竹随宜旋装缀。槿篱茅舍，便有山家风味。等闲池上饮，林间醉。”“著意访寻，幽香国艳。千里移根未为远，浅深相间。最要四时长看。”[①]陆游淳熙间在成都，有《闲意》诗道及日用家居：“学经妻问生疏字，尝酒儿斟潋滟杯。安得小园宽半亩，黄梅绿李一时栽。”[②]晚年在故乡山阴《东园》诗写道：“花果四十株，手自增减成，疏密无行列，东园盖强名。”[③]刘克庄“买得荒郊五亩余，旋营花木置琴书。柳能樊圃犹须种，兰纵当门亦不锄”[④]。南宋末邵定，“字中立，庐陵人，温粹博雅，通《周易》《春秋》。宅边植梅、竹、兰、桂、莲、菊各十余本，深衣大带，婆娑其间，自称‘六芗老人’。”[⑤]不仅是家业私宅，郡县府署也多树艺美化之举。如王十朋在饶州任，其《郡圃栽花》诗道：“公余吏隐不相赊，杖屦园林赏物华，五柳宅边谁种柳，百花楼畔漫栽花。”[⑥]从这些材料中，可以看到无论规模大小、居停久暂，宋代文人普遍留意田宅之经营、居处环境之美化，“夫人容

---

① 朱敦儒《感皇恩》，唐圭璋编《全宋词》，第2册，第848页。

② 陆游《闲意》，钱仲联校注《剑南诗稿校注》卷八，上海古籍出版社1985年版。

③ 陆游《东园》，钱仲联校注《剑南诗稿校注》卷五五，上海古籍出版社1985年版。

④ 刘克庄《即事》，《后村先生大全集》卷七，《四部丛刊初编》本。

⑤ 杜本《谷音》卷下，《影印文渊阁四库全书》本。

⑥ 王十朋《郡圃栽花》，《梅溪王先生文集》后集卷八，《四部丛刊初编》本。

膝之外，非甚俗者亦或莳花植木，以供燕娱”[①]，体现了地主经济的发展和士大夫文人生活质量的提高。而宋时都市社会、经济急剧发展，一般城乡风俗，较之以往也更形物阜人庶的气象，郊游赏花、专业艺花、花市交易构成了一道越来越靓丽的社会经济、文化生活风景[②]。

在这普遍的莳花艺树风气中，梅花是最为常见的品种之一。唐人园林较少专题梅景，北宋洛阳牡丹盛极一时，园林造景以牡丹和松、竹为多。北宋后期梅花渐为园家注意，洛阳富弼园有“梅台”、王直方汴京城南私园及徽宗艮岳均有梅景营置[③]。南宋园林中梅花栽植更为盛行，“学圃之士，必先种梅，且不厌多，他花有无多少，皆不系轻重”[④]。较大规模、声名远播的如苏州范成大范村、石湖玉雪坡、杭州张镃桂隐玉照堂。梅花既是重要的园林题材，同时又是家常果树，因此普通庭院隙地的栽植更是普遍：“粗有小园供日涉，不愁无地种梅花。”[⑤]“何必江头千树暗，未如屋角数枝斜。”[⑥]“所至必种梅，殷勤发培滋。”[⑦]类似的诗句在宋代尤其是南宋文人作品集中比比皆是。

宋代艺梅赏梅之日趋风盛，与当时整个社会经济、文化重心之南移又密切相关。“梅花畏高寒，独向江南发。”[⑧]梅树花期虽早，而性不耐寒，气温在—15℃时即难存活，因此野生梅树多见于淮河、秦岭

① 林景熙《五云梅舍记》，《霁山文集》卷四，《影印文渊阁四库全书》本。
② 请阅欧阳修《洛阳牡丹记·风俗记》；吴自牧《梦粱录》卷一“二月望”、卷二“暮春”、卷一三“诸色杂买”；周密《齐东野语》卷一六“马塍艺花”等。
③ 请参阅程杰《北宋后期京、洛等北方地区艺梅赏梅之风的兴起与发展》，《宋代咏梅文学研究》，安徽文艺出版社2002年版，第128～138页。
④ 范成大《梅谱》，上海古籍出版社1993年版《生活与博物丛书》本。
⑤ 俞桂《东山》，曹庭栋编《宋百家诗存》卷一八，《影印文渊阁四库全书》本。
⑥ 卫宗武《为僧赋梅庭》，《秋声集》卷三，《影印文渊阁四库全书》本。
⑦ 熊禾《探梅》，《勿轩集》卷七，《影印文渊阁四库全书》本。
⑧ 蔡襄《和吴省副青梅》，《全宋诗》，第7册，第4773页。

图 34　[宋] 赵佶《梅花绣眼图》。梅枝瘦劲，疏枝秀蕊。

以南，尤其是长江以南。文人咏梅起于南朝，中唐以来诗人咏梅渐多，所写梅景也多属江南地区。隋唐时虽然气温偏高，北方的关中（今陕西、甘肃）、河东（今山西）一带尚有梅花生长之迹，但毕竟分布较少。宋朝以中原汴洛一带为基础统一中国，但经过晚唐五代的连年干戈，整个黄河流域的经济进一步衰落，加以较之隋唐气温走低，生态环境严重退化，梅花的分布越发稀少。仁宗朝名臣韩琦在故乡相州（今河南安阳）和所知定州（今河北定县）等地多有建园治圃（众春园、昼锦堂、阅古堂）之举，花木之观甚富，移自南方者有芭蕉、芍药、莲芰等，但未见梅花。欧阳修贬居夷陵（今湖北宜昌）、滁州（今属安徽），当地山中多生野梅，而任职滑州（今河南滑县），有诗道："惜哉北地无此树，霰雪漫漫平沙川。"[1]滑州地临黄河北岸，已无梅可观，北方其他地方更是不难想见[2]。田锡、宋庠、梅尧臣等南方人仕于北方时都有诗感慨北方的春间少梅，晏殊、王安石等人都有诗嘲笑北人不识梅。北宋中期，汴、洛一带公卿园林才开始出现梅景营置，文人探春赏梅渐成雅事。而宋时淮河以南梅花分布却极其普遍。苏颂《本草图经》称"今襄汉、川蜀、江湖、淮岭皆有之"[3]。赵蕃《次韵斯远折梅之作》："江南此物处处有，不论水际仍山颠。"[4]江南文人赏梅艺梅之风也由来已久，白居易在杭州即有"伍相庙边繁似雪，孤山园里丽如妆""赏自初开直至落，欢因小饮便成狂"[5]的诗句，宋初林逋孤山咏梅可谓渊源有自。北宋中期开始，"凤山亭下赏江梅"[6]已成杭州一景。吴中红梅从宋初开始便独领风骚，王禹偁有《红梅赋》、吴感有《折红梅》词加以歌咏流布，晏殊始引植于汴京。梅尧臣宣城故居也有红梅，自称"吾家物"[7]，当有些来历，亲友多求枝嫁接。北宋时江南最早出现了一些规模种植，如湖州陈舜俞仁宗嘉祐间有《种梅》诗道："始我窥山中，

---

① 欧阳修《和对雪忆梅花》，《全宋诗》，第6册，第3751页。

② 郑獬《和汪正夫梅》其五："应为长安恶风土，故教北地不栽梅。"《全宋诗》，第10册，第6891页。

③ 苏颂《本草图经》，《重修政和经史证类备用本草》卷二三，人民卫生出版社1957年影印本。

④ 赵蕃《次韵斯远折梅之作》，《淳熙稿》卷六，《影印文渊阁四库全书》本。

⑤ 白居易《忆杭州梅花因叙旧游寄萧协律》，《全唐诗》卷四四六。

⑥ 郑獬《江梅》，《全宋诗》，第10册，第6890页。

⑦ 梅尧臣《尝正仲所遗拨醅》，《全宋诗》，第5册，第3100页。

早于梅花期。低回遂四十，种树计已迟。”“绕径一百树，抚视如婴儿。”[①]宋室南迁，版图止于淮、岭，吏民集中于江南富庶之地，人口稠密，经济发展，朝廷苟安，民风逸乐，官僚地主阶级之土地兼并、财产经营及文化娱乐之追求较之北宋都远过之而无不及。南宋社会人口、经济、文化的核心区与梅花的自然分布区适巧完全吻合，这对梅花文化地位的形成是一个千载难逢的天赐良机。刘辰翁《梅轩记》：“物莫盛于东南，而其盛于冬者，以其钟南方之气也。故梅尤盛于南，而号之者（引者按：指以梅花为室外名斋号者）皆南人也。是其盛也，地也，号之者亦地也。若出于关陇也，而亦号之则异矣。”[②]梅花以风土之利更得人气之旺，圃艺观赏蔚然成风，盛况空前。“梅天下尤物，无问智贤愚不肖，莫敢有异议”[③]，以至于“骙女痴儿总爱梅，道人衲子亦争栽”[④]，“便佣儿贩妇，也知怜惜”[⑤]。新品异类层出不穷，赏梅活动迭出新意，园艺谱录类著作纷纷出笼，借用辛弃疾《贺新郎》词意来形容，“剩水残山无态度，被疏梅，料理成风月”[⑥]，一副典型的梅文化时尚景观。正是在这普遍的时尚爱好中，梅花审美特质受到深入关注，人们开始赋予其形象特别的意义。虽然艺梅的普及与赏梅的兴趣之间应该是一个互动的关系，正如宋人所说，是“情益多而梅亦益多”[⑦]，但中唐以来

---

① 陈舜俞《种梅》，《全宋诗》，第8册，第4947页。

② 刘辰翁《须溪集》卷三，《影印文渊阁四库全书》本。

③ 范成大《梅谱》。

④ 杨万里《走笔和张功父玉照堂十绝句》其三，《诚斋集》卷二一，《四部丛刊初编》本。

⑤ 吕胜己《满江红》，唐圭璋编《全宋词》，第3册，第1759页。

⑥ 辛弃疾《贺新郎》，辛弃疾撰，邓广铭笺注《稼轩词编年笺注》，上海古籍出版社1978年版，第199页。

⑦ 刘学箕《梅说》，《方是闲居士小稿》卷下，《影印文渊阁四库全书》本。

地主自耕农经济的发展、士大夫政治经济地位的提高、园林圃艺业的繁荣毕竟是一个先决的社会物质条件。

园林圃艺的繁荣对于梅花观赏来说不只是一种直接的物质条件，同时也代表着一种自然审美的“人为”方式，这对梅花欣赏的情趣内涵也有着深刻的作用。人类审美文化史的经验表明，自然物从打上人类实践的印记，到成为人类的生活环境、生存条件，再到作为人类精神的象征，是自然“人化”的“三部曲”。宋代士大夫普遍的求田问舍，卜筑修园，莳花艺草，美化居处，这种以私人园林圃艺为主导的自然审美方式体现了人与自然关系的进一步改善。自然不再是人类畏惧的蛮荒世界，也不只是令人崇敬神往的玄远本体，自然被邀入士大夫世俗生活之中，成了士大夫家常日涉的生活环境和内容。自然也不再是本色天真的存在，而是有了深入的人工开发和利用，体现着“为人”的目的，同时也带有更多“人化”的色彩。在宋代的花卉物色欣赏中，我们看到两种情况，一是花品“十友”“十二客”“三十客”[①]一类说法逐步形成，如曾伯端所说兰为“芳友”，莲为“净友”，岩桂“仙友”，海棠“韵友”等等。另一是以松、竹、莲、菊、梅等“植物友”为名号表德者日见增多，就《全宋词》取例，周紫芝号“竹坡居士”（870页）；李弥逊号“筠溪”（1047页）；张抡号“莲社居士”（1409页）；高翥号“菊涧”（2284页）；李刘号“梅亭”（2320页）；史达祖号“梅溪”（2325页）；高观国号“竹屋”（2347页）；许棐号“梅屋”（2863页）；陈卓号“菊坡”（3037页）；龚日升号“竹芗”“竹卿”（3067页）；颜奎号“吟竹”（3254页）；曹良史号“梅南”（3259页）；王亿之号“松

① 参见《锦绣万花谷》后集卷三七；龚明之《中吴纪闻》卷四，《影印文渊阁四库全书》本；姚宽《西溪丛语》卷上，《影印文渊阁四库全书》本。

图 35　宋佚名《红梅孔雀图》。此图原载《历代名笔集胜册》。

间”(3261 页);冯应瑞号“友竹”(3423 页);蒋捷号“竹山”(3432 页);王炎午号“梅边”(3523 页);徐瑞号“松巢”(3524 页),等等不能尽举。这繁多的花色名目和人伦关系的譬喻,表明人对自然的认识趋于深入和细致,越来越多的自然物色进入人的审美视野,而物我之间的关系也更多情趣的投契和精神的寄托,洋溢着丰富的人文意味。正是在这日益流行的芳友“比德”风气中,在这普遍而深刻的物我关系中,梅花这样的芳菲微物才能受到足够的注意,才能体会出道德人文的芳馨,以自己的特色逐步凌越朋辈,进入社会生活的时尚焦点,进而上升为人文精神的典型象征。

世俗物质生活的开拓和文化品位的提升是宋代文化发展的生机所

在。综上可见，正是宋代社会民庶物阜尤其是士大夫优裕、休闲、雅致的生活氛围，具体地说发达的的园林圃艺之风及其生活情趣构成了蕴育梅花象征的物质温床。

二、思想史原因

事物之成为象征依靠其与人们生活之间的密切关联，而象征的意义则完全是人类主体的赋予。象征的意义“是人类机体加在物质的东西或事件之上的”，“象征由于人的横加影响而获得意义”[①]。梅花之成为文化象征，也有赖于社会的不断赋义，依赖于中唐以来尤其是两宋之际思想文化的不断熏染与洗礼、深刻的渗透和酝酿。而其象征意义之崇高则典型地体现着这一时代精神建设的基本方向与成就。

中唐以来思想文化的一个大的运作变化是以儒学复兴为龙头的封建伦理秩序和思想统治的进一步强化。这一思潮有着晋唐门阀世族力量衰微，庶族地主和自耕农阶层兴起，整个社会趋于平民化的现实基础，同时也适应封建中央集权进一步强化，官僚统治体制深入建构趋于完密的政治形势和历史要求。士大夫作为社会政治、经济体制的既得利益者，对维护和强化封建伦理秩序有着更切身的体验和自觉的责任，特别注重于自身的思想建设，由此激发了修身齐家治国平天下的道义精神，尤其是道德品格意识的普遍高涨。两宋时期士大夫意识形态的各个层面都离不开这一思想建设的主题，都从不同的角度、程度不等地体现着道德政教强化的时代精神。理学的形成当然是其中最重要的

① 美国怀特语，见庄锡昌等编《多维视野中的文化理论》，浙江人民出版社1987年版，第244页。

一环，“内圣”过于“外王”，道德取代事功成了人格的本体。在文学艺术等审美文化领域，绵延唐宋两代的古文运动高举复古明道、文以载道的旗帜，奠定了先道后文、道为文本的创作价值观。诗词创作中先后也提出了比兴美刺、善善恶恶，明道见性、温柔敦厚，庄言复雅、平淡适志等一系列富有时代特征的观念和主张。书画领域，随着文人画的兴起，有道有艺、技道互进成了艺术家安身立命的原则。这些观念和主张都包含了从士大夫历史使命的高度确定文学艺术的意义，讲求以道德理性和人生实践的整体力量引导和规范、充实和提升艺术创作境界的价值信念，体现了道德为本、美善相兼，君子儒雅、文质彬彬的理想追求。

同样在自然审美中，也典型地体现了这种崇尚义理、美善相兼的精神。魏晋以来，自然美的歌咏积案盈箱、汗牛充栋，要不出乎流连物色，感怀畅神，所着意者重在外物的声色阴阳、气概形貌，而宋人对此开始提出反思。如梅尧臣批评晚唐以来诗人只知“烟云写形象，葩卉咏青红”，是“有作皆言空”[①]。宋初的僧人智圆对当时吴越地区大批隐士、诗僧山林盘游之风多所规讽，认为其乐“不可极”[②]，“夸饰山水之辞”是“无用之文”[③]，主张以泉石形胜见道德教化之意，以山水清音表圣贤仁智之乐[④]。王禹偁认为士大夫圃艺林亭之好，

① 梅尧臣《答韩三子华、韩五持国、韩六玉汝见赠述诗》，朱东润编年校注《梅尧臣集编年校注》卷一六，上海古籍出版社1980年版。

② 释智圆《送智仁归越序》，曾枣庄、刘琳主编《全宋文》卷三〇八，巴蜀书社1988年版，第8册，第186页。

③ 释智圆《评钱塘郡碑文》，曾枣庄、刘琳主编《全宋文》卷三一一，第8册，第240页。

④ 释智圆《好山水辨》，曾枣庄、刘琳主编《全宋文》卷三一二，第8册，第244页。

也应“察物性以验政教，观民田以考丰俭”[1]。宋代早期出现的这些议论就表明了一种恢复儒家比兴讽劝、比德鉴义传统的伦理精神。后来的理学家更是进一步赋予理学认识和道德修养的目的，花卉林木“若但嗅蕊拈香，朝游暮戏，此禽鸟之所乐，蜂蝶之故志，人所以与天、地并立为三者，果如是而已乎？”“所贵善学，在触其类。故观松萝而知夫妇之道，观棣华而知兄弟之谊”，“观兰茝而知幽闲之雅韵，观松柏而知炎凉之一致”，“举凡山园之内，一草一木，一花一卉，皆吾讲学之机括、进修之实地，显而日用常行之道，赜而尽性至命之事”[2]，自然审美应纳入到了即物究理、“格物致知”、修业辅德的道德实践之中。文学家如苏轼也认为士大夫种树莳草、“接花艺果”，不是物色财用之好，而是君子胸襟的一种体现，“其所种者德也”[3]。他主张“观万物之变”，“尽自然之理”，而艺术写物也要“达物之妙”，“造物之理”，“合于天理，餍于人意”，要在契合物之肌理和神髓的同时，写出人的性灵和意趣。宋人对前人自然物色之好总结道：“夫争妍斗巧，极外物之变态，唐人所长也；反求于内，不足以定其志之所止，唐人所短也。”[4]前人之不足，正是宋人之所长。宋人自然审美中处处表现出透过物色表象，归求道义事理，标揭道德进境，抒写品格意趣的特色。

自然物色审美中的义理之求应该是丰富多彩的，具体到花卉审美中，由于普遍地用作园林圃艺的题材，直接服务于个人优雅的情趣爱好，也就被视作人格的投射，力求证示道德的情操。在宋人心目中，“凡

---

① 王禹偁《野兴亭记》，《小畜集》卷一七，《四部丛刊初编》本。

② 胡次焱《山园后赋》，《梅岩文集》卷一，《影印文渊阁四库全书》本。

③ 苏轼《种德亭》，王文诰辑注，孔凡礼点校《苏轼诗集》卷一六，中华书局 1982 年版。

④ 叶适《王木叔诗序》，《叶适集·水心文集》卷一二，中华书局 1961 年版。

人之寓兴，多得其近似之者，因是可以观其人”[1]。林亭艺植不仅是物色之观、遣兴之娱，更是风节之标、德业之象。就其审美认识而言，则是儒家君子“比德”传统和屈原“善鸟香草以配忠贞”[2]，“其志洁故其称物芳”[3]之象征认识的复兴。花容芳香之美，只是物之“色”，君子当即物求理，乐物知德。“比德于色，花之羞也。”[4]弃色求德，人之高也。“好德”过于“好色”，义理重于姿容，成了宋人花卉审美最基本的价值取向。

由此我们看到，入宋后花卉“比德”之象大为丰富，开创了自然审美重在比德义理的新格局。首先是一些传统的儒者“比德”之象如松、竹进一步流行，得到了普遍的推崇。从北宋中期开始，松、竹就成了诗画、园林最常见的题材，“岁寒堂”“清节堂”一类的名号频频出现。一些历史上曾为贤人名士青睐过的物象如兰、桂、菊，比德象征之义则开始凸显，所比之“德”也进一步向儒家道德义理靠拢。其中桂花形象的演进可以说最为典型。《楚辞·招隐》曾以桂树暗示隐士幽处，晋唐之际流行以折桂喻指射策登科。宋人认为，这一利禄喻义是“儿童之见”[5]，象义之“末”，“君子于桂，比操焉”[6]。在宋人看来，古人的隐逸之操也不足取，因为“君臣之义如之何其废之”[7]，桂之可贵当在既“清”且“芬”的君子人格：“比德于君子焉，清者君子立

① 曾协《直节堂记》，《云庄集》卷二，《影印文渊阁四库全书》本。
② 王逸《离骚经序》，《楚辞补注》卷一，中华书局1983年版。
③ 司马迁《史记·屈原贾生列传》，中华书局标点本。
④ 家铉翁《牡丹坪诗并引》，《则堂集》卷五，《影印文渊阁四库全书》本。
⑤ 包恢《桂林说》，《敝帚稿略》卷七，《影印文渊阁四库全书》本。
⑥ 杨东山《桂芳堂记》，王廷震《古文集成前集》卷九，《影印文渊阁四库全书》本。
⑦ 袁甫《袭桂堂记》，《蒙斋集》卷一四，《影印文渊阁四库全书》本。

身之本也，芬者君子扬名之效也。芬生于清，身验于名。”[1]由此桂树完成了从隐者之表、功名之喻到君子人格象征的演变。另外一些花卉本只以美感形象见称，如荷花，灼灼之华，田田之叶，暄风卷舒若洛仙举袂，清波玉立似吴姝临镜，诗骚以来歌吟不绝，汉魏以来菡萏讴谣、芙蓉表赞、采莲骚赋，更是车载斗量，不计其数。其间佛教以“莲花者出尘离染，清净无瑕，有以见如来之心”[2]。这种情况到宋代开始改变，周敦颐《爱莲说》以儒家思想诠释荷花形象，影响极其深远。宋人评论道：“荷花辱于淫邪（引者按：审美），陷于老佛（引者按：宗教）几千载，自托根濂溪（周敦颐）而后，始得以其中通外直者侪于道（引者按：儒道）。”[3]“菡萏诗歌，芙蓉骚赋，曷取哉？比德也，我德之清其清也，我德之芳其芳也。”[4]荷花因此也成了伦理品格的典型象征。与荷花一样，梅花本也只是一般的芳菲之物，以早春素蕊冷香取胜，正是在这即物究理、艺物比德的风气下，开始得到特别的理会和体认，逐步获得了“比德”的深意。

在宋人的道德理念和品格之求中，有两种精神是最为核心的，也是最为普遍的，这就是“清”和“贞”。宋人的道德品格理想，固然以儒家道义精神为基石，同时也离不开释、道等思想传统的推毂作用。不仅严肃的理学家在名教大义之外并不弃绝日用闲适，不时有“万物静观皆自得，四时佳兴与人同”的儒雅情致，其他士大夫文人达则兼济，

① 王迈《清芬堂记》，《臞轩集》卷五，《影印文渊阁四库全书》本。

② 崔融《为百官贺千叶瑞莲表》，《文苑英华》卷五六三，《影印文渊阁四库全书》本。

③ 牟巘《荷花辱于淫邪、陷于老佛几千载，自托根濂溪，而后始得以其中通外直者侪于道，而近世魏鹤山又推本周子之意，取〈泽陂〉之诗所谓“硕大且俨”者归之君子焉……》，《陵阳集》卷四，《影印文渊阁四库全书》本。

④ 袁甫《马实夫君子堂记》，《蒙斋集》卷一三，《影印文渊阁四库全书》本。

图 36 ［宋］佚名《梅竹双雀图》。此图原载《宋人集绘册》。

穷则独善，“养生治性，行义求志，无适而不可”[1]，出入儒释，圆通应物者更是普遍现象。反映为人格理想，就是“君子”人格的标榜。“君子”取义于古儒，但又不止于古儒。南宋一位学者在谈论周敦颐《爱莲说》时这样解释“君子”的定义：“君子者，全德之称……莲为君子，则富贵、隐逸非君子欤？隐逸，逃富贵者也；富贵，未必可贫贱也，若夫君子，

① 苏轼《灵璧张氏园亭记》，孔凡礼点校《苏轼文集》卷一一，中华书局 1986 年版。

何适不可哉！”[1]这一说法未必尽合濂溪原义，但在宋代却更有代表性。宋人的人格理想建构中既以伦理道德为宗旨，同时也特别倾向于道德自律与品格自尊，社会伦理责任与个人自由意志，理性原则的操守与处世应物的圆通，道义精神的刚方与个人情志的雅适的有机统一。这不仅渊源于中国文化“天人合一”，注重个人与社会，理性与感性之统一的传统精神，同时也是宋以来封建士大夫社会地位和伦理责任同步提高之现实的反映。落实为理论主张，则集中体现为两个流行范畴，这就是“清”与“贞”。在宋人心目中“清”主要与“尘俗”相对，重在人格的独守、精神的超越，代表着广大士大夫在自身普遍地平民化、官僚化之后坚持和维护精神之高超和优越的心理祈向，一切势利、污浊、平庸与鄙陋都是其反面。“贞”即正直刚毅、大义凛然，一切柔媚苟且之态、淫靡邪僻之性与之相对，重在发扬儒家威武不屈、贫穷不移、富贵不淫的道义精神，呼唤人的主观意志。两者一阴一阳、一柔一刚，既有不同的思想侧重和现实风格，又互补融通，相辅相成，构成了士大夫道德意志和人格理想的普遍法式，代表着宋代道德建设的基本成就。其意义也远远超出了宋代，正如王国维所说：“古之君子，为道者也盖不同，而其所以同者，则在超世之志，与夫不屈之节而已。”[2]“超世之志”即“清”，“不屈之节”为“贞”，这两种理念成了封建社会后期士大夫阶级人格追求乃至整个民族性格的普遍范式。

把握到这一时代精神和思想成就，再来看宋人的花木“比德”就不难发现，宋人在松竹、兰菊等“比德”之象的审美认识中，所着意

---

① 袁甫《白鹿书院君子堂记》，《蒙斋集》卷一三。

② 王国维《此君轩记》，姚淦铭、王燕编《王国维文集》，中国文史出版社1997年版，第132页。

发挥的就是“清”“贞”为核心的精神品质。如果说兰、菊之类最初为贤士骚客所赏识还多少出于生产或生活方式的关联，那么这个时代诉诸花木的就纯然是主观的道德意志、品格情操。范仲淹故居植松，呼为“君子树”，视为良师友，“持松之清，远耻辱矣；执松之劲，无柔邪矣；禀松之色，义不变矣”[①]，引为师则的，一在贞刚之性，一在清逸之风。竹，自古以来便是儒者见其节，逸者以为高，宋人则两意并会：“清如杜叟日卓午，直似姜公诗作丁。”[②]菊，在陶渊明那里即有清、贞两义，“采菊东篱下，悠然见南山”[③]，“酒能祛百忧，菊为制颓龄”[④]，是隐者之淡逸。“芳菊开林耀，青松冠岩列。怀此贞秀姿，卓为霜下杰”[⑤]，是志士之贞刚。晋唐之际多承前者，用表佐酒忘忧、托怀高远之意，所谓“花之隐逸者也”。而宋人注意强调后一方面：“谁云制颓龄，为与霜争华。”[⑥]菊不只见悠然之韵，更具坚毅之质。周敦颐在菊花上未及见此，而其推阐荷花“君子”，也是“正直”与“清远”同在。即使是水仙这样的盈盈弱质，宋人也着意挖掘出“不畏霜雪”，“超然意适”[⑦]，清而能坚，刚柔兼济的品格。可以说讲求“清”“贞”

---

① 范仲淹《岁寒堂三题并序》，《全宋诗》，第3册，第1862～1864页。

② 魏了翁《次韵史少庄竹醉日移竹》，《鹤山集》卷一，《影印文渊阁四库全书》本。

③ 陶渊明《饮酒》，《陶渊明集》，中华书局1979年版，第89页。

④ 陶渊明《九日闲居》，《陶渊明集》，中华书局1979年版，第39页。

⑤ 陶渊明《和郭主簿》，《陶渊明集》，中华书局1979年版，第61页。

⑥ 杜范《咏芙蓉与菊花》，《清献集》卷一，《影印文渊阁四库全书》本。

⑦ 胡宏《双井咏水仙，有妃子尘袜盈盈、体素倾城之文，予作台种此花，当天寒风冽、草木萎尽，而孤根独秀不畏霜雪，时有异香来袭襟袖，超然意适，若与善人君子处而与之俱化，乃知双井未尝得水仙真趣也，辄成四十字，为之刷耻，所病词不能达，诸君一笑》，《五峰集》卷一，《影印文渊阁四库全书》本。

二义是宋人花木“比德”思维的基本模式。宋代的梅花审美观赏的一个贡献，就在于抉发和演绎梅花形象的“清”“贞”二义。大致说来这经历了三个阶段：

第一阶段是北宋早期，以林逋为代表。林逋以江南隐士咏梅，奠定了梅花闲静幽雅的风神。林逋很少着意梅花冒雪冲寒的一面，而是重点描写“暗香疏影”之姿，强调其“清新”“孤静”，把梅花视为天酬僧隐的孤赏，“澄鲜只共邻僧惜，冷落犹嫌俗客看”[①]，究其精神实质，如南宋人所说“不过太平隐趣”[②]。文同《赏梅唱和诗序》写道：“梅独以静艳寒香，占深林，出幽境，当万木未竞华侈之时，寥然孤芳，闲淡简洁，重为恬爽清旷之士之所矜赏。”[③]这可以说概括了北宋时期的基本情况。北宋后期出现了梅为“清友”的说法。

第二阶段是北宋后期以迄于南宋中期。随着复古意识的高涨、理学的兴起、道德名教的深入人心，梅花的品格也逐渐被咀嚼出义理操守。林逋那里尚未重视的梅花岁寒独放之习性越来越受到注意，梅花与松、竹并称为“岁寒三友”，获得了贫贱不移、威武不屈的气节操守之义：“梅于穷冬严凝之中，犯霜雪而而不慑，毅然与松柏并配，非桃李所可比肩，不有铁肠石心，安能穷其至。”[④]这一气节操守之义即所谓“贞”。

第三阶段是南宋中期以来。由于广大江南理学名士、江湖清狷之流以及宋末遗民贞士的友结盟约，表德高视，倍加矜重[⑤]，有关认识

① 林逋《山园小梅二首》，《林和靖集》卷二，《影印文渊阁四库全书》本。

② 陈著《梅山记》，《本堂集》卷五〇，《影印文渊阁四库全书》本。

③ 文同《赏梅唱和诗序》，《丹渊集》卷二五，《影印文渊阁四库全书》本。

④ 葛立方《韵语阳秋》卷一六，何文焕辑《历代诗话》本。

⑤ 刘辰翁《梅轩记》：“古贵梅，未有以其华者，至近世，华特贵而实乃少见用，此古今之异也，然其盛也，亦不过吟咏者之口耳，未有以德也。数年来，梅之德遍天下。”《须溪集》卷三，《影印文渊阁四库全书》本。

进一步深入，“清”“贞”义不断强化：“天边差有雪堪亚，世上更无花敢清。”[①]“雪虐风饕（tāo）愈凛然，花中气节最高坚。”[②]两者高度融合：“违物行归廉士洁，傲时身中圣人清。”[③]“御风栩栩臞仙骨，立雪亭亭苦佛身。”[④]“涅而不缁兮，梅质之清；磨而不磷兮，梅操之贞。”[⑤]由此梅花成了道德至范，“花中有道须称最”[⑥]，梅花成了完美无缺的全德形象，被推尊为至高无上的品德象征。

上述三个阶段与思想文化领域道德伦理意识和理学思潮的整体发展是同步的。比较庆幸的是，宋以前的梅花审美几无思想深意，因此有一个全新的历史起点，而宋初林逋的孤山咏梅又较早地开始了这一历史进程。以程朱理学为核心的伦理道德思想的深入发展赋予了梅花审美以强大的思想动力，决定了其精神价值理念。梅花之走向象征的过程，可以说正是接受其思想影响并逐步深入体现其理想价值的过程。在两宋三百年持续的思想洗礼中，梅花意蕴不断与时俱进，逐步突破文士感春伤时、僧隐幽逸遁世之传统情怀，最终走向“清”“贞”和合、风范隆备的品格境界，体现着宋人道德追求的典型精神和最高理想，因此成为人们最爱和至尊的品德图腾。

---

① 余观复《梅花》，《北窗诗稿》，《宋椠南宋群贤小集》本。

② 陆游《落梅》其一，钱仲联校注《剑南诗稿校注》卷二六。

③ 曾丰《赋梅三首》，《缘督集》卷六，《影印文渊阁四库全书》本。

④ 曾丰《梅三首》其二，《缘督集》卷七，《影印文渊阁四库全书》本。

⑤ 何梦桂《有客曰“孤梅”，访予于易庵孤山之下。与之坐，夜未半，孤月在天，笑谓孤梅曰：“维此山与月与子，是三孤者，为不孤矣。”因相与酾酒，更诵逋仙“疏影”“暗香”之句，声满天地，酒酣又从而歌之，歌曰》，《潜斋集》卷一，《影印文渊阁四库全书》本。

⑥ 葛天民《梅花》，《无怀小集》，《宋椠南宋群贤小集》本。

图 37　［元］青花松竹梅纹炉。通高 31.4 厘米，口径 20.1 厘米，故宫博物院藏（杨可扬主编《中国美术全集》，《光明日报》出版社2003年版，工艺美术编·陶瓷·下册，图31，第31页）。

三、生物学原因

“所有的象征都得有一个物理形式，否则，它们不可能进入我们的经验。”[①]无论在表现的意义上，还是生成的意义上，梅花象征都离不开其独特的生物秉赋。梅花的生物种性在体现上述君子人格理想上有着诸多得天独厚的优势。

1. 花期。梅花首要的一个物理特征是花蕊冬寒开放、春暖凋谢的特殊季相。梅树在经过秋冬落叶期后，对气温特别敏感，一般当旬平均气温 6℃～7℃时即开花，天气久寒乍暖之后尤易提前开放。在梅树集中分布的长江流域，花期一般在公历的三月下旬至三月的上旬，正是夏历的冬末春初、腊尾年头。梅花这一习性在花卉植物中并不多见，尤其是与百花竞放的三春景象相比更形殊异，颇为引人瞩目。“古今词人多以草木冬青而寓之言，如班固《西都赋》云:‘灵草冬荣，神木丛生。’又《东京赋》云:‘修竹冬青。’左思《蜀都赋》云:‘寒卉冬馥。’……当时而盛者，不必言也。非时而盛者，为可言也。”[②]事物的特征正是审美的焦点。“尝谓梅者，使其生于暄淑之景，而立乎桃李之蹊，虽翛然欲以其洁，独而争妍者有其色，好懿者无其人焉。是其独也，时也。”[③]“若使牡丹开得早，有谁风雪看梅花。”[④]梅花花期之早是其物色形象最重要的特征，从魏晋梅花“以花闻”以来，便一直是审美认识的主要内容。最初人们主要着意其花开花落之“早”，用以触发士女怨离思亲、感时伤逝之悲，所谓“兔园标物序，惊时最是梅”[⑤]，“芳树映雪野，发早觉寒侵”[⑥]。或者欣赏其物色开新、献岁报春的自然生意，所谓“腊月

① 庄锡昌等编《多维视野中的文化理论》，浙江人民出版社 1987 年版，第 244 页。
② 孙奕《示儿编》卷一七，《影印文渊阁四库全书》本。
③ 刘辰翁《梅轩记》，《须溪集》卷三，《影印文渊阁四库全书》本。
④ 赵希㯝《次肖冰崖梅花韵》，《抱拙小稿》，《宋椠南宋群贤小集》本。
⑤ 何逊《咏早梅诗》，逯钦立辑校《先秦汉魏晋南北朝诗》，中华书局 1988 年版，第 1699 页。
⑥ 张正见《梅花落》，逯钦立辑校《先秦汉魏晋南北朝诗》，第 2479 页。

正月早惊春，众花未发梅花新”[1]，“岂无后开花，念此先开好”[2]。但这些感触、认识只是物色表层的、初步的，梅开之早还有其他感受认识的可能性，尤其是与他物构成的对立和超越，为思想价值的寄托提供了意义的框架。宋人即从此入手，演绎其精神品格，具体思路有三：一是由“春花”转视为“冬花”，由着眼其“报春早”，转认其“斗雪开”。所谓“雪虐风饕愈凛然，花中气节最高坚”[3]。二是强化其在春花中的超越性。梅花先春而放，以往常被视为风欺雪虐、孤寂冷落的形象，入宋后被理解为掉臂独行，自甘寂寞，不屑繁暄，更不趋炎附势：“天与离群性，花前独步春。”[4]“不比三春桃李，芳菲急在人知。”[5]三是由花期之早，推尊为天地先觉、万物之“母”：“吾闻梅乃万木母，桃为奴婢李舆台。一阳生子万物始，梅花独先群卉开。一阴生午万物成，梅实独生群花胎。”[6]这是南宋理学家的独特理会，自认是“知本”之言，对揭示梅花的生机之美颇多启发。另外花时多霜雪，也有以其冷冽之气、莹洁之质比况、衬托梅花之清灵与高洁的：“雪中风韵，皓质冰姿真莹静。”[7]“更雪琢精神，冰相韵度，粉黛尽如土。”[8]上述前两点是最基本的。以“冬花”视梅，梅与松竹相提并论，见出气节之贞刚；就春花而论，桃李不可同日而语，反衬梅花格调之清高。着眼点不同，一正一反，都由其特殊季相推演开示。梅花花期之早是梅花品格塑造中

---

① 江总《梅花落》，逯钦立辑校《先秦汉魏晋南北朝诗》，第2574页。
② 白居易《寄情》，《全唐诗》卷四四五。
③ 陆游《落梅》其一，钱仲联校注《剑南诗稿校注》卷二六。
④ 徐积《和范君锡观梅二首》其二，《全宋诗》，第11册，第7852页。
⑤ 黄公度《朝中措》，唐圭璋编《全宋词》，第2册，第1329页。
⑥ 李涛《题盱江王章甫梅境》，《蒙泉诗稿》，《宋椠南宋群贤小集》本。
⑦ 无名氏《减字木兰花》，唐圭璋编《全宋词》，第5册，第3639页。
⑧ 赵与洽《摸鱼儿·梅》，唐圭璋编《全宋词》，第4册，第2470页。

至关重要、最为得力的形式因素和概念。

2. 花色。梅花以白色、淡粉红为主。植物之花，白色最多，本属平淡无奇。加之梅花花径较小，只有 2 ～ 3 厘米。花期又无叶，惟淡小花蕊缀于枝间，显得十分素淡寒薄。但这种寒素冷淡放在三春芳非姹紫嫣红、百媚千娇之中，又是一种特殊的品格。有着与秾丽、俗艳、妖媚、华饰、暄妍对立的因素，在实际的描写中，宋人也多以浅水、淡月、霜雪、冰玉等素洁、澄明之物相类聚、比拟与烘托，渲染和喻示朴素、平正、本真、清白、淡泊、冷静等心理感受和价值理念："若论君颜色，琼瑶未足珍……有艳皆归朴，无妖可媚人……施朱其已伪，傅粉亦非真。"[①]"不为雪摧缘正色，忽随风至是真香。"[②]"一白雪相似，独清春不知。风流无俗韵，恬淡出天姿。""姑将天下白，独向雪中清。"[③]梅花花容的寒素淡小是梅格之"清"的重要载体。

3. 花香。也许白色过于平常无奇，造物有以损补，据古人观察，"历数花品，白而香者十花八九也"[④]。梅花也是如此，花色淡薄，而香却有殊致。这是桃李、海棠、牡丹等以色著名的花卉所不可比拟的。"香者，天之轻清气也，故其美也常彻于视听之表。"[⑤]香味不同于人的视觉、听觉内容那样明确、直接，它是一种实在刺激，但带给人的感官愉悦难以言传。与色彩视觉相比，气味嗅觉总有几分玄妙的意味。正是这难以言传的玄妙美感，使嗅味自古以来就成了人的精神面貌、

① 徐积《和吕秘校观梅二首》其一，《全宋诗》，第 11 册，第 7852 页。

② 韩维《千叶梅》，《全宋诗》，第 8 册，第 5225 页。

③ 张道洽《梅花》，方回选评，李庆甲集评校点《瀛奎律髓汇评》卷二〇，上海古籍出版社，1986 年版。

④ 何薳《春渚纪闻》卷七，中华书局 1983 年版。

⑤ 刘辰翁《芗林记》，《须溪集》卷五，《影印文渊阁四库全书》本。

品格气质、审美感觉的隐喻。常言所谓“其志洁故其称物芳”，“流芳百世”，说的都是精神的境界及其魅力。梅之有香，已是奇妙，而其芳香，又是一种特殊的品型。古人也曾以“麝香”作比况的，效果也只得其浓烈。晚唐以来，人们使用最多的是“冷香”“冻香”“寒香”“清香”“幽香”“暗香”“远香”“淡香”等概念，庶几得其香型嗅觉之仿佛，另外也不排除有梅树花枝形态和季节环境等因素的交感作用。细加分析又主要有两个特点，一是冷冽，梅花与瑞香花那种“短短薰笼小，团团锦帕围。浮阳烘酒思，沈水著人衣”[①]的温软熏醉感是不一样的。二是幽妙淡远，宋人描写梅香多取象于月下气浮，竹间暗度，穿林隔水，其香朦朦胧胧，似有若无。这两种感觉都能有效地寄托和表喻闲静淡雅的精神气质和人格神韵。

4. 枝干。古代曾有梅梁之说，但梅是落叶小乔木，一般高不过10米。每一树枝的顶芽次年都不生长，新枝主要从靠近项端的侧围生发，即便在不修剪的情况下，形成合轴分枝的自然开心状树冠，不具中央主干，是不能充当栋梁之材的[②]。梅梁之说是语言训诂学上的误会，所说梅不是今天植物学分类上蔷薇科果树，而是樟科楠树。但也正是这一特性，使其茎枝形态十分丰富。尤其是枝条，有直立和斜出者，有倾势下垂者，还有蟠屈扭曲者。由枝的顶部发育的新枝长势最强，据范成大《梅谱》称，“一岁抽嫩枝，直上或三四尺”，秋冬叶落后极显挺拔条畅之

---

① 杨万里《瑞香花新开五首》其三，《全宋诗》，第42册，第26362页。

② 李昉《太平御览》卷九七〇“果部七・梅”：“《风俗通》曰，夏禹庙中有梅梁，忽一春生枝叶。”又卷一八七“居处部・梁”：“《吴越春秋》曰，夏禹庙以梅木为梁。”对梅木为梁，后人多表怀疑，清钱泳《履园丛话》“考索・梅梁”条：“禹庙梅梁，为词林典故，由来久矣。余甚疑之，意以为梅树屈曲，岂能为栋梁乎……偶阅《说文》梅字注，曰‘楠也，莫杯切’，乃知此梁是楠木也。”

图 38　［清］洒蓝描金开光五彩花鸟纹瓶，上海博物馆藏（汪庆正主编《中国陶瓷全集》，第 14 册，清代上，第 94 页）。

姿。梅树花期无叶，唯淡小之花缀于旧年宿枝上，枝条形态很是突出。这是梅花与其他花卉尤其是草木花卉相比独具优势的地方。宋初石曼卿咏梅:“认桃无绿叶，辨杏有青枝。”[①]咏物执形虽被苏轼引为笑料，但也确实抓住了梅花花期无叶而疏于桃，花枝条畅而秀于杏的枝干特点。从林逋开始，梅树条达俏丽和疏秀峭拔之美就成了审美的亮点。

梅树中的高龄老棵则又别具一格。梅是长寿树种，有存活千年以上的。“树老枝方怪，花开叶已无。”[②]高龄梅树老态龙钟，干茎较粗，扭曲劈裂，侧枝也多虬屈下垂，极其曲线盘屈之美，树皮纵裂翘剥，树瘤密布，苔藓地衣寄生，更是一副沧桑历炼之象。这种老树形态南宋开始广受注意，逐步形成了“老枝怪奇者为贵”[③]的审美风尚。

枝干形态在花卉审美中是较特殊的形式因素，它以线条为主，富于材质力度之感，与松、竹之美颇为接近，疏枝直线峭拔似竹，老干苍劲盘曲似松，是其他仅以花容花色取胜的花卉无从比拟的。“疏影横斜语最奇，桃李凡姿无此格。”[④]“孤标元不斗芳菲，雨瘦风皴老更奇。压倒嫩条千万蕊，只消疏影两三枝。”[⑤]“树百千年枯更好，花三两点少为奇。”[⑥]“野叟心偏爱，莓苔古怪枝。”“怪怪复奇奇，照溪三两枝。首阳清骨骼，姑射静丰姿。”[⑦]宋人着意强化梅之枝干因素，也就进一步淡化了“花”的色彩，由此凸显梅花疏淡、清瘦、峭拔、苍劲、老健的美感，演绎闲淡简雅的意趣，塑造出刚劲老成的“风骨”形象。

---

① 石曼卿《红梅》，《全宋诗》，第3册，第2005页。

② 释文珦《咏梅戏效晚唐体》，《潜山集》卷九。

③ 范成大《梅谱》。

④ 王庭珪《和王宰早梅》，《全宋诗》，第25册，第16765页。

⑤ 范成大《古梅二首》其一，《范石湖集》卷二三，上海古籍出版社1981年版。

⑥ 杨公远《梅花》，《野趣有声画》，曹庭栋编《宋百家诗存》卷三七。

⑦ 释文珦(xiàng)《咏梅》其一，《潜山集》卷八，《影印文渊阁四库全书》本。

5. 生态条件。梅花喜欢温暖湿润的气候，主要分布于淮河以南地区。对土壤要求不严，颇耐瘠薄，几乎能在山地、平地各种土壤中生长。野生梅种遗核即生，山间水滨、荒寒清僻之地极其普遍①。人工艺植，无论是孤植还是育林，无论是高地坡坎、土台坪场，还是篱角园隙、栏畔阶下，只要地不涝渍，都能很好地生长。梅花这种旺盛的生命力和普遍的适应性加之花果兼利的优点，使它与牡丹这类以观赏为主，对土壤、气候和工艺技术要求较高的花卉相比，易于为一般家庭所接受，显示出平民化、家常化的品格。这是梅花为穷居野处者引为爱好与寄托的一大原因。晚唐诗人罗邺《梅花》诗："繁如瑞雪压枝开，越岭吴溪免用栽。却是五侯家未识，春风不放过江来。"②即视梅为江南野芳，与京洛贵族繁华时尚构成对立。入宋后，梅花与牡丹之为富贵奢尚的对立得到进一步的挖掘。梅花之宜于竹篱茅舍、荒山野岭、林下水际，"仍多向贫家，不为华屋牵"③、"小小人家短短篱，冷香湿雪两三枝"④、"野意终多官意少"⑤、"寄声说与寻梅者，不在山边即水涯"⑥、"绝似人间隐君子，自从幽处作生涯"⑦之类的话头越来越多。其托身虽不如深林芝兰之幽僻，但却于村野平居竹篱茅舍之畔，自成一种平朴萧散、野逸自得之趣。

6. 果实。就一般物性而言，花是果实的预报，果实是花的目的。

---

① 范成大《梅谱》。
② 罗邺《梅花》，《全唐诗》卷六五四。
③ 包恢《马上口占感梅感事二首》，《敝帚稿略》卷七，《影印文渊阁四库全书》本。
④ 江朝宗《梅花》，厉鹗《宋诗纪事》卷六〇，《影印文渊阁四库全书》本。
⑤ 张道洽《梅花》，方回选评，李庆甲集评校点《瀛奎律髓汇评》卷二〇。
⑥ 戴复古《寄寻梅》，《石屏诗集》卷五，《影印文渊阁四库全书》本。
⑦ 戴复古《梅》，《石屏诗集》卷五。

图 39　《春晖芳艳》（选自《郝良彬工笔花鸟作品选》，天津杨柳青画社 2006 年版，第 5 页）。

梅之果实自古即是重要的食用之品，有着很大的实用价值。在人们的观察、利用中，也是最早引起注意的，《尚书》“盐梅和羹”之喻，《诗经·摽有梅》之篇即是。后来花色的观赏价值渐受重视，而梅果的实用价值逐渐边缘化。在宋人以隐逸闲适意趣为主的审美取向中，“盐梅和羹”所象征的功名材器益发受到轻视。但果实之对于梅花来说，又是一个重要的审美价码。首先在园林圃艺方面，梅花果兼利，显明的经济价值会调动一般家庭种植的积极性，梅花也因此更具平民化的风格。其次在审美价值上，花色观赏是纯粹审美的因素，而果实材用更具功用致善的道德意义。宋代理学家极诋佛老之道法玄虚，倡导人伦日用之实理，因而对于梅之果实别出心裁，即花究理，把花而能实视为道德人格之养育有成，所谓“（梅花）得气之先，斯仁之萌；自华而实，斯仁之成”[①]。这对梅花审美中避免“华而不实”之类负面理解大有好处。

综合上述六个方面不难看出，梅花几乎兼有松竹、兰菊等传统“比德”之象的许多形象特质。其花期之早，具松竹、秋菊“岁寒”抗争操守之志；其茎枝之横斜老苍，具松竹峭劲之姿；其暗香浮动，具兰之潜德幽馨。而其花色淡小、枝影扶疏在芳国花品中更是独具一份幽姿闲淡、超凡脱俗的美感。加之材之为梁（理解之中）、果实和羹，自古便喻人器识才具。正是这亦花亦木、有色有香；华而能实，“华实相当”[②]；寒而能华、新老有态；宜诗宜画、众美毕具的优势，使梅花在宋人心目中成了花卉“比德”的“集大成者”：“惜树须惜枝，看花须看蕊。枯瘦发纤秾，况此具众美。”[③]“造物作梅花，毫发无遗

---

① 陈深《梅山铭》，《宁极斋稿》，《影印文渊阁四库全书》本。

② 薛季宣《梅庑记》，《浪语集》卷三〇，《影印文渊阁四库全书》本。

③ 陈傅良《咏梅分韵得蕊字》，《止斋集》卷四，《影印文渊阁四库全书》本。

恨。楚人称芳兰，细看终不近。”[①]“霜月交辉色是明，风标高洁圣之清。谛视毫发无遗恨，始信名花集大成。”[②]就体现作为核心的道德“清”“贞”二义而言，也最为丰富有力。色之素、香之暗、蕊之小、枝之疏、生之野、处之幽，是梅之“清”；开之早、花之寒、树之老、茎之劲，见梅之“贞”。南宋曾协论竹之美，认为梅桃等华而不清，兰芷清而不劲，清且劲者惟竹[③]，其实以宋人之普遍观点，梅之花树一体，正可谓是“华”而能“清”，“清”而能“劲”，是清贞人格最理想的花卉载体。

当然，宋人对这些形式功能的认识也是逐步的。梅之色素香清之美，唐人即表欣赏，宋人开始赋予其思想意义。林逋发现了梅枝疏淡雅秀之美，用以写闲静幽隐之趣，南宋人进而发明其枯瘦古怪之美，树立起苍劲刚毅的风骨形象。同样对梅之花期的理解，也在不断深化，北宋后期以来深致注意，而南宋更是越来越强调其性气的孤高贞烈。可以说梅花形式美的抉发与品格寓意的深化是一个有机统一的过程。

同时也应该看到，上述花树、色香、华实、习性等表现因素，并不是梅树种性的全部，也未必尽属优点强项。如花期，梅虽为春信之先，但单朵花期只有 10 多天，整体花期不过 10 ～ 25 天，与桃杏之流并无二致。晋唐诗人因花感春怨落，作悲情处理，也属有感而发，人之常情。但审美首先是一种选择，艺术更是一种主观的建构与创造。艺术和文化象征中的“梅格”与天然梅树相比，也更多主观理想的色彩，从龚自珍《病梅馆记》振聋发聩的批评中不难看到几个世纪中文人画士手

---

① 陆游《梅花》其一，钱仲联校注《剑南诗稿校注》卷四四。

② 袁燮《病起见梅花有感四首》其二，《絜斋集》卷二四，《影印文渊阁四库全书》本。

③ 曾协《直节堂记》，《云庄集》卷二，《影印文渊阁四库全书》本。

下的梅花与天然梅花相比发生了多少增饰、矫变和扭曲。不过在两宋这人文“梅格”孕生之初，梅树自然特征有着不可忽视的作用，它是一切有关认识的逻辑起点。梅之冬花、素色、幽香、疏枝、古干，提供了诸多“有意味”的功能与概念，而这些形式因素又统一于梅树物种的生物有机体，有着通感整合的条件，构成了梅花艺术形象理想化、典型化的客观基础。我们不能想象除了梅花，还有其他什么花卉具备如此丰富而又有机统一，体现这个时代生活面貌，适应其审美文化心理需求的“有意味的形式”。

总结我们的讨论，梅花之成为道德品格象征，可以说是宋代士大夫儒雅之生活和精神风范聚焦凝结于梅花这一江南芳物的结果。艺梅赏梅盛于宋，是得其时；宋人讲求品格操守，是得其义；而梅之姿质品性适应人情，是得其物。天时地利，人情物理，风会际遇，形神凑泊，梅花演生出人格的图腾。梅花定格于这一历史时空，成了道德品格和民族精神的永恒象征。

（原载《江苏社会科学》2001年第4期，又载程杰《宋代咏梅文学研究》，第48～76页，安徽文艺出版社2002年版，此处有修订。）

宋代梅花审美认识的发展

一、北宋林逋、苏轼等人的崭新认识

梅花的崇高地位并不是从宋代开始就出现的，而是有一个不断认识，逐步提升的过程。宋初咏梅认其为早春芳信、“江南节物”[①]，着眼其粉妆素艳、寒芬冷香的形似特征。这种情况在词中延续时间较长，如晏殊《胡捣练》：“小桃花与早梅花，尽是芳妍品格。”[②]晏几道《诉衷情》：“小梅风韵最妖娆，开处雪初消。”[③]着眼都仍在芳菲物色。沿袭晚唐五代词的“艳科”传统，所抒情感也多在花间尊前、怨春惜时，男欢女爱、离别相思，梅花的意义只在以芳信触悲韶华，由物妍转思佳人。如周邦彦《黄鹂绕碧树》：“对寒梅照雪，淡烟凝素。忍当迅景，动无限伤春情绪。”[④]

林逋高人先知、孤心独发，由此为引导为转折，北宋中期以来，诗词中对梅花的描写不断脱颖生新，进入了遗貌取神、品格抉发的新阶段。具体创意主要有以下几方面：

---

① 杨亿《少年游》，唐圭璋编《全宋词》，第1册，第8页。

② 晏殊《胡捣练》，唐圭璋编《全宋词》，第1册，第98页。

③ 晏几道《诉衷情》，唐圭璋编《全宋词》，第1册，第245页。

④ 周邦彦《黄鹂绕碧树》，唐圭璋编《全宋词》，第2册，第613页。

一是受林逋“疏影横斜”、苏轼“竹外一枝”等句意的启发，着眼梅花的疏枝清峭之美。如：

一树轻明侵晓岸，数枝清瘦耿疏篱。①

雪里清香，月下疏枝，更无花比并琼姿。②

有花无叶真潇洒。③

疏影幽香，意思迥然殊绝。④

二是同样受林逋诗的影响，写梅多取江南水边月下之景，以水、月清境烘托映衬梅花的清峭洒落、幽雅闲静。如：

月光临更好，溪水照偏能。⑤

想弄月、黄昏时候……寿阳漫斗。终不似，照水一枝清瘦。⑥

一种宜寒，自共清蟾别有缘。⑦

欲看枝横水，会待月挂村。⑧

琼姿冰体，料莹光乍传，广寒宫里……大潇洒，最宜雪宜月，宜亭宜水。⑨

冻云深，凉月皎，愈增清冽。⑩

三是梅花花色得到新的体认。以往多称其粉妆冷艳，而如林逋《霜

① 释道潜《梅花寄汝阴苏太守》，《全宋诗》，第16册，第10762页。
② 晁补之《行香子·梅》，唐圭璋编《全宋词》，第2册，第559页。
③ 郑少微《鹧鸪天》，唐圭璋编《全宋词》，第2册，第694页。
④ 赵温之《踏青游》，唐圭璋编《全宋词》，第2册，第816页。
⑤ 梅尧臣《依韵和正仲重台梅花》，《全宋诗》，第5册，第3097页。
⑥ 周邦彦《玉烛新》，唐圭璋编《全宋词》，第2册，第609页。
⑦ 周邦彦《丑奴儿》，唐圭璋编《全宋词》，第2册，第624页。
⑧ 吴可《探梅》，《全宋诗》，第19册，第13015页。
⑨ 赵温之《喜迁莺》，唐圭璋编《全宋词》，第2册，第815页。
⑩ 赵温之《踏青游》，唐圭璋编《全宋词》，第2册，第816页。

天晓角》：“冰清霜洁，昨夜梅花发。”[1]赵温之《踏青游》：“莹素肌玉雕冰刻。”[2]不只是客观地展示其“色”，而是转喻其“质”。如徐积《和吕秘校观梅二首》：“若论君颜色，琼瑶未足珍。……有艳皆归朴，无妖可媚人。”[3]更是明确赋予其颜色以精神意义。

四是花期之早，宋初多因开落而生悲喜，如王初《春日咏梅花》：“靓妆才罢粉痕新，迢递风回散玉尘。若遣有情应怅望，已兼残雪又兼春。”[4]而北宋中期的郑獬等多认其凌寒独放、斗雪生春的性格：

腊雪欺梅飘玉尘，早梅斗巧雪中春。[5]

进而演绎其特立独步，卑视众芳的超然姿态：

又大抵是化工独许，使占却先时。[6]

冰霜林里争先发，独压群芳。[7]

同时也把握到了意志精神和气节情操：

朔风不挫寒冰骨，夜月偏饶白玉枝。密意忍容莺蝶污，英心长与雪霜期。[8]

五是在与众芳的比衬中，进一步明确梅花的超然风姿。前引晏殊说“小桃花与早梅花，尽是芳妍品格”，是梅与桃相提并论，而北宋中期以来，梅花愈显其特立标格和风韵：

---

① 林逋《霜天晓角》，唐圭璋编《全宋词》，第1册，第7页。
② 赵温之《踏青游》，唐圭璋编《全宋词》，第2册，第816页。
③ 徐积《和吕秘校观梅二首》，《全宋诗》，第11册，第7852页。
④ 王初《春日咏梅花》，《全宋诗》，第3册，第2027页。《全唐诗》作并州王初诗。
⑤ 郑獬《雪中梅》，《全宋诗》，第10册，第6876页。
⑥ 曾巩《赏南枝》，唐圭璋编《全宋词》，第1册，第199页。
⑦ 谢逸《采桑子》，唐圭璋编《全宋词》，第2册，第644页。
⑧ 彭汝砺《梅》，《全宋诗》，第16册，第10559页。

天然标韵，不与群花斗深浅。[①]

偏忆江南，有尘表丰神，世外标格……问桃杏贤瞒，怎生向前争得。[②]

六是以高雅佳人进行比拟以推阐、强化其格调。美人喻花由来已久，但都只在色貌，咏江梅多称寿阳粉妆，写红梅多说胭脂香腮。北宋中期以来，则比作月宫嫦娥、瑶池仙姝、姑射神女、深宫贵妃等高品美人：

疑是月宫仙子下瑶台。[③]

广寒晓驾，姑射寻仙侣。[④]

此意比佳人，争奈非朱粉。惟有许飞琼，风味依稀近。[⑤]

风月精神珠玉骨，冰雪簪珥琼瑶璫。天姝星艳下人世，灵真高秀无比方。[⑥]

上述这些既是描写技巧，也是审美认识。梅花已突破了一般的春花形象，也不只是笼统地取其花开花落，而是得到了细致、深入的观察。不仅看到了花，同时也看到了枝，认识更为全面。同时又把梅花放在江南山水物色的氛围背景上进行观照把握，感受更为丰富和立体，可谓象外有象、虚处传神，梅花清雅疏淡的特有风韵因之越加清晰起来。梅花的意趣格调也是趋于明确，许多原本令人悲慨系之的因素现在都得到了积极的体认和理解。总之，清香素艳、冰肌玉骨、疏影幽姿，逐步明确起梅花超然于春色芳菲的高雅形象。这是北宋中后期达成的

---

① 李之仪《早梅芳》，唐圭璋编《全宋词》，第1册，第339页。

② 刘焘《花心动》，唐圭璋编《全宋词》，第2册，第692页。

③ 王观《江城梅花引》，唐圭璋编《全宋词》，第1册，第262页。

④ 仲殊《洞仙歌》，唐圭璋编《全宋词》，第1册，第551页。

⑤ 晁补之《生查子·梅》，唐圭璋编《全宋词》，第1册，第561页。

⑥ 张耒《观梅》，《张耒集》卷一三，中华书局1990年版。

基本认识。我们可以用见于《梅苑》的李子正《减兰十梅》鼓子词序来总结当时人们对梅花美的一般认知：

图40 ［明］文徵明《冰姿倩影图》，南京博物院藏。

花虽多品，梅最先春。始因暖律之潜催，正直冰澌之初泮。前村雪里，已见一枝；山上驿边，乱飘千片。寄江南之春信，与陇上之故人。玉脸娉婷，如寿阳之傅粉；冰肌莹彻，逞姑射之仙姿。不同桃李之繁枝，自有雪霜之素质。香欺青女，冷耐霜娥。月浅溪明，动诗人之清兴；日斜烟暝，感行客之幽怀。偏宜浅蕊轻枝，最好暗香疏影。况是非常之标格，别有一种之风情。姮娥好景难拼，那更彩云易散。凭栏赏处，已偏南枝与北枝；秉烛看时，休问今日与昨日。且辍龙吟之三弄，更停画角之数声。庾岭将军，久思止渴；傅岩元老，专待和羹。岂如繁卉之娇春，长赖化工而结实。又况风姿雨质，晓色暮云。日边月下之妖娆，雪里霜中之艳冶。初开微绽，欲落惊飞。取次芬芳，无非奇绝。①

① 李子正《减兰十梅并序》，唐圭璋编《全宋词》，第2册，第995页。

这段序文虽然充满了四六陈词，但流俗的方式和语言正代表着社会认识的一般水平。早芳、清香、素质、幽姿、耐寒，在这全面的形象感知认识的基础上，确立起梅花幽峭疏淡、清妍寒素的“非常之标格”。这是当时最一般的认识，同时当然有一些更高明的见解，如《梅苑》中无名氏《选冠子》：“休问庾岭止渴，金鼎调羹，有谁如得。傲冰霜，雅态清香，花里自称三绝。”[①]否定和羹止渴等意思，只认梅花形象的三大要素，可以说是勾魂摄魄之论。

梅花的精神意义也逐步明确起来，梅花越来越与隐士高人相联系。文同《赏梅唱和诗序》写道：“梅独以静艳寒香，占深林，出幽境，当万木未竞华侈之时，寥然孤芳，闲淡简洁，重为恬爽清旷之士之所矜赏。”[②]此文约作于宋英宗治平间，可见从北宋中期开始，林逋所开创的梅花作为清流逸士的雅赏，作为其精神意趣写照的审美取向已得到士林普遍的认同。

二、南宋初期品德象征之意进一步明确

北宋虽然在梅花品格美的认识上有了很大提高，但主要仍着眼在花色形象的品貌特征或风神格调上。所谓“梅格”，所指主要是在芳菲世界的品目特色。而南宋以来有关认识的最大进展则人格精神象征的意义逐步走向明确，梅花的形象意味越来越受到主体品格意趣、思想认识的作用，其潜含的精神意义越来越得到深入挖掘和明确指揭，于是梅花从一个高雅的花品形象走向高超的人格象征，简单地说即从

① 无名氏《选冠子》，唐圭璋编《全宋词》，第5册，第3619页。
② 文同《赏梅唱和诗序》，《丹渊集》卷二五，《影印文渊阁四库全书》本。

“梅品”走向“人品”。在南渡初期，或者准确地说在北宋后期至南宋前期这一阶段，具体有如下变化：

首先要看到的是艺梅赏梅之风的进一步发展。以曾慥十《调笑》词为代表的梅为“清友”概念的提出[①]，标志着士大夫艺梅赏梅之风进入一个新阶段。宋初咏梅多得之自然，因而多用以生发物色时序之感。北宋中期以来，园林游观之乐渐兴。南渡后梅花以江南芳物清妍倍得士人矜赏。胡铨：“我与梅花真莫逆。”[②]郭印：“平生不爱花，独喜雪中梅。”[③]扬无咎：“平生厌见花时节，惟只爱梅花发。”[④]“平生只个情钟。”[⑤]“画看不足，吟看不足。”[⑥]“屋角墙隅，占宽闲处，种两三株。月夕烟朝，影侵窗牖，香彻肌肤。”“群芳欲比何如，癯儒岂、膏粱共途。因事顺心，为花修史，从记中书。”[⑦]这些自表虽不无虚张夸饰之习，但确实也道出了对梅花日见矜重的心理。我们看到了一种比林逋更为自觉、更得时尚的爱好。正是这份不断增长的时尚风雅，一种普遍的嗜爱与友契，促进了人们对梅花人格意义的积极思考和抉发。

从北宋后期以来，关于梅格内涵的拟议析说逐步出现。如：

岁晏吐奇芳，芬芬有余香。疾风见松柏，众秽知蕙芳。譬彼君子质，幽沉道逾彰。[⑧]

---

① 曾慥《调笑·清友梅》，唐圭璋编《全宋词》，第2册，第918页。

② 胡铨《临江仙·和陈景卫忆梅》，唐圭璋编《全宋词》，第2册，第1244页。

③ 郭印《栽梅》，《全宋诗》，第29册，第18658页。

④ 扬无咎《御街行》，唐圭璋编《全宋词》，第2册，第1196页。

⑤ 扬无咎《柳梢青》，唐圭璋编《全宋词》，第2册，第1196～1197页。

⑥ 扬无咎《柳梢青》，唐圭璋编《全宋词》，第2册，第1196～1197页。

⑦ 扬无咎《柳梢青》，唐圭璋编《全宋词》，第2册，第1196～1197页。

⑧ 刘敞《忆梅》，《公是集》，中华书局1985年版，第91页。

姚黄花中君，芍药乃近侍。我尝品江梅，真是花御史。不见雪霜中，炯炯但孤峙。[①]

皮日休尝谓宋广平正资劲质，刚态毅状，宜其铁肠石心，不解吐媚辞。然其所为梅花赋清便富艳，得南朝徐庾体，殊不类其人……叶少蕴（梦得）效楚人《橘颂》体作《梅颂》一篇，以谓梅于穷冬严凝之中，犯霜雪而不慑，毅然与松柏并配，非桃李所可比肩，不有铁肠石心，安能穷其至。此意甚佳。审尔，则铁肠石心人可以赋梅花，与日休之言异矣。[②]

皮日休曰，宋广平铁石心肠，乃作《梅赋》，有徐庾风格。予谓梅花高绝，非广平一等人物，不足以赋咏。[③]

草木之妖异变怪所以娱人之耳目者，必其颜色芬芳之美，而梅之灾物，则以闲淡自得之姿，凌厉绝人之韵，婆娑于幽岩断壑之间，信开落于风雨，而不计人之观否。此其德有似于高人逸士，隐处山谷而不求知于人者。方春阳之用事，虽凡草恶要木，了陋下质皆伐丽以争妍，务能而献笑，而梅独当隆冬沍寒风饕雪虐之后，发于枯林，秀于槁枝，挺然于岁寒之松，让畔而争席，此其操有似于高人逸士，身在岩穴而名满天下者。[④]

昔日多以梅花比妇人，唯近世诗人或以比男子，如‘何郎试汤饼，荀令炷炉香’之句是也，而未有以之比贤人正士者，

---

① 刘一止《道中杂兴五首》其二，《全宋诗》，第25册，第16670页。

② 葛立方《韵语阳秋》卷一六，何文焕辑《历代诗话》，第616页。

③ 王铚《明觉山中始见梅花戏呈妙明老》自注，《雪溪集》卷二，《影印文渊阁四库全书》本。

④ 周紫芝《双梅阁》，《太仓稊米集》卷一六。

近得三绝焉。梅花常花于穷冬寥落时，偃傲于疏烟寒雨之间，而姿色秀润，正如有道之士，居贫贱而容貌不枯，常有优游自得之意，故余以之比颜子……至若树老花疏，根孤枝劲，皤然犯雪，精神不衰，则又如耆老硕德之人，坐视晚辈凋零，而此独撄危难而不挠，故又以比颜真卿……又一种不能寄林群处，而生于溪岸江皋之侧，日暮天寒，寂寥凄怆，则又如一介放逐之臣，虽流落憔悴，内怀感伤，而终有自信不疑之色，故又以比屈平。[①]

骚人以荃荪蕙茝比贤人，世或以梅花比贞妇烈女，是犹屈其高调也。王逸民以淡墨作寒梅双影以见贶，余目之曰，此孤竹君之子也。座客颇以为有见之言。[②]

懿江梅之秀出兮，俨亭亭而绝比。既婵娟以映岫兮，复窈窕以临水。类忘言之贞士兮，沮独洁之君子。[③]

这些议论大多出于南渡初期这一代人，与北宋相比，一个显著的变化是，普遍以君子贤士、高人骚客取代神女仙姝、嫦娥玉妃来拟议比况梅花。文学中花色与佳人之间的譬喻关系极其自然、源远流长，其根基在姿色风采的通感对应。北宋中期以来开始以高品佳人拟写梅花，既关合三春芳菲本色，同时又极显致其超然神韵，应该说是一个高明的选择。但宋人显然不能满足，于是改以“男人”来拟梅。美人与芳菲物色之间那份丽色、柔质上的对应与沟通被完全割弃，而直接以士人生态气貌尤其是精神情操来比方和拟议。这是“遗貌取神”的

① 郑刚中《梅花三绝》序，《北山集》卷一一，《影印文渊阁四库全书》本。
② 冯时行《题墨梅花》，《缙云文集》卷四，《影印文渊阁四库全书》本。
③ 李处权《梅花赋》，《崧庵集》卷一，《影印文渊阁四库全书》本。

又一进展，也是“梅格”走向士人品格象征的一大步。拟象的转换带来了象征意义的掘进、明确和深化。上述用以比况梅花的士人形象大致如郑刚中所列可分为三类：

一是周紫芝所说的“高人逸士”、郑刚中所说的“有道之士”，也即文同所说的“恬爽清旷之士”。这是林逋以来与梅花深结其缘的一类士人。梅花的“暗香”“疏影”、雪肤玉肌，梅花的“万缟纷披此独秀”，似乎都为这类“清旷之士”天造地设。他们的矜赏、读解与体认，奠定了梅花闲静幽雅、清旷洒落的高标逸韵，我们可以用一个“清”字来概括。南渡后梅花被指为“清友”“清客”，反映了社会对这一意趣的普遍认同。“清”是梅花形象最基本的精神意趣、人格喻义。

二是郑刚中所说的“耆老硕德”、刘一止等人所说的“御史”、宋璟、颜真卿那样的直臣烈士。与所谓“清旷之士”遁迹越世不同，他们都是“入世”的角色，体现着社会责任的承当、人伦道义的坚持。梅花的“树老花疏，根孤枝劲，皤然犯雪，精神不衰”，“炯炯孤峙”正是他们“铁心石肠”、刚直不阿、堪当大任之器识魄力，富贵不淫、威武不屈、贫贱不移之道义气节的绝好写照。梅花的这一精神意义，可以概括为一个“贞”字。这一审美意向阳刚气十足，与梅花的芳菲本色之间落差很大，因而主要依靠梅花凌寒敷荣和枝干形象特征加以显示。这一象征意向是不可或缺的，或者说就是一个历史必然。它反映了宋代主流士大夫入世品格、道义精神的渐然渗透，弥补了“重为恬爽清旷之士之所矜赏”的思想局限，使整个梅花品格境界义理周至而显出严正与崇高。

三是郑刚中所说的迁客逐臣。所对应的梅花形象是“溪岸江皋之侧，日暮天寒，寂寥凄怆”之生态，这显然只是梅花的一个殊相。所

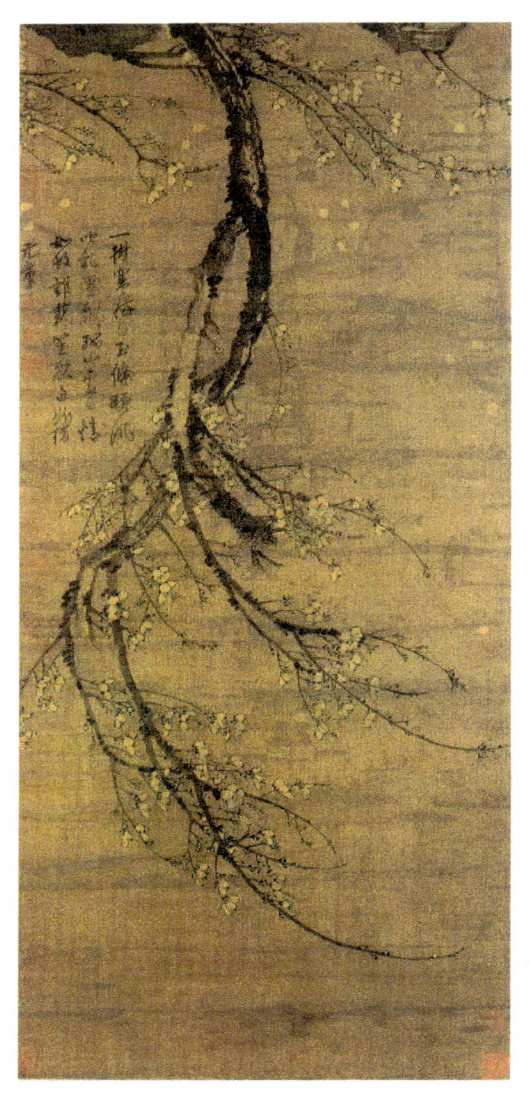

图 41 ［元］王冕《寒梅图》，美国大都会博物馆藏。

抒情感也与上述高人逸怀、志士情操截然不同。但自南朝因梅惊时、怨落怀归，杜甫东阁官梅岁暮乡愁，以至于林逋“霜深应怯夜来寒”“十分孤静与伊愁”，苏轼的“春风岭上淮南村，昔年梅花曾断魂。岂知流落复相见，蛮风蜑雨愁黄昏”等等，咏梅托意中搓揉不尽的是一脉文人的感伤情愫。“梅格”所示的人格心路可以说正是对这份身心困境的克服（意志）和超越（理智），但就中各种现实体验并未烟消云散。事实上各家咏梅寄托中程度不等地都潜含着现实人生的色色况味，有关梅花枯质癯形、神清骨冷、孤独寂寥、风雪飘零的种种描写，都不难咀嚼出人格深处的幽愁暗恨。其实，所谓理想正是对现实的反映与应对。刚劲缘于压迫，苦慰反刍贞清，花开有花落，道心本人心，咏梅中的消极感遇意绪是梅花意蕴中一个深厚而有机的因素。

上述梅花形象的多拟多解，反映了士人品格追求和审美需求的多样性和复杂性。但三种拟象、三种意趣间又隐有相互渗透、有机联系。

周紫芝所说的“高人逸士”，既“闲淡自得”，又“岁寒挺然”，既“清”且“贞”。郑刚中所说的“放逐之臣”，“虽流落憔悴，内怀感伤，而终有自信不疑之色”，穷不失志，哀且弥坚。这些都使我们感到，在各种不同的情志演绎中，有一种精神气格正在流贯升华之中。我们在后来陆游的咏梅中，就看到了在丰富情志感受基础上对梅花气节意志的专致推崇。

人格精神的抉发反映到诗歌描写上，则是贤人正士拟喻的流行，如：

风流王谢佳公子，臭味曹刘入幕宾。[①]

苦如灵均佩兰芷，远如元亮当醉眠。[②]

灵均清劲余骚雅，夷甫风姿堕寂寥。[③]

人格拟喻之外，诗词意趣、风格的许多层面都有相应变化。比如向子諲有两首《卜算子》咏梅词，分别作于南渡前后。作于北宋者：

竹里一枝梅，雨洗娟娟静。疑是佳人日暮来，绰约风前影。

新恨有谁知，往事何堪省。梦绕阳台寂寞回，沾袖余香冷。[④]

据向氏题序，此词是次苏轼同调之作，意在追摹苏轼那种“不食人间烟火”的意境，但词中上片把梅花比作幽欢佳人，下片更作绮梦追思之语，是北宋咏梅词的一种基本作派，脱洗不尽的脂粉情怀，向氏自觉也“终恨有儿女子态”。再看“江南新词”：

临镜笑春风，不著铅华污。疑是西湖处士家，疏影横斜处。

---

① 吕本中《探梅呈汪信民》，《东莱先生诗集》卷二。

② 张九成《十二月二十四日夜赋梅花》，《横浦集》卷二，《影印文渊阁四库全书》本。

③ 张九成《咏梅》，《横浦集》卷四。

④ 向子諲（yīn）《卜算子》，唐圭璋编《全宋词》，第2册，第971页。

江静竹娟娟，绿绕青无数。独许幽人仔细看，全胜墙东路。[①]

纯然水木清境、幽人逸趣、雅言淡语，是南宋咏梅词的基本倾向。同时李清照梅词也努力刷出清雅气格。其《孤雁儿》序称："世人作梅词，下笔便俗。予试作一篇，乃知前言不妄耳。"词开篇："藤床纸帐朝眠起，说不尽无佳思。沈香断续玉炉寒，伴我情怀如水。"纸帐藤床、寒炉淡香，不啻是一幅道隐生活场景[②]，与闺阁生活真谬以千里。画家扬无咎梅词颇多，其《御街行》："破寒迎腊吐幽姿，占断一番清绝。照溪印月，带烟和雨，傍竹仍藏雪。""松煤淡出宜孤洁，最嫌把铅华设。"[③]《柳梢青》："天付风流，相时宜称，著处清幽。雪月光中，烟溪影里，松竹梢头。"[④]融贯了"诗画"实践的诸多经验，无论是意象的连类取裁，还是意趣的萧散洒落，都典型地体现着"高人逸士"的生活样态和精神格调，代表着梅花由自然物色进一步融入艺术人生、文雅生活的"人文化"提升方向。这种梅花意趣的生活化、艺术化、人文化是梅花人格象征的基础和动力。

三、陆游等"中兴"名家的赏梅咏梅意趣的深化

宋孝宗隆兴、乾道、淳熙、光宗绍熙及宁宗庆元这前后三十多年间，是南宋王朝社会相对稳定、经济最为繁荣兴盛的"中兴"时期。

---

① 向子諲《卜算子》，唐圭璋编《全宋词》，第2册，第966页。此词第二句一作"生怕梅花妒"，如此则所写或是杏花之类。

② 李清照《孤雁儿》，王仲闻校注《李清照集校注》，人民文学出版社1979年版，第42页。

③ 扬无咎《御街行》，唐圭璋编《全宋词》，第2册，第1196页。

④ 扬无咎《柳梢青》，唐圭璋编《全宋词》，第2册，第1196—1197页。

反映在文化上，正国家昌明之会，文儒彬彬辈出，思想家朱熹、陆九渊、吕祖谦、陈亮，文学家如诗人陆游、范成大、杨万里、尤袤、萧德藻、周必大，词人辛弃疾等人都是这个时代的骄子。当此际，艺梅赏梅得社会经济、文化之滋育，也进入繁荣鼎盛之景象。范成大著《梅谱》，序称："梅，天下尤物，无问智贤愚不肖，莫敢有异议。学圃之士必先种梅，且不厌多，他花有无多少，皆不系轻重。"[①]可见当时社会倾心、人气之旺。梅花之君临群芳的地位也于此得到正式宣言。范氏《梅谱》所录，即其范村梅圃所艺，有江梅、早梅、红梅、杏梅、蜡梅、官城、重叶、绿萼、黄香、鸳鸯等十数种。张镃桂隐玉照堂艺梅盛时达四百余株，作《梅说》括梅花"宜称三十六条""憎嫉十四条""荣宠六条""屈辱十二条"[②]，总结梅事实践，宣扬梅花品格，立忌戒俗，劝导风雅，代表了梅花审美认识的深入和普及。梅花景观随处即遇，梅花品种日益增多，赏梅方式形形色色，咏梅题材便纷繁多样，审美意趣也活泼丰富，整个咏梅文学进入繁荣阶段。其中，"中兴"作家尤为突出。下面，通过几位名家的个案析述来展示这一时期梅花审美文化发展的主要情况。

陆游之爱梅咏梅，心存志结，意高才健，成就显著，可谓是众所周知，学界已有不少专门论讨。陆游咏梅之最大特色和贡献就在于将自己的强烈个性投注于梅，进一步丰富了梅花的"比德"之义，尤其是强化和提高了梅花的气节品格。

陆游为人性格豪放，才力健举，情感浓挚，既具英雄意志，更饶诗人气质。而其一生遭时苟安，壮志无酬，仕宦断续波折，意气则激

---

① 范成大《梅谱》，上海古籍出版社《生活与博物丛书》本，1993年版。
② 张镃《玉照堂梅谱》，《丛书集成初编》本。

越不平。以如此丰富、强烈之性格意气写景体物，一山一水莫不即目成情，顾盼有意，一草一木莫不情感沉着，意趣分明。梅花是陆游的最爱。“携酒何妨处处，寻梅共约年年。”[①]“五十年间万事非，放翁依旧掩柴扉。相从不厌闲风月，只有梅花与钓矶。”[②]“何方可化身千亿，一树梅前（一作花）一放翁。”[③]“假令住世十小劫，应爱此花无厌时。”[④]而其咏梅，是年例日课，意专情痴，情狂意逸，与他人相比，高下深浅自见。

梅花是陆游的至尊，他特别肯定梅花的高超品格，早在绍兴十二三年从学曾几时，回答梅与牡丹相比如何的提问，就发表过“一丘一壑过姚黄（牡丹）”[⑤]的精辟见解，着眼在梅花的人格象征境界。后来的咏梅诗中一直着力推求：

> 余花岂无好颜色，病在一俗无由贬。[⑥]
>
> 一春花信二十四，纵有此香无此格。[⑦]
>
> 品流不落松竹后，怀抱惟应风月知。[⑧]
>
> 造物作梅花，毫发无遗恨。楚人称芳兰，细看终不近。[⑨]

---

① 陆游《乌夜啼》，夏承焘、吴熊和笺注《放翁词编年笺注》，上海古籍出版社1981年版，第60页。

② 陆游《梅花》绝句，钱仲联校注《剑南诗稿校注》卷三八，上海古籍出版社1985年版。

③ 陆游《梅花绝句》其三，钱仲联校注《剑南诗稿校注》卷五〇。

④ 陆游《村饮》，钱仲联校注《剑南诗稿校注》卷六九。

⑤ 陆游《梅花绝句》其二，钱仲联校注《剑南诗稿校注》卷一〇。

⑥ 陆游《西郊寻梅》，钱仲联校注《剑南诗稿校注》卷三。

⑦ 陆游《芳华楼赏梅》，钱仲联校注《剑南诗稿校注》卷九。

⑧ 陆游《梅花已过闻东村一树盛开特往寻之慨然有感》，钱仲联校注《剑南诗稿校注》卷一七。

⑨ 陆游《梅花》绝句五首，钱仲联校注《剑南诗稿校注》卷四四。

为了有效凸显梅花的高格，陆游大量使用拟人手法，把梅花描写成高士、仙人（少用佳人），如：

图 42 ［明］孙克弘《梅竹扇面》，纸本泥金，纵 15.7 厘米，横 48.9 厘米，台北故宫博物院藏。

照溪尽洗骄春意，倚竹真成绝代人。餐玉元知非火食，化衣应笑走京尘。[①]

凌厉冰霜节愈坚，人间乃有此癯仙。坐收国士无双价，独立东皇太一前。此去幽寻应尽日，向来别恨动经年。花中竟是谁流辈，欲许芳兰恐未然。[②]

高标元合著山泽，绝艳岂复施丹铅。定知曾授餐玉法，不尔恐是凌波仙。[③]

逢时决非桃李辈，得道自保冰雪颜。仙去又令天下惜，

① 陆游《射的山观梅》其一，钱仲联校注《剑南诗稿校注》卷一七。
② 陆游《射的山观梅》其二，钱仲联校注《剑南诗稿校注》卷一七。
③ 陆游《探梅》，钱仲联校注《剑南诗稿校注》卷二六。

折来聊伴放翁闲。人中商略谁堪比，千载夷齐伯仲间。”[①]

镜湖渺渺烟波白，不与人间通地脉。骑龙古仙绝火食，惯住空山啮冰雪。东皇高之置度外，正似人中巢许辈。万木僵死我独存，本来长生非返魂。[②]

面对这人格尊神，诗人极表崇视与敬事：

梅花如高人，枯槁道愈尊。君看在空谷，岂比倚市门。我来整冠佩，洁斋三沐熏。亦思醉其下，燕惰恐渎君。敬抱绿绮琴，玄酒挹古尊。月明流水间，一洗世浊昏。摹写香与影，计君已厌闻。老我少杰思，尚喜非陈言。[③]

三熏三沐，不敢有丝毫造次。把酒赏花，也嫌怠慢，只有古琴玄酒，差强梅意。诗人感到：

欲与梅为友，常忧不称渠。从今断火食，饮水读仙书。[④]

予欲作梅诗，当造幽绝境。笔端有纤尘，正恐梅未肯。[⑤]

真可谓屈身敬事，诚惶诚恐。这些说法不无辞家习气，但用意却十分醒目，归根到底一句话，是为了推示梅花格调之高。

与林逋摹“香”写“影”那样的正面刻画相比，陆游的人格类比拟议对梅花品格意义的表现，要远为明确有力。陆游自己也意识到这是一种深入（见前引陆游《宿龙华山中寂然无一人方丈前梅花盛开月下独观至中夜》）。有学者指出：“梅以韵胜，以格高，林逋所重，在

---

① 陆游《梅》，钱仲联校注《剑南诗稿校注》卷五六。

② 陆游《湖山寻梅》其一，钱仲联校注《剑南诗稿校注》卷八〇。

③ 陆游《宿龙华山中寂然无一人方丈前梅花盛开月下独观至中夜》，钱仲联校注《剑南诗稿校注》卷九。

④ 陆游《梅花》，钱仲联校注《剑南诗稿校注》卷四四。

⑤ 陆游《梅花绝句》，钱仲联校注《剑南诗稿校注》卷二四。

其韵；放翁所重，在其格。”[1]然韵、格两字理解纷纭，又经常地相互通用，但大致说来，韵偏于阴柔，格倾向阳刚，韵重在忘我，格重在拔俗，韵成于简淡闲远，格标于高雅超迈，韵分彼此有无，格判高下尊卑。林逋“疏影横斜”诸联，通过描写梅花清雅疏淡之形象，透现湖山孤隐幽独闲静之意趣。以景见意，襟怀幽淡，正当一个“韵”字。而陆游着意揭示的是梅花的品格气节，竭力强调的是梅花的不同凡响、超越流辈。直标义理、义正辞严，正合一个“格”字。由“韵”到“格”，由形象意趣到人格象征，是梅花审美认识的一大跨越。

陆游不仅在推举“梅格”之高上态度鲜明，更重要的是对“梅格”精神内涵的理解上颇具个性和深度。与以往“清旷之士”侧重于闲雅疏淡、越世逍遥不同，陆游注重的是自尊自强的气节意志、不屈不挠的斗争精神：

梅花如高人，枯槁道愈尊。

凌厉冰霜节愈坚，人间乃有此癯仙。

万木僵死我独存，本来长生非返魂。

士穷见节义，木槁自芬芳。[2]

神全形枯近有道，意庄色正知无邪。高坚正要饱忧患，放弃何遽愁荒遐。[3]

苦节雪中逢汉使，高标泽畔见湘累。[4]

幽香淡淡影疏疏，雪虐风饕亦自如。正是花中巢许辈，

---

① 黄珅《陆游〈梅花绝句〉鉴赏》，《宋诗鉴赏辞典》，上海辞书出版社 1987 年版，第 1005 页。

② 陆游《梅花绝句》，钱仲联校注《剑南诗稿校注》卷二四。

③ 陆游《梅花》，钱仲联校注《剑南诗稿校注》卷八。

④ 陆游《涟漪亭赏梅》，钱仲联校注《剑南诗稿校注》卷九。

人间富贵不关渠。[1]

雪虐风饕愈凛然，花中气节最高坚。过时自合飘零去，耻向东君更乞怜……醉折残梅一两枝，不妨桃李自逢时。向来冰雪凝严地，力斡春回竟是谁。[2]

驿外断桥边，寂寞开无主。已是黄昏独自愁，更著风和雨。无意苦争春，一任群芳妒。零落成泥碾作尘，只有香如故。[3]

逢时决非桃李辈，得道自保冰雪颜……人中商略谁堪比，千载夷齐伯仲间。[4]

上述诸例都包含着梅花与环境外力的对抗，正可以说是悲剧见英雄，苦难显精神，这样陆游就把梅花品格牢牢定位于独立自信、坚韧不拔等主观意志上。陆游写梅多言“魂”“魄”“骨”“神”，而不是“色”“香”“姿”“影”，是一种更内在的精神立意。好用的词是“高坚”，不是“闲淡”，好用的比拟是“巢许”，而不是一般的夷旷高士，都见出聚焦坚贞不屈之精神气节的思想意趣。陆游说过梅花美在“一丘一壑”的话，也曾有过“冷淡合教闲处着，清癯难遣俗人看”这样的老调陈词，但这是早年。随着入蜀后视野的开阔，世事的历炼，感慨抱负一寓之梅，咏梅境界也便郁然挺突。陆游咏梅既打着其豪放性格的烙印，更透现着壮志难酬之际的自誓自砺，真如清人所说是“写出性情气魄”[5]。虽然他也不时把梅比为神仙之流，但却非寓意出世，

---

① 陆游《雪中寻梅》其二，钱仲联校注《剑南诗稿校注》卷一一。

② 陆游《落梅》二首，钱仲联校注《剑南诗稿校注》卷二六。

③ 陆游《卜算子·咏梅》，夏承焘、吴熊和笺注《放翁词编年笺注》，第125页。

④ 陆游《梅》，钱仲联校注《剑南诗稿校注》卷五六。

⑤ 潘德舆《养一斋诗话》卷五，《清诗话续编》，上海古籍出版社1983年版，第4册，第2076页。

只是强调梅格高超，其“比德”意义仍在“人中商略”，他所着意发挥的是人的意志和气节。这种主观意志的立意，是宋人道德思想建设中最核心最深刻的部分，也是梅花品格建构中最具普遍意义因而也最易引起共鸣的部分。

陆游对梅花苦节意志的塑造和抉发，在同时名家中诚可谓卓然特识。当时性豪气烈如辛弃疾，其咏梅也是“吾家篱落黄昏后，剩有西湖处士风”①。陆游虽然也半生游宦半生奉祠，但其山阴闲置二十多年，几乎没有产生过退藏用密、丘壑自足的念头，没有满足于求田问舍、湖山逍遥的生活。这是其一以贯之执着梅花高格、坚持气节意识的人格基础。

“中兴四大诗人”之一的杨万里现存咏梅诗 140 首、赋 1 篇、杂文 1 篇。杨万里创作据说是“一官一集”，平生足迹所至，皆多咏梅之制（集中所提惟盱眙军无梅）。其咏梅态度与陆游大为不同。如果说陆游是崇敬梅花，赞美梅花，是塑造梅花，诠释梅花，而杨万里则真是欣赏梅花，玩味梅花，是观察梅花，描写梅花。如果说林逋所写，在梅之“韵”；陆游所重，在梅之“格”；杨万里所得，则多在观梅之“乐”、赏梅之“趣”。杨万里以学人兼诗家，艺道互进，胸臆通脱，心智灵活，其表现于审美和创作，则有所谓的“活法”。钱钟书先生说：“杨万里所谓‘活法’……根据他的实践以及‘万象毕来’‘生擒活捉’等话来看，可以说他努力要跟事物——主要是自然界——重新建立嫡亲母子的骨肉关系，要恢复耳目观感的天真状态。”“不让活泼泼的事物做死书的牺牲品，把多看了古书而在眼睛上升的那层膜刮掉，用敏捷灵巧的

① 辛弃疾《鹧鸪天》，辛弃疾撰，邓广铭笺注《稼轩词编年笺注》，上海古籍出版社 1978 年版，第 274 页。

图 43　［明］王谦《卓冠群芳图》。

手法”，捕捉描写“形形色色从没描写过以及很难描写的景象”[1]。由于没有既定的套式和框框，只是听命于耳目感官，因而就不像陆游那样“眼高懒为凡花醉”[2]，以“君子小人”一类比德标准去拣择，而是以博爱的胸襟拥抱自然，自然界的一花一草在他眼里无不美好动人，无不值得珍视怜惜。同样，他对于梅花也不只拘守其“格”“韵”，而是具体切实地观照体验，捕捉各种物色风姿，展玩其意态情趣。这是不同时态的花枝：

山间幽步不胜奇，政是深寒浅暮时。一树梅花开一朵，恼人偏在最高枝。[3]

绝爱西湖疏影诗，要知犹是未开时。如今开尽浑无缝，只见花头不见枝。[4]

并不尽合“疏影横斜”一类固有意趣，真可谓是“不听陈言只听天”。

① 钱钟书《宋诗选注》，人民文学出版社 1982 年版，第 179 ～ 181 页。
② 陆游《忆梅》，钱仲联校注《剑南诗稿校注》卷一七。
③ 杨万里《探梅》，《诚斋集》卷七。
④ 杨万里《正月三日骤暖多稼亭前梅花盛开》其二，《诚斋集》卷一二。

这是不同环境中的梅花：

林中梅花如隐士，只多野气无尘泥。庭中梅花如贵人，也无野气也无尘。不疏不密随宜了，旋落旋开无不好。[①]

这是不同气氛中的梅花：

江梅蜡梅同日折，白昼看来两清绝。如何对立烛光中，只见江梅白于雪。[②]

梅兄冲雪来相见，雪片满须仍满面。一生梅瘦今却肥，是雪是梅浑不辨。唤来灯下细看渠，不知真个有雪无。只见玉颜流汗珠，汗珠满面滴到须。[③]

这是梅影如画的新奇发现：

老子年来画入神，凿空幻出墨梅春。壁为玉板灯为笔，整整斜斜样样新。[④]

梅花寒雀不须摹，日影描窗作画图。寒雀解飞花解舞，君看此画古今无。[⑤]

雨湿风酸闷却春，日光初暖倍精神。天如一面青罗扇，仰看横枝自写真。[⑥]

杨万里的咏梅作品最大的特色就是充满了对梅花物趣天真好奇的发现、生动活泼的描写。他对梅也很喜爱，但不像陆游那样如师圣贤极其敬重，而视同坐客游伴，一种亲密无间、爱怜如戏的感受。他的

---

① 杨万里《郡治燕堂庭中梅花》，《诚斋集》卷一二。
② 杨万里《烛下瓶中江蜡二梅》，《诚斋集》卷一一。
③ 杨万里《烛下和雪折梅》，《诚斋集》卷一二。
④ 杨万里《醉后撚梅花近壁以灯照之宛然如墨梅》，《诚斋集》卷七。
⑤ 杨万里《东窗梅影上有寒雀往来》，《诚斋集》卷一二。
⑥ 杨万里《至后与履常探梅东园》其三，《诚斋集》卷三九。

咏梅多贴近生活，着意描写香、色、姿态、环境多方面的感官愉意和趣味。他尤好写梅之香，写雪中梅、月下梅[①]。他多以月姊玉妃来比拟梅花。这些前人常用的材料和技巧，由其天真好奇的思量、童心烂漫的戏说，读来仍使人感到清意扑面、口舌生香、生机盎然。他的描写既多探头特写，又喜快镜推拉，不时突出奇想，甚而调笑作剧、插科打诨，常常给人一种亏他看得见、想得到、说得出的感觉。这就是其赏梅咏梅之“趣”。

他的情趣还进一步演化为日常生活内容。他在诗中写过这样的情景：

窗底梅花瓶底老，瓶底破砚梅边好……急磨元圭染霜纸，撼落花须浮砚水。诗成字字梅花香。[②]

脱蕊收将熬粥吃，落英仍好当香烧。[③]

瓮澄雪水酿春寒，蜜点梅花带露餐。句里略无烟火气，更教谁上少陵坛。[④]

剪雪作梅只堪嗅，点蜜如霜新可口。一花自可咽一杯，嚼尽寒花几杯酒。先生清贫似饥蚊，馋涎流到瘦胫根。赣江压糖白于玉，好伴梅花聊当肉。[⑤]

花瓣浮砚写字生香，落梅可以用来熬粥食用，焚烧薰香。花瓣可以和蜜渍作食。杨万里在《昌英知县叔作岁，坐上赋瓶里梅花，时坐

---

① 如杨万里《瓶中梅花长句》写瓶梅幽香排门扑怀、如醍醐灌顶，《诚斋集》卷七。《雪后寻梅》，《诚斋集》卷八。《梅花赋》，《诚斋集》卷四，《四部丛刊》本。

② 杨万里《春兴》，《诚斋集》卷一二。

③ 杨万里《落梅有叹》，《诚斋集》卷一二。

④ 杨万里《蜜渍梅花》，《诚斋集》卷八。

⑤ 杨万里《夜饮以白糖嚼梅花》，《诚斋集》卷七。

上九人，七首》诗后附注了“蜜渍梅花”的滋味：“予取糖霜芼以梅花食之，其香味如蜜渍青梅，小苦而甘。”[①]由爱梅赏梅而至于焚香嚼食，演生出一系列风趣雅事。杨万里在一首咏梅诗中附记了这样一段往事：

> 去年正月，予既得麾临漳，朝士饯予，高会于西湖上刘寺，满谷皆梅花，一望无际，绝顶有亭，傍曰“锦屏”。予独倚一株老梅，摘花嚼之，同舍张监簿蜀人名珖，字君玉，笑谓予曰：“韵胜如许，谓非摘仙可乎”？[②]

这是一种士大夫物质无虞和精神优越流溢出的风雅气象，一种世俗官僚地主知识分子日常生活的高雅情趣。稍后林洪《山家清供》中“蜜渍梅花”“梅粥”两道即推本杨万里诗意。杨万里之于梅花意趣的贡献由此可见。

范成大，吴郡吴县（今江苏苏州）人。吴县地处太湖之滨，向以“鱼米之乡”、园林胜地著称。范成大在“中兴”诸名家中宦迹最称显达，外官至方伯连帅，内官登侍二府。故能以多年的优俸厚禄，在故乡远郊建造起一座“园林之胜，甲于东南”的“石湖”别墅，又在城内私宅之南开辟了花木扶疏，可以日涉成趣的“范村”，常与来访的朋友诗酒流连，或携家族全体团栾赏乐。门客婢仆，奔走应承；花匠园丁，灌畦艺圃。其官绅名士的优裕肥遁生活为同时士大夫文士所艳羡。其于四方风物、农事圃艺也较经心，平生这方面志述较多，其中花艺即有《梅谱》《范村菊谱》两书。范成大早年无意科举，理想中的生活是得一山林耕读其中，然买山无资。在父亲之友辈的督促下，科举入仕，

① 杨万里《昌英知县叔作岁，坐上赋瓶里梅花，时坐上九人，七首》，《诚斋集》卷五。

② 杨万里《瓶中梅花长句》注，《诚斋集》卷七。

不意山林园圃之志趣，由仕宦经营而成就。这一人生道路，在南宋士大夫中颇具典型意义。范成大作品中花卉林木之咏较多，花色名目也复不少，其中也以咏梅最多，现有诗35首、词5首，包括蜡梅、红梅、千叶梅、绿萼等品种，多为公私园圃游观赏会之作，也有瓶梅、画梅等家居人文题材。“雪里评诗句，梅边按乐章”[①]，意趣多是怡和安雅，语言则是清新明丽，体现出温婉平实的艺术气质。

宋时红梅由吴下(苏州)兴起，在梅花诸品中，范成大最赏红梅，《梅谱》中写道：“与江梅同开，红白相映，园林初春绝景也。”集中红梅诗较多，早年、中年、晚年都有。称赞红梅“破寒匀染费天工”“真色生香绝世逢”[②]。“腾腾醉后酒红醺，淡淡妆成笑靥新。斟酌东君已倾倒，为渠都费十分春。”[③]春神为匀染红梅耗尽神力，等到大功告成，连她自己都为这一杰构所倾倒，想象洵为奇特。

南宋中期，古梅渐成时尚，对整个梅花审美意趣影响较大，其中范成大观念比较鲜明。《梅谱》中记述古梅、苔梅之产地、成因、形态及所见名株均称详细，可见较为经心。在后序中，范成大总结道：“梅以韵胜，以格高，故以横斜疏瘦与老枝怪奇为贵。”“横斜疏瘦”之美林逋发明，人尽乐道，由来已久，而“老枝怪奇”新近注意，知赏不多，范成大可谓明确提倡。接着，范成大特意对当时园工多育嫩枝长条、画家步趋扬无咎多画嫩枝长条的现象提出批评[④]。南渡后扬无咎的墨

---

① 姜夔《悼石湖》其三，夏承焘较辑《白石道人诗集》卷下，人民文学出版社1959年版。

② 范成大《次韵知郡安抚元夕赏倅厅红梅》，《范石湖集》卷六，上海古籍出版社1981年版。

③ 范成大《新安绝少红梅……》，《范石湖集》卷六。

④ 陆游《题施武子所藏扬补之梅》：“补之写生梅，至简也半树。此幅独不然，岂画横斜句。”钱仲联校注《剑南诗稿校注》卷四五可见扬氏画梅，花枝较繁。

梅擅名一时，市情暴涨。范成大这里琵琶反弹，贬其画风，推举南渡前后另一画家廉布写梅“差有风致”[1]，其倡导老梅古淡怪奇之用心昭昭。范成大淳熙十一年的《古梅》一诗集中反映了他推重“老枝怪奇”、疏瘦简劲，贬抑嫩枝气条、繁花锦簇的审美主张：

孤标元不斗芳菲，雨瘦风皴老更奇。压倒嫩条千万蕊，只消疏影两三枝。[2]

范成大的观点当时颇多认同。同时，赵蕃《老梅》诗写道：

稚梅非不佳，颜色终敷腴。惟此老不枯，故能清且癯。[3]

态度与石湖很是相近。同时在古梅欣赏认识上成就突出的还有萧德藻。

萧德藻，福建闽清人，绍兴二十一年进士，曾任乌程县令，卜居乌程屏山，自号千岩老人。吴兴、宜兴一带当时古梅颇多。其《古梅二绝》：

湘妃危立冻蛟脊，海月冷挂珊瑚枝。丑怪惊人能妩媚，断魂只有晓寒知。

百千年藓著枯树，三两点春供老枝。绝壁笛声那得到，只愁斜日冻蜂知。[4]

---

① 刘克庄《题扬补之词画》：“过江后称扬补之，其墨梅擅天下，身后寸纸千金。”《后村先生大全集》卷一〇七四部丛刊初编本。夏文彦和《图绘宝鉴》卷四：“廉布，字宣仲，山阳人，自号射泽老农。画山水，尤工枯木丛竹、奇石松柏。本学东坡，青出于蓝。”同时陆游对廉布也表欣赏，其《梅花》其二：“五年作竹梢，十年作梅枝。九泉子廉子，此语今谁知。”自注：“廉宣仲自言以五年之功作竹梢，十年之功作梅枝。”钱仲联校注《剑南诗稿校注》卷四四。

② 范成大《古梅二首》其一，《范石湖集》卷二三。

③ 赵蕃《淳熙稿》卷一六，《影印文渊阁四库全书》本。

④ 厉鹗《宋诗纪事》卷五〇，《影印文渊阁四库全书》本。

选择凌晨、傍晚两种不同的气氛里的古梅，以比、赋手法加以琢刻，揭示了寒瘠怪峭、老成古淡两种风致，意炼句工，气格不凡，标志着古梅审美认识的深入，对后来江湖诗人启发多多。陆游淳熙四年在蜀中有探王蜀故苑老梅[1]纪咏、五年在建安有故乡苔梅之忆[2]，庆元四年闲居中作《古梅》专题：

梅花吐幽香，百卉皆可屏。一朝见古梅，梅亦堕凡境。重叠碧藓晕，夭矫苍虬枝。谁汲古涧水，养此尘外姿。[3]

诗中综合了成都老梅"夭矫若龙"与越中苔梅碧藓叠驳两种观感印象，由此肯定古梅别具一格更高一筹。范成大、萧德藻、陆游之前，老梅古树长期未引起注意[4]，诗人吟咏寥寥，而范、萧开始，自夸矜赏、别立品题者明显增加，而且一般观梅咏梅也多推举其古淡、瘦癯、苍瘠、盘屈之象，气格意趣更形严峭特立，可见审美意趣之迁转演进。

四、理学家的独特"生意"与"精神"

理学是宋代思想史的中军，理学家对梅花别具心眼的感咏寄托、

① 陆游《故蜀别苑在成都西南十五六里梅至多有两大树夭矫若龙相传谓之梅龙……》，钱仲联校注《剑南诗稿校注》卷九。

② 陆游《梅花绝句》其七："吾州古梅旧得名，云蒸雨渍绿苔生。"自注："山阴古梅，枝干皆苔藓，都下甚贵重之。"钱仲联校注《剑南诗稿校注》卷一〇。

③ 陆游《古梅》，钱仲联校注《剑南诗稿校注》卷三六。

④ 如释智圆《砌下老梅》："傍砌根全露，凝烟竹半遮。腊深空冒雪，春老始开花。止渴功应少，和羹味亦嘉。行人怜怪状，上汉采为楂。"陈舜俞《种梅》："古来横斜影，老去乃崛奇。"郑刚中《梅花三绝》序："至若树老花疏，根孤枝劲，皤然犯雪，精神不衰，则又如耆老硕德之人，坐视晚辈凋零，而此独撄危难而不挠，故又以比颜真卿。"史文卿《枯梅》："樛枝半着古苔痕，万斛寒香一点春。总为古今吟不尽，十分清瘦是诗人。"

观赏理解，是梅花审美认识中不可忽视的一环。

宋代理学家中最早加入咏梅行列的是北宋的邵雍。邵雍观物赏花的一些观点值得注意。其《善赏花吟》道：“人不善赏花，只爱花之貌。人或善赏花，只爱花之妙。花貌在颜色，颜色人可效。花妙在精神，精神人莫造。”[①]认为花妙在于“精神”而不是“颜色”，这可以说与同时的苏轼等人体物写物推求“神似”的理论主张比较接近。据邵伯温记载，程颐拜访邵雍，时值春天，邵雍欲与他同游天门街看花。小程推辞说：“平生未尝看花。”邵雍说：“庸何伤乎？物物皆有至理，吾侪看花，异于常人，自可以观造化之妙。”程颐于是说：“如是愿从先生游。”[②]邵氏这一观点比较重要，可以说代表了理学家自然审美的基本立场。周敦颐、程颢都有不除窗前草，欲观“自家意思”[③]“造物生意”[④]的记载。这一立场统一于理学“即物究理”“格物致知”的认识论，统一于自然、性理浑然贯通的本体论。理学家把自然看作是天理流转化育的产物，自然物色虽然林林总总、形形色色，但由于是天理生机的贯彻体现，都具有自足的本体性质。观照自然、吟咏自然，主要是要体悟那流行化育、无所不在的天理，体现人从容得道、无往不乐的胸襟修养。因此，理学家对自然美的关注主要集中在变动不居、灵动活泼、生机勃勃、欣欣向荣的景象上。其中春天的景象是最适宜也最常见的选择，理学家特别青睐于、敏感于三春物色的生意盎然[⑤]。

---

① 邵雍《善赏花吟》，《全宋诗》，第7册，第4559页。

② 程颢《河南程氏文集》，《遗文》引《易学辨惑》。

③ 黄宗羲《宋元学案》卷一一，《濂溪学案》下附录程颢忆周敦颐语。

④ 张九成《横浦日新》载程颢语。

⑤ 张鸣《即物即理即境即心——略论两宋理学家诗歌对物与理的观照把握》，《文学史》第三辑，陈平原、陈国球主编，北京大学出版社1996年版。

春天洋溢着浓郁的生意和化机，是天理造化最典型的表征。在理学家诗中“春”本身也就成了“理”的象征，从邵雍《和张子望洛城观花》：“造化从来不负人，万般红紫见天真。满城车马空撩乱，未必逢春便得春。”[①]到胡寅《三月晦和唐人韵诗云……》：“一气冲融转大钧，四时舒卷见全身。若云春向晨钟断，须信诗人未识春。”[②]再到朱熹《春日》：“胜日寻芳泗水滨，无边风光一时新。等闲识得东风面，万紫千红总是春。”[③]一以贯之，观春要在悟理，春意即象天理。春色春意与天理道心建立起了稳定的象征关系。梅花是三春芳菲之一，而且是春芳独先之象，在展现天意生机上有得天独厚之势。理学这份玄机胜意，可以说梅花是极好的观照对象与意义载体。南宋后期有首著名的僧尼《悟道》诗：“尽日寻春不见春，芒鞋踏遍陇头云。归来笑捻梅花嗅，春在枝头已十分。”[④]虽然表达的是禅机触发、拈花微笑的禅悟之境，但其寻春究理、即春即理的思路与理学如出一辙。以东风第一枝、花色第一香表禅理玄妙之境，梅花可以说扮演了极其贴切、生动的角色。但这种口偈诗禅看似简单，却包含着美学史和思想史的漫长积累。至少在邵雍这个时代，理学与梅花之意还远没有形成这种联想机缘。

邵雍作品中的赏春写景、即物究理，实际上多为浮光掠影，极不深入，正如朱熹所批评的：“渠诗玩侮一世，只是一个‘四时行焉，百物生焉’之意。”[⑤]无论写物还是说理，都嫌空洞浮泛。邵雍写梅诗不少，有二十多首，主要有两种意旨。早年在秦岭南麓商洛所作《和商洛章

---

① 邵雍《和张子望洛城观花》，《全宋诗》，第 7 册，第 4509 页。
② 胡寅《三月晦和唐人韵诗云……》，《全宋诗》，第 33 册，第 20995 页。
③ 朱熹《春日》，《晦庵先生朱文公文集》卷二，《四部丛刊》本。
④ 罗大经《鹤林玉露》丙编卷六，中华书局 1983 年版。
⑤ 黎靖德《朱子语类》卷一〇〇，中华书局 1994 年版，第 2553 页。

子厚长官早梅》《和商守宋郎中早梅》诸诗[①]，也许受地主原唱的影响，多着意于梅花的“清香”“清艳”“清淡”“清格”，这是当时一般的审美认识。晚年居洛，有《同诸友城南张园赏梅十首》[②]等诗，多属歌呼朋从宴游、把酒赏花之乐，于具体物色很少潜心观照，因而认识不深，描写无多，乃至“四时行焉，百物生焉”之体道之意也不典型。

理学大师朱熹实是文学行家里手其诗文成就正逐步为人们所认识。他对梅花形象较为注重，现存梅诗33首、词2首、赋1篇。其中三和苏轼松风亭七古，和朱敦儒词韵，多与友人一起吟赏唱酬，爱梅之意与同时文人墨客无异。其于梅花的感受认识也一仍以往的传统，尤其是受苏轼作品影响较大，着意梅花幽独高洁的品格、骚雅清怨的形象。其不同于林逋等人一味幽雅闲静的是，掺进了几份寂寥幽怨的感觉。他好写深夜岑寂，多及其霜寒零落，“年年一笑相逢处，长在愁烟苦雾中”[③]等等，透现着曲高和寡、抑塞历落的深层体验。其《梅花赋》，据学者考证，是受韩侂胄打击之后的拟骚之作[④]，更是把梅花作为感遇咏怀、人格寄托的形象。这些都表明，在朱熹这里，梅花是地地道道的抒情写意的审美形象，尚未用为格物致知的目的，体现悟道证圣的动机。

南宋中后期理学家队伍不断壮大，像朱熹这样吟景适怀、青睐梅花也是越来越多。曾几何时，理学思维终于强势难掩，逐步渗入梅花

---

① 邵雍《和商洛章子厚长官早梅》《和商守宋郎中早梅》，《全宋诗》，第7册，第4465页。

② 邵雍《同诸友城南张园赏梅十首》，《全宋诗》，第7册，第4584页。

③ 朱熹《梅》，《晦庵先生朱文公文集》卷九，《四部丛刊》本。

④ 束景南《朱熹佚文辑考》，江苏古籍出版社1991年版，第268页。束景南考定此赋作于庆元元年。

审美。在咏梅中大举运用理学心眼、思路的是魏了翁。魏了翁比朱熹小 48 岁，现存咏梅诗 16 首，数量并不突出，但理学之尔雅意度、格物旨趣却较典型。魏了翁有一段称赞黄庭坚的话可以视为夫子自道:“以草木文章，发帝机杼；以花竹和气，验人安乐。”[①]这是理学家自然审美观最为简明的表达。

魏了翁咏梅中《十二月九日雪融夜起达旦》一诗最为著名：

远钟入枕报新晴，衾铁衣棱梦不成。起傍梅花读《周易》，一窗明月四檐声。（《鹤山集》卷二）

朋友间极其称道，“后贬渠阳，于古梅下立读易亭”[②]。家铉翁《跋浩然风雪图》一文谈到孟浩然风雪觅诗这一诗家胜事时曾有这样一通议论:“此灞桥风雪中诗人也，四僮追随后先，苦寒欲号。而此翁据鞍顾盼，收拾诗料，气色津然贯眉睫间，其胸次洒落，殆可想矣。虽然，傍梅读易，雪水烹茶，点校孟子，名教中自有乐地，无以冲寒早行也。”[③]在他看来，孟浩然之事（此事实由后世附会）固然为士人一雅，但终属诗人苦吟之迹，不如魏了翁所为，纯然圣贤气象，从容中道，平实和易，温文蔼如。后来“傍梅读易”成了咏梅常见事典，代表着理学家所标举的仁者意度、名教之乐，即魏了翁所谓“以花竹和气，验人安乐”。

魏了翁咏梅中最鲜明的还在即梅究理，即所谓“以草木文章，发帝机杼”。学术上魏了翁富有自家精神，并未一味墨守门户，敢于自出头地。在吟咏物色、观物究理上也复显其个性。“荷花辱于淫邪，

---

① 魏了翁《黄太史文集序》，《重校鹤山先生大全文集》卷五三，《四部丛刊》本。
② 罗大经《鹤林玉露》甲编卷六。
③ 家铉翁《跋浩然风雪图》，《则堂集》卷四，《影印文渊阁四库全书》本。

陷于老佛几千载，自托根濂溪，而后始得以其中通外直者侪于道，而近世魏鹤山又推本周子之意，取泽陂之诗所谓硕大且俨者，归之君子焉。”[①]同样，在梅花上，他也是独立思考，格求自家识见。观其《肩吾摘取“傍梅读易”之句以名吾亭且为诗以发之用韵答赋》：

> 三时收功还朔易，百川敛盈归海密。谁将苍龙挂秋汉，宇宙中间卷无迹。人情易感变中化，达者常观消处息。向来未识梅花时，绕蹊问讯巡檐索。绝怜玉雪倚横参，又爱青黄弄烟日。中年易里逢梅生，便向根心见华实。候虫奋地桃李妍，野火烧原葭菼茁。方从阳壮争门出，直待阴穷排闼入。随时作计何太痴，争似此君藏用密。人官天地命万物，二实五殊根则一。囿形阖辟浑不知，却把真诚作空寂。[②]

通篇贯注了“傍梅读《易》”、即梅究“易”的精神。以前只知香影横斜之美、巡檐索笑之乐。现在才发现，梅花是天地变化大消息。“梅边认得真消息，往古来今一屈伸。”[③]天地开阖盈虚，气机阴阳变化，但总归天理仁心，根本实在。梅花的凌寒独发，正是它其藏亦密、其行亦健的体现。不难看出这其中包含了多少理学之士盛德行世、与时消息的信心和期想，而其揭示阴阳消息之理、用舍进守之机，又是一份人生必备的理智。正如罗大经所说，其“推究精微，前此咏梅者未之及”[④]。值得一提的是，二程也曾以梅阐说过易理，《程氏遗书》：“早梅冬至已前发，方一阳未生，然则发生者何也，其荣其枯，此万

① 牟巘《荷花辱于淫邪陷于老佛几千载……》，《陵阳集》卷四，《影印文渊阁四库全书》本。
② 魏了翁《鹤山集》卷五。
③ 魏了翁《海潮院领客观梅》，《鹤山集》卷一〇，《影印文渊阁四库全书》本。
④ 罗大经《鹤林玉露》甲编卷六。

物一个阴阳升降大节也。然逐枝自有一个荣枯，分限不齐，此各有一乾、坤也，各自有个消长，只是个消息，惟其消息，此所以不穷。”[①]显然，魏了翁是受到了理学前辈的启发，魏了翁在诗中也提到了程子这一先知[②]，但程氏只是以梅为譬喻说《易》，魏氏施诸咏梅，是以易义来理会、阐示梅花形象之美。

魏了翁从梅花看到了乾坤消息、“屈伸清浊”，看到了天理流行、化行万物的生机，并且特别着意其乾德行健的精神：

惟梅命于阳，清艳照朴蔌。正冬白堆墙，初夏黄绕屋。纯乾禀自高，奚止百斛香。[③]

因此，魏了翁写梅，着眼点与周、邵、程、朱观花赏春一样，特别注意发揭其欣欣向荣之生意之气象：

天寒万木脱，岁宴群动弭。西郊有孤芳，独唤春事起。幽光耿参月，清明艳野水。欲开未开时，似语不语意。或疑春较迟，的皪下霜蕊。谁知春风心，浑在阿堵里。[④]

梅枝初萌，人多憾其迟，魏了翁却见微知著，认其春心悠在。同样，这种欣然生机被视作仁德襟抱的象征：

谁知无边春，万古长不灭……又尝以此观诸人，生意不断长如薰。[⑤]

“发帝机杼”“验人安乐”两个方面相兼而行。

同时前后其他理学家的咏梅中，类似的话头越来越多。如：

---

① 程颢《程氏遗书》卷二上，《二程集》，中华书局 1981 年版，第 39 页。
② 魏了翁《次韵刘左史光祖玉亭观梅》，《鹤山集》卷三。
③ 魏了翁《汪漕使即梅圃作浮月亭追和古诗，余亦补和》，《鹤山集》卷四。
④ 魏了翁《西郊访梅……》，《鹤山集》卷二。
⑤ 魏了翁《次韵郭方叔诸公偕胡致堂赏梅至夜赋诗》，《鹤山集》卷三。

图 44 ［清］掐丝珐琅百宝梅花盆景，有“乾隆年制”款（数据来源：LOFTER 美术馆引用北京保利国际拍卖有限公司）。

端如仁者心，洒落万物先。浑无一点累，表里俱澈然。[①]

---

① 陈淳《丙辰十月见梅同感其韵再赋》，《北溪大全集》卷一，《影印文渊阁四库全书》本。

雅如哲君子，觉在群蒙先。[①]

一日微阳积一分，看看积得一阳成。夜来迸出梅花里，天地初心只是生。[②]

吾知乃翁好梅意，不独区区为名第。霜飚天地惨无色，谁得东皇第一义。惟梅气禀独超卓，首送东风入书帷。对之心地悟理学，此是天民尹先觉。[③]

岁寒叶落尽，陶见天地心。阳和一点力，生意满故林。[④]

天地变化，其机不停，玄阴既极，万物用贞，由剥而复，微阴始生，苍山冱寒，幽花独馨。玉质朗耀，铁枝峥嵘。皓雪让洁，素月并清。得气之先，斯仁之萌。自华而实，斯仁之成。[⑤]

天地生意，无间容息，当其已闭塞之后，未棣通之前，于是而梅出焉。天地生物之心，是之谓仁，则夫倡天地之仁者，盖自梅始。[⑥]

因芳色体天理感仁心，就生意寓怀抱见精神，可以说正是周、程诸子“观造化之妙”在梅花审美认识上的体现和推演，无论是价值意旨，还是形象认识上都可谓是别具只眼，别开生面。“吟客漫能工水月，

---

① 陈淳《丁未十月见梅一点》，《北溪大全集》卷一。

② 方夔《梅花五绝》其二，《富山遗稿》卷一〇，《影印文渊阁四库全书》本。

③ 陈鉴之《寄题长溪杨耻斋梅楼，楼乃其先世读书之所》，《东斋小集》，曹庭栋编《宋百家诗存》卷三一，《影印文渊阁四库全书》本。

④ 蒲寿宬（chéng）《梅阳郡斋铁庵梅花五绝》其五，《心泉学诗》卷二，《影印文渊阁四库全书》本。

⑤ 陈深《梅山铭》，《宁极斋稿》，《影印文渊阁四库全书》本。

⑥ 文天祥《萧氏梅亭记》，《文山先生全集》卷九。

先儒曾此识乾坤。”[1]理学家为梅花带来了崭新的价值理路。北宋中期以来的咏梅，对梅花花期致意颇多，由早春移至严冬，凸显梅花凌寒冒雪，以象征人格坚贞。而理学家则又由梅花冬荣转视为春色，由着意被动耐寒转而强调自觉回春，由推求意志气节转而验视仁德气象，由意格的孤峭寂寥转化为君子圣贤的仁物平和。这在主观上虽然不免于理学概念化思维的方式和目的，但也洋溢着仁者乐物的情感意趣，客观上更是牢牢抓住了梅花为春色先气、阳和新景的物色特征，凸现了梅花芳菲先发、管领春风的自然生机。这一美感在林逋以来的人格寄托中是逐渐淡出的，现在重新得到重视。与以往视梅为春色仅仅着意其时序占早、物色开新、花光鲜妍又有所不同，理学家的着眼点是“物理”，是气机，是“天地初心”“乾坤消息”，认其为梅花的天理独赋、仁心先知。同是着眼其辞旧迎新、阳和报春，也侧重于展现一气先颖，生意敷布、化育万物的生机气象：

一气独先天地春，两三花占十分清。冰霜不隔阳和力，半点机缄妙化生。[2]

玉箫吹彻北楼寒，野月峥嵘动万山。一夜霜清不成梦，起来春意满人间。[3]

万物正摇落，梅花独可人。空中三五点，天地便精神。[4]

不是“一枝”，而是“一气”。不是“春色”，而是“阳和”。不是溪头篱角，而是“天下人间”。认识上透进一层，视境感受也极其阔大充沛。梅花展示出阳和开新、生意勃发、气机充盈流布的博大

① 萧立之《再为梅赋》，《全宋诗》，第62册，第39181页。
② 于石《早梅》，元吴师道《紫岩诗选》卷三，《影印文渊阁四库全书》本。
③ 黄铢《梅花》，厉鹗《宋诗纪事》卷五二。
④ 王柏《题梅》，《鲁斋集》卷三，《影印文渊阁四库全书》本。

图 45　[清]金农《梅花图》，美国纳尔逊·艾金斯艺术博物馆藏。

气象。这是一般春色之咏望尘莫及的，更是以往“东风第一枝”指喻金榜高第、“春风得意”不可同日而语。而其中寄托着与道为一、道贯古今、德配天地、化成天下的精神抱负[①]及其时运体认，又统一于入宋以来即物究理、品格象征的根本趋势。理学家使梅花上升为崇高又复博大的德性和时运象征，这是理学家的特殊贡献。

附带说一下，梅花意象的生意精神之美，在南宋大量出现的寿词中运用颇多。如方岳《瑞鹤仙·寿丘提刑》：“南枝暖也，正同云商量雪也。喜东皇，一转洪钧，依旧春风中也。”[②]陈著《真珠帘·寿元春兄八十策》：“如梅在壑清标格，襟怀好，又是融融春拍。”[③]梅花为寿有多种取譬，如友松伴竹，延年益寿，如玉堂和羹，荣华富贵等，这里的两例显然是以荣敷春风喻人长春不老。

综观理学家的梅花寄兴，由于其君子人格的儒家属性，对于长期以来“清旷之士”贯注的闲适幽隐之趣，总感生分和排异。理学家自觉即梅所究，是理气之实有、道德之进境，不同于隐士逸流之遁世逍遥、虚无淡泊：“玉梅苍竹拥冰壶，中有扬雄宅一区。地占清虚开境界，人从确实作工夫。”[④]“不作隐士庐，合称君子里。”[⑤]其于物象，也兼取其材用果实：“其间妙处不容评，玉洁冰清亦强名。要识此花高绝处，解结佳实作和羹。”[⑥]所用比拟，也多取儒家圣贤形象，如颜、孟、周、程等等，这些“比德”意义和方式都体现了理学道德经世的精神实质

① 以往德性境界多由花之芬芳来象征，所谓德馨流芳，这里主要是由春气生意来展示道成德化之境。

② 方岳《瑞鹤仙·寿丘提刑》，唐圭璋编《全宋词》，第4册，第2845页。

③ 陈著《真珠帘·寿元春兄八十策》，唐圭璋编《全宋词》，第5册，第3045页。

④ 姚勉《题朱氏梅芳书院》，《雪坡集》卷一五，《影印文渊阁四库全书》本。

⑤ 韩元吉《赵仲缜梅川》，《南涧甲乙稿》卷一，《影印文渊阁四库全书》本。

⑥ 袁燮《梅花四首》其四，《絜斋集》卷二四，《影印文渊阁四库全书》本。

和思想特色。

五、江湖之士的清峭野逸之趣

13世纪的南宋，从宋宁宗庆元以来的七八十年间，可以说是江湖游士的时代。南渡后人口密度的增加、土地兼并和社会流动的加剧、工商业和都市社会的活跃发展，带来了社会政治、经济结构的深刻变化，加剧了士人阶层自身的聚散浮沉。在这一变化中形成的江湖游士阶层，实际上是由中下层官吏、失业浮游士子、小地主自耕农知识分子、方外逸流等组成的庞大的社会群体。其阶层之形成，既源于南宋特定条件下传统士大夫层面的剧烈分化，也包含着地主经济发展、阶层结构调整、都市社会崛起中其他阶层的不断崛起。我们可以用方岳《月庄记》一文中所说的“山家”“贫家”“诗家”来概括其具体生态①。所谓“山家”，是说相对于仕宦主流，他们是边缘支流，相对于利禄之徒，他们多托身江湖，或固守田园，是狂狷之士、野客清流。所谓“贫家”，是说相对于权贵豪族、大地主大商贾，他们是小地主乃至于无业者，大多数地位低下，仕宦沉沦，江湖游谒，生计惨淡。所谓“诗家”，是说他们虽沉沦下僚或无产无业，但文化上也自有一份资本和优势，进可跻身用世，退可行谒生计，闲吟自娱。他们这一相对寥落和芜散的群生众相，适与整个社会的偏安不振、苟且衰危构成强烈的交渗互濾，形成了消极涣散、衰弱委顿的历史大势。在文化上，他们则以流寓游谒、江湖唱和的方式营造起清狷野逸、幽峭雅怨、平易浅近的氛围，打着

① 方岳《月庄记》，《秋崖集》卷三六，《影印文渊阁四库全书》本。

城乡下层寒士平民的阶层烙印，同时也渗透着清雅秀逸的江南地域文化色彩。

在这一文化时空中，从哪个方面看来，梅花都必然扮演一个重要角色。方岳《月庄记》说的是江湖士人与月的关系："月与山家为宜"，"月与诗家尤宜"，"月与贫家大宜"。如果借以总结他们与梅花的关系，可以毫不迟疑地说，在所有观赏植物中，梅是他们的最宜。我们看到，南渡以来，尤其是南宋后期，村居圃畦、山家小园、栽花植木、以为表德的现象愈益普遍。如邵定，"字中立，庐陵人，温粹博雅，通周易、春秋。宅边植梅、竹、兰、桂、莲、菊各十本，深衣大带，婆娑其间，自称'六芗老人'"[①]。类似的例子不胜枚举，"松间""松巢""友竹""吟竹""竹屋""竹卿""菊涧""菊坡""梅亭""梅溪""梅屋""梅涧""莲社"一类名号比比皆是，这典型地属于以小土地所有者为主体的文化氛围。其中梅花是最常见的选择。刘辰翁《梅轩记》诉说了为人品题梅德应接不暇的遭遇：

> 古贵梅，未有以其华者，至近世，华特贵而实乃少见用，此古今之异也，然其盛也，亦不过吟咏者之口耳，未有以德也。数年来，梅之德遍天下。余尝经年不见梅，而或坡或谷或溪或屋者，其人无日而不相遇也。往往字不见行而号称著焉。其梅也，即其人可知也。如安成彭梅轩与余游，每见之如见梅焉，是其德也，其轩求吾记。嗟乎，予也为梅役未已也，予昨也为分宁郑赋梅轩诗，今日又为子之梅轩记也，何梅之与余密也。[②]

---

① 厉鹗《宋诗纪事》卷七八。

② 刘辰翁《须溪集》卷三，《影印文渊阁四库全书》本。

大有梅花不及爱梅多之忧，当时士林风气可见一斑。“举世皆咏梅，无论山林之士，虽市朝之人，莫不有作。”[①]方岳诗：“莲有濂溪梅有逋，两家言句满江湖。”[②]说的是周、林二子的影响，也道出当时江湖诗家会心竞趋的现实[③]。现存宋人咏梅作品以此间最称丰富。虽然大部分江湖诗人梅花诗的绝对数量不足夸多，但他们作品多为小集，梅花题材的相对优势是极其明显的，为十百之咏者更是不在少数。篇翰之富，题材之繁多琐细，蔚为空前。

这种“人人共说梅花好”[④]，竞相趋骛、专嗜独任、孤盟表德的倾向，无论是从思想境界还是从审美创造来说，都难免“孤芳自赏”、心地自仄之弊，同时也如时人所忧，物名太甚，“不足以誉梅重梅，而反以亵梅轻梅”[⑤]，也如清人所讥，“名则耐冷之交，实类附炎之局”[⑥]，形成新的流弊。但也正是这份时尚与自负，使梅花与他们的生活、与他们的整个生命和人格建立起前所未有的密切联系，深镌其人格的烙印，浸透了其特有的江湖清味。

我们看到江湖士人特别着意于梅花之“清”。《瀛奎律髓》卷二〇所选张道洽 36 首咏梅诗，其中 24 首著有“清”字。梅意之“清”早成定局，寒葩雪蕊、疏影横斜、暗香浮动、水边月下、倚竹友松等都

① 刘克庄《跋陈迈高梅诗》，《后村先生大全集》卷一〇九，《四部丛刊》本。

② 方岳《观荷》其四，《秋崖集》卷三。

③ 永瑢等《四库全书总目》卷一六七《梅花字字香》提要：“南宋以来，遂以咏梅为诗家一大公案。江湖诗人无论爱梅与否，无不借梅以自重，凡别号与斋馆多带梅字，以求附于雅人。”

④ 赵蕃《书案上三种梅三首》其一，《淳熙稿》卷一八，《影印文渊阁四库全书》本。

⑤ 刘克庄《跋陈迈高梅诗》，《后村先生大全集》卷一〇九，《四部丛刊》本。

⑥ 永瑢等《四库全书总目》卷一六七《梅花字字香》提要。

是其有效表征，江湖士人百尺竿头更进一步，在梅花的环境环境烘托上，强调其村居幽处：

寄声说与寻梅者，不在山边即水涯。[①]

绝似人间隐君子，自从幽处作生涯。[②]

霜崖和树瘦，冰壑养花清。[③]

梅花越来越嵌身在平湖青岭、寒塘野水、暮江晓滩、轻烟淡月、山家僧寮、竹篱茅舍等组成的江南水乡湖山风景之中，得到浓重的意味渲染。在梅花的形象上，多选择古树老枝，强调枝少花疏，比范成大等人更为欹侧于主观意趣的抉发和营造：

树百千年枯更好，花三两点少为奇。[④]

图 46 ［宋］马远《梅花书屋》。立轴，设色绢本，纵 167 厘米，横 75 厘米。

---

① 戴复古《寄寻梅》，《石屏诗集》卷五，《影印文渊阁四库全书》本。

② 戴复古《梅》，《石屏诗集》卷五。

③ 张道洽《梅花》，方回选评，李庆甲集评校点《瀛奎律髓汇评》卷二〇。

④ 杨公远《梅花》，《野趣有声画》，曹庭栋编《宋百家诗存》卷三七，《影印文渊阁四库全书》本。

藓带龙鳞剥，蜂沾蠹屑垂。[①]

画取西湖三两朵，摘索映空花不密。[②]

试问园林千万树，何如篱落两三枝。[③]

根老香全古，花疏格转清。[④]

在整体形象上，也多突出其清癯、幽瘦与枯瘠：

瘦得冰肌骨亦清，诗人于尔独关情。[⑤]

石畔长来枝易老，竹间瘦得萼全青。[⑥]

崚嶒鹤骨霜中立，偃蹇龙身雪里来。花里清含仙韵度，人中癯似我形骸。[⑦]

精神全向疏中足，标格端于瘦处真。[⑧]

同时也突出其清凉寒冷：

莫遣丰□种宫苑，野桥流水最清冷。[⑨]

数枝寒照水，一点净点苔。[⑩]

三分香有七分清，月冷霜寒太瘦生。[⑪]

山深月冷梅花老，压尽群英是此香。[⑫]

---

① 徐照《道书记房老梅》，陈增杰校点《永嘉四灵诗集》，浙江古籍出版社1985年版，第63页。

② 徐照《爱梅歌》，陈增杰校点《永嘉四灵诗集》，第87页。

③ 张道洽《梅花》，方回选评，李庆甲集评校点《瀛奎律髓汇评》卷二〇。

④ 张道洽《梅花》，方回选评，李庆甲集评校点《瀛奎律髓汇评》卷二〇。

⑤ 陈必复《梅花》，《山居存稿》，《宋椠南宋群贤小集》本。

⑥ 徐玑《梅》，陈增杰校点《永嘉四灵诗集》，第146页。

⑦ 张道洽《梅花》，方回选评，李庆甲集评校点《瀛奎律髓汇评》卷二〇。

⑧ 戴昺《初冬梅花偷放颇多》，《东野农歌》卷四，《影印文渊阁四库全书》本。

⑨ 徐玑《梅》，陈增杰校点《永嘉四灵诗集》，第146页。

⑩ 翁卷《道上人房老梅》，陈增杰校点《永嘉四灵诗集》，第179页。

⑪ 方岳《梅花十绝》其八，《秋崖集》卷四。

⑫ 施枢《实作前睡香》，《芸隐横舟稿》，《宋椠南宋群贤小集》本。

水国霜天冷，梅庭夜月清。[①]

冷落山中约，凄凉月下心。[②]

梅花雪中敷荣，以往多着意凌寒贞刚，而这里多出以冷水寒月的烘托，写出梅花自身的神凄骨冷，是诗人人生体验的移情投射，一种彻骨沁脾的感受。

总之，以往写梅虽然也几多疏淡幽雅，几多冷静高洁，但大多存有一份韶秀清妍、雅秀明娟的风姿神采，而江湖士人笔下，梅花则倍显古、老、疏、淡，幽、僻、野、逸，枯、瘦、冷、寂之趣，清秀高雅中包含了幽仄、纤细、偏枯、生涩的审美趋向[③]，与江湖诗人的视野、经历密切相关。而其中瘦和冷，又可以说是江湖诗人的偏至独深之感。瘦在梅花形，冷在诗人心。我们读姜夔的词、戴复古、方岳等人的诗，凡有梅处，固然“冷香飞上诗句”，高情雅意顿生，但其中低徊不已的却是一份自怜幽独、自伤飘泊的感慨骚怨。姜夔《暗香》《疏影》词称“客里相逢”，用陆凯、何逊事，多着笔花落香零，正是其异乡飘泊、盛华易逝的身世感怀[④]。同样，戴复古诗中“独开残腊与时背，奄胜众芳其格高”，“不将品质分优劣，痛饮花前读楚骚”[⑤]，“谁能知我意，相对岁寒时”[⑥]，油然而起的也是一段不遇之怨。何应龙《见梅》：

---

① 施枢《酬山月江舆投赠》，《芸隐横舟稿》。

② 虞荐发《忆梅》，《宋诗纪事补遗》卷七五。

③ 江湖诗人队伍庞大，成分复杂，论之难以周延。如刘克庄，江湖诗人的首席，咏梅诗也多，发挥梅花高致，多陶冼故事，纵横议论，汰尽罗泾，而于形象描写不多。加之其社会地位、情志心理在江湖诗人中并不典型，此处不具述。

④ 关于两词的理解以翼谋《白石〈暗香〉〈疏影〉新解》一文较为切当，载《文学遗产》1992 年第 3 期。

⑤ 戴复古《咏梅投所知》，《石屏续稿》卷二，《宋椠南宋群贤小集》本。

⑥ 戴复古《得古梅两枝》，《石屏诗集》卷四，《影印文渊阁四库全书》本。

“云绕前冈水绕村，忽惊空谷有佳人。天寒日暮吹香去，尽是冰霜不是春。”[①]冰霜隐喻的不是人意的高洁，而是身心的冰冷。江湖诗人笔下的梅花固然是“清”，但多不入平和闲静之趣，而是一种清狷冷峭与萧散寥落的意味，如荒山野水、山泉晓月，清复清兮，终有一份冷冽和沁凉。

“诗人满江湖”[②]的群体声气、“人人共说梅花好”的同心同德，加以这份“江湖清味”幽峭冷淡的体验，便加剧了梅花与广大下层诗人生活的联系，梅花越来越成了诗人幽吟、诗才清妙、诗心清苦之文化风貌的象征。此前诗人的流行写照是风雪灞桥、驴背敲诗。“自入孤山咏，梅花最识诗。”[③]林逋以来，踏雪探梅这一诗人新形象新象征逐渐生成。到江湖诗人的时代，这一象征完全到位。“蹇驴踏雪灞桥春，画出茅茨野水滨。才见梅花诗便好，梅花却是定诗人。”[④]无需蹇驴踏雪，只见梅花便是诗，走近梅花便走进了诗歌。梅花是最好的诗材：

> 梦回春草池塘外，诗在梅花烟雨间。[⑤]
>
> 寻常一样窗前月，才有梅花便不同。[⑥]
>
> 诗句中有梅花二字，便觉有清意。[⑦]

梅花就是诗才、诗思和诗韵：

---

① 何应龙《见梅》，《橘潭诗稿》；《全宋诗》，第67册，第42015页。

② 刘克庄《毛震龙诗稿》，《后村先生大全集》卷一〇九。

③ 薛嵎（yú）《宣氏梅边》，《云泉诗》，《宋椠南宋群贤小集》本。

④ 方岳《寻诗》，《秋崖集》卷四。

⑤ 杨公远《次程斗山韵》，《野趣有声画》，曹庭栋编《宋百家诗存》卷三七。

⑥ 杜耒《寒夜》，《全宋诗》，第54册，第33637页。

⑦ 张端义《贵耳集》卷中，中华书局1958年版。

杜小山尝问句法于赵紫芝，答之云："但能饱吃梅花数斗，胸次玲珑，自能作诗。"①

含香嚼蕊清无奈，散入肝脾尽是诗。②

小窗细嚼梅花蕊，吐出新诗字字香。③

不仅是清冷玲珑一味，不同的诗格诗境都可以取法于梅：

有诗人于此，踏雪于冻晓，立月于寂宵，无非天地间诗思。郊寒岛瘦，由浅溪横影得之；庾新鲍逸，由疏花冷蕊得之。李太白出语皆神仙，由轶尘拔俗之韵得；杜子美一生寒饿，穷老忠义，由禁雪耐霜之操得之。果能是，则可与言诗矣。然则求诗于诗，不若求诗于梅；观梅于梅，不若观梅于涧。④

作诗能比梅韵便是无上高格，这个时代为诗人誉扬多以梅花为喻：

七字全胜五字城，清于庾信及钟嵘。君诗妙绝端何似，不似梅花似么生。⑤

诗与梅花一样清，江湖久矣熟知名。⑥

霆甫之人盖独立尘埃万物之表，诗十之八为梅花，而韵远思清，真与梅同一清格。小春访梅，摘其花，咽霆甫诗，尘襟一日消尽。清矣哉，霆甫之诗也。⑦

梅花成了诗品最通行的颂词和标签。反过来，诗中写梅也多用诗人、诗格来作拟喻：

---

① 韦居安《梅磵诗话》卷中。

② 赵汝鐩《汪丞招饮问梅》，《野谷诗稿》卷六，《南宋六十家小集》本。

③ 佚名诗句，张端义《贵耳集》卷中引。

④ 姚勉《梅涧吟稿序》，《雪坡集》卷三七，《影印文渊阁四库全书》本。

⑤ 杨万里《和吴监丞景雪中湖上访梅》四首其二，《诚斋集》卷二一。

⑥ 俞桂《赓守雪岩韵》，《渔隐乙稿》，《宋椠南宋群贤小集》本。

⑦ 姚勉《毛霆甫诗集序》，《雪坡集》卷三七。

幽深真似离骚句，枯健犹如贾岛诗。[①]

酝酿春情何逊老，崚嶒诗骨孟郊寒。[②]

瘦成唐杜甫，高抵汉袁安。[③]

从上述诸多诗梅相通的话语中，我们同样可以感受到一种清雅与寒瘦对立统一的人格底蕴。与风雪驴背、一味苦寒的形象相比，雪中探梅总多了几份风雅、悠闲和清逸。事实上宋人在关于孟浩然风雪觅诗的想象中也注入了“胸次洒落”的意味，这是宋代文化的底色和方向。到了宋代，艺文翰墨不仅是入世求售的资本，更是一种精神文化上的优势。诗和梅的相通在于同属文人的闲致清供。但另一方面，江湖诗人又有一种特殊的地位和经历。由于沦身下层，他们称诗为“冷淡生活”[④]，与中晚唐宋初等“苦吟”之流异时相望、声气相求，因此用以取譬喻梅者也多是屈原、杜甫等寒士骚人形象，是孟郊、贾岛等苦吟诗境。他们为梅花形象注入了广大中下层士人清贫幽吟、孤芳自赏、顾影自怜、枯瘦寒峭的心态体验。可以这么说，江湖诗人给梅花带来的是一种清与怨、骚与雅、瘦与健、苦与硬对立统一的意味，梅与诗的联想又进一步丰富了苦涩回甘、韵外有致的隽永感受。梅与诗，梅花与诗人，梅品与诗品由此建立起稳固的联系，梅花不只是一种品格，

---

① 徐玑《梅》，陈增杰校点《永嘉四灵诗集》，第 146 页。

② 方岳《客有致横驿苔梅者绝奇……》，方回选评，李庆甲集评校点《瀛奎律髓汇评》卷二〇。

③ 李龏（gōng）《早梅》，方回选评，李庆甲集评校点《瀛奎律髓汇评》卷二〇。

④ 此间多称诗歌是“冷淡生活”。如黄敏求《书郑亦山冷淡生活》，这里的“冷淡生活”即指诗集，见《宋诗纪事补遗》卷八三。刘克庄《徐贡士用虎百梅诗序》:“若二君者，岂惟予之一字师哉，然二君皆老于场屋，未脱白龙飞……未宜与余争此冷淡生活也。”《后村先生大全集》卷九八。《跋陈迈高梅诗》:“君妙年有场屋之债，宜且参取王沂公两句，未可作此冷淡生活。”《后村先生大全集》卷一〇九。

而是一种文人生活情趣和艺术传统的广义象征，融注了文人生活和艺术实践的丰富经验，传播着“诗骨梅花瘦”[1]的艺术情调和清雅幽逸的文人风韵，影响极其深远。

六、宋遗民文人的贞节寄托

在宋遗民中，郑思肖的种种贞节表现是最为突出的，他的名、字（忆翁）、号（所南）都寄托了对赵宋王朝的忠贞情愫。他画兰不画土，根裸露在外，意谓自己丧国，一如兰草根无所着。其《画菊》诗云“宁可枝头抱香死，何曾吹落北风中”，北风双关，喻指元蒙统治势力，自誓当如菊花宁死不屈。忠心耿耿，广为人知。也许对身处元蒙大军浩荡南下、江国倾覆陆沉之际的士人来说，霜菊幽兰这样处之肃杀幽仄环境中的纤茎蒻草可能是最易认同的生物，最感切近的自我影像。但梅花生南国，春来处处枝，也有其独特的表现功能。谢翱《梅花二首》其二：

吹老单于月一痕，江南知是几黄昏。水仙冷落琼花死，只有南枝尚返魂。[2]

同样是耿耿忠心，以菊言之，是傲视北风，至死不屈；以梅言之，则是其心向南，年年知返。熊禾《探梅》所托言的也是这份坚定不移、生生不灭的信念：

不待岁月换，已觉人民非……春事有代换，梅心无改移……但与梅久要，处处不暂离……所至必种梅，殷勤发

① 戴复古《城西》，张端义《贵耳集》卷上，中华书局1958年版。
② 谢翱《晞发遗集》卷上，《影印文渊阁四库全书》本。

培滋。[①]

熊禾此诗去宋亡岁月已久，其意渐重个人的独善其身。而对于当年那些艰绝救国的抗元志士而言，需要的是直面形势的忠国气节，说起来就难能从容。谢枋得在抗元兵败，变易姓名隐居山谷多年后写下了这样的绝句：

十年无梦得还家，独立青峰野水涯。天地寂寥山雨歇，几生修得到梅花。[②]

其兄弟妻子被元军掳杀拘死，各地抗元武装被镇压殆尽，不复再有东山再起之希望，诗中“天地寂寥”的感叹大概缘此而生。这样的政治局势，对绝世孤臣是十分严峻的考验。诗人何以自处？诗人没有明说，只是对梅花深致羡慕。梅花那样的境界几生几世才能修得？沉思感慨的语气中包含了多少敬仰与自砺，不难感受其沉重的分量。谢枋得坚持不应元廷征召，屡荐屡辞，不得已绝食殉节，他的行为为他心中的梅花境界作出了最好的诠释。由此我们感受到在这翻天覆地之下，梅花形象成了一个气节人格的标尺和警示，象征着亡国遗民的忠诚故国、坚贞不屈，这是一种远非太平闲隐、湖山清旷所可比拟的贞心与苦节[③]。胡次焱《雪梅赋》中的一段话可以用来说明时移势易之下士大夫梅花寓志的深刻变化：

早知梅于暇豫，结以为友；今知梅于患难，请以为师。

---

① 熊禾《勿轩集》卷七《探梅》，《影印文渊阁四库全书》本。

② 谢枋得《武夷山中》，谢翱编《晞发集·天地间集》。

③ 对南宋士人的虚文不实、清谈误国，曾有人就孤山梅隐提出批评，如文及翁《贺新郎·西湖》：“国事如今谁倚仗，衣带一江而已。便都道江神堪恃。借问孤山林处士，但掉头笑指梅花蕊。天下事，可知矣。”唐圭璋编《全宋词》，第5册，第3138页。

以往梅花只是闲适“清友”，现在是患难师表，是绝望中的唯一信念，是绝境存身的心理支撑。胡氏此赋作于庚申年，当是理宗景定元年，去宋亡还有二十年，实际背景可能与宋末残局关系不大。赋先极力铺排漫天大雪、草摧木折之势，继而写道：“于时有梅，毅然丈夫。香愈冷而有韵，貌愈泽而不枯，枝弥压而弥强，花弥劲而弥舒。盖西山伯夷之清，而陋巷颜子之癯。故曰岁寒然后知松柏之后凋，岂独松柏欤。”接着与三春桃李、夏秋蒲柳比较，凸显梅之凌寒之质。烈火见真金，患难出英雄。“非梅无以当雪之凌厉，非雪无以见梅之贞清。”不止于此，赋家进而推求梅之内心，认为梅之阳刚，天赋其性。“故物亦视其所以自立者如何耳，岂在外者所得而转移。”列举蔺相如抗秦、苏武牧羊，以及张良、姬旦、谢安、司空图等人事迹加以阐说。“方册所载此类孔多，大抵于颠沛之际可观所立，而自立既固，虽行乎患难而有余。”[1]虽然此赋思想结属仍在独善保全之意，与谢翱、谢枋得那样的忠贞意识有差，但其威武不屈自抗其气的意志精神、反躬责求内定其志的思维方式可以说正是这个时代士大夫道德品格深入建设的结果，对应着危亡之秋士大夫的心理需求。宋末遗民多举首阳采薇等逃亡高士来拟喻阐述梅花，如陈纪《念奴娇·梅花》：

除是孤竹夷齐，商山四皓，与尔方同调。世上纷纷巡檐者，尔辈何堪一笑。风雨忧愁，年来何逊，孤负渠多少。参横月落，有怀付与青鸟。[2]

这样的写法以往也有所见，但只有到了这个时代，才显出砥砺当前、考见自心的实际意义：

---

① 胡次焱（yàn）《雪梅赋》，《梅岩文集》卷一，《影印文渊阁四库全书》本。
② 唐圭璋编《全宋词》，第5册，第3392页。

年来天地大变……逃难深密……乃于山之巅水之涯，饭脱粟羹黎藿，独注意于梅。梅之为物，天清月明，风度凝远，如宋广平在开元相太平。疏篱败垣，精神自足，如谢安石在江左镇危乱。江空岁晚，风摧雪压，凛凛然气骨弥劲，如巡远鲁公兄弟临大难立大节。呜呼，广平不得而见，见安石斯可矣。安石不得而见，巡远鲁公兄弟斯可矣，而又不得而见，见之者惟梅在也。因取而为诗为画。诗云诗云，画云乎哉！画云画云，梅云乎哉！[①]

世事不可求，而求之历史。古人不可见，乃托意于梅。梅花是忠国大节的象征。

在宋遗民诗文中，梅花自然不只是忠国之师、气节之标，同时也是亡国之征、自哀之象。舒岳祥《解梅嘲》：

今朝检历知立春，屋角梅花笑初辗。向人带笑复含嗔，嗔我今为异代民。我语梅花勿嗔笑，四海已非唐日照。尔花也是易姓花，憔悴荒园守空峤……我是先朝前进士，贱无职守不得死。难学夷齐饿首阳，聊效陶潜书甲子。[②]

梅花固然高标，但其自视岂能如旧。此诗通过人与梅花的对答调笑传达的是内心深处与世颠荡的一份无奈与苍凉。于石的《探梅分韵得香字》一诗当成于一次携友探梅之游，如果倒退到宋亡前，是何等的雅事，但现在写来：

绝壁两屐云，荒村半桥霜。孤往欲何之，林下幽径长。寒梅在何许，临风几徜徉。谁家断篱外，一枝寄林塘。水静

① 陈著《跋弟茝（chǎi）梅轴》，《本堂集》卷四四，《影印文渊阁四库全书》本。
② 《全宋诗》，第65册，第40922页。

不摇影，竹深难护香。无言独倚树，山空月荒凉。[①]

荒村霜桥，风凄景迷，梅孤影只，目即心感，都极其苍凉。王沂孙的《高阳台·和周草窗寄越中诸友韵》[②]等梅词以梅开梅落为纽带，把盛衰身世之感、离别期怀之思与江南山水的清空苍茫、危亡时局的衰零惨淡之象打并一起，创造了一种如怨如慕、如泣如诉的，不胜哀婉凄恻的悲情世界。即便是遁迹世外，也难逃这世情的苍凉。谢翱《山中道士》：

山中道士服朝霞，二十修行别故家。留客一杯清苦蜜，蜂房知是近梅花。[③]

他从道士递来的蜂蜜品出了梅花的苦涩与凄凉，而只正是自心本能的拟想与感觉。梅花之用作悲情抒发，值是一提的还有宋恭宗赵㬎（xiǎn）《在燕京作》：

寄语林和靖，梅花几度开。黄金台下客，应是不归来。[④]

林逋以来，孤山梅花成了杭州一个话题，宋室的南迁使杭州的湖山与国家的命运紧紧联在一起。当年宋徽宗北行道中闻胡笳作《眼耳媚》，有"春梦绕胡沙，家山何处，忍听羌笛，吹彻《梅花》"[⑤]之句，只是因胡音而寄哀，现在西湖孤山梅花连同二百多年前的主人林逋，在末代废君的心目中都成了一个感怀故国的时空定位，也使人自然联想起两宋三百年几多江山绮美，几多文物风流。赵㬎所诉也许只是一

① 厉鹗《宋诗纪事》卷八〇。

② 王沂孙《高阳台·和周草窗寄越中诸友韵》，唐圭璋编《全宋词》，第5册，第3380页。

③ 谢翱《晞（xī）发遗集》卷上。

④ 《全宋诗》，第71册，第44838页。

⑤ 赵佶《眼儿媚》，唐圭璋编《全宋词》，第2册，第898页。事见《南烬纪闻》卷下。

般的怀归之意，而对于感同身受的宋元士人来说，意思就不一般。陶宗仪说：“二十字含蓄无限凄戚意思，读之而不兴感者几希。”[①]他从中读到了深沉的江山社稷之哀、天下兴亡之感。

七、总　结

梅花审美意识的发展，可以说是梅花意象逐步人文化、精神化、符号化的过程。由林逋对梅花暗香疏影闲静意趣的发现，到梅品“梅格”的整体建立，再到气格意志、道德襟抱、江湖野逸清苦之心、遗民绝世忠国之志等人格志趣寄托的充分展开，梅花愈来愈超越芳菲姿容的形象属性，走向人的品格寄托，体现人的心志追求，最终成为人格境界的典型象征。

这其中包含着形式因素的不断发现，如林逋对“疏影”“暗香”的揭示，如范成大等对古梅的推举，如红梅、蜡梅等不同题材的认识，但作用更大的是审美主体对形式因素不同的感觉和理解、剪裁和组合。不同的士人群体、创作个体有不同的审美需求，带给梅花不同的情趣和理念，由此丰富了梅花形象的审美意趣，同时也不断拉动着梅花形象的品格提升。

梅花的品格象征是一个持续发展的多元对立统一的价值体系，其中主要有三种精神品质：一是由林逋等闲隐野逸之士着意表现的“清趣”；二是儒家人伦道德思潮作用下的道义气节；三是各种现实消极体验的流露和投注。前两方面是梅花品格象征的正题，后一方面则是

---

① 陶宗仪《南村辍耕录》卷二〇，清武进陶氏景元本。

附题。三方面性质不一，实际上又经常呈现着不同方式或比例的交糅互渗的现象。这是梅花象征的张力和弹性所在，它融汇了许多立场不同的精神诉求，寄托着士人群体多元化的人格理想。而其中的共性，则是对世俗的超越和独立自信、坚韧不拔等德性意志的追求。超越是方向，意志是力量。无论是忘怀世事，还是勇于承当，无论是淡泊闲逸、儒雅从容，还是刚正不阿、狷介清峭，都离不开主观意志的调动，也都是一份不同凡响的精神追求。这种超越意志，借用西方伦理学的表述，是“文明的勇敢，思想独立和具有个性的自我决断，它们是个人对于或强或弱的外部因素所施加的巨大压力的反抗形式”[①]。这种德性意志的特立追求是宋人道德品格意识的核心，体现着入宋后儒、释、道等思想传统的深入融合和民族精神的凝集更新。由于负载这一时代精神，它也就成了梅花品格建构中最具普遍意义的因而也最易引起共鸣的内容。它是梅花形象的骨髓和灵魂。

宋代梅花审美认识乃至整个梅文化的发展，是以士大夫为主体的封建意识形态积极建设的一个具体体现，梅花的品格象征打着宋代士大夫道德意识和精神生活的烙印，包含着阶层和时代的局限，但其中对人格卓越的追求、道德意志的培养等精神内容有着普遍的伦理意义，也实际地化合到我们民族的优良传统之中。剔除阶级和时代的局限，我们发现，在宋人围绕梅花的所有感受、认识、发明中，至少有三种积极精神，虽然认识角度、水平不一，但都深得梅花神理，具有普遍、永恒的意义：一是“清气”（林逋为代表），一种超越世俗功利、庸碌琐屑等精神执迷与束缚的自由高尚追求；二是“骨气”（陆游为代表），

---

① ［德］弗里德里希·包尔生《伦理学体系》，何怀宏、廖申白译，中国社会科学出版社 1988 年版，第 425 页。

一种不畏各种环境压力、独立自主、勇于斗争、不屈不挠的气节意志；三是“生气”(理学家为代表)，一种积极向上、奋发进取、生动活泼、阔大谐畅的精神气势和社会风貌。这是宋代梅花审美文化发展的积极贡献。

（原载莫砺锋编《第二届宋代文学国际研讨会论文集》，江苏教育出版社 2003 年版。又载程杰《宋代咏梅文学研究》，第 139 ～ 189 页，安徽文艺出版社 2002 年版，此处有修订。）

中国古代梅花题材音乐的历史演进

众所周知，梅花是我国一个传统名花，深受广大人民的喜爱，民国年间曾创议作为国花，改革开放最初三十年类似的倡议和呼吁也屡见媒体，足见其在我国历史文化中的重要地位。本文试图探讨音乐领域对这一题材的表现，我们发现，音乐中梅花题材的出现是比较领先的，早在文学、绘画表现梅花之前，音乐就开始涉足这一主题。梅花题材音乐的发展既服从于音乐艺术发展的特殊规律，同时又统一于整个梅花审美文化发展的有机过程。随着人们对梅花认识、欣赏的不断提高，音乐中的梅花主题也不断与时俱进，大致经历了悲情感发、春色欣赏和品格赞颂三个阶段，体现着审美认识不断发展，艺术表现不断提高，文化意蕴不断深化的历史进程。下面，我们分三个阶段勾勒这一轨迹。

一、先秦至南北朝时期雅乐和清乐：悲情感发

音乐史上把先秦时代以祭祀、朝会、燕飨等仪礼演奏为主体的音乐统称为雅乐，把秦汉以来以乐府清商乐为主体的音乐体系统称为清乐。在这两个阶段中，据现有音乐史料，与梅花有关的乐曲有《摽有梅》《梅花落》《大梅花》《小梅花》四首。《摽有梅》属雅乐，后三种属清乐。

1.《摽有梅》。《诗经·召南》之一，是西周初年江汉流域的新殖

图 47 ［明］陈淳《万玉图》，台北故宫博物院藏。陈淳，字道复，绘画早年师事文征明，与稍后的徐渭齐名，合称“青藤白阳”。其画梅纵横放逸，浓墨写枝，淡笔勾花，刚柔兼融，意趣无穷。

民地即今陕西省南部、湖北省北部和河南省西南一带的民歌。歌词分三段：“摽有梅，其实七兮。求我庶士，迨其吉兮。摽有梅，其实三兮。求我庶士，迨其今兮。摽有梅，顷筐塈之。求我庶士，迨其谓之。”以闺中少女的口吻，表达思嫁之心情。与后世同类乐曲着眼于梅花不同，这首歌以树上果实起兴，通过梅子的不断陨落，数量越来越少，呼吁男子积极行动，以免错失婚嫁良期。以植物的实用价值和劳动经验作比喻，这与歌手的乡村劳动者身份颇为切合，同时也符合先秦时期人们审美认识的基本水平。人们对植物的关注首先是“有用”，然后才是“好看”，先秦时期梅花尚未引起人们注意，果实的收获却是生产大事。成熟果实的陨落时不可待，用这样的生产经验或生活常识来启发和表达感情，很能反映当事者心理上的焦虑和急迫。想必歌调与辞情一致，是极其忧思急切的。

2.《梅花落》。魏晋时乐府横吹曲调。宋郭茂倩《乐府诗集》卷二一："横吹曲，其始亦谓之鼓吹，马上奏之，盖军中之乐也。"横吹曲无论起源、风格和功能都与边塞密切相关。《宋书》卷三一曰："晋太康末，京、洛为《折杨柳》之歌，其曲有兵革苦辛之辞。"从时间和背景上说，《梅花落》的创作与流行应大致相近，而内容情调也主要是表现军旅情怀，以"兵革苦辛"、怀乡思归为主，音乐上则以羌乐笛箛为主要演奏乐器。大约南北朝时期，随着竹笛制作和创作、演奏水平的不断提高，《梅花落》与《折杨柳》一同成了著名笛曲。庾信《杨柳歌》："欲与梅花留一曲，共将长笛管中吹。"[①]综观梁、陈时期的诗歌，都把《梅花落》《折杨柳》相提并论，作为笛曲的代表，可见当时两曲流行之盛况。这种情况一直延续到唐代。初唐郭利贞《上元》诗："九陌连灯影，千门度月华。倾城出宝骑，匝路转香车……更逢清管发，处处《落梅花》。"[②]不仅是器乐吹奏，配词歌唱也较流行。苏味道《正月十五夜》："游伎皆秾李，行歌尽《落梅》。金吾不禁夜，玉漏莫相催。"[③]说的是京城上元夜家弦户颂、满路清歌的盛况。李白《襄阳歌》："千金骏马换小妾，笑坐雕鞍歌《落梅》。"[④]则是写商贾游侠春日市井浪游纵情放歌的情景。

与《诗经·召南·摽有梅》以果实起兴不同，《梅花落》显然着眼于梅花。《梅花落》乐曲是最早关注梅花的艺术创作，它的出现至迟大约在西晋。虽然此前文学作品如汉赋中零星地提到梅花，但真正作为主题却是从《梅花落》开始的。此后文学中咏梅作品大量出现，很大部分都是对乐府横吹《梅花落》旧题的拟作。乐府《梅花落》是魏

---

① 庾信《庾子山集》卷五，《影印文渊阁四库全书》本。

② 《全唐诗》卷一〇一。

③ 《全唐诗》卷六五。

④ 《全唐诗》卷一六六。

晋以来梅始“以花闻天下”[①]的一个先声，标志着人们对梅的关注从果实转移到了花色，一个花色欣赏时代的开始。

虽然《梅花落》开始着眼梅花，但不是“花开”，而是其“花落”，这与《摽有梅》的梅实起兴又有某种相通之处，其作用都在表达一种时间的焦虑和感伤。古代应征戍边多以一年为期，冬去春来正是期满还乡的时机，然而历朝历代超期服役的现象又是极其普遍的，想必年年的冬去春来，对征人们来说势必经受着希望与失望的反复折磨。“梅花落”正是这份情怀的有力触机，梅花开时春色初浅，而梅花落时春色已迈，此时不归，面临的又将是新一年的等待。《梅花落》正是通过这惊心动魄的意象来表现征人久戍不归、愁怨失望的情感，乐曲的情调应是极其苍凉哀怨的。这在诗歌中多有反映。如李白《青溪半夜闻笛》：“羌笛《梅花引》，吴溪陇水清。寒山秋浦月，肠断玉关情。”[②]有关《梅花落》笛声的描写也多置于深夜、高楼、明月等环境气氛中，这可能与《梅花落》多用于戍卫夜警演奏有关。南朝陈伏知道《从军五更啭》：“三更夜惊新，横吹独吟春。强听《梅花落》，误忆柳园人。”[③]以三更之深静，处戍楼之高寒，奏《落梅》之怨曲，其感受之荒凉、情绪之悲苦可想而知。高适《塞上闻笛》：“胡儿吹笛戍楼间，楼上萧条海月闲。借问梅花何处落，风吹一夜满关山。”[④]李白《与史郎中钦听黄鹤楼上吹笛》：“黄鹤楼中吹玉笛，江城五月《落梅花》。”[⑤]一在塞漠边关，一出江边高楼，都有力地渲染出《梅花落》悲情凄苦、

① 杨万里《洮湖和梅诗序》，《诚斋集》卷八〇，《影印文渊阁四库全书》本。
② 《全唐诗》卷一八二。
③ 欧阳询《艺文类聚》卷五九，《影印文渊阁四库全书》本。
④ 《全唐诗》卷四七二。
⑤ 《全唐诗》卷一八二。

苍凉弥满的意境。从这一普遍的感受模式中，不难体验到当时这一乐曲给人们带来的深广共鸣。

3.《大梅花》《小梅花》。唐代角曲，与羌笛《梅花落》同源。宋郭茂倩《乐府诗集》卷二四：“《梅花落》，本笛中曲也。按唐大角曲亦有《大单于》《小单于》《大梅花》《小梅花》等曲，今其声犹有存者。”角与羌笛同属边地戎狄之乐器，保留更多羌乐的色彩，声音苍凉激越，动人心魄，军中多用以起警报更。初唐人的诗歌还频频写到角、笳《梅花落》的演奏，如陈子良《春晚看群公朝还人为八韵》：“珂影傍明月，笳声动《落梅》。”[①]也许逐步为笛曲《梅花落》的盛名所掩，盛唐以后已很少有人提及。宋金时期，角曲《梅花》呈复兴之势。前引郭茂倩“今其声犹有存者”，说的就是南宋的情况。同时，郑樵《通志》卷四九也谈到当时的情况：“角工所传者，只得《梅花》”《梅花》成了角曲的孤音绝唱。当时角声主要用于司昏晓，无论京畿还是外州，尤其是边境城关，于早晚两个固定时间在城楼上演奏角声用以报时，类似于后世的晨钟暮鼓。宋元作品中有大量这方面的描写。北宋赵抃《次韵楼头闻角》：“五更枕上惊残梦，一曲楼头动《小梅》。”[②]金董解元《西厢记诸宫调》卷四：“钟声渐罢，又成楼寒角奏《梅花》。”元黄庚《闻角》：“谯角咿呜到枕边，边情似向曲中传。《梅花》三弄月将晚，榆塞一声霜满天。”[③]与羌笛之音色清越悠扬相比，角、笳之声凄怆哀厉，角声尤是，古人多以哀、寒加以形容。明谢肇淛（zhè）《五杂俎》物部四：“梅花角，声甚凄凉，然军中之乐，世不恒用。”

① 《全唐诗》卷三九。

② 赵抃《清献集》卷四，《影印文渊阁四库全书》本。

③ 黄庚《月屋漫稿》，《影印文渊阁四库全书》本。此诗又见于元张观光《屏岩小稿》中。

质诸宋元之际的描写莫不如此。北宋韩琦《闻角》："古堞连云瞑霭收，呜呜清调起边楼。雍琴垂泪虚情恨，羌笛残梅未胜愁。"[①]秦观《桃源忆故人》："无端画角严城动，惊破一番新梦。窗外月华霜重，听彻《梅花》弄。"[②]宋代的角声多用于五更报晓，长鸣于残月霜晨之中，较之笛曲更添一份凛冽与悲怆。

总结上述四个曲调，虽然它们分属于雅乐与清乐前后两个不同的音乐发展阶段，有着不同的音乐体制风格，但在主题上、情调上却又有着某些内在的联系和一致：首先，主题上它们都以抒情而非写物为主，梅子和梅花本身都不是直接的表现对象。乐曲并不着意于表现梅花的物色形象之美，而是用以代表季节的变换和时光的流转，抒发背井离乡、伤春怨别的忧愁与悲思。其次，作者所着眼的，无论是"实"还是"花"，都不在欣欣向荣、生机勃发的美好感觉，而是陨落凋谢、流失飘逝的消极形象。作者的动机和感受也不是欣赏、喜爱和兴奋，而是一种感触、刺激和伤痛，因此歌曲的情调是忧虑感伤乃至于悲哀苍凉的，有着民间歌曲"饥者歌其食，劳者歌其事"的悲歌感伤特色。这两方面既体现着早期民间音乐"心之忧矣，我歌且谣"（《诗经·魏风·园有桃》）强烈而纯粹的抒情色彩，同时也与整个梅花审美认识的水平相一致。先秦时期人们尚未发现梅花的审美价值，魏晋之世虽然梅花开始引起士人的注意，但下层民众的兴趣不在物色欣赏，而是"春秋代序，阴阳惨舒"的时节触发，意在通过"物色之动，心亦摇焉"（刘勰《文心雕龙·物色》）的天人感应与歌抒中渲泄现实生活带来的痛苦悲伤。这是梅花审美发展之初级阶段的音乐面貌，从梅子到梅花显示着"实用"

① 韩琦《安阳集》卷四，《影印文渊阁四库全书》本。
② 秦观《淮海集·长短句》卷中，《影印文渊阁四库全书》本。

向“审美”的演进，但梅花的欣赏价值尚未完全独立，一切有待于进一步的发展。

二、唐宋时期燕乐歌曲：审美欣赏

隋唐之际兴起的燕乐不仅开创了中土音乐与边地少数民族音乐及域外音乐密切交融、繁荣活跃的崭新局面，而且也标志着音乐艺术之社会化、市井化发展道路的开始。宫廷与民间，市井与文人各阶层广泛参与，由隋唐燕乐、宋元词曲到明清俗乐，由民歌、歌舞、说唱而戏曲，艺术形式不断拓展，民族音乐进入全面发展阶段。就梅花题材的音乐表现而言，唐宋无疑是一个重要的转折点。隋唐至北宋新兴燕乐蓬勃发展，各类乐曲新声竞奏，词牌曲调层出不穷。随着士大夫阶层的不断状大，梅花欣赏兴趣不断高涨，尤其是入宋后梅花审美地位的不断提高，以梅花为表现主题的乐曲也开始大量出现。具体又明显地分为两个阶段，体现了不同的发展水平。

（一）唐与北宋

这一阶段梅花题材的乐曲主要有以下一些：

1.《望梅花》。根据现有材料，《望梅花》是燕乐系统中最早的梅花主题曲调，曲名见于崔令钦《教坊记》，属盛唐宫廷教坊旧曲。该调的起源时间和具体内容已无从考察，只能从曲词推其大概。五代赵崇祚所编歌词集《花间集》中收载两首，一是中原后晋宰相和凝所作：“春草全无消息，腊雪犹余踪迹。越岭寒枝香自拆，冷艳奇芳堪惜。

何事寿阳无处觅，吹入谁家横笛。”[1]另一是活跃于前蜀和荆南的孙光宪所作：“数枝开与短墙平。见雪萼，红跗相映。引起谁人边塞情？帘外欲三更。吹断离愁月正明，空听隔江声。”[2]前者单片六句仄韵，后者两片七句平韵，词体差别较大，相应的乐曲也应是不同的旋律。从内容看，两词都咏本题，显然词、曲之间较为一致。两词都部分继承了乐府横吹《梅花落》的抒情传统，如前者言及“横笛”与花落，后者有“边塞”“离愁”之语，但两词也都以正面描写梅之花开形象为主，与六朝《梅花落》乐府诗多侧重“花落”有所不同，想必这在音调方面也当有所体现。

2.《落梅香》《岭头梅》《红梅花》《落梅花》。宋太宗所制，《宋史》卷一四二：“太宗洞晓音律，前后亲制大小曲，及因旧曲创新声者总三百九十。”此四曲即在其中。根据《宋史·乐志》对三百九十曲的叙述，虽然这四支曲子分属小石调、黄钟羽、平调三调，但都与《迎新春》《春冰折》《瑞雪飞》《春雪飞》等列在一起，可见其立意总在迎春贺岁之类。黄大舆《梅苑》收无名氏《落梅风》[3]、王诜《落梅花》[4]、无名氏《落梅慢》[5]词三种，可能由太宗所制衍生，内容都为咏梅，以表现落梅为主。宋阮阅《诗话总龟》卷三六：“李煜作红罗亭，四面栽红梅花，作艳曲歌之。”宋太宗所制应与此相近。《岭头梅》《红梅花》未见用作词调，声情无考。

---

① 赵崇祚《花间集》卷六，《影印文渊阁四库全书》本。
② 赵崇祚《花间集》卷八，《影印文渊阁四库全书》本。
③ 唐圭璋编《全宋词》，第5册，第3646页。
④ 唐圭璋编《全宋词》，第1册，第272页。
⑤ 唐圭璋编《全宋词》，第5册，第3620页。

3.《霜天晓角》。首见林逋词，内容咏梅[①]。苏轼《水龙吟·赠赵晦之吹笛侍儿》"楚山修竹如云"一词咏笛，末句："为使君洗尽，蛮风瘴雨，作《霜天晓》。"[②]可见是一支笛曲。南宋韩元吉《霜天晓角》词序："夜饮武将家，有歌《霜天晓角》者，声调凄婉。"[③]宋人用此调多为咏梅。

4.《早梅芳》。首见于柳永，正宫[④]。但内容非咏梅，而是颂人，可见柳永之前已经存在，最初应属歌颂春来梅开之曲。《全宋词》收《梅苑》无名氏词一首，内容咏梅，但比柳永词短，句法也异。李之仪等所作《早梅芳》八十二字，与柳永及无名氏词形式又不同，而多为咏梅之词。《早梅芳》又是《喜迁莺》的别称。唐人《喜迁莺》词均为金榜题名语，作新进士及第之贺词用，想必音乐是欢快喜庆的，宋人填词者较多。宋李德载以《喜迁莺》调咏梅，词中有"残腊里，早梅芳"语，因名《早梅芳近》[⑤]。入宋始见使用的《喜迁莺》慢词，颇为流行，《全宋词》收《梅苑》无名氏词四首，俱咏梅。

5.《雪梅香》，首见于柳永词[⑥]，正宫，双调，仄韵，内容非咏梅。《全宋词》收《梅苑》无名氏词二首，咏梅。

6.《折红梅》。吴感自度曲[⑦]。吴感，与柳永大致同时，吴郡（今江苏苏州）人，《中吴纪闻》卷一记载：居吴中小市桥，"有侍姬曰红梅，因以名其阁，尝作《折红梅》词，其词传播人口，春日群宴，必使人歌之"。

① 唐圭璋编《全宋词》，第1册，第7页。
② 苏轼《东坡词》，《影印文渊阁四库全书》本。
③ 唐圭璋编《全宋词》，第2册，第1391页。
④ 唐圭璋编《全宋词》，第1册，第14页。
⑤ 唐圭璋编《全宋词》，第2册，第738页。
⑥ 唐圭璋编《全宋词》，第1册，第13页。
⑦ 唐圭璋编《全宋词》，第1册，第119页。

词歌红梅娇姿，表达怜香惜玉之意。《全宋词》另收无名氏四首，均咏梅，立意大同小异，可见这是一首专歌红梅的曲子。

7.《赏南枝》。《梅苑》卷一载曾巩词。《全宋词》收此调唯此一首，当是曾巩自度曲。内容歌颂梅花“清雅容姿”，“占却先时”[①]。

8.《梅花曲》。刘几（1008—1088）为王安石《与微之同赋梅花得香字三首》七律诗所度曲，三首，双调。《全宋词》所收词唯此一组三首，句法相互不同，分别櫽括王安石诗[②]。

9.《早梅香》《蜡梅香》《梅香慢》《玉梅香慢》。就现存词体看，这几首曲调应是大同小异，或同曲异名。《梅苑》所收无名氏《早梅香》词一首，九十六字，内容为咏梅，有“探得早梅”，“乱飞香雪”之语[③]，或即首创，《全宋词》仅此一首。《蜡梅香》，《梅苑》所收北宋中期吴师孟及稍后喻陟《蜡梅香》词均写江梅，而非蜡梅，可见“蜡”当为“腊”之误。

10.《梅花引》《江城梅花引》《江梅引》。《梅花引》，北宋后期开始流行之曲调，现存宋人词作多咏梅，或因梅开梅落引发相思离别之情。主要有两体，一是五十七字，另一再加一迭百一十四字。《江城梅花引》，宋人填词与《梅花引》同，双调，《词律》认为由前半《江城子》与后半《梅花引》合成，实际与《江城子》大同小异，少量有摊破、重迭而成的现象。李白有“黄鹤楼中吹玉笛，江城五月落梅花”诗句，词牌得名或受其启发。另《全宋词》所收最早的王观词，有“年年江上见寒梅”语，也可能由此得名。《江梅引》即《江城梅花引》之简称。

① 唐圭璋编《全宋词》第1册，第199页。

② 刘几《梅花曲》，唐圭璋编《全宋词》，第1册，第187～188页。

③ 唐圭璋编《全宋词》，第5册，第3620页。

11.《一剪梅》。首见周邦彦《片玉词》，词中有"一剪梅花万样娇"句[①]，因以为名。宋人此调多为相思离别之词，但也不少专咏梅花的。

12.《东风第一枝》。调见南宋初期《梅苑》无名氏词，有"异众芳，独占东风，第一点装琼苑"语[②]，或为此调之始。南宋人所作多咏梅，间为元宵、立春之词。

图 48 ［清］沈铨《梅花绶带图》。立轴，绢本设色，纵 131 厘米，横 58 厘米，南京博物院藏。

上述这些以梅花为主题或与梅花密切相关的曲调，其中见于唐教坊曲的一首，其余为宋人首见使用。与《梅花落》一曲单传，一统天下的状况相比，数量明显增加，说明随着新型俗乐——燕乐的兴起，梅花题材的乐曲创作也进入了一个活跃时期。从主题上说，抒情让位给咏物，梅花成了专题描写的对象。与《梅花落》着眼落花，寄情哀怨不同，这些乐曲命题大都从"落梅"转到了"早

① 周邦彦《片玉词》卷上，《影印文渊阁四库全书》本。

② 黄大舆《梅苑》卷三，《影印文渊阁四库全书》本。

梅”“花香”，表现出对梅之花色的积极欣赏，梅花的审美价值得到完全确立。如《赏南枝》《东风第一枝》之类，顾名思义是对梅花的赞美，《早梅香》《早梅芳》《落梅香》等名称也都给人一种喜爱的情绪，并且包含了对梅花特色的准确把握。音乐情调也从花落生悲转到了以表达献岁迎春的欢欣与喜庆情绪为主。可以这么说，在中唐以来尤其是北宋林逋孤山咏梅以来日益高涨的梅花欣赏热潮中，音乐是一种激进的力量，构成了整个时尚潮流的重要方面。尤其值得注意的是，宋初大量出现的梅花专题曲调都远在宋代诗歌咏梅和水墨画梅兴起之前，不仅有着开风气之先的意义，更是为后来咏梅词的发展奠定了基础。

（二）南宋

南宋新词调的创制远不能与北宋“新声竞奏”的盛况相比，其主要原因是市井色彩更加强烈的嘌唱、唱赚、鼓子词、诸宫调以及杂剧、南戏等曲种和剧种的出现，逐步取代了歌曲和舞曲在整个音乐文艺的中心位置，各类市井俗曲和杂曲取代词曲成了音乐创作的主流。与此同时，文人写词又越来越崇尚典雅与精致，反对俚俗与质朴，如沈义父《乐府指迷》就说：“下字欲其雅，不雅则近乎缠令之体。”这样就断绝了与民间新声杂曲的联系，堵塞了新词调的来源。作为词乐衰亡之势的一个补偿，这一时期也出现了一些新的现象，这就是文人自度曲的增多。与采自市井新声或宫廷乐工的曲调不同，文人自度曲无论是音律还是曲词更直接地体现文人高雅的审美情趣。十分有趣的是，在这些为数并不突出的文人自度曲中，梅花恰恰是最重要的创作题材。其中主要有这样一些：

1.《玉梅令》。范成大家所制曲。范成大，苏州人，曾为参知政事，晚年退居故乡，营石湖等别业，多植梅，著有《梅谱》。此曲当为赏梅游宴所作，姜夔填词。姜夔《玉梅令》序："石湖家自制此声，未有语实之，命予作。"[①]《全宋词》唯此一首，注高平调。

2.《暗香》《疏影》。姜夔《暗香》《疏影》序："辛亥之冬，予载雪诣石湖。止既月，授简索句，且征新声。作此两曲，石湖把玩不已，使工妓隶习之，音节谐婉，乃名之曰《暗香》《疏影》。"[②]两曲是应范成大要求所作，范氏好梅，有石湖、范村梅园，故以此入曲。元陆友仁《砚北杂志》卷下说，范成大很是欣赏这两首曲子，姜夔归吴兴时，范成大特地以歌妓小红相赠。其夕大雪，姜夔船过吴江垂虹桥，有诗曰："自琢新词韵最娇，小红低唱我吹箫。曲终过尽松陵路，回首烟波十四桥。"可见是以箫演奏的曲子，音节清婉和谐。

3.《鬲溪梅令》。姜夔自度曲，词旨在托梅怀人[③]。

4.《角招》。姜夔自度曲。北宋政和间大晟乐府有征招、角招两调数十曲，姜夔以角招度曲，因为名。姜夔词抒离别怀旧之情，稍后赵以夫则用以咏梅，序称："姜白石制《角招》《征招》二曲，仆赋梅花，以《角招》歌之，盖古乐府有大小《梅花》，皆角声也。"[④]

5.《莺声绕红楼》。此调《全宋词》所收唯姜夔词一首，当是姜夔自度曲。序称与张鉴"携家妓观梅于孤山之西村，命国工吹笛，妓皆以柳黄为衣"[⑤]，词中正写观梅探春之情景。

6.《梅花影》。《全宋词》唯丘崈（1135—1209）一首，词以"付

---

① 唐圭璋编《全宋词》，第3册，第2173页。
② 唐圭璋编《全宋词》，第3册，第2181页。
③ 唐圭璋编《全宋词》，第3册，第2170页。
④ 唐圭璋编《全宋词》，第4册，第2663页。
⑤ 唐圭璋编《全宋词》，第3册，第2170页。

与幽人，巡池看弄影”结尾[1]，或即丘氏自度曲而因此得名。

7.《翠羽吟》。调见蒋捷词，序称：“响林王君本示予越调《小梅花引》，俾以飞仙步虚之意为其辞。予谓泛泛言仙，似乎寡味，越调之曲与梅花宜。罗浮梅花，真仙事也，演而成章，名《翠羽吟》。”[2]词叙隋赵师雄罗浮山遇梅仙的故事。调名本为《小梅花引》，或为蒋捷友人王氏自度曲。

上述八曲，前五种姜夔词均有工尺旁谱传世，今人有多种五线或简谱译谱，千载之下略可得其仿佛。与北宋梅花题材乐曲相比，这些自度曲代表了审美认识和意境情趣上的更高境界。自度曲的创作比一般的择曲填词，更能自主地表现作者的情感意趣。上述自度曲多以描写文人间优游风雅的生活情趣为主，如《莺声绕红楼》描写孤山观梅、《翠羽吟》咏罗浮梅仙故事，都属典型的文人风雅之事，与北宋词侧重表现的花气开新、春物欣喜之“常人之情”不同。就音乐而言，我们也不难感受到一种高雅的情趣和格调。即便不问词的内容，单就《暗香》《疏影》《梅花影》一类词牌，就显示了一种道地的文人化意趣，与《早梅芳》《东风第一枝》一类花开春来的主题相比，有了更多闲静幽雅的意境追求。风格上，北宋时词曲歌唱以琵琶等弦乐伴奏为主，而南宋则以笛、箫等管乐伴奏为主，文人自度曲尤其如此。如姜夔自度曲多以洞箫与哑觱篥协曲，《暗香》《疏影》以箫主奏，《角招》模拟角曲之音。与流行的琵琶相比，箫笛之类管器，无论是作曲还是协奏，其技术难度都较大，加以音色相对清越悠扬，因而有一种高雅的品位。姜夔《暗香》所写“旧时月色，算几番照我，梅边吹笛”的情景很能

---

① 唐圭璋编《全宋词》，第2册，第1748页。

② 唐圭璋编《全宋词》，第5册，第3446页。

反映其音乐创作的高雅氛围和情趣。南宋是梅花欣赏的鼎盛时期，随着封建伦理道德意识的高涨，尤其是士大夫阶层高雅脱俗之品格境界的自觉追求，梅花闲静淡雅、高洁幽峭的形象意趣和品格神韵得到了充分的体认、揭示，梅花也被推上了百花至尊的崇高地位。以姜夔等文人自度曲为代表的梅花乐曲，以高雅的管色曲调和清空典雅的词意来表现高雅的梅花神韵，正典型地体现了梅花欣赏中强化其精神意趣、品格神韵之美的审美趋势。

三、元明清时期器乐曲：品德赞颂

与唐宋燕乐词曲中的活跃状况相比，元代以梅花为题材的乐曲则相对较少。主要原因可能有两点：一是元代俗乐杂曲以北曲系统最为兴旺，主要产生和流行于以燕赵为中心的北方地区，由于宋元以来梅花在北方地区尤其是黄河以北生长极其罕见，所以在北曲的曲调中就很少反映。二是元代新兴的音乐无论起源还是流布，都比燕乐词曲更贴近市井和乡村社会，音乐的题材和主题都更为通俗、朴素。而梅花经过宋代文人的推赏和发挥，已成了一种极其高雅的艺术主题，在通俗的市民音乐文艺中很难再有宋代文人词乐创作中那份推崇备至的热情。

元代南、北曲中也不乏以梅命题的曲调，如清代《御定曲谱》所收北曲《落梅风》《梅花酒》《雪里梅》《梅花引》《雪中梅》等，南曲有《望梅花》《蜡梅花》《东风第一枝》《一剪梅》《临江梅》《梅花塘》等。其中《落梅风》《梅花引》《望梅花》《东风第一枝》《一剪梅》之类，显然出于词乐旧曲。《梅花酒》是北曲中较为常用的曲牌，据吴自牧《梦粱录》卷一六记载，南宋临安（今浙江杭州）茶肆“暑天添卖雪泡梅花酒，或缩脾饮暑药之属。向绍兴年间卖梅花酒之肆，以鼓乐吹《梅花引曲破》卖之”。《都城纪胜·茶坊》：“今茶坊……暑天兼卖梅花酒，绍兴间用鼓乐吹《梅花酒》曲。”所谓《梅花酒》，即酒家版的《梅花引》曲，可见也源于词乐。不仅是元代，明清时期歌舞、说唱、戏剧音乐和器乐全面发展，但梅花为主题的新乐创作总不能再现两宋时期燕乐歌曲那样的盛况。

但这一时期梅花题材的乐曲也有耀眼的亮色，这就是以琴曲《梅花三弄》为代表的器乐曲的出现与流行。下面是主要的几种：

1.《梅花三弄》。古琴独奏曲，曲谱首见于明洪熙元年（1425）朱权的《神奇秘谱》，另有对音琴歌、琴箫合奏谱。全曲一般由十段组成。有关此曲名称和创作时间的记载不明，据笔者考查，唐宋时所谓“梅花三弄”并不是单曲名称，而是以笛曲《梅花落》为主的一系列梅花主题乐曲的别称。也许正是受其影响，琴家以此为题创作了琴曲，时间大约在北宋时期，但琴曲《梅花三弄》长期沉晦不彰，元代以来才广为人知、广泛流传。入明后由于朱权《神奇秘谱》的传谱，《梅花三弄》成了琴家必习的曲调。此后人们所称《梅花三弄》，也主要与古琴相联系，而不是像唐宋人那样只视为笛曲、角声的代表。

《神奇秘谱》所载《梅花三弄》分为十段：一、溪山夜月；二、一弄叫月（声入太霞）；三、二弄穿云（声入云中）；四、青鸟啼魂；五、三弄横江（隔江长叹声）；六、玉箫声；七、凌风戛玉；八、铁笛声；九、风荡梅花；十、欲罢不能[1]。自《神奇秘谱》问世至清初的三百年间，

① 朱权《臞仙神奇秘谱》卷中，《续修四库全书》本。

图49 ［清］金农《红绿梅花图》。立轴，绢本设色，纵138厘米，横65.5厘米，上海博物馆藏。从款题可知，此画是金农将元人辛贡、王冕所创粉、白梅法集于一幅的杰作。全幅花枝繁密、生机勃发。淡墨画干，浓墨点苔，枝疏花秀，清丽透逸，有暗香浮漾、韵清神幽之感。款署“七十三翁杭郡金农记”。

不同时代的琴家在实际的习弹操缦中，按照自己的对这一乐曲的兴趣和理解，发挥个人的技巧与风格，对这一乐曲进行着不断的演绎和“再创造”，产生了二十多种不同的新谱。清代也仍有演变，大约也出现了近二十种新谱。明代各谱间结构和旋律变化较大，各家随意性较大，而清代在这些主干方面变化较少，表明这一乐曲发展已完全成熟与定型，主要的变化表现在装饰音的进一步丰富及演奏技法上改进①。后世使用的主要有两种：一是嘉庆二十五年（1820）刊虞山派周显祖《琴谱谐声》卷三的琴减字、箫工尺合谱。二是光绪三年（1877）刻广陵派秦维瀚《蕉庵琴谱》卷三所载谱本。两谱均为十段。乐曲开始散起，在低音区奏出气氛肃穆深沉的曲调，展现出严冬腊月霜晨雪夜草木凋零唯有梅花傲然不屈的画面。有三段泛音在二、四、六段相间循环出现，乐曲取名《三弄》即因于此。泛音曲调清新活泼，节奏轻巧明快，展示了梅花含苞待放、摇曳生姿的形象。第七、八段音乐转入高音区，曲调高亢流畅，节奏铿锵有力，表现梅花在寒风中凛然搏斗、坚贞不屈的形象。第十段进入琴曲的“入慢”部分，高潮过后平稳下来，利用节奏对比和调性变化，把音乐引向一个新的境界。尾声是固定终止型乐句的变化重复，用泛音奏出轻盈徐缓的乐句，结束在主音宫上，造成余音袅袅的效果，犹如人们遥望斗雪盛开的梅花，心里充满赞美和景仰。

2.《梅梢月》。琴曲，分十段，见于明佚名编《太音大全集》（《续修四库全书》本）卷五、汪芝辑《西麓堂琴统》（《续修四库全书》本）卷一一。前者明正德、嘉靖间刊本，末有跋诗，署丁巳年，当是弘治十年（1479），是曲当成于此前。汪氏解题：“逋仙结庐孤山中，夜吟

① 戴晓莲《琴曲〈梅花三弄〉研究》，《中国音乐学》1999年第4期。

倚小窗，见梅月争清，遂有此曲，当与‘暗香’‘疏影’之句同作金声也。”称林逋所作，实不可信，或即附会林逋词《霜天晓角》“甚处玉龙三弄，声摇动，枝头月”句意而言。元冯子振《琴屋梅》：“清声弹落冰梢月，唤起高怀共赏音。”[①]又元末明初李昱《徐原父画梅歌》：“我欲寻君牧羊洞，自取瑶琴作三弄。复念人间知者希，梅梢月色谁能共。”[②]似乎都隐约指涉琴曲《梅梢月》，如果不是捕风捉影，此曲当出于元至明代早期琴家无疑。近代苏南十番鼓有《梅梢月》《月映梅》[③]，琵琶曲中也有《梅梢月》传谱[④]，或与之有些渊源。

3.《梅花十五弄》。琴歌，明张廷玉作，载其《新传理性元雅》(万历十六年刊本) 卷三。序称:“武林榷关署西有花园，曰静观堂，幽敞郁葱，多佳树而官梅、芙蓉……南宁德寿宫园旧物存至今也。然此梅为《西湖志》所逸，不得与孤山并传，岂和靖诸君子所不及见，故逸之耶。余役榷关，至此榷……即花柳六桥，微我无酒可以遨解，况无酒力乎。唯梅、石最可亲玩，良得意在此，日抱琴鼓于下，作梅花拾伍弄以遣兴，若缪赓‘疏影’‘暗香’之句，则孤山真绝响矣。”全曲十五段: 一、官梅遣兴; 二、寒馨入弄; 三、南宋宫妆; 四、清臞不老; 五、贤豪肖知; 六、仙肌北面群花; 七、花魁淡抹清奇; 八、清梅姓字孤标; 九、有无月长自清净; 十、三共宜情投托梦; 十一、有无风香飘不断; 十二、香熏酒尊辄醉; 十三、静对得意不问酒; 十四、臭味酸儒投合; 十五、结契共成七友。每段对音配词七绝诗一首，诗意一如各段标题

① 冯子振、释明本《梅花百咏》，《影印文渊阁四库全书》本。

② 李昱《草阁诗集》卷二,《影印文渊阁四库全书》本。

③ 杨荫浏、曹安和编《大套器乐合奏曲——苏南十番曲》，人民音乐出版社 1982 年版，第 208 页、259 页。

④ 李光华主编《琵琶曲谱（一）》，人民音乐出版社 2004 年版，第 33 页。

所示，整体上表达了作者尚友梅花，清峭高雅的情怀。

4.《庄暗香女史梅花三弄》。琵琶曲，光绪二十一年(1895)李祖棻《南北十三套大曲琵琶新谱》（《续修四库全书》本）附谱，称“初学入门谱”，题下注：“此曲三迭落梅花词，故俗名《三落》。”全曲分三段，是附会“梅花三弄”之义。陶宗仪《说郛》卷三一下引《真率笔记》：“陈郡庄氏女，精于女红，好弄琴，有琴一张，名曰驻电，每弄梅花曲，闻者皆云有暗香，人遂藉藉称女曰庄暗香，女更以暗香名琴。”此当是金、元间人，庄氏女所弄为琴曲，或即琴曲《梅花三弄》，后人作琵琶曲写梅开梅落，附会其事，因称《庄暗香女史梅花三弄》。

5.《梅花操》。南曲，谱载民国元年(1912)林鸿编《泉南指谱重编》。南曲是明清时期盛行于闽南、港台及南洋华人聚居区的一个丝竹乐种，以南琶、洞箫、三弦、南嗳、响盏等乐器主奏，有唐宋古乐遗风，又称南管或南音。南曲有所谓“四、梅、走、归”四部大谱，即《四时景》《梅花操》《走马》《百鸟归巢》四曲。此前以《梅花操》命名的乐曲，明张大命《太古正音琴经》（《续修四库全书》本）卷四：“花木名操：《幽兰》《猗兰》（孔子作）、《佩兰》《孤芳吟（梅操）》《梅花三弄》《哀松（隋李疑作）》……”是有《孤芳操》又名《梅操》的琴曲，不知何世何人所制，也不知与南曲《梅花操》有否关联。南曲《梅花操》通过梅花开放景色的描绘，赞美其高尚的情操。全曲分五段：首节酿雪争春；次节临风妍笑；三节流水点香；四节联珠破萼；五节万萼竞放。林鸿谱后题跋称：“《四时》《梅蘤》（引者按：即《梅花操》）两奏，悠扬顿挫，翕协雍和，轻重疾徐，高下中节，尤见尽美尽善，完璧无瑕，于六谱中首推巨擘焉。”[1]整个乐曲风格舒缓优美，寓情于景，

[1] 林鸿《泉南指谱重编》数部，《续修四库全书》本。

借景抒情，通过不同寮拍（扳眼）的变化展开乐曲，层次较为分明。第一段慢三寮，以缓慢节奏，委婉的抒情曲调表现梅花凌寒开放的景色。第二段紧三寮，节奏慢起渐快，推向第一个小高潮，借梅花妍笑之景，表现昂扬向上的情调。第三段中速渐快，曲调流畅明快，描绘了春色将至，积雪渐融，流水潺潺的景色，显示了人们内心的舒畅欢欣之情。第四叠拍，第五段紧迭拍，曲调更为活泼，表现出春色骀荡、万花竞放的景象和生机勃勃、乐观向上的情绪。

总结这些乐曲的特点，主要有这样几点值得注意：

首先，它们都是以表现梅花美为主题的器乐曲，专题色彩明确。与以往清乐、燕乐的短歌散曲相比，乐曲规模大，多属十段、十五段这样大型的专题乐曲，借景抒情，托物寓意，旋律变化丰富，曲式结构复杂，显示了艺术表现的深化。

其次，乐曲主题集中于对梅花气节、情操之美的歌颂。南宋姜夔为代表的梅花曲体现的主要是林逋以来士大夫文人梅花欣赏中的高雅和幽逸意趣，而以《梅花三弄》为代表的乐曲更明确地把梅花作为君子、

图 50 ［明］周之冕《梅花野雉图》。

高士的人格形象来加以礼赞，颂扬其坚贞不屈的气节和崇高幽雅的情操。也许南曲《梅花操》的命名最能说明问题，“操者显其操，《新论》云穷则独善其身，而不失其操是也”[①]。梅花代表的不是“花开花落”的春色美景，也不只是“疏影横斜”那样的幽隐意趣，而是一种崇高的气节操守，其人格象征意义更为明确和高超。这是元明以来琴曲《梅花三弄》等梅花题材乐曲不断强化的思想情感。

再次，以梅花题材的琴曲为核心，体现了乐器音色风格与梅花品格神韵的高度统一、相得益彰。南宋姜夔词乐以箫、笛演奏，比较起燕乐以琵琶为主已显清雅别致，而元明以来，以琴声演绎梅花，更是推进一步。琴是中国民族乐器中历史最为悠久的一种，在先秦雅乐中有着举足轻重的作用，早在汉代就明确了诸音之首的地位。应劭《风俗通义》：“琴者乐之统也，君子所常御不离于身，非若钟鼓陈于宗庙，列于簴（jù）悬也，以其大小得中而声音和，大声不喧哗而流漫，小声不湮灭而不闻，适足以和人意气感发善心也。”[②]唐宋以来，随着各类新兴俗乐的长足发展，琴乐越来越显示出古风独存、高雅玄妙的意味，成了士大夫文人娱性适意的风雅习尚，受到特别的推重，价值地位不断提高。明梁寅《寒泉琴记》：“琴之见重于君子者，非徒以其铿锵而已也。盖琴与瑟配，异于众乐，而列之堂上。其声平和，而非怨悲也；其调雅淡，而非繁促也；其曲皆祖乎圣贤，以之写心畅情，而非荒耽俚鄙之辞也。故善琴者必其人之心体广大，志虑冲远，皭然于尘滓之外，超然于声利之表。故其本之于心，发之于指，莫非大音

---

① 马瑞辰《〈琴操〉校本序》，载孙星衍校辑蔡邕《琴操》卷首，《续修四库全书》本。

② 欧阳询《艺文类聚》卷四四，《影印文渊阁四库全书》本。

之妙也。”[1]古琴无论其音其术都成了道德淳古、习尚高雅的象征。以这样的古雅器乐演绎梅花这样的高尚题材，真可谓是无上的匹配。明邱浚《梅窗琴乐》：“淡香疏影太古音，个中乐趣清且深。等闲三弄梅花曲，花不在梅花在琴。”[2]杨抡《伯牙心法》：“以梅为花之最清，琴为声之最清，以最清之声写最清之物，宜其有凌霜音韵也。”[3]杨表正《琴谱大全》中也说：“后人入于琴，其音清爽，有凌霜之趣，非有道者莫知其意味也。”[4]说的都是这种尽善尽美的艺术胜境。不仅是琴曲中，受其影响，在其他乐种中也以音律的古雅效果与梅花代表的品格情操和谐统一为原则。林鸿《泉南指谱重编》评南曲《梅花操》：“悠扬顿挫，翕协雍和，轻重疾徐，高下中节，尤见尽美尽善，完璧无瑕，于六谱中首推巨擘焉。”[5]也是这样一种情操与曲韵完美统一的艺术意境。而相应的艺术创作与欣赏氛围，继姜夔的“梅边吹笛”之后，“梅屋弹琴”，“临风三嗅还三弄，清极香中太古音”[6]，成了文人艺术生活的新气象、新时尚。

总之，以琴曲《梅花三弄》为代表的元明清器乐曲，体现着器乐艺术尤其是古琴艺术与梅花审美认识发展的融会激发，高超的思想情感与古雅高妙的艺术形式的有机统一。纵向地看，这种境界可以说是古代梅花题材音乐发展的最高阶段，代表了音乐领域梅花审美表现及艺术创造的深厚积淀和典范造诣，充分体现了梅花之作为品德象征的

---

① 梁寅《石门集》卷六，《影印文渊阁四库全书》本。
② 邱浚《重编琼台稿》卷二，《影印文渊阁四库全书》本。
③ 杨抡《伯牙心法》，《四库全书存目丛书》本。
④ 杨表正《重修正文对音捷要真传琴谱大全》卷二，《续修四库全书》本。
⑤ 林鸿《泉南指谱重编》数部，《续修四库全书》本。
⑥ 释明本《梅花百咏·琴屋梅》，《影印文渊阁四库全书》本。

深刻内涵和崇高理想。

四、结 论

进一步总结上述三阶段的梳理、论述，不难发现，整个古代梅花题材音乐无论是其思想情趣，还是其艺术形式都呈现着不断发展和逐步提高的历史轨迹。其发展步伐与古代梅花审美文化整体发展所经历的先秦时期果实应用、魏晋以来花色审美、宋元以后品德象征三大阶段大致相对应，其中某些环节上还明显领先，如乐府横吹《梅花落》，其悲凉悠扬的旋律弥布于魏晋南北朝隋唐漫长深广的历史时空之中，文学中的咏梅之风就是在它的声情激发下逐步出现的，其余音流响一直延续到宋元时期。在两宋梅花欣赏风气高涨之际，音乐领域同样得风气之先，表现积极，推波助澜，贡献多多。以姜夔《暗香》《疏影》为代表的文人自度曲，以诗乐一体的艺术方式，充分体现了梅花清峭高雅的神韵意趣，站在了当时梅花审美表现的历史制高点上，对士大夫梅花的欣赏与创作产生了深远的影响。元明以来流行的琴曲《梅花三弄》更是百尺竿头更进一步，以“最清之声写最清之物”的艺术境界，以崇高的品德立意和古雅高妙的艺术，不仅实现了梅花题材音乐发展的最高境界，同时也构成了整个梅花审美艺术创造的崇高经典。可以这么说，在梅花这一中华民族精神象征的历史铸塑中，音乐一直以积极的姿态把握时代的脉搏，作出了较为卓越的贡献。

（原载《江苏行政学院学报》2006年第2期）

宋代梅品种考

一、引　言

宋朝是梅花圃艺栽培最为兴盛，梅花品种发展最为迅速的时期。此前从经济植物到观赏植物，我国梅的栽培已有几千年的历史，从有确切栽培记载的汉代算起，也已有一千两百年的历史。然而，关于梅花品种的记载却是寥寥无几。最集中的一次是传为汉刘歆（一说晋人葛洪）《西京杂记》卷一记载：“（汉武）初修上林苑，群臣远方各献名果异树，亦有制为美名以标奇丽……梅七：朱梅、紫叶梅、紫华梅、同心梅、丽枝梅、燕梅、猴梅。”这些品种的不同，主要是指果实，当然也有一些是着眼花、叶、枝的，如紫华梅、紫叶梅、丽枝梅。既然是出于群臣进贡邀宠，就不免浮夸乃至作假，因而真实性就值得怀疑。汉晋之际的《尔雅·释木》及其郭璞注中提到时英梅、雀梅，未必是指蔷薇科梅。魏晋以来，梅始以“花”闻名，观赏价值逐步受到注意。广大士大夫爱梅、艺梅者越来越多，人们的赏梅活动越来越频繁，而诗、赋咏梅也不断丰富。到了梅花欣赏成为社会风尚的南宋，人们曾寻思这样一个问题：“不知参军（引者按：指南朝诗人鲍照）、处士（引者按：指宋初西湖隐士林逋）之所咏果何品耶？”[1]六朝、隋唐乃至宋初，人们观赏、吟咏的梅花究属是什么品种？这真是一个无法求证的常识问题，因为魏晋至隋唐五代的七个多世纪中，除了《西京杂记》所说上林苑七种外，未见人们谈及梅的品种[2]。根据今人的分析，此间人们所观赏、吟咏的梅花应该只是野生或接近野生的梅树品系，后世称为江梅的品种即属此类。

但到了宋代，一个划时代的变化悄然发生。入宋后对梅花的欣赏逐步形成热潮，带动梅花品种的热情开发与传播。梅花的新品异类不断出现，相应的圃艺技术与知识不断丰富和深入。至南宋中期，出现了我国历史上第一部梅花专题品种谱录——范成大《梅谱》。该书著录江梅、早梅、官城梅、绿萼梅、古梅、蜡梅等12种。其中绿萼梅二种，一种未名，蜡梅三种：狗蝇、磬口、檀香，而古梅只是江梅一类

---

① 刘学箕《梅说》，《方是闲居士小稿》卷下，《影印文渊阁四库全书》本，上海古籍出版社1987年版。

② 后来文献引用《西京杂记》这段记载，名称多有不同。北魏贾思勰《齐民要术》卷四、种梅杏第三十六：“《西京杂记》曰：侯梅、朱梅、同心梅、紫蒂梅、燕脂梅、丽枝梅。”所谓燕脂梅，与燕梅当为一物。侯梅与猴梅如为一物，当出于《诗经》“山有嘉卉，侯栗侯梅”语。唐欧阳询《艺文类聚》卷八六果部梅：“上林有双梅、紫梅、同心梅、麤枝梅。”粗（麤）枝梅当为丽（麗）枝梅形近而误，应为一物。徐坚《初学记》卷二八梅第十：“《西京杂记》曰：汉初修上林苑，群臣献名果，有侯梅、朱梅、紫花梅、同心梅、紫蒂梅、丽支梅。”“《西京杂记》曰：修上林苑，群臣各献名果：紫蒂梅、燕脂梅。”宋李昉《太平御览》卷九七〇果部七：“《西京杂记》曰：上林苑有朱梅、同心梅、紫蒂梅、燕支梅、丽枝梅、紫花梅、侯梅。”上述所涉品种多不出《西京杂记》中朱梅之外的六种，唯《艺文类聚》所说“双梅”一种，与上述所涉六种不同，即或《西京杂记》所剩“朱梅”一种而误书。宋人集中多有“双梅”之称，一般指梅之果实并蒂，如虞俦《以双梅二枝送郁簿小诗见意》：“连枝并蒂更同根，结实双双向小园。调鼎异时知有伴，相期携手上天门。”《尊白堂集》卷四，《影印文渊阁四库全书》本。

老树形态，并非另外品种，因而实际记录梅花品种 14 个。这一数量放在 20 世纪以来现代植物学、园艺学及其育种技术高度发达的背景中，真可谓微不足道，但在整个古代梅花栽培史上却是极其重要的。元、明、清三代虽然梅花品种代有新出，但数量有限。明王象晋《群芳谱》记载梅花品种 24 个、蜡梅品种 4 个，清陈淏子《花镜》记载梅花品种 21 个、蜡梅品种 3 个，其中大部分为《西京杂记》、范成大《梅谱》(以下简称“范《谱》”) 所载。整个元、明、清三代再也没有形成宋代那样品种大批出现的情形，至少各类谱录记载远不如宋代这么集中。宋代不仅开创了艺梅品种大量培育、集中著录的历史，同时也可以说是整个古代梅花品种培育、研究成就最为突出的时代，奠定了中国古代梅花栽培品种的基本面貌。

然而，宋代的梅花栽培品种又远不止于范《谱》所载。据范《谱》自叙，范氏所录实以故乡吴中（今江苏苏州）园圃为主，当时“随所得为之谱”。吴中虽为花卉圃艺胜地，但毕竟时空有限，远未涵盖全面。北宋神宗元丰五年 (1082) 周师厚撰《洛阳花木记》，称当地“桃、李、梅、杏、莲、菊各数十种”[1]。南宋中期，福建处士刘学箕称人们好梅日甚，“而梅亦益多也。曰红，曰白，曰蜡，曰香，曰桃，曰杏，曰绿萼，曰鹅黄，曰纷红，曰雪颊，曰千叶，曰照水，曰鸳鸯者，凡数十品”[2]。可见两宋艺梅品种数量尚多，有考察勾稽之余地。笔者近年致力于宋代梅文化的研究，披览现存宋人各类文献，于范《谱》之外，发现见于他人记载，尤其是诗文吟咏所涉及的梅花品种尚有 40 多个，并范《谱》

① 周师厚《洛阳花木记》，陶宗仪《说郛》卷一〇四下，《影印文渊阁四库全书》本。

② 刘学箕《梅说》，《方是闲居士小稿》卷下。

所载合计达50余个。以下并范《谱》所载，依出现先后顺序，逐一考述如下，以期展现两宋梅花栽培品种发展之全貌。通过这一纵向的梳理，也足以历览两宋之际梅花品种开发、利用之历史进程。

二、品种列考

1. 江梅（图51）。范《谱》："江梅，遗核野生不经栽接者，又名直脚梅，或谓之野梅，凡山间水滨、荒寒清绝之趣皆此本也。花稍小而疏瘦有韵，香最清，实小而硬。"这是最接近野生原种的一种，历史悠久，魏晋以来诗人所咏，不明其品，未称红梅，只泛称梅花者，应属此种。宋人始名为江梅。江梅之称始于唐，杜甫有《江梅》诗："梅蕊腊前破，梅花年后多……雪树元同色，江风亦自波。"[①]所谓江梅，只是江边梅树的意思。稍后刘长卿的诗中也有"江梅"一词[②]，或也指江边之梅。晚唐李郢《醉送（吟）》"江梅冷艳酒清光，急拍繁弦醉画堂"[③]，郑谷《江梅》"江梅且缓飞，前辈有歌词。莫惜黄金缕，难忘白雪枝"[④]，所说梅都与江水无关，而称江梅，可见这已具有一些专有名称的意思。也许人们所见野梅多见于江岸溪边，入宋后类似的说法逐步增多，便明确成了这类分布广泛之野生品类的专称。仁宗朝梅尧臣《初见杏花》："浅红欺醉粉，肯信有江梅。"[⑤]以江梅之白与杏花之红相比较，俨然是明确的品种概念。

① 《全唐诗》卷二三二。

② 刘长卿《酬秦系》："家空归海燕，人老发江梅。"《全唐诗》卷一四七。

③ 《全唐诗》卷五九〇。

④ 《全唐诗》卷六七四。

⑤ 《全宋诗》，第5册，第2722页。

图 51　江梅（网友提供）。宋范成大《梅谱》云："江梅，遗核野生不经栽接者，又名直脚梅，或谓之野梅，凡山间水滨、荒寒清绝之趣皆此本也。花稍小而疏瘦有韵，香最清，实小而硬。"魏晋以来泛称梅花者，应属此种。宋人始名为江梅。

2.红梅（图 52）。红梅在观赏梅花中可能是发现最早的品种之一，前引《西京杂记》所载朱梅、燕（燕支）梅，应是两种不同的红色果实品种。唐代杜甫《留别公安太易沙门》诗："沙村白雪仍含冻，江县红梅已放春。"[1]不知所写是花色之红，还是指江梅未放时花蒂之红。五代阎选《八拍蛮》"云锁嫩黄烟柳细，风吹红蒂雪梅残"[2]，宋初田锡《对酒》"江南梅早多红蒂，渭北山寒少翠微"[3]，说的都是江梅之

① 《全唐诗》卷二三二。
② 张璋、黄畬《全唐五代词》，第 737 页。
③ 《全宋诗》，第 1 册，第 460 页。

图 52　朱砂梅（网友提供），是红梅之一种。

红蒂，杜甫所言也许是同一意思。晚唐罗隐《梅》：“天赐胭脂一抹腮，盘中磊落笛中哀。虽然未得和羹便，曾与将军止渴来。”[①]《永乐大典》载此题作《红梅诗》，然所指是皮色之红，而非花色之红。据宋人《江邻几杂志》记载，南唐李后主“作红罗亭子，四面栽红梅花，作艳曲歌之”[②]，这里所说明确是红梅，可见至迟到五代时，红梅品种在江南地区已引起关注。宋代第一波赏梅热潮即由红梅引起。红梅最初盛于吴中，即今苏州一带。宋太宗时，苏州长洲知县王禹偁作《红梅花赋》[③]，宋太宗本人作有《红梅花》曲[④]。至宋仁宗庆历（1041—

① 《全唐诗》卷六五六。
② 江休复《江邻几杂志》。这里的“红罗”“红梅”，也有作“江罗”、“江梅”。
③ 解缙等《永乐大典》卷二八〇九。
④ 脱脱等《宋史》卷一四二。

1048）年间，宰相晏殊从苏州引植汴京（今河南开封）私家宅第，“召士大夫燕赏，皆有诗，号《红梅集》，传于世”[①]。“自尔名园争培接，遍都城矣。”[②]当时北方人多把红梅误作杏花，引得晏殊、王安石等南方人作诗调笑。稍后汴京开封、西京洛阳诸家名园竞相接种红梅，成了当地四大梅品之一。同时南方的宣州（今安徽宣城），梅尧臣等人也在传植红梅。梅尧臣称红梅是“吾家物”[③]，友人多求取嫁接[④]。韦骧（1033—1105）有《红梅赋》，称其所见“问其种，则曰梅也，接之以杏则红矣。问其实，则曰所益者异，而不能也”[⑤]，可见是由杏头嫁接而成，不能结实。到了北宋后期，红梅栽培已极其普遍。

3. 重台梅。范《谱》未载。首见于梅尧臣《读吴正仲重台梅花诗》《依韵和正仲重台梅花》诗，记其故乡宣州灵济庙等处有此梅，时间是仁宗皇祐五年（1053）。诗中写道：“楚梅何多叶，缥蒂攒琼瑰。”[⑥]“芳梅何蒨（qiàn）蒨，素叶吐层层。”[⑦]“重重叶叶花依旧，岁岁年年客又来。”[⑧]可见此品白花重瓣，与范《谱》所载重叶梅颇为相似，梅尧臣两年后的诗中即以“重叶”称之[⑨]。南宋赵长卿《诉衷情・重台梅》词：“檀心刻玉几千重，开处对房栊。黄昏淡月笼艳，香与酒争

---

① 吴聿《观林诗话》。《观林诗话》称是都下一贵人家，未指晏殊。

② 胡仔《苕溪渔隐丛话》前集卷二五。

③ 梅尧臣《依韵和正仲寄酒因戏之》，《全宋诗》，第5册，第3100页。

④ 程杰《宋代咏梅文学研究》，第327～329页。

⑤ 韦骧《红梅赋》，解缙等《永乐大典》卷二八〇九。此赋《全宋文》失收。

⑥ 梅尧臣《读吴正仲重台梅花诗》，《全宋诗》，第5册，第3097页。

⑦ 梅尧臣《依韵和正仲重台梅花》，《全宋诗》，第5册，第3097页。

⑧ 梅尧臣《依韵诸公寻灵济重台梅》，《全宋诗》，第5册，第3119页。

⑨ 梅尧臣《将离宣城寄吴正仲》：“酒盆龙杓闲到吟，梅花重叶将谁采。”《全宋诗》，第5册，第3152页。

浓……宜轻素，鄙轻红。”[①]张镃《戏题重台梅》：“只将单萼缀层花，弱骨丰肌自一家。”[②]所言形态也完全一样。由此可见，所谓重台者只是重瓣而已，并非如“重台荷花，花上复生一花”的台阁状[③]，与同时所谓重叶梅、千叶梅应属一类。

4. 千叶梅。韩维《和提刑千叶梅》：“层层玉叶黄金蕊，漏泄天香与世人。”[④]晏几道《蝶恋花》：“千叶早梅夸百媚。笑面凌寒，内样妆先试。月脸冰肌香细腻。风流新称东君意。”[⑤]所写是一种千叶、黄蕊白梅。早在至和二年（1055），发现重台梅稍后，梅尧臣《万表臣报山傍有重梅，花叶又繁，诸君往观之》：“前时见多叶，曾何数寻常。今见叶又多，移赏南涧阳。寄言莫苦恃，更多殊未央。”显然是与前言重台梅一样，只是花瓣增多而已。宋神宗元丰二、三年间（1279—1280），乌江（今安徽和县东境）耿天骘曾以当地浪山千叶梅寄赠王安石[⑥]。《王直方诗话》载其家有红梅与“单叶梅、千叶梅、腊梅”，作“四梅诗”[⑦]。可见北宋中期，这类多叶（千叶）品种各地已多见。

5. 早梅。范《谱》：“早梅，花胜直脚梅，吴中春晚，二月始烂漫，独此品于冬至前已开，故得早名。钱塘湖上亦有一种，尤开早，余尝重阳日亲折之，有‘横枝对菊开’之句。”早梅之称，六朝时即普遍，梅发百花之先，故泛称早梅，非品种之义。宋人始着意选育早花品种。

---

① 唐圭璋编《全宋词》，第2册，第1779页。
② 《全宋诗》，第50册，第31673页。
③ 李肇《唐国史补》卷下。
④ 《全宋诗》，第8册，第5285页。
⑤ 唐圭璋编《全宋词》，第1册，第224页。
⑥ 王安石《耿天骘许浪山千叶梅见寄》，《全宋诗》，第5册，第3124页。
⑦ 郭绍虞辑《宋诗话辑佚》，上册，第40页。饶节《赋王立之家四梅》也记王直方家蜡梅、多叶、红梅、单白四种梅，《全宋诗》，第22册，第14544页。

李格非《洛阳名园记》:“洛阳又有园池中,有一物特可称者,如大隐庄梅、杨侍郎园流杯、师子园师子是也。梅盖早梅,香甚烈而大,说者云自大庾岭移其本至此。”[①]是否真由庾岭移植,另当别论,但花早,且大而香,有些特殊,应是别一品种。范《谱》所载性质与此相类。我国幅员辽阔,南北温差大,梅花对气温变化又极敏感,同一地区单株间地势、长势不一,影响花期都较明显,因而所谓早梅标准因地而异,情形千变万化,大多难称新品种。

6. 千叶黄香梅(图53)。宋神宗元丰中,周师厚《洛阳花木记》“杂花八十二品”:“黄香梅、红香梅(千叶)、腊梅(黄千叶)、紫梅(千叶)。”[②]稍后朱弁《曲洧旧闻》卷三:“顷年近畿江梅甚盛,而许、洛尤多,有江梅、椒萼梅、绿萼梅、千叶黄香梅,凡四种。”[③]朱氏北宋末年居郑州新郑(今属河南),地介汴、洛、许之间,所记正三地圃艺情形。范《谱》:“百叶缃梅,亦名黄香梅,亦名千叶香梅。花叶至二十余瓣,心色微黄,花头差小而繁密。别有一种芳香,比常梅尤秾美,不结实。”该品花小瓣密,蕊黄香烈,因而称黄香、千叶,古人所说黄香梅、百叶缃梅、千叶香梅、百叶黄梅、千叶黄梅应均属此种。北宋中期,至迟宋神宗熙宁年间(1068—1077),在西京洛阳、东京开封及许昌等地已有种植。当时洛阳诸园黄、红梅四种,开封王械私园也有梅四种[④],千叶黄香梅均居其一。邵博(?—1158)《闻见后录》卷二九:“千叶黄梅花,洛人殊贵之。其香异于它种,蜀中未识也。近兴、利州山中樵者薪之以出,有洛人识之,求于其地尚多,始移种遗喜事者,

① 邵博《闻见后录》卷二五。

② 陶宗仪《说郛》卷一〇四下。

③ 朱弁《曲洧旧闻》卷三。

④ 王直方《王直方诗话》,郭绍虞辑《宋诗话辑佚》,上册,第40页。

图 53　黄香梅（网友提供）。

今西州处处有之。”所说似为蜡梅，当时秦岭山民多伐为柴薪。而苏轼《蜡梅一首赠赵景贶》“君不见万松岭上黄千叶，玉蕊檀心两奇绝”[1]，所谓“玉蕊”，则又似是说黄香梅。

7. 千叶红香梅。周师厚《洛阳花木记》“杂花八十二品”：“黄香梅、红香梅（千叶）、腊梅（黄千叶）、紫梅（千叶）。”又“刺花三十七种”：“玉香梅、千叶红香梅、茶梅、千叶茶梅。”可见元丰五年前这一品种在洛阳地区已见种植。周《记》分载两处，当是一种，顾名思义其特点是花头秾密。南宋吴自牧《梦粱录》卷一八记临安（今浙江杭州）物产，陈造《水调歌头·千叶红梅送史君》[2]、汪元量《暗香·西

① 《全宋诗》，第 14 册，第 9457 页。
② 唐圭璋编《全宋词》，第 2 册，第 1726 页。

湖社友有千叶红梅，照水可爱，问之自来，乃旧内有此种。枝如柳梢，开花繁艳，兵后流落人间，对花泫然承脸而赋》[1]，均有涉及。

8. 腊梅（黄千叶）。文献记载同6。此非蜡梅科蜡梅，蜡梅黄色，通常也书作腊梅，虽重瓣，但一般不称千叶。此种可能是与千叶黄香梅相近之别品。

9. 紫梅（千叶）。文献记载同6。《西京杂记》所载上林苑有紫叶梅、紫华梅，后世诗文中遂有"紫梅"之称，如唐代王维《早春行》"紫梅发初遍，黄鸟歌犹涩"[2]。北宋秦观《早春题僧舍》"东园紫梅初破蕾，北涧渌水方通流"[3]，泛指梅花而已。此处所载紫梅，顾名思义当是一深色品种，但未见有文献具体描述。梅蒂多紫，此名或出于此。又宋时湖州安吉（今属浙江）梅溪（西苕溪会流处），又称紫梅溪[4]，方志称溪上盛开紫梅花，因而得名。但当地盛产杨梅，杨梅多紫花，所称紫梅当指杨梅。

10. 蜡梅（图54）。周师厚《洛阳花木记》"果子花"："梅之别六：红梅、千叶黄香梅、蜡梅、消梅、苏梅、水梅。"范《谱》："蜡梅，本非梅类，以其与梅同时，香又相近，色酷似蜜脾，故名蜡梅。"蜡梅何时发现，说法有分歧。唐人作品中有"腊梅"之语，但只是泛指梅花，犹言冬梅、寒梅而已。陶谷《清异录》记载张翊有所谓《花经九品九命》，蜡梅与兰、牡丹、酴醾等列为"一品九命"，地位最高[5]。

---

① 唐圭璋编《全宋词》，第5册，第3343页。

② 《全唐诗》卷一二五。

③ 《全宋诗》，第18册，第12150页。

④ 南宋刘一止《次韵必先侍御和郑维心忆梅，并寄维心》，《全宋诗》，第25册，第16699页。

⑤ 陶谷《清异录》卷上百花门。

是书是否唐五代人作品，很值得怀疑。所谓“一品九命”中，兰居第一，牡丹屈居第二，酴醾唐时名尚不著，也列名一品，都与唐人爱好、观念不合。大量文献材料表明，“宋时始有蜡梅”[①]。最早明确涉及蜡梅品种的是王安国（1028—1074），其《黄梅花》诗：“庾岭开时媚雪霜，梁园春色占中央。未容莺过毛先类，已觉蜂归蜡有香。”所咏显系蜡梅。宋末元初方回注释说：“熙宁五年壬子馆中作。是时但题曰《黄梅花》，未有蜡梅之号。至元祐苏、黄在朝，始定名曰蜡梅，盖王才元园中花也。”[②]具体时间不明。王才元即王棫，诗人王直方的父亲。王氏园池在汴京城南，时苏轼、黄庭坚等名士任职京师，常应邀前往聚会赏花。《王直方诗话》：“蜡梅，山谷初见之，作二绝……缘此蜡梅盛于京师。”[③]黄庭坚《戏咏蜡梅》诗后自注：“京、洛间有一种花，香气似梅花，亦五出，而不能品明，类女工撚蜡所成，京洛人因谓蜡梅。本身与叶乃类蒴藋，窦高州家有灌丛，香一园也。”[④]综上可见，蜡梅未显时，人们只以黄梅称之，元丰五年周师厚《洛阳花木记》首见著录，宋哲宗元祐间黄庭坚等名士热情观赏，品题唱和，遂名声大噪。南宋王十朋《蜡梅》“一经坡谷眼，名字压群葩”[⑤]，说的就是这一过程。

当时蜡梅野生分布的中心在秦岭南坡、汉水谷地至鄂北山区。与红梅之由南传北不同，蜡梅起于京（开封）、洛（洛阳）地区，后逐步影响江南与巴蜀。到北宋后期蜡梅已经成了时尚的梅花品种。周紫

---

① 马位《秋窗随笔》。

② 方回《瀛奎律髓》卷二〇。

③ 郭绍虞辑《宋诗话辑佚》，上册，第95页。

④ 此处文字与《山谷集》稍异，此据陈景沂编，程杰、王三毛点校《全芳备祖》卷四，浙江古籍出版社2014年版，第133页。

⑤ 《全宋诗》，第36册，第22959页。

芝《竹坡诗话》："东南之有腊梅，盖自近时始。余为儿童时，犹未之

图 54　蜡梅（网友提供）。

见。元祐间，鲁直诸公方有诗，前此未尝有赋此诗者。政和间，李端叔在姑溪，元夕见之僧舍中，尝作两绝，其后篇云：'程氏园当尺五天，千金争赏凭朱栏。莫因今日家家有，便作寻常两等看。'观端叔此诗，可以知前日之未尝有也。"[1]郑刚中（1088—1154）有诗《金、房道间皆蜡梅，居人取以为薪，周务本戏为蜡梅叹，予用其韵，是花在东南每见一枝，无不眼明者》[2]。金、房二州地当今陕西安康至湖北保康一线，这里如今仍是蜡梅自然分布中心，近年有大片野生蜡梅林发现。当时汴京、洛阳人最先从襄、汉山中引种，前引邵博《闻见后录》

① 何文焕辑《历代诗话》，上册，第 345 页。
② 《全宋诗》，第 30 册，第 19090 页。

所说“近兴、利州山中樵者薪之以出，有洛人识之，求于其地尚多，始移种遗喜事者，今西州处处有之”，所说应是蜡梅的情况。红梅最初是“北人不识”，而蜡梅则首先为京、洛人所知。徐俯《蜡梅》：“江南旧时无蜡梅，只是梅花对月开。”[①]晁冲之《次韵江子我蜡梅二首》注：“此花吴、蜀所无。”[②]刘才邵《咏蜡梅呈李仲孙》也说：“赏奇自昔属多情，况复南人多未识。”[③]可见，南渡后蜡梅始大量传至东南地区。不过吴兴词人张先（990—1078）早就有《汉宫春·蜡梅香》词，所说“奇葩异卉，汉家宫额涂黄。何人斗巧，运紫檀剪出蜂房。应为是中央正色，东君别与清香”[④]，显然是蜡梅，时间不会晚于王安国的诗。也许正确的说法是，蜡梅在北宋中期始引起注意，由于黄庭坚等人京、洛品题而名声大噪，南渡后则盛传东南。

11.消梅。文献记载同10。范《谱》：“消梅，花与江梅、官城梅相似。其实圆小松脆，多液无滓。多液则不耐日干，故不入煎造，亦不宜熟，惟堪青啖。比梨亦有一种轻松者名消梨，与此同意。”它是品质优良的果梅品种，适宜鲜食。北宋理学家邵雍有诗《东轩消梅初开劝客酒二首》[⑤]，可见其洛阳宅园安乐窝有此品种，时间至迟在神宗熙宁间（1068—1077）。《王直方诗话》：“消梅，京师有之，不以为贵。因余摘遗山谷，山谷作数绝，遂名振于长安。”[⑥]可见消梅也于哲宗元祐年间闻名汴京。宋施宿《（嘉泰）会稽志》卷一七：“消梅，其实脆

---

① 高似孙《（嘉定）剡录》卷九。
② 《全宋诗》，第21册，第13885页。
③ 《全宋诗》，第29册，第18854页。
④ 唐圭璋编《全宋词》，第1册，第83页。
⑤ 《全宋诗》，第7册，第4505页。
⑥ 郭绍虞辑《宋诗话辑佚》，上册，第109页。

而无滓，其始传于花泾李氏，故或谓之李家梅。”花泾，山名，在绍兴山阴县（今浙江绍兴县）。此处当说越中消梅始于花泾。

12. 苏梅。文献记载见10。仅此一见，具体性状不详。既然名列“果子花”，或即果梅品种。

13. 水梅。文献记载见10。仅此一见，果梅品种，具体性状不详。后世果谱中有冰梅一品，与此或有关系。

14. 玉香梅。周师厚《洛阳花木记》“刺花三十七种”：“玉香梅、千叶红香梅、茶梅、千叶茶梅。”宋人咏梅多以玉、香形容，但未见用作品种专名的其他例证。观其名，大概也是江梅之类的白花品种。

15. 茶梅。文献记载见13。梅与山茶花期相近，晚唐以来常并称。明清时，山茶有一种与梅同时，名茶梅[①]。据李格非《洛阳名园记》，洛阳已有山茶引种。不知周氏所录，是否即山茶之属。

16. 千叶茶梅。文献记载见13，情况也当与茶梅同。以上三种，《洛阳花木记》著录为“刺花”，是否为蔷薇科梅花品种，值得怀疑。

17. 绿萼梅（图55）。前引宋朱弁（？—1144）《曲洧旧闻》卷三：“顷年近畿江梅甚盛，而许、洛尤多，有江梅、椒萼梅、绿萼梅、千叶黄香梅凡四种。”范《谱》：“绿萼梅，凡梅花跗蒂皆绛紫色，惟此纯绿，枝梗亦青，特为清高，好事者比之九疑仙人萼绿华。京师艮岳有萼绿华堂，其下专植此本，人间亦不多有，为时所贵重。”朱氏北宋末年居新郑（今属河南），所记为汴、洛、许的圃艺情形。朱氏之前，诗人咏梅已有言及梅花绿萼的，如苏颂（1020—1101）《和签判郡圃早梅》：“绿萼丹跗炫素光，东园先见一枝芳。”[②]李之仪《累日气候

① 顾起元《说略》卷二八。

② 《全宋诗》，第10册，第6384页。

图 55　绿萼梅（网友提供）。

差暖，梅花辄已弄色……》其二：“绿萼柔条宛相契，正色真香净如拭。”[①]可见绿萼之特点早已引起人们注意，宋徽宗朝始明确为品种专名。姜夔《卜算子·吏部梅花八咏夔次韵》注称，南宋临安清波门外聚景园梅“皆植之高松之下，芘荫岁久，萼尽绿”[②]，是环境变色，非关种性。

18. 椒萼。文献记载同 17。有关椒萼梅的记载，仅此一见，未见诗赋咏及。得名与绿萼相近，当为红萼。

19. 鸳鸯梅。北宋末年画家周纯《蓦山溪·墨梅，荆楚间鸳鸯梅，赋此》词：“染相思，同心并蒂。”[③]南宋洪适有诗《偶得梅一种，疏枝清香，

① 《全宋诗》，第 17 册，第 11152 页。
② 唐圭璋编《全宋词》，第 3 册，第 2186 页。
③ 唐圭璋编《全宋词》，第 2 册，第 699 页。

附萼之花五出，与江梅无异，但花色微红，而五出之上复有一重，或十叶或九叶，他日皆并蒂双实，俗呼为鸳鸯梅。昔上林有赵昭仪所植同心梅，疑即此也，因成四绝》[①]，疑即《西京杂记》所载同心梅。

20. 百叶黄梅（又一种）。南宋高宗绍兴初，江南东路安抚使章谊（1078—1138）《题饶州永平监百叶黄梅》：“百叶黄梅照小堂，江南春色冠年芳。洛妃不露朝霞脸，秦女聊开散麝妆。已荐香风来枕席，更留美实待杯觞。”自注：“彦先云，百叶梅不实，此花独结子。”[②]是千叶黄香结实一种。仅此一例，未见他证。

21. 青蒂梅。叶绍翁《四朝闻见录》卷一：“光尧（引者按：宋高宗赵构）亲祀南郊，时绍兴二十五年也，御书于郊坛易安斋之梅亭……光尧尝问主僧曰：‘此梅唤作甚梅？’主僧对曰：‘青蒂梅。’”仅此一例，未见他证。宋孝宗诗中有“修成冰艳数枝斜”，当是青蒂白花品种。

22. 福梅。周淙《乾道临安志》卷二载花品：“腊梅、香梅、千叶梅、福梅。”临安，今浙江杭州。清梁诗正《西湖志纂》卷一〇：“福胜院在安乐山麓。《西溪梵隐志》：晋天福间吴越王建，宋僧囦本澄重兴，绕寺栽梅，故有福胜梅花之目，元末兵毁。”福梅或即福胜梅，可能既是名胜之目，也属寺院特色品种，具体情况待考。

23. 苔梅（越）。周密《武林旧事》卷七：“淳熙五年二月初一日，上（引者按：宋孝宗赵昚）过德寿宫起居，太上（引者按：宋高宗赵构）留坐冷泉堂，进泛索讫，至石桥亭子上看古梅。太上曰：‘苔梅有二种，宜兴张公洞者苔藓甚厚，花极香；一种出越上，苔如绿丝，长尺余。今岁二种同时着花，不可不少留一观。’”苔梅非梅花另品，

---

① 《全宋诗》，第37册，第23424页。

② 《全宋诗》，第24册，第16228页。

而是一种特殊气候环境下的生长形态。因其枝干屈曲、苍藓斑驳，一副龙钟老态，因而也视作古梅。范《谱》："古梅，会稽最多，四明、吴兴亦间有之。其枝樛曲万状，苍藓鳞皴，封满花身。又有苔须垂于枝间，或长数寸，风至绿丝飘飘可玩。初谓古木久历风日致然，详考会稽所产，虽小株亦有苔痕，盖别是一种，非必古木。余尝从会稽移植十本，一年后花虽盛发，苔皆剥落殆尽，其自湖之武康所得者即不变移。风土不相宜，会稽隔一江，湖、苏接壤，故土宜或异同也。凡古梅多苔者，封固花叶之眼，惟罅隙间始能发花，花虽稀而气之所钟，丰腴妙绝。苔剥落者，则花发仍多，与常梅同。"会稽（今浙江绍兴）、四明（今浙江宁波）、吴兴（今浙江湖州）、宜兴（今属江苏）等地，地气温溽，易生苔藓，而以会稽最为著名。陆游《梅花绝句》其七："吾州古梅旧得名，云蒸雨渍绿苔生。"[①]说的就是绍兴盛产苔梅的情形。环境一旦改变，形态也就难以维持。赵构所说两种，宜兴所产苔封较厚，会稽所产苔丝绵长，是两种典型的树藓观赏形态。

24. 苔梅（宜兴）。文献记载同23。据宋高宗赵构所说，宜兴苔梅藓衣较厚。

25. 潭州红梅。姜夔《小重山令·赋潭州红梅》[②]，约作于淳熙十三年（1186）。潭州，治今湖南长沙，当是此品原产地。楼钥《谢潘端叔惠红梅》序："潘端叔惠红梅一本，全体皆江梅也。香亦如之，但色红尔，来自湖湘，非他种比，自此当称为红江梅以别之。"[③]可见此品貌似江梅而颜色红艳。

---

① 《全宋诗》，第39册，第24478页。
② 唐圭璋编《全宋词》，第3册，第2170页。
③ 《全宋诗》，第47册，第29448页。

26. 横枝。姜夔《卜算子·吏部梅花八咏夔次韵》其六：“绿萼更横枝，多少梅花样。惆怅西村一坞春，开遍无人赏。”自注：“绿萼、横枝，皆梅别种，凡二十许名。西村在孤山后，梅皆阜陵时所种。”[①]此品出于孝宗（阜陵）朝。淳熙十三年（1186），杨万里任职京城，有《寄题叔奇国博郎中园亭二十六咏·横枝》诗：“冰为仙骨水为肌，意淡香幽只自知。青女素娥非耐冷，一生耐冷是横枝。”[②]谈钥《（嘉泰）吴兴志》卷二〇”物产”：“梅：梅生江南，湖郡尤盛……《旧编》云：今武康、德清绵亘山谷，其种以堂头梅为上，横枝梅、清梅（一作消梅）次之。”说的是湖州也有此品。《旧编》，指《吴兴志旧编》，“淳熙中教授周世楠撰”[③]。喻良能《雪中赏横枝梅花》：“横枝梅花最先开，影着清浅无纤埃。寿阳妆额依然在，姑射冰肌何处来。”[④]可见此品花期较早，花色疏淡而以横枝清雅见长。

图 56　浙江天台国清寺隋梅，丁必裕摄。

27. 照水梅（映水梅）。孝宗朝曾觌《蓦山溪·坤宁殿得旨次韵赋

① 唐圭璋编《全宋词》，第 3 册，第 2186 页。
② 《全宋诗》，第 42 册，第 26351 页。
③ 王象之《舆地碑记目》卷一“安吉州碑记”。
④ 《全宋诗》，第 43 册第，26992 页。

照水梅花》："靓妆窥清漪，浮暗麝，剪芳琼，消得连城价。"[①]施宿《嘉泰会稽志》卷一七："越中又有映水梅，其实甚美而頩红。"宋末刘学箕《梅说》："情益多而梅亦益多也。曰红，曰白，曰蜡……曰鹅黄，曰纷红，曰雪頩，曰千叶，曰照水，曰鸳鸯者，凡数十品。"据施宿所言，似以果实胜，且呈红色，余皆不详。南宋后期张道洽、杨公远等人《照水梅》诗，所写只是梅枝横斜临池照影之景而已。揣此品命名，也当以发枝横斜为主要特色。《永乐大典》卷二八一〇："《新安志》：玉梅者，重叶脆实，花开下瞰，又曰照水梅。"此梅又名玉梅。南宋周淙《乾道临安志》卷二记临安（今浙江杭州）花卉有"玉梅"品目。

28. 重萼梅。李洪（1129—？）《万寿观重萼梅》："天街倦踏软红尘，喜见宫梅漏泄春。千叶剪琼多态度，九英照日倍精神。"[②]可见该品白色叠瓣，花萼也当有两层重叠。

29. 官城梅。范《谱》："官城梅，吴下圃人以直脚梅，择他本花肥实美者接之，花遂敷腴，实亦佳，可入煎造。"吴地嫁接品种，未见他处言及。范《谱》作于光宗绍熙元年至四年（1190—1193）间，所言梅品为当时吴下园圃所流行。

30. 古梅。范《谱》："古梅，会稽最多，四明、吴兴亦间有之。其枝樛曲万状，苍藓鳞皴，封满花身……去成都二十里有卧梅，偃蹇十余丈，相传唐物也，谓之'梅龙'，好事者载酒游之。清江酒家有大梅，如数间屋，傍枝四垂，周遭可罗坐数十人。任子严运使买得，作凌风阁临之，因遂进筑大圃，谓之盘园。余生平所见梅之奇古者，惟此两处为冠，随笔记之，附古梅后。"常言所谓古梅，非梅花新品，

① 唐圭璋编《全宋词》，第2册，第1318页。

② 《全宋诗》，第43册，第27184页。

高龄老树而已。范氏所言古梅，实即苔梅，见苔梅条。范氏附记成都蜀苑梅龙和清江盘园大梅，则属典型古梅。梅为长寿树种，我国又是梅的原产地，在梅的分布区内高龄老树古来多有，关键在于人们是否欣赏与关注。宋初天台宗高僧释智园是描写古梅第一人，其《砌下老梅》诗云："傍砌根全露，凝烟竹半遮。腊深空冒雪，春老始开花。止渴功应少，和羹味亦嘉。行人怜怪状，上汉采为槎。"[①]咏所居西湖孤山玛瑙院梅树，花迟果稀，老根裸露，树干扭曲古怪，一副典型的老梅姿态。仁宗朝陈舜俞《种梅》："古来横斜影，老去乃崛奇。"[②]已表现出明显的赞赏态度。但纵观整个北宋时期，只有零星诗文涉及。据范成大《梅谱·后序》，南宋初期的画家、园工仍偏好新枝嫩条。大约宋高宗绍兴后期以来，古梅与苔梅才逐步引起重视，其盘根虬枝、疏花淡蕊的姿态，体现苍劲、古淡、老成之美，被视为梅花品格神韵的极致。陆游《古梅》："梅花吐幽香，百卉皆可屏。一朝见古梅，梅亦堕凡境。重迭碧藓晕，夭矫苍虬枝。谁汲古涧水，养此尘外姿。"[③]就代表了这一审美新认识。此后，"老枝怪奇者为贵"逐渐成为梅花欣赏的时尚。

31.重叶梅。范《谱》："重叶梅，花头甚丰，叶重数层，盛开如小白莲，梅中之奇品。花房独出，而结实多双，尤为瑰异，极梅之变，化工无余巧矣，近年方见之。"同时，辛弃疾《生查子·重叶梅》[④]、宋末李龙高《重叶梅》[⑤]所咏即此种。其白花重瓣，与梅尧臣所言重

① 《全宋诗》，第3册，第1551页。
② 《全宋诗》，第8册，第4947页。
③ 《全宋诗》，第40册，第24973页。
④ 唐圭璋编《全宋词》，第2册，第1977页。
⑤ 《全宋诗》，第72册，第45377页。

台梅相似，但梅尧臣未言及果实，此种结实成双，或另是一种。

32. 绿萼梅（吴中又一种）。范《谱》：“绿萼梅……吴下又有一种，萼亦微绿，四边犹浅绛，亦自难得。”是吴中地方品种。

33. 鸳鸯梅（又一种）。范《谱》：“鸳鸯梅，多叶红梅也。花轻盈，重叶数层。凡双果必并蒂，惟此一蒂而结双梅，亦尤物。”此与洪适所咏并蒂双实不同，是又一种。范《谱》认为此即多叶（千叶）红梅，千叶是指花头，而鸳鸯则说其果实。宋人叙梅品于两者未见并举，可能与千叶红梅确是一种。

34. 红梅（纷红、粉红）。范《谱》：“红梅，粉红色，标格犹是梅，而繁密则如杏，香亦类杏。”北宋人言红梅都强调其红，未见称粉红者。刘学箕《梅说》：“情益多而梅亦益多也。曰红，曰白，曰蜡，曰香，曰桃，曰杏，曰绿萼，曰鹅黄，曰纷红，曰雪颊，曰千叶，曰照水，曰鸳鸯者，凡数十品。”刘氏所说纷红或即粉红之误书。宋末舒岳祥《篆畦诗序》：“篆畦者予宅西之小园也……自廊北入，累级而登为乘桴亭，亭势颇高，东南见海。其下植梅，梅有千叶、红香、黄香、绿萼、真红、粉红之别。”[①]范氏所言或即此种。而舒氏所言“真红”当为一般朱砂红梅，粉红则别为一品。

35. 杏梅（图57）。范《谱》：“杏梅，花比红梅色微淡，结实甚扁，有斓斑，色全似杏，味不及红梅。”当是梅杏人工嫁接或天然杂交品种。梅与杏亲缘关系密切，正、反杂交均能产生新的品种。周师厚《洛阳花木记》“果子花”中已有“梅杏”一种，可见宋人这方面的开发由来已久。

36. 狗蝇。蜡梅品种。范《谱》：“蜡梅……凡三种，以子种出，

---

① 舒岳祥《阆风集》卷一〇。

不经接，花小香淡，其品最下，俗谓之狗蝇梅。经接花疏，虽盛开，花常半含，名磬口梅，言似僧磬之口也。最先开，色深黄，如紫檀，花密香秾，名檀香梅，此品最佳。”北宋元祐间蜡梅声名乍起，一时新奇，栽培既久，品种滋衍。范《谱》已得三种。此品得名即俗，当是蜡梅中最近野生原始之品种。最初泛称蜡梅者或即此种。

图 57　杏梅（网友提供）。

37. 磬口。蜡梅品种。文献记载同 36。嫁接所得之良种。

38. 檀香。蜡梅品种。文献记载同 36。蜡梅三品之最佳。

39. 堂头梅。谈钥《（嘉泰）吴兴志》卷二〇“物产”：“梅：梅生江南，湖郡尤盛……《旧编》云：今武康、德清绵亘山谷，其种以堂头梅为上，横枝梅、清梅（引者按：《吴兴备志》作消梅）次之，又有红梅、重梅、鸳鸯梅、千叶缃梅、蜡梅，惟红梅、鸳鸯梅有实，菁山等处亦多。”《吴兴志旧编》，宋孝宗淳熙中周世楠撰①。未见他处记载，当是湖州地方果梅品种。

40. 重梅。文献记载同39。或重台梅、重叶梅之省称，然重台梅有实，重叶梅色白，此与红梅、鸳鸯梅同类，当为不结实之红梅品种。

41. 辰州本（蜡梅）。高似孙《剡录》卷九：“蜡梅花有紫心者、青心者。紫者色浓香烈，谓之辰州本。”剡，指嵊县（今属浙江），《剡录》意即嵊县志，完成于嘉定七年（1214）。此品花心紫色，与檀香之花色深黄如紫檀者不同。辰州，治今湖南沅陵，应是此品原产地。

42. 青心(蜡梅)。文献记载同41。青心是说花蕊颜色,似非此品定名。

43. 香梅。刘学箕《梅说》:“情益多而梅亦益多也。曰红,曰白,曰蜡,曰香,曰桃,曰杏,曰绿萼,曰鹅黄,曰纷红,曰雪颊,曰千叶,曰照水,曰鸳鸯者，凡数十品。”又陈耆卿《赤城志》卷三六：“果之属：梅，多种。花白者为盛，余则有绿萼梅、红梅、双梅、香梅、千叶梅、夏梅、寒梅,其实之酸则一也。”赤城,指宋台州(今属浙江)。既然列于果品,所谓“香”或是果实之特色，与周师厚《洛阳花木记》所载玉香梅重在花香者应不同。

44. 桃梅。文献记载同43。当属桃、梅嫁接或天然杂交品种。周师厚《洛阳花木记》“四时变接法”：“桃榫（引者按：一本作樺）上接诸般桃、诸般梅。”可见北宋时即已开始此项育种。

45. 鹅黄。文献记载同43。王十朋《省中黄梅盛开，同舍命予赋诗，戏成四韵》：“照眼非梅亦非菊，千叶繁英刻琮玉。色含天苑鹅儿黄，

① 王象之《舆地碑记目》卷一。

影蘸瀛波鸭头绿。日烘喜气光烛须，雨洗道装鲜映肉。此梅开后更无梅，莫借攀条饮醽醁。”[①]所咏或即此种黄梅花，花期较迟，也可能是千叶黄香之类。

46. 雪颊。文献记载同 43。未见他处记载。当是花色较白之品种。

47. 双梅。陈耆卿《赤城志》卷三六：“果之属：梅，多种。花白者为盛，余则有绿萼梅、红梅、双梅、香梅、千叶梅、夏梅、寒梅，其实之酸则一也。”欧阳询《艺文类聚》卷八六果部梅：“上林有双梅、紫梅、同心梅、粗枝梅。”当是此名由来已久，性状不明。宋人多称梅一蒂结双果为双梅，如杨万里《壬辰别头胡元伯丞公折双梅见赠，作一绝以谢之》：“一花怪结双青子，独蒂还藏两玉花。”[②]后世品字梅别称双梅，如清雍正《福建通志》卷一〇：“品梅，一花三实，又曰双梅。”不知前后有何关系。

48. 夏梅。文献记载同 47。未见他处记载，详细不明。列于果品，所谓“夏”应指果实成熟期。

49. 寒梅。文献记载同 47。未见他处记载，详细不明。列于果品，可能是一种冬季成熟的果梅品种。

50. 雀梅。常棠《海盐澉水志》卷六：“（物产）雀梅。”海盐，今属浙江。《尔雅·释木》郭璞注有雀梅之名，认为“雀梅，似梅而小者也”[③]。此雀梅或即此义，是小果品种。未见他处记载。

51. 金锭梅。周应合《景定建康志》卷四二：“果之品：来禽、大杏、海红、金锭梅、红桃、绿李、相公李（出句容）。”建康，今江苏南京。

---

① 《全宋诗》，第 36 册，第 22734 页。

② 《全宋诗》，第 42 册，第 26147 页。

③ 陆玑、毛晋《陆氏诗疏广要》卷上之下。

此为果梅品种，金锭或状其成熟时形状和颜色。未见他处记载。

52. 硬梅。潜说友《咸淳临安志》卷五八：“梅，有消、硬、糖、透数种。”又吴自牧《梦粱录》卷一八：“果之品……梅有消、硬、糖、透黄。”乃为果梅品种，果实较硬。

53. 糖梅。文献记载同 52。古来以糖制梅称糖梅，此当是糖分较高的果梅品种。

54. 透黄梅。文献记载同 52。乃为果梅品种，成熟时透黄。

55. 福州红。潜说友《咸淳临安志》卷五八：“红梅……今土人有福州红、潭州红、柔枝、千叶、邵武红等种。”又吴自牧《梦粱录》卷一八“物产·花之品”：“红梅有福州、潭州红、柔枝、千叶、邵武红等。”红梅品种，原产福州。

56. 柔枝。文献记载同 55。红梅品种，性状未详。

57. 邵武红。文献记载同 55。红梅品种，特征未详。邵武，今属福建，为此品原产地。

58. 判官梅。《永乐大典》卷二八一〇“判官梅”：“《新安志》：梅有名判官者，花丰实大。”当属果梅品种。罗愿《新安志》成于宋孝宗淳熙初年，然而该书未见此条，是佚文还是《永乐大典》编者误辑，或另有所本，不得而知，此系于宋末。画梅谱中常有“判官头”一目，此品或附会得名，未必实有，待考。

59. 绿英梅。唐冯贽《云仙杂记》卷二《水松牌》：“李白游慈恩寺，寺僧用水松牌，刷以吴胶粉，捧乞新诗，白为题讫，僧献玄沙钵、绿英梅……（《海墨微言》）。”宋佚名《锦绣万花谷》后集卷三八：“绿英：李白游慈恩寺，僧献绿英梅。（出于《海墨徽言》）”陈景沂《全芳备祖》前集卷一亦辑此条，注称出于《六帖》，然不见于《六帖》。《海墨微言》，著者和时代俱不明，最迟应出于北宋。揣绿英之名，花瓣应为绿色。除挑抄缀此条外，未见其他相关记载，姑附此待考。

三、总　结

（一）品种数量

上述59种，可能有一些交叉重复。如所谓硬梅，显然是就果实特征而言，也许所指就是“实小而硬”的江梅。腊梅（黄千叶）名、义分别与蜡梅、黄香梅相同。“鸳鸯梅，多叶红梅也”，也可能与千叶红梅是同一品种。又如茶梅、千叶茶梅未必是梅，福梅未必指品种。苔梅、古梅说的是枝干观赏形态。所谓绿英梅、双梅之类，有可能只是《西京杂记》所载之类，只是传名而已。另，蜡梅与磬口、檀香之间又有大、小概念间的包涵关系。从严掌握，扣除上述可疑数目，也有48个比较可靠的品种。显然这不是宋代艺梅品种的全部，只是所见宋人文献见载的数量。但不管怎么说，这一数字充分反映出两宋梅之栽培品种发展的巨大成就。

（二）品种类型

首先必须强调的是，这些品种其实分为两大种属。在现代植物学分类中，一是蔷薇科李属梅，一是蜡梅科蜡梅属蜡梅，宋人即已明确，它们不属于同类。但由于花期相同、花香相近，多视为同一花色，我们这里遵从宋人习惯，通盘进行考述。不难看出，这些品种的命名方式主要有三种：一是根据花、果、枝等外在生物形态特征，如红梅、黄梅、蜡梅、千叶、鸳鸯、横枝等；二是揭示花、果的节令特征等，如早梅、寒梅；三是说明原产地，如潭州红、福州红等。其中以第一种方式最多，这是古代园艺品种学的基本特点，同时也由两宋时期梅之观赏价值更受重视所决定。就两宋栽培、利用的实际状况以及宋人文献反映的植物知识来看，两宋时期的梅品种大致分为“花之品”“果之品”两大类。当然这种分类是相对的，梅是亦花亦果、花果兼利的经济作物。两相比较，花梅品种比较丰富，依其花色形态，又可分为江梅（白梅）、红梅、黄梅、古梅、梅枝、蜡梅等亚类，其中黄梅有些可能呈黄色，有些则应属花蕊黄色鲜明夺目。整个品种结构附列表(梅品种分类数量表）。从表中可知，花梅品种有 44 个，扣除存疑品种，为 34 个，约占可靠品种总数的 72%。花梅中又以红、白二色为主。白梅是梅花野生原种本色，红梅则大多源于梅与杏、桃等种间杂交或嫁接，因而品种资源都较丰富。蜡梅本非梅类，有其独立的种质开发空间，数量上也便显现优势。果梅体现的是经济价值，多属“土人”即乡民农人经营，士大夫关注不多，现存资料多见于地方志物产、土俗类记录中，内容过于简单，因而具体品种性状大多不明。但所见有 15 个果梅品种，比较可靠的有 14 个，占可靠品种总数的 28%。其中有宜于鲜食与宜于加工，青黄与花红，硬与软、甜与酸、夏与冬等用法、品质、时令方面的分别，也可谓是丰富多样，反映出一定的生产水平。总体上看，花梅品种偏多，且类型清晰，而果梅品种相对较少，且分类不明。这种品种结构不仅反映了宋代花梅发展较快的时代特色，同时也奠定了宋以后栽培梅发展的基本态势。

（三）发展过程

上述 59 种，见于北宋记载者 20 种，南宋者 39 种。北宋的 20 种主要集中在宋仁宗朝以来尤其是宋神宗、哲宗及徽宗朝早期，即公元 11 世纪下半叶至 12 世纪初期，这正是北宋经济发展、文化繁荣的时期，梅花圃艺得到长足发展。南宋的 39 种集中于宋高宗绍兴末年以来，即公元 12 世纪中叶至南宋灭亡的一百多年中。此间宋孝宗乾、淳至宁宗嘉定年间，即 12 世纪 60 年代至 13 世纪 20 年代，是南宋社会相对稳定、经济繁荣发展，史家号称“中兴”时期，梅之栽培品种的出现也相应地形成高潮。范成大的《梅谱》就完成于这一时期。南宋后期虽然整个社会衰势日深，但江南地区，尤其是作为南宋政治、经济、文化核心地区的苏、湖、杭、越等地，梅的经济生产和观赏栽培热潮如日中天，因而文献记载的梅花品种仍不断增加。纵观整个两宋时期梅花品种发现、栽培的发展轨迹，可以说与社会政治、经济、文化盛衰起伏的历史走势大致同步，同时自身又有一个不断繁衍进展的趋势。

（四）分布地区

上述 59 种，以其首发或见载属地分省数量多少排列，依次是浙江（19）、河南（14）、江苏（12）、福建（2）、湖南（2）、安徽（2）、湖北（1）、江西（1）。河南、浙江是两宋京畿所在，经济发达，人物荟萃，园林、圃艺繁盛，而梅品也就相对集中。北宋时苏州、宣州等南方地区虽也不乏梅花新品发现，但汴、洛地区以其政治中心的地位，在梅花的园林栽培发展上独领风骚。宋室南渡，中原沦落，艺梅中心迅速转移到江南地区。苏、杭、湖、越一带不仅是政治核心地区，同时人口繁庶，经济发达，农圃、园林生机兴旺，花梅与果梅的种植得天时、地利都极其兴盛，品种开发贡献多多。另果梅中的桃梅、鹅黄、雪颊，所见记载未言产地，但记载者刘学箕为福建崇安人，一生隐居不仕，其故乡园圃多植花草梅竹，所载品种应属闽中所产。南宋时江、浙、闽的这一发展优势为元、明、清时期我国栽培梅之分布格局奠定了基础。

附表：

梅品种分类数量表

（表中带？者存疑或重出，带*者为范《谱》已有）

<table>
<tr><th>种属</th><th colspan="2">类　型</th><th>品　　种</th><th>小计</th><th>合计</th></tr>
<tr><td rowspan="7">梅</td><td rowspan="6">花梅</td><td>白梅</td><td>江梅*、重台、早梅*、千叶、玉香梅、绿萼*、椒萼、青蒂、重萼、官城*、重叶*、绿萼（吴下又一种）*、雪颊</td><td>13</td><td rowspan="6">38</td></tr>
<tr><td>红梅</td><td>红梅*、千叶红香、紫梅、鸳鸯？、潭州红、鸳鸯（又一种）*、红梅（纷红、粉红）、杏梅*、重梅、福州红、柔枝、邵武红</td><td>12</td></tr>
<tr><td>黄梅</td><td>千叶黄香*、腊梅（黄千叶）？、百叶黄梅（又一种）、鹅黄</td><td>4</td></tr>
<tr><td>古梅</td><td>苔梅（越）*？、苔梅（宜兴）？、古梅*？</td><td>3</td></tr>
<tr><td>梅枝</td><td>横枝、照水梅</td><td>2</td></tr>
<tr><td>未明</td><td>茶梅？、千叶茶梅？、福梅？、绿英梅？</td><td>4</td></tr>
<tr><td colspan="2">果梅</td><td>消梅*、苏梅、水梅、堂头、香梅、桃梅、双梅、夏梅、寒梅、雀梅、金锭、硬梅？、糖梅、透黄、判官</td><td>15</td><td>15</td></tr>
<tr><td>蜡梅</td><td colspan="2">蜡梅</td><td>蜡梅*？、狗蝇*、磬口*、檀香*、辰州本、青心</td><td colspan="2">6</td></tr>
</table>

（原载沈松勤主编《第四届宋代文学国际研讨会论文集》、程杰《梅文化论丛》，此处有补订。）

林逋孤山植梅事迹辨

北宋林逋早年漫游江淮，后归故乡钱塘，结庐西湖孤山隐居，据说二十年足不入城市，终日徜徉湖山，以养鹤咏梅为事。林逋是历史上第一个着意咏梅的文人，今存《山园小梅》等咏梅诗七律八首，时称“孤山八梅”，如此连篇累牍，前无古人[①]。其中“暗香疏影”“雪后园林”等联脍炙人口，影响甚大，关于这些名句发明梅花“暗香”“疏影”之特色，渲染疏淡闲静之神韵，赋予高雅幽逸之品格等方面的成就，笔者已著文详论[②]，此不赘述。本文有感而发的是，由于林逋咏梅数量和质量上的突出贡献，致使对林逋咏梅横生想象，认为其孤山隐居大事植梅，并称其“梅妻鹤子”，甚至有记载说，林逋“植梅三百六十余树，花既可观，实亦可售，每售梅实一树，以供一日之需”[③]，俨然成了其孤山隐居的基本生计。而事实却远非如此。

一、林逋孤山隐地植梅很少

林逋生前孤山隐所种梅很少，或者就只一株。这可以从以下几个

① 方回《瀛奎律髓》卷二〇。林逋另有《霜天晓角》咏梅词一首。

② 程杰《林逋咏梅在梅花审美认识史上的意义》，《学术研究》2001 年第 7 期；《宋代咏梅文学研究》，安徽文艺出版社 2002 年版，第 77 ～ 97 页。

③ 王复礼《孤山志》，《丛书集成续编》本。

方面得到证明：

（一）“孤山八梅”多称孤株

“孤山八梅”中有这样一些信息值得注意：一是“孤山八梅”不尽是写孤山居处梅花。“孤山八梅”共分三组，其中《梅花三首》一组，至少其中的前两首“吟怀长恨负芳时，为见梅花辄入诗”，“几回山脚又江头，绕着瑶芳看不休”云云，是泛写西湖沿岸外出探梅之事。二是写隐居小园之梅多称“小梅”“孤根”“一枝”。“孤山八咏”中的《山园小梅二首》《又咏小梅》《梅花二首》[①]是明确吟咏隐居小园梅花的，其中《山园小梅二首》时间最早。既然题称“小梅”，当是隐居孤山之初新栽不久所作，诗中称梅花怯寒、“冷落”，可见是写隐园新栽嫩梅风致犹浅的景象。篇末“忆着江南旧行路，酒旗斜拂堕吟鞍”，回忆远游所见梅景之盛，也是因眼前的新植浅景有感而发。《又咏小梅》：“数年闲作园林主，未有新诗到小梅。摘索又开三两朵，团栾空绕百千回。”则是作于数年之后。题中仍称“小梅”，显然梅树长势改观不大，唯此一株，因而反复围绕观赏。《梅花二首》有“香薷独酌聊为寿”之语，可见当作于晚年，时间最后。其中“宿雾相粘冻雪残，一枝深映竹丛寒。不辞日日旁边立，长愿年年末上看”，“孤根何事在柴荆，村色仍将腊候并。横隔片烟争向静，半粘残雪不胜清”云云，表明仍是旧树一株，这么多年并未增植。林逋《又和病起》诗中还附记同时友人钱塘县尉谢伯初（字景山）赠他的诗中有“落尽中庭一树梅”句[②]，显然指的是林逋小园，为此林逋和诗有句回应，这也进一步证

---

① 本文所引林逋诗均见沈幼征校注《林和靖诗集》，浙江古籍出版社 1986 年版，除重要处外，恕不一一具明页码。

② 林逋《林和靖诗集》卷四，第 159 页。

图58　[清]弘仁《林樾寻梅图》。弘仁，字鸥盟，明末清初人。明亡后于福建武夷山出家为僧，号梅花古衲。

明了林逋园中植梅一株的情景。

（二）林逋居处植物中梅不突出

统观林逋现存作品，在其所写山园植物中，梅花也不突出。“孤山八梅”和《霜天晓角》咏梅词之外，林逋写及梅花的仍有八处，其中一处比喻白色（《送史殿省典封州》）、一处写西湖野梅（《酬画师西湖春望》）、三处写外地（《安福县途中作》《送史殿丞任封州》《送陈纵之无为军》）、两处用作一般时令标志（《桃花》《湖上初春偶作》），有可能属于隐居风景的只剩一处，题作《山村冬暮》，究属他人还是自家小园，并不明确。这至少说明在林逋的作品中，除“孤山八咏”所咏一株梅树外，在他的整个隐所未见有其他的植梅信息。

从林逋集中所咏可知，其居处种植最多的是松、竹，下文专门揭示。松竹之外，还有桃、杏（《桃花》）、李（《夏日池上》、樱（《山中寒食》）、杨柳（《百舌》《水轩》）、海棠（《春日斋中》）、蔷薇（《小园春日》）、兰（《园庐秋夕》）、荷（《湖上晚归》《闵上人以鹭鸶二轴为寄因成二韵》）、菊（《深居杂兴六首》其一）、梧桐（《山中寒食》）、石竹（《山舍小轩有石竹二丛……》）等，但远不如松、竹那么茂盛。梅花的情况与它们大致相似，甚至还不如桃树。林逋《桃花》是专咏居处桃树的：“柳坠梅飘半月初，小园孤榭更庭除。任应雨杏情无别，最与烟篁分不疏。”所谓榭下和阶旁，可见不止一处。释智圆《寄林逋处士》写林逋隐地：“苔荒石径险，犬吠桃源深。中有上皇人，高眠适闲心。”[①]这里所说桃花源有用典与写实两种可能，联系林逋自己的描写，至少说明林逋居处植桃较梅要多一些。

林逋隐于孤山东麓，以竹林与篱栏与孤山南坡的广化寺（通称孤

① 《全宋诗》，第3册，第1560页。

山寺）相邻，而山之北坡也不属其范围。林逋诗中自称“五亩聊开林下隐”（《虢略秀才以七言四韵诗为寄，辄敢酬和，幸惟采览》），又常称“小园”（《小园春日》《山园小梅二首》），虽然或有自谦之意，但占地不会太大，其中除松竹外，又有屋堂、水亭、山阁（巢居阁）、小池、蔬圃、养鹿饲鹤等设施，加之前述桃、杏、樱桃、海棠等闲植，想必剩余空间极其有限，决没有大规模或大片植梅的可能。后世所说植梅三百六十株，以如今生产性幼林平均每亩五十株计算，也至少需要五亩多地，这在林逋自称的五亩小园中几不可能。

（三）林逋居地以松竹为主

虽然欧阳修以来林逋孤山咏梅渐受注意，但纵观整个北宋时期的诗文吟咏和史乘杂记，除林逋自己“孤山八梅”所说“小梅”“孤根”外，未见有林逋故居大片植梅的描写与记载。有关信息表明，林逋居地最多的植物是松竹。首先是林逋本人的作品，描写最多的是松竹，尤其是竹子。清人王复礼所辑《孤山志》（《丛书集成续编》本）“种松”“栽竹”条下便辑有不少林逋诗歌资料，尤其是“栽竹”条下引林逋众多诗作，条述其与竹“四时不忘”“人己共乐”“新旧堪赏”“生死与俱”“阴晴烟露”，“无一不入诗也”，足见栽种之盛、爱赏之深。我们看一些重要的作品。《深居杂兴六首》是林逋着意描写孤山隐逸情志的组诗，其中提到的生活内容有琴、书、钓、茶等，而居处植物有三：松、竹、菊。菊一见，松竹则多次出现：“隐居松籁细铮然，何独微之重碧鲜。”“冉冉秋云抱啸台，一丘松竹是闲媒。”“松竹封侯尚未尊，石为公辅亦云云。”其《小隐自题》：“竹树绕吾庐，清深趣有余。”《喜马先辈及第后见访》：“何期桂枝客，来访竹林居。”这些都属总体描述，强调的是青松翠竹。分别观之，林逋诗中有《松径》

一题，另《闻灵皎师自信州归越以诗招之》说：“我亦孤山有泉石，肯来松下共忘机。”《山阁偶书》说：“但将松籁延佳客，常带岚霏认远村。”《僧有示西湖墨本者，就孤山左侧林萝秘邃间状出衡茅之所，且题云林山人隐居，谨书二韵以承之》：“泉石年来偶结庐，冷挨松雪瞰西湖。”都是说松景，值得注意的是，最后一条举冬景是松雪相兼，而不是梅雪相映。其《竹林》诗写道：“寺篱斜夹千梢翠，山径深穿万箨干。”《新竹》诗：“齐披古锦围山阁，背迸寒犀过寺墙。”《山阁夏日寄黄大茂》：“新篁绕阁薰风细，还肯时来纳晚凉。”所说山阁是林逋隐所的一处建筑，后世称巢居阁，可见四周青竹环绕。前引临终诗也提到亭对修竹。另《孤山寺》：“云峰水树南朝寺，只隔丛篁作并邻。”《雪》：“寒连水石鸣渔墅，猛共松篁压寺邻。”是说与寺院隔竹为邻。这些都证明林逋隐所在一片竹林掩映之中。

林逋居处多植松竹，还可以从林逋友人的往来酬赠、造访回忆之作中得到进一步的印证。在同时文人有关林逋居处的描写中，以两浙转运使陈尧佐（963—1044）《林处士水亭》一诗最为详细、全面：“城外逋翁宅，开亭野水寒。冷光浮荇叶，静影浸渔竿。吠犬时迎客，饥禽忽上阑。疏篱僧舍近，嘉树鹤庭宽。拂砌烟丝袅，侵窗笋戟攒。小桥横落日，幽径转层峦。好景吟何极，清欢尽亦难。怜君留我意，重叠取琴弹。”[①]这里强调的是疏篱、竹树、鸡犬、鹤庭、小桥、幽径等，但未提及梅树。当时林逋隐庐给人们印象最深的是松竹。与林逋同时居孤山西坡的释智圆《书林处士壁》“鸟语垂轩竹，鱼惊浸月池”[②]，是说林逋居处有竹有池。梅尧臣《对雪忆往岁钱塘西湖访林逋三首》

① 《全宋诗》，第2册，第1088页。
② 《全宋诗》，第3册，第1578页。

其一："折竹压篱曾碍过，却寻松下到茅庐。"[①]梅尧臣大约天圣四五年（1026—1027）冬春之交往访会稽（今浙江绍兴），路过杭州顺访林逋[②]，时值大雪，诗中透露的信息是，林逋住地外围是竹林，围有篱笆，经过一段松径，才见屋舍。林逋卒后不久，蔡襄《经林逋旧居二首》写道："修竹无多宅一区，先生曾此隐西湖。"[③]所见仍以修竹为主。到了元丰间，苏轼《书林逋诗后》："我笑吴人不好事，好作祠堂傍修竹。不然配食水仙王，一盏寒泉荐秋菊。"希望人们在孤山建祠祭祀林逋，所说傍竹修祠，也应是从林逋故居的植物景象引发的联想与建议。这些都说明，林逋小园所植以松竹，尤其是竹子为主，在其生前及身后相当一段时期都是如此。

从林逋、释智圆等人诗中透露的信息，整个孤山境内也以竹子分布最多，正如清人所说，"松竹则本山所产，不待种也"[④]。如智圆《送惟凤师归四明》写其居处"延望云山遥，销暑竹风清"[⑤]，《孤山诗三首》其三写孤山僧塔，"竹荫高僧塔，云迷处士居"[⑥]，苏舜钦《关都官孤山四照阁》"旁观竹树回环翠，下视湖山表里清"[⑦]，都是说的竹林。

（四）北宋时整个孤山植梅极其有限

不仅是林逋故居，当时整个孤山梅花分布都极有限。北宋熙宁初杭州知州郑獬与汪辅之等唱和梅花诗，今存郑氏所作《江梅》《雪里梅》《和汪正夫梅》等20多首，其中具体提到的只是西湖东南"凤山（引

① 《全宋诗》，第5册，第2932页。
② 李一飞《梅尧臣早年事迹考》，《文学遗产》2002年第2期。
③ 《全宋诗》，第7册，第4791页。
④ 陈璨《西湖竹枝词》"不栽洛下牡丹芽"诗注，《丛书集成续编》本。
⑤ 《全宋诗》，第3册，第1500页。
⑥ 《全宋诗》，第3册，第1510页。
⑦ 《全宋诗》，第6册，第3954页。

者按：凤凰山）亭下赏江梅”[①]一景。哲宗元祐（1086—1093）中，杭州通判杨蟠与安徽当涂郭祥正唱和《钱塘西湖百咏》，今存杨氏原作近40题[②]、郭氏和作100题[③]，于孤山有林和靖桥、巢居阁、白居易竹阁、陈朝桧等14题，也未见有关于梅花的。苏轼曾先后担任杭州通判和知州，有关西湖的诗歌不少，但没有一首正面题咏孤山梅花。孤山一带的梅花，见于文人诗歌描写的只是山脚的白沙堤。钱塘人沈辽《次韵和宋平叔》：“忆昔衔杯折梅处，孤山寺前千丈塘。横遮青林斗残雪，暗入红袖留清香。”[④]所谓千丈塘即白沙堤，也即后世所谓白堤，包括孤山南麓湖滨，可见当时沿路多有梅花。苏轼元丰六年(1083)《和秦太虚梅花》：“西湖处士骨应槁，只有此诗君压倒……孤山山下醉眠处，点缀裙腰纷不扫。”苏轼所说“孤山山下”，也是指这一带。整个北宋时期，有关史乘杂记也未见有孤山山上植梅的明确记载。由此可见，整个北宋时林逋居处所在之孤山东坡乃至整个孤山山间的梅花种植并不突出。

就孤山而言，属湖中孤耸山屿，除山南水边白沙堤和西坡稍为平缓外，以起伏岗峦为主，松竹等生命力较强的植物易于生长繁育。整个孤山，唐以来就分布着不少寺庙，释智圆称“环山梵刹五焉”[⑤]，有广化寺、智果观音院、玛瑙宝胜院、报恩院等。另外，从林逋诗中经常提到村居渔人，想必还有一些其他渔农杂户分布。以孤山这样一个区区三百多亩的湖屿，间或有梅花分布，如唐之白居易所写寺院种梅，

---

① 郑獬《江梅》，《全宋诗》，第10册，第6890页。

② 《全宋诗》，第8册，第5040～5050页。

③ 郭祥正《和杨公济钱塘西湖百题》，《全宋诗》，第13册，第9006～9017页。

④ 沈辽《云巢编》卷二，《影印文渊阁四库全书》本。

⑤ 释智圆《孤山寺二首》自注，《全宋诗》，第3册，第1505页。

规模也必是有限，不可能容有大面积的种植。

更为重要的是，林逋这个时代，乃至于整个北宋时期，人们对梅花的欣赏远未形成时尚，掀起高潮，圃艺种植视同一般。同时释智圆孤山西侧玛瑙坡所植一如林逋，也以松、竹为主，集中有《新栽小松》《新栽竹》[1]等诗，另计划大事种植的是桃树，其《孤山种桃》诗云：“我欲千树桃，夭夭遍山谷。山椒如锦烂，山墟若霞簇。下照平湖水，上绕幽人屋。清香满邻里，浓艳蔽林麓。夺取武陵春，来悦游人目。”[2]一般而言，桃树比梅树更富经济价值。前面所说林逋居处植桃多于梅，也就是一个很正常的现象。

二、“梅妻鹤子”之说出现于明代

林逋“梅妻鹤子”之说不见于宋代各类文献，林逋本人的作品中也未见类似说法。林逋养鹤，诗中屡有所言，时人也有记载[3]，称其大事种梅，由前述可知，全属附会之辞。细加寻绎，只有到了梅花被推为群芳至尊，林逋咏梅也广受崇尚的南宋后期以来，才隐约出现类似的想象与赞赏。如刘克庄《梅花十绝·九叠》“和靖终身欠孟光，只留一鹤伴山房。唐人未识花高致，苦欲为渠聘海棠”[4]，董嗣杲《西湖百咏·孤山》“有鹤有童家事足，无妻无子世缘空”[5]，元韦居安《梅磵诗话》卷中无名氏诗“和靖当年不娶妻，只留一鹤一童儿”等，都

---

① 《全宋诗》，第3册，第1570页。
② 《全宋诗》，第3册，第1560页。
③ 沈括《梦溪笔谈》卷一〇。
④ 《全宋诗》，第58册，第36367页。
⑤ 《全宋诗》，第68册，第42696页。

由林逋的不娶无子而生此联想，但都非“梅妻鹤子”的明确说法。可以肯定地说，这一说法属于后世进一步的发挥。

“梅妻鹤子”明确而完整的说法最早见于田汝成的《西湖游览志》。田汝成，钱塘（今杭州）人，嘉靖五年（1526）进士，曾官广西右参议、福建提学副使等。《西湖游览志》初刊于嘉靖二十六年（1547）。该书卷二：“至元间，儒学提举余谦既葺处士之墓，复植梅数百本于山，构梅亭于其下。郡人陈子安以处士无家，妻梅而子鹤，不可偏举，乃持一鹤放之孤山，构鹤亭以配之。”这里提到的余谦，记载颇为缺乏，元末陶宗仪《书史会要》卷七：“余谦，字崚山，池阳人，官至江浙儒学提举，善古隶。”[①]余谦大约元统二年（1334）始任江浙儒学提举[②]，至元五年（1339）主持修葺林逋墓。具体情况见于当时钱塘人叶森《和靖墓堂记》：“和靖先生墓在孤山，至元己卯江浙儒学提举余谦德撝命西湖书院山长陈泌汝泉同森修葺之，复言于宪属，以达宪副杨公翼飞，各捐俸助森。因偕士人陈子安、王思齐、朱信甫、韩伯清、朱晋齐、莫景行、张景仁，僧本初、如志、道流王眉叟、张伯雨作祠堂庖湢，而西湖书院特建一亭，钱塘尹赵名渊复建墓前屋，始于是年四月廿三日，成于五月十三日。是日祀以少牢，名其轩曰鹤轩，翼飞书扁，又得张

① 从下文所引叶森《和靖墓堂记》可见，余谦字德撝，取义本自《易经·谦》“无不利撝谦”一语，同时胡助有《送余德撝南归燎黄》诗（《纯白斋类稿》卷八），崚山当是其别号。稍后元人郑元祐《遂昌杂录》称其“余山中”，不知何故，或者余谦于崚山外，另有一号“山中”。

② 陈泌《西湖书院重修大成殿记》：“元统二年秋，大成殿东南角坏，葺之者不良于谋，因尽撤而治之……有翰林余公谦、国子助教陈公旅，提举江浙学事，盖深忧之。”《六艺之一录》卷一一一。杨瑀《山居新话》卷一：“元统间，余为奎章阁属官，题所寓春帖曰‘光依东壁图书府，心在西湖山水间’。时余崚山为浙江儒学提举，写春帖付男垧，置于山居，则曰‘官居东壁图书府，家在西湖山水间’。偶尔相符，亦可喜也。”

图 59　“梅林归鹤”，清“西湖十八景”之一，选自《西湖志纂》卷一。

南轩先生（引者按：南宋理学家张栻）‘梅轩’二字揭诸亭，植梅数百本于山之上下。子安持一鹤为山中荣，因致告先生曰，昔人以先生游观之所匪鹤不能，今人以先生神游之所亦匪鹤不能，故献兹禽。”[①]这里所说陈子安祷告文中强调林逋墓地缺鹤不可，于是额其建筑为“鹤轩”“梅轩”，并未出现林逋“梅妻鹤子”之类意思。显然这一说法是后来明人或者就是田汝成本人的提法。此后这一说法就成了林逋隐居生活最为简明的写照。

上述观点，笔者《杭州西湖孤山梅花名胜考》一文曾有所涉及[②]，

① 邵晋涵《（乾隆）杭州府志》卷三三，《续修四库全书》本。
② 程杰《杭州西湖孤山梅花名胜考》，《浙江社会科学》2008 年第 12 期。

并在多种学术场合交流过。顷见研究林逋和梅文化者，仍不断奢谈林逋孤山植梅之盛，故析出专题，略加增补，希望引起注意，得到认同，以还历史本来面貌。

（原载《南京师范大学文学院学报》2010年第3期）

《梅花三弄》起源考

《梅花三弄》是我国古典音乐的一块瑰宝。自明代初年朱权《臞仙神奇秘谱》传谱以来，一代代琴家不断传承、改造与发挥，新的谱本和演奏风格层出不穷，加之箫、笛、琵琶等器色也多积极参与演绎与合作，影响极其深广，成了最受人们喜爱的古曲之一。但就这样一首古典名曲，明以前文献记载极其匮乏，明以来谱著纷纭，但所记又多属传闻或臆测，难以信从，因而其起源、作者等问题长期以来茫昧不清。笔者有感于此，广泛搜罗传谱以前的文献资料，细加梳理挖掘，虽然所获无多，但一些长期的误解足以澄清，某些环节也初得蛛丝马迹。现就其重要方面考述如下。

一、“梅花三弄”本非正式曲名

从朱权《神奇秘谱》开始的明清琴谱，多认为《梅花三弄》本东晋桓伊所作笛曲，后来琴家移为琴曲。这几乎是一个常识。但问题是，桓伊并未作《梅花三弄》，在琴曲《梅花三弄》出现之前，《梅花三弄》并非正式的乐曲名称。有关误解由来已久，故事得从桓伊说起。

桓伊，小字子野，东晋名臣，擅吹笛，时称江左第一。《世说新语·任诞》：“王子猷出都，尚在渚下。旧闻桓子野善吹笛，而不相识。

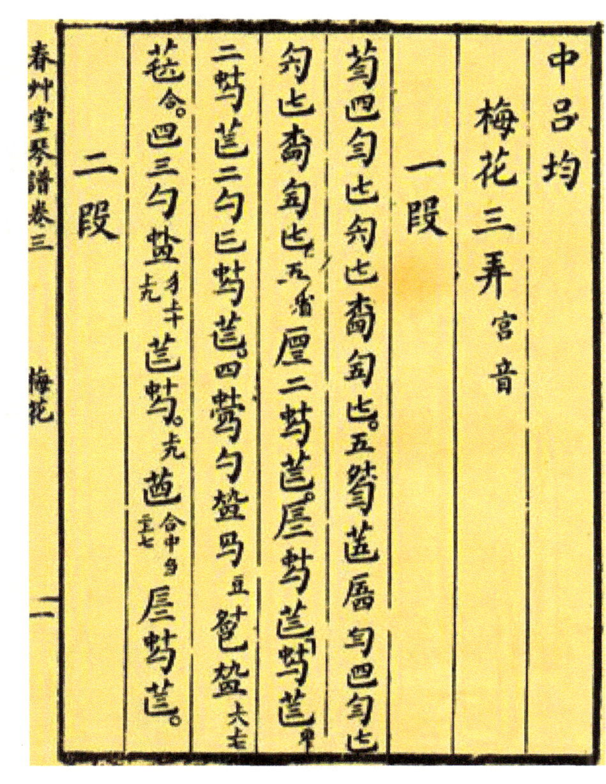

图 60　春草堂琴谱《梅花三弄》。琴曲《梅花三弄》是梅花音乐最为经典的作品，今所见传谱始见于明洪熙元年（1425）朱权《神奇秘谱》，该曲共十段。此为第一段（引自台湾成功大学“古琴减字谱数字化数据库建立与多媒体展现”，网址：httpcontent.teldap.twmainplan_detail.phppageNum_tbDC=35&class_plan=56）。

遇桓于岸上过，王在船中，客有识之者，云是桓子野。王便令人与相闻，云闻君善吹笛，试为我一奏。桓时已贵显，素闻王名，即便回下车，踞胡床，为作三调。弄毕，便上车去，客主不交一言。”这是两位风流名士，相互倾心已久，偶而陌路相遇，只以音乐爱好相应酬，而始终不通一言的佳话。后来关于桓伊创作笛曲《梅花三弄》的说法即源于这段故事。但这一原始记载中，没有提到桓伊所吹曲名，只是说“为作三调”，三调当为三个曲子或三段曲子。其中“弄”字，作动词用，是吹奏的意思。“弄毕”是说演奏完了，接着便是上车扬长而去。那么，桓伊创作《梅花三弄》的说法从何而来？披览唐宋文献，各类有关文献都未见有关这一乐曲的正式著录，但文学作品中却有不少这方面的资料，从中不难发现，这一名称的出现主要得力于文学作品的想象与演绎。

一个音乐史的背景提供了基础。魏晋以来的乐府横吹曲中有《落梅花》一曲，产生于北方地区，主要以羌笛吹奏，至迟南朝以来与《折杨柳》一起成了笛曲的代表，隋唐以来更是极其流行。因而从六朝后期以来，文学家们有关笛及笛声的描写大都以《梅花落》或《折杨柳》为例，如南朝陈贺彻《赋得长笛吐清气诗》："柳折城边树，梅舒岭外林。"[①]初唐李峤《笛》："逐吹梅花落，含春柳色惊。"[②]盛唐李白《与史郎中钦听黄鹤楼上吹笛》："黄鹤楼中吹玉笛，江城五月落梅花。"[③]中唐戎昱（一作李益）《闻笛》："平明独惆怅，飞尽一庭梅。"[④]反之，写梅花飘落则多以笛声作暗示，如崔橹《岸梅》："初开已入雕梁画，未落先愁玉笛吹。"这几乎成了一个写作套路或表达惯例，这一笛曲与梅花的固定联系是所谓笛曲"梅花三弄"说生成的第一个环节。

第二个环节则是笛曲与"三弄"之间的联系。前引《世说新语》是说桓伊"作三调，弄毕"，但在隋末虞世南所编的《北堂书钞》中，整个故事被概括成"为作三弄"四个字，注引《世说新语》原文中"作三调，弄毕"也变成了"作三弄毕"[⑤]。到宋初《太平御览》中同样的一句话则改成"为作三调之弄"。《北堂书钞》与欧阳询《艺文类聚》、

① 逯钦立辑校《先秦汉魏晋南北朝诗》，中华书局1988年版，第2554页。

② 李峤《李峤杂咏》卷下，日本宽政至文化间本。

③ 《全唐诗》卷一八二，《影印文渊阁四库全书》本。

④ 《全唐诗》卷二七〇。

⑤ 虞世南《北堂书钞》卷一一〇，《影印文渊阁四库全书》本。虽然更为可靠的光绪十四年孔氏三十有三万卷堂孔广陶校注影宋本《北堂书钞》（北京学苑出版社1998年影印）此句作"为作三调"，与《世说新语》相符，但从《北堂书钞》各语条末字相同排列一处的通例，此语紧接"吹为一弄"一语后，应是"为作三弄"。

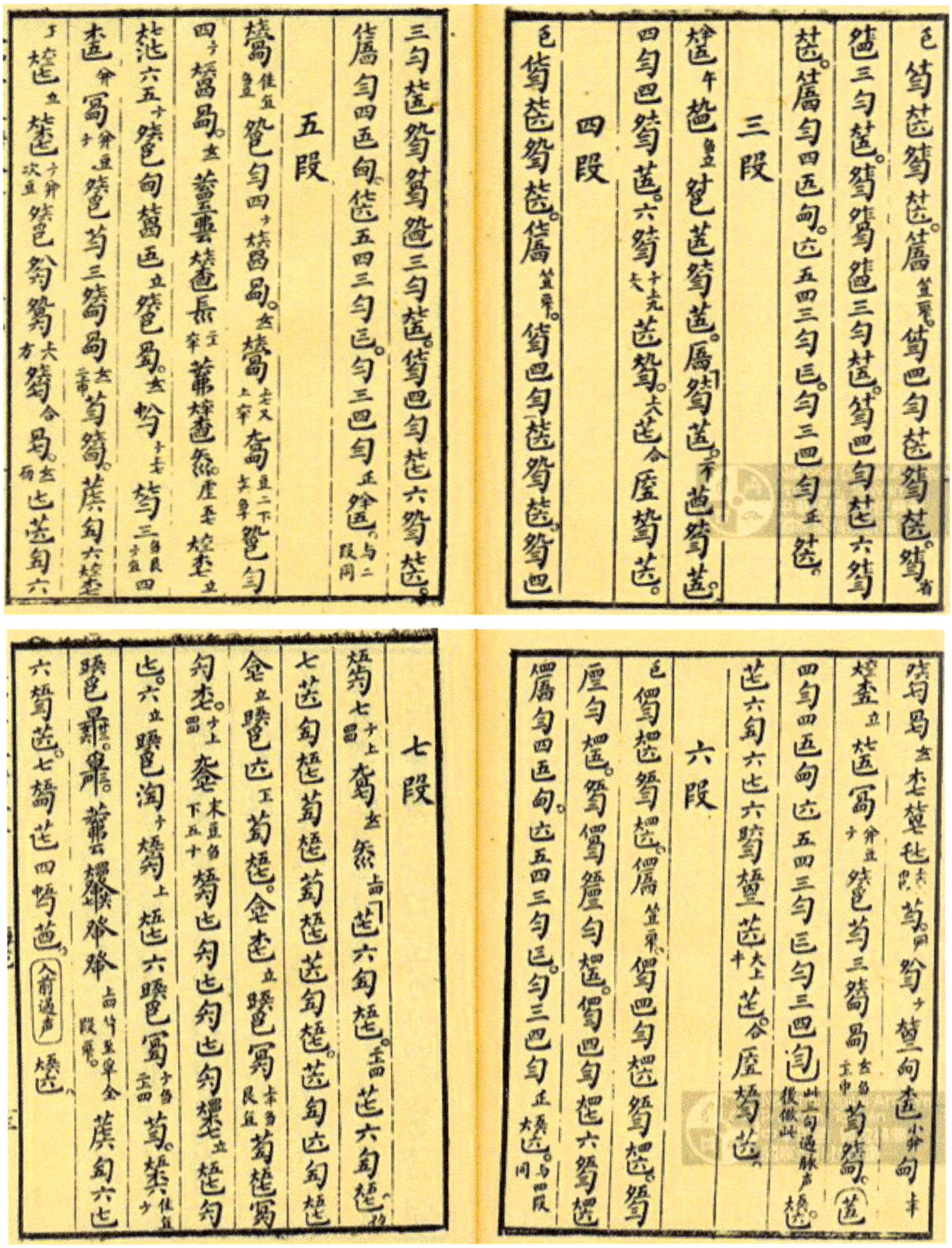

三段

四段

五段

六段

七段

图 61　春草堂琴谱《梅花三弄》。第二段至第七段。

徐坚《初学记》都是专为写诗作文而编撰的典故与作品类书,《太平御览》则是宋初编撰的更为大型的掌故类书，其作用类似于今天的百科全书辞典，其中的语言材料在后来的辞章中使用最为频繁。在《全唐诗》中，我们搜检到两例。李郢《赠羽林将军》：“唯有桓伊江上笛，卧吹三弄送残阳。”[①]陆龟蒙《明月湾》：“或彻三弄笛，或成数联诗。自然莹心骨，何用神仙为。”[②]显然都与桓伊故事有关，笛曲三弄这一说法也开始显现。

进一步的联系出现在宋代。在宋人的咏梅或咏笛作品中,《梅花落》、笛曲、三弄这样几个语素经常地联系在一起，如林逋《霜天晓角》词:“冰清霜洁,昨夜梅花发。甚处玉龙三弄,声摇动枝头月。”[③]吴感《折红梅》:“凭谁向说，三弄处，龙吟休咽。”[④]孔夷《水龙吟》：“疏影沉没，暗香和月，横斜浮动。怅别来，欲把芳菲寄远，还羌管吹三弄。”[⑤]李清照《孤雁儿》：“笛里三弄，梅心惊破，多少春情意。”[⑥]笛曲三弄成了一种乐曲的名称，从这些词句所表达的落花伤逝情景不难看出，实际所指都是笛曲《梅花落》。

不仅是笛曲《梅花落》称为“三弄”，与《梅花落》同源的角、笳之曲也称“三弄”。乐府横吹《梅花落》曲，羌笛之外自来也以角、笳等其他羌乐演奏。如初唐陈子良《春晚看群公朝还人为八韵》：“珂影傍明月，笳声动《落梅》。”[⑦]骆宾王《和孙长史秋日卧病》：“节

① 《全唐诗》卷五九〇。
② 《全唐诗》卷六一八。
③ 唐圭璋编《全宋词》，第 1 册，第 7 页。
④ 唐圭璋编《全宋词》，第 1 册，第 119 页。
⑤ 唐圭璋编《全宋词》，第 2 册，第 638 页。
⑥ 王仲闻校注《李清照集校注》，人民文学出版社 1979 年版，第 42 页。
⑦ 《全唐诗》卷三九。

变惊衰柳，笳繁思《落梅》。”[①]在此基础上，唐代出现了角曲大、小《梅花》。宋郭茂倩《乐府诗集》卷二四称：“《梅花落》，本笛中曲也。按唐大角曲亦有《大单于》《小单于》《大梅花》《小梅花》等曲，今其声犹有存者。”唐代笛曲《梅花落》盛极一时，而宋、元时期角曲《梅花》使用较为普遍。南宋王十朋《会稽三赋》卷下《蓬莱阁赋》史铸注：“《梅花引》，笛中所吹之曲也，今多于角声吹之。”角曲《梅花》比笛曲《落梅》保留了更多“边声”和军乐的色彩，宋时边关军寨以及内地州府重镇之戍楼夜警一般以角声昏晓报时，其中残夜五更所奏一般是《小梅花》曲，宋元人作品中多有这方面的描写。北宋赵抃《次韵楼头闻角》：“龙蛰穷冬万否开，蛩吟清晓在蓬莱。五更枕上惊残梦，一曲楼头动《小梅》。”[②]曾巩《早起赴行香》：“枕前听尽《小梅花》，起见中庭月未斜。”[③]郑侠《次韵赵资道秋夜闻角》：“萧索秋城五鼓前，月临残梦正团圆。彤楼一曲《梅花落》，玉枕谁家绣带连。”[④]南宋陈造《郢州守风二首》：“今夜石城楼上角，不妨重听《小梅花》。”[⑤]角曲《小梅花》可能有明显的三段结构，因此更倾向于被称为“三弄”。如北宋秦观《桃源忆故人》：“无端画角严城动，惊破一番新梦。窗外月华霜重，听彻梅花弄。”[⑥]元人黄庚《闻角》：“谯角呼呜到枕边，边情似向曲中传。梅花三弄月将晚，榆塞一声霜满天。”[⑦]另如宋人许景

① 《全唐诗》卷七九。
② 赵抃《清献集》卷四，《影印文渊阁四库全书》本。
③ 曾巩《元丰类稿》卷七，《影印文渊阁四库全书》本。
④ 郑侠《西塘集》卷九，《影印文渊阁四库全书》本。
⑤ 陈造《江湖长翁集》卷一九，《影印文渊阁四库全书》本。
⑥ 秦观《淮海集·长短句》卷中，《影印文渊阁四库全书》本。
⑦ 黄庚《月屋漫稿》，《影印文渊阁四库全书》本。此诗又见于张观光《屏岩小稿》。

衡《敏叔见和再依韵谢之》:“竹叶一尊鱼似玉，梅花三弄月如霜。”[①] 曾觌《念奴娇》:“阑干星汉，落梅三弄初阕。”[②]虽然乐器未明，但从所言深更夜寂、霜晨残月的情景，也更像是写戍楼所奏角曲《梅花》。

综合上面的论述，我们大致可以看出，唐宋时期人们常提的“梅花三弄”，其实并不是一个正式的单曲名称，而是乐府鼓角横吹曲中以《梅花落》为主的一系列梅花主题乐曲的别称，更确切地说，它只是一个通行的说法而已，从北宋开始流行，所指既是笛曲《梅花落》，也包括入宋后普遍用于城关戍楼守更报时的角曲《小梅花》。

二、琴曲《梅花三弄》创作与流行的时间

关于琴曲《梅花三弄》的作者，明清琴谱主要有两种说法。一是以明初《神奇秘谱》为代表，认为东晋桓伊“作《梅花三弄》之调，后人以琴为三弄焉”，至于这个“后人”究是何时何人，付之阙如[③]。另一是以明嘉靖间黄龙山《发明琴谱》(北京图书馆藏明刊本)为代表，万历间杨抡《伯牙心法》继之，两书都称《梅花三弄》是颜师古所作，但未交代所言何据。颜师古（581—645），唐太宗时官中书侍郎。北宋朱文长著《琴史》，于初、盛唐著录王绩、吕才、卢藏用等琴人事迹，但未提到颜师古，可见宋人不认为其擅琴。晚清周庆云《琴史补》二卷（梦坡室己未年刻本）于唐代增添仲长子光、王维、李白等人，也未补到颜师古。遍检《四库全书》，未见有关颜师古善琴之记载。而

---

① 《全宋诗》，第23册，第15586页。

② 唐圭璋编《全宋词》，第2册，第1310页。

③ 朱权《神奇秘谱》卷中，《续修四库全书》本。

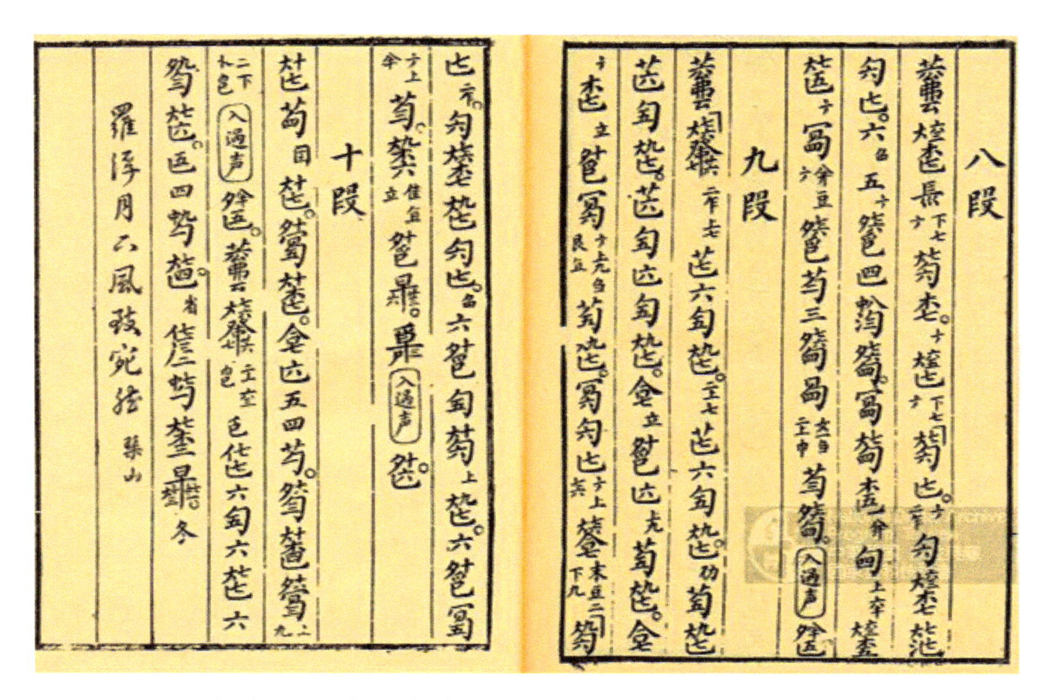

图 62　春草堂琴谱《梅花三弄》。第八段至第十段。

且在颜师古生活的隋唐之交，“梅花三弄”的说法远未出现，整个唐代都难睹这一说法的明显迹象。因此，以初唐颜师古为琴曲《梅花三弄》的作者，实不可靠。《发明琴谱》《伯牙心法》也未明确颜师古的朝代，是否另有所指，也未可知。但遍检《四库全书》及现代各类人名大辞典，于明以前所见颜师古只有初唐一位。比较上述两种说法，《神奇秘谱》的说法虽然比较模糊，但却更为合理，明、清琴谱有关《梅花三弄》的解题也多取其说。

虽然琴曲《梅花三弄》作者无考，但其创作年代，至少其出现和流行的时代还是可以勉强寻绎的。现存最早的梅花琴曲资料出现在初唐，骆宾王《代女道士王灵妃赠道士李荣》：“鹦鹉杯中浮竹叶，凤凰琴里落梅花。”[①]这里的“落梅花”应该是指《梅花落》曲，可见在乐府笛曲《梅花落》流行的初唐时期已有以古琴翻奏的现象。那么，能不能以此作为琴曲《梅花三弄》的起始？笔者认为不能。理由有二：首先，整个唐宋时期，至少自初唐到北宋末年，除骆宾王此诗外，未见有其他关于琴曲梅花的蛛丝马迹，可见骆诗中所写的“凤凰琴里《落梅花》”，应是偶然的翻奏行为，并未形成笛、角《梅花落》那样连续的传统。其次，笛曲《梅花落》虽无唐宋旧谱传世，但从现存乐府诗歌内容及相关的解题可知，此曲属边塞征戍之乐，主要通过梅花凋落的描写抒发军人久戍怀归的情感。而现传琴曲《梅花三弄》虽然谱本多样，演绎技巧各异，最后一节也有“欲罢不能”的惜逝之情，但整个主题核心却不是表现“梅花落”，因此，它决不是胡乐羌笛《梅花落》的简单移译，而是后来琴家独立自主的音乐原创。

那么，它到底出现在什么时代？朱权《神奇秘谱》的解题提供了一丝信息：“《梅花三弄》，又名《梅花引》《玉妃引》。臞仙（引者按：朱权号臞仙）按，《琴传》曰：‘是曲也，昔桓伊与王子猷闻其名而未识，一日遇诸途，倾盖下车共论。子猷曰，闻君善于笛，桓伊出笛作《梅花三弄》之调，后人以琴为三弄焉。’”可见朱权的说法，并不是自创，而是来自《琴传》，其所载《梅花三弄》传谱或即得之《琴传》。《琴传》何书？《神奇秘谱》未言作者。遍检《四库全书》《四库存目丛书》《续修四库全书》相关文献及“二十四史”艺文志索引，唯南宋郑樵（1104—1162）《通志·艺文略·乐类》载“《琴传》七卷”，但未出撰者。在这种情况下，我们不妨承认两处所说《琴传》是同一本书，那么搞清楚《琴传》一书的时代，也就大致认定了琴曲《梅花三弄》创作的时代下限。

① 《全唐诗》卷七七。

郑樵《通志》完成于宋高宗绍兴三十一年(1161)，所载《琴传》至迟成书于此前。在郑樵《通志》之前，新、旧《唐书·艺文志》及《崇文总目》著录的乐类文献中琴艺谱录之类颇多，尤其是完成于宋仁宗庆历元年(1041)王尧臣、欧阳修等人的《崇文总目》，著录琴艺谱说类著作达三十二种，包括不少佚名之编著，但都未见有《琴传》一目。由此可以推论，《琴传》一书应该属于《崇文总目》成书之后到郑樵《通志》完成即庆历元年（1041）至绍兴三十一年（1161）间的著作。而《梅花三弄》的出现则相应早些，大约在北宋中后期。

图63　[明]边文进《春禽花木图》。绢本设色，纵141.3厘米，横53.4厘米，上海博物馆藏。图中梅花明洁，禽鸣婉转，春意盎然。

这一推论可以与文学作品中的音乐材料及相关内容大致相印证。前文已述，“梅花三弄”的明确称呼是入宋后开始出现的，在整个宋、金三百多年中所指也只是笛、角之曲，并且成了一个稳定和流行的说法。因此从名称上说，琴曲《梅花三弄》的命名应该是受这一说法的启发，时间也应在这一说法成熟和流行之后。从琴曲的情感内容看，现存《神奇秘谱》载谱“溪山夜月”“一弄叫月”“青鸟啼魂”“三弄横江（隔江长叹声）”“铁笛声”“风荡梅花”“欲罢不能”等段目不难使人感受到一种深更残夜幽思徘徊的情感与意境，这是乐府笛曲《梅花落》并不具备的抒情元素，而是角曲《小梅花》流行之后诗词中所常描写的情景和氛围。因此可以这么说，琴曲《梅花三弄》的抒情内容打着笛、角“梅花三弄”，尤其是角曲《小梅花》流行之际的时代烙印，受到唐代以来不断积累的笛、角演奏经验和文人艺术感受的启发，也就是说其创作时间最早也只能是在角曲《小梅花》开始流行的北宋时期。

再从梅花审美文化发展的大环境说。这一时期也正是在宋初林逋孤山咏梅影响之下，梅花欣赏逐渐酿成时尚的时代。同时从《神奇秘谱》传谱十段题目可知，整篇乐章仍以抒发寂夜幽怀、自怜慨叹之情为主。而南宋时期，尤其是南宋中期以来，梅花形象推之弥高，梅花欣赏高度集中在幽逸的格韵和傲峭的气节上，传统的伤春惜逝、孤离凄怨之情受到卑视和抵制，如：“待索巡檐笑，嫌闻出塞声。”[①]“霜天角里空哀怨，丘壑风流总不知。”[②]“卧雪家风要人继，莫因摇落便凄凉。”[③]琴曲三弄那“青鸟啼魂”“隔江长叹”的幽怨情调放在这样一个“重格轻情”的时代氛围里明显落伍，而放在笛、角《梅花落》哀怨之调仍较流行的北宋时期却比较协调。因此结合《琴传》一书的时代，我们可以大至推断，琴曲《梅花三弄》的创作时间应在上起宋仁宗庆历元年（1041）至南宋初年的一个世纪中。

---

① 尤袤《梅花》，《梁溪遗稿》卷一，《影印文渊阁四库全书》本。

② 张道洽《梅花》，《瀛奎律髓》卷二〇。

③ 刘克庄《又答袁卿相子一首》，《后村先生大全集》卷二〇，《四部丛刊初编》本。

尽管琴曲《梅花三弄》的创作时间可以大致确定在北宋中后期，当时也有《琴传》之类谱书加以著录，但在整个宋代却一直默默无闻。遍检南宋作品，隐约涉及琴曲《梅花三弄》的仅有一例，即南宋初年洪皓出使、縻留金朝所作《忆江梅》词："断回肠，思故里。漫弹绿绮。引三弄，不觉魂飞。"[①]但其句下作者自注引卢仝诗："含愁更奏绿绮琴，相思一夜梅花发。"可见是化用唐人语意，并非自写其实。终宋之世未见有人提及《梅花三弄》琴曲，反之我们倒是读到南宋中期僧人宝昙这样的《弹琴》之作："一鼓薰风至自南，再行新月堕瑶簪。高山流水人犹在，笛弄梅花莫再三。"[②]诗中写到《南风》《高山》《流水》等当时流行的琴曲，强调的是笛曲"梅花三弄"与琴曲之高雅品格的不类。

现存最早明确提及琴曲《梅花三弄》的是宋末元初杨公远的《友梅吴编校寿宫之侧筑庵曰全归有诗十咏敬次之》其五："屋瞰梅间倚竹林，一炉香篆一张琴。有时月上黄昏后，三弄寒梅夜正深。"[③]时间在至元二十二年（1285）。稍后元代中期冯子振（1257—1337）与释明本唱和《梅花百咏》中有《琴屋梅》一题，冯作："三弄花间小院深，玉人遥听动春心。清声弹落冰梢月，唤起高怀共赏音。"明本和诗："花月寒窗弹白雪，冷然写出广平心。临风三嗅还三弄，清极香中太古音。"元代后期叶颙《丁酉仲冬即景·梅屋弹琴》："琴张瓯茗伴炉熏，三弄梅花月下庭。香影孤高音调古，空阶谁许鹤来听。"[④]所写显然都包含琴曲《梅花三弄》。从中不难感受到，这时的琴曲《梅花三弄》成

① 洪迈《容斋五笔》卷三"先公诗词"，《影印文渊阁四库全书》本。

② 《全宋诗》，第43册，第27098页。

③ 杨公远《野趣有声画》卷下，《影印文渊阁四库全书》本。

④ 叶颙《樵云独唱》卷四，《影印文渊阁四库全书》本。

了文人雅士乐于操弄的曲调，也有了较大的知名度。

琴曲《梅花三弄》之所以迟至元代才浮出水面，这与整个梅花审美文化以及整个封建文人闲静逸致的发展步伐密切相关。南宋以来人们对梅花品格神韵的认识和推崇不断提高，到了南宋后期已发展到登峰造极的地步。在音乐领域，古琴的高雅品位也得到进一步的推尊与张扬。南宋后期张镃《玉照堂梅品》列举赏梅雅宜之事，有“膝上横琴”一目[①]。反之赵希鹄《洞天清禄·古琴辨》论“对花弹琴”，则主张以梅花之类“香清色不艳者”与琴最为匹配。宋末元初这些梅花与古琴二雅相宜的生活体会和理论主张，正是琴曲《梅花三弄》得以兴起与流行的社会氛围。反之，琴曲《梅花三弄》的兴起与流行也进一步丰富和深化了文人爱好梅花与古琴的高雅情趣。元代文人普遍边缘化，幽隐野逸的情结弥漫士林，琴与梅以其古雅幽逸的格调，成了士大夫文人最为心仪的两个精神寄托。正是在这样的生活氛围里，琴曲《梅花三弄》得到越来越多的知音追捧，不仅成为古典琴曲的重要代表，同时迅速取代笛、角《梅花》，成了梅花题材音乐的流行曲目，并且以“最清之声写最清之物”[②]的独特意趣与艺术造诣，成了整个梅花题材艺术作品的最高经典。

（原载《中国典籍与文化》2006年第2期）

① 周密《齐东野语》卷一五，《影印文渊阁四库全书》本。
② 杨抡《伯牙心法》，《四库全书存目丛书》本。

关于梅妃与《梅妃传》

梅妃江采苹之事不见于各种正史著述，因而世多疑其子虚乌有。旧题唐曹邺《梅妃传》作者多疑，是非莫辨，相关问题迄今谜雾一团。笔者近年因研究咏梅文学与梅花文化，对此略有关注，现就有关发现与思考整理如下。

一、梅妃之真伪

梅妃不见于各种正史著述，唐人小说若《明皇杂录》《高力士外传》《开元天宝遗事》等载明皇朝事者，也未提及。相关事迹都出于旧题唐罗邺所撰《梅妃传》，而《梅妃传》中所载“内容情节与历史事实多相抵牾”[①]，显系对唐史不甚了了者之述。在这样的情况下，人们大多对梅妃其人持怀疑态度，甚至有学者断言是“‘无’中生有”[②]。但自古后宫三千，见于史乘者又有几个？是否有这样一种可能，梅妃其人虽属宫闱秘事，正史不载，但在其故里或其他关系密切地却不乏知情者，所知所闻也备受珍视，凤爪片羽得以耳拾绵传于世。进而野

① 卢兆荫《“梅妃”其人辨》，《学林漫录》(九集)，中华书局1984年版，第161页。

② 张乘健《〈长恨歌〉与〈梅妃传〉：历史与艺术的微妙冲突》，《文学遗产》1992年第1期，第55页。

史稗贩，逐步在文人层面浮现出来。至少我们看到，北宋后期有两篇诗文作品言及梅妃。

一是李纲《梅花赋》："若夫含芳雪径，擢秀烟村，亚竹篱而绚彩，映柴扉而断魂，暗香浮动，虽远犹闻，正如梅仙隐居吴门；丰肌莹白，娇额涂黄，俯清溪而弄影，耿寒月而飘香，娇困无力，嫣然欲狂，又如梅妃临镜严妆。吸风饮露，绰约婵娟，肌肤冰雪，秀色可怜，姑射神人御气登仙；绛襦素裳，步摇之冠，璀璨的皪，光彩烨然，瑶台玉姬谪堕人间。"[①]该赋作于宣和三年（1121）冬，赋文排比四个人物形象来比拟梅花之高雅幽洁：梅福、梅妃、姑射神人、瑶台玉妃。从文理上说，两个一组，后两人分别出自《庄子》与苏轼《松风亭》梅花诗，都是虚构之形象。前两人即梅福与梅妃为一组，应同属历史人物。

二是晁说之《枕上和圆机绝句梅花十有四首》其五："莫道梅花取次开，馨香须待百层台。不同碧玉小家女，宝策皇妃元姓梅。"[②]此诗作于宣和四年（1022）春知成州（今甘肃成县）时。诗中以梅妃比拟梅花之高贵，但并未点明这一皇妃究属何朝何帝。晁说之作诗好自作注，纪本事，注典故，或阐发立意。这组绝句前后同题叠和共二十二首，其中有十处出注。这一首"百层台"下即注云："今洛中名园犹竞于梅台，贵自上接其香。"但末句所说梅妃未注，似乎认为这是一个常识性的，至少不太冷僻的掌故。整组诗二十二首，多用汉唐长安宫廷典故，这里所说梅妃也应属唐室之事。

这两条材料透露的梅妃形象与现存《梅妃传》中所写有明显出入：

---

① 李纲《梅花赋》，《梁溪集》卷二，《影印文渊阁四库全书》。

② 晁说之《枕上和圆机绝句梅花十有四首》其五，《景迂生集》卷八，《影印文渊阁四库全书》。

一、《梅妃传》中梅妃是其别称，本人姓江，而晁说之所说梅妃姓梅。二、《梅妃传》中梅妃“自比谢女，淡妆雅服，而姿态明秀”，又訾杨玉环为“肥婢”，可见其自身体态气质是属于清秀瘦条型的。而李纲笔下的梅妃“丰肌莹白，娇额涂黄”，“娇困无力，嫣然欲狂”云云，与杜甫《丽人行》所说“肌理细腻骨肉匀”、白居易《长恨歌》所说“侍儿扶起娇无力”之杨贵妃等人丰腴形象几无二致。可见有关故事并不同源，至少应该有两个“版本”。今本《梅花传》跋文也透露了另外的信息：“今世图画美人

图 64 ［清］胡锡珪《梅影图》。

把梅者，号梅妃，泛言唐明皇时人，而莫详所自也。”也就是说在今传《梅妃传》写定之前，已有梅妃题材的绘画作品在先，有关梅妃的传说应该由来已久。当然这也不排除另一种可能，李纲、晁说之所本也只是“图画美人把梅者”一类泛指，引为诗赋比喻形象，并无确切的文字来源与史实根据。但即便这一假设成立，也不影响梅妃传说由来已久这一事实。

所幸另有材料可资参证。明末清初重辑百二十卷本《说郛》卷七七下张泌《妆楼记》：“除夕，梅妃与宫人戏镕黄金散，泻入水中，视巧拙，以卜来年否泰，梅妃一泻得金凤一只，首、尾、足、翅，无不悉备。”[①]此事不见于今本《梅妃传》，所写与宫娥、侍宦之流熔金问卜之戏乐、喜获全凤吉兆之情状也与《梅妃传》中诸王调嬉、列妃争宠大异其趣，显然与《梅妃传》之本事了不相关。此前曾有学者提到这条材料，但并未引起重视，大概是碍于《说郛》辑书署名多有可疑，而元明以来小说丛编所收志怪、传奇作品托名张泌者也不少见。笔者就电子版两宋时期文献反复搜检，觉得《妆楼记》这一材料对梅妃真伪问题不乏参考价值。首先，从《说郛》辑抄《妆楼记》七十余条可见，该书掇集闺阁脂粉类轶闻琐事，较少鬼怪灵异色彩，材料多取自正史、杂纂、碑刻、诗语等，内容以汉、唐为主，所收事类时间可稽者止于中唐。虽然梅妃此事来源未明，同时也未交代属于何朝何帝，但时间也应在这一时间范围之内。其次，是《妆楼记》的成书时间。百二十卷本《说郛》所载《妆楼记》内容，北宋孔传《续六帖》、南宋孝宗朝《锦绣万花谷》等类书已见摘录，更早的《云仙散录》也

---

① 此条又见同本《说郛》卷三二上元伊世珍《嫏嬛记》，《影印文渊阁四库全书》本。

掇其四条。《云仙散录》，旧题后唐冯贽编，编者自序署后唐天成元年（926），则《妆楼记》当成于此前[①]。即或如宋人所疑，《云仙散录》为南北宋之交王铚所伪，《妆楼记》也当成于北宋中期之前。若《妆楼记》所题编者张泌属实，当为晚唐人。历史上张泌同名同姓者当不在少数，所知晚唐五代至北宋至少有三位。一是南唐张泌（一作佖），字子澄，常州（一作淮南）人，事后主任内史舍人，归宋官虞部郎中。二是宋初真、仁朝张泌，浦城人，字顺之，大中祥符八年进士，官至刑部尚书。此二人立朝清正，生活俭朴，尤其是浦城张泌于仁宗朝知谏院，奏乞减后宫浮费，而《妆楼记》以编掇宫闱奢华之事为意，与二人品节、行实殊不相类。另一是《花间集》所载张泌，生卒、籍贯无考，编列于牛峤（848？—？）、毛文锡（872？—917）之间，年辈应介于其中，仕历也应与牛、毛二氏相若，由唐入蜀，在唐都长安、蜀都成都两地居住过。《花间集》称其“舍人”，当为前蜀开国时授职[②]。冯贽所采《妆楼记》或即其所作，时间正在冯氏《云仙散录》之前。综上两点，可见梅妃之事至迟在晚唐已见于著述。这与今本《梅妃传》跋文所记“大

---

① 《云仙散录》一书可靠性向多疑问，如宋张邦基《墨庄漫录》卷二即指为南北宋之交的王铚所伪。有关问题较为复杂，详情请见中华书局1998年版《云仙散录》整理者张力伟所撰《前言》，张氏认为前人的种种怀疑“未必能站得住脚”，“不能作为推翻本书为五代时人冯贽所作这一说法的有力证据”。《云仙散录》所载姓名、年代可考者均为宋以前故实、传说，因此笔者同意这一判断。《说郛》所辑《妆楼记》有“周显德五年，昆明国献蔷薇水十五瓶，云得自西域，以洒衣，衣敝而香不灭”一条。宋末陈敬《陈氏香谱》卷一引此条。《陈氏香谱》凡征引都注明所本，该条首有“叶庭珪云”。叶庭珪南北宋之交人，博学多闻，编纂《海录碎事》等。此条或叶氏原述，而滥入《妆楼记》中。

② 陈尚君《“花间”词人事辑》，中国社会科学院文学研究所编《俞平伯先生从事文学活动六十五周年纪念文集》，巴蜀书社1992年版，第241～300页。

中二年”写本，正为同时。由于这一唐人摘编材料的佐证，我们认为唐室必有一梅妃，只是今本《梅妃传》之外，无法证明其事必属明皇朝。有关记载出于稗官野史，具体情节容可怀疑，但决不能遽断其人子虚乌有，指为宋人杜撰。

二、今本《梅妃传》定稿者及其时代

《梅妃传》旧题唐曹邺撰，颇多可疑。今本《梅妃传》全文最早见于《说郛》，北京图书馆藏涵芬楼明钞本《说郛》不题撰人（此或即鲁迅先生所见），明中叶正德、嘉靖间所刻《顾氏文房小说》本也不署撰者，而北图藏钮氏世学楼明抄本、明末清初陶氏重辑百二十卷本《说郛》题作唐曹邺撰，孰是孰非，殊难分解。无奈之下，只能退归传本寻求内证。其实细加玩味，今本《梅妃传》包含不少有价值的信息。

今本《梅妃传》后有无名氏跋文：“汉兴尊《春秋》，诸儒持《公》《谷》，角胜负，《左传》独隐而不宣，最后乃出，盖古书历久始传者极众。今世图画美人把梅者，号梅妃，泛言唐明皇时人，而莫详所自也。盖明皇失邦，咎归杨氏，故词人喜传之，梅妃特嫔御擅美，显晦不同，理应尔也。此传得自万卷朱遵度家，大中二年（引者按：百二十卷本作戊年）七月所书，字亦端好。其言时有涉俗者，惜乎史逸其说，略加修润，而曲循旧语，惧没其实也。惟叶少蕴与予得之，后世之传或在此本，又记其所从来如此。”首先必须辩明的是，《梅妃传》正本自有传赞，这一段文字书于传赞之后，不属正本范围，而是独立、完整的跋尾。有学者认为这一跋文是《梅妃传》作者之饰辞，跋文的作者正是《传》文的作者[1]。这一理解欠妥，首先，如果作者传赞之后再缀语虚饰，无异于画蛇添足，与唐宋时此类传体小说写作惯例不合。其次，跋文中直接指涉叶梦得。叶梦得是两宋之交著名文人，从后面的论证可知，今本《梅妃传》至迟也应写定于绍兴十八、九年间，叶梦得绍兴十八年（1148）八月去世，晚年的叶梦得历任大藩、声名显赫。即或作者跋中托言虚张，理应不会拉此当世名人说事。因此，我们认为，跋文的内容应是真实可信的。该跋语也是迄今所见有关《梅妃传》写作情况的唯一材料，理应作为我们讨论相关问题的出发点和首要依据。

跋文给我们提供了这样一些信息：一、《梅妃传》有一唐大中年间（二年、八年或十二年）写本。二、《梅妃传》长期湮没。三、唐写本为南唐藏书家朱遵度家所传。四、唐写本由跋文作者与叶梦得（字少蕴）得之；五、今本《梅妃传》非唐本原貌，而是经过跋文作者润饰过的新本。除了这些一目了然的内容外，关于《梅妃传》作者，该跋也有所启发：一、跋文于唐写本藏家、续得者乃至于书写时间及字迹等都交代荦荦，而于作者这样关键的问题却只字未提，显然不合常理，最有可能的情况是，其所见唐写本未署撰者。南宋末年李俊甫《莆阳比事》（《续修四库全书》本）卷二编述梅妃故事，尾注："此传叶石林得之朱遵度家，乃唐大中二年七月所著云。"与今本《梅妃传》所言一致，也未提撰者。该书所辑除出于方志和正史外，单篇文章多注明撰者与篇名，谅其所见《梅妃传》或即出于今本跋文，也不署撰者。二、跋文称唐写本"时有涉

① 张乘健《〈长恨歌〉与〈梅妃传〉：历史与艺术的微妙冲突》，《文学遗产》1992 年第 1 期，第 55 页。

俗”，而要“略加修润”。曹邺大中四年进士，“雅道甚古”[1]，诗才姣然，有传世作品为证，想必所作不致受此菲薄。若唐写本署明曹邺所撰，宋人也不会轻下雌黄。即便是经过润色的今本《梅妃传》，人们仍发现存在像梅妃从长安（今陕西西安）大内夜中竟能步归上阳宫(在今河南洛阳）这样大的常识性漏洞，诗人曹邺更不会如此浅鄙疏谬。尝见有学者举曹邺《五情》《恃宠》等诗咏陈阿娇、赵飞燕之语，认为“其撰《梅妃传》，题材既同，命意亦似，哀梅复悯己也”[2]。但详检今存曹邺诗作，了无梅妃之事的蛛丝马迹，仅凭题材相类远不足为证。因此我们认为，事实应该如《梅妃传》跋文所说，《梅妃传》有一唐写本，撰者不明，语辞凡俗，经跋文作者略加润色，而成今本面貌。

明确此点，再来讨论今本作者及写定时间。关于今本《梅妃传》的写定者或跋文作者，有一点是公认的，此人与叶梦得同时，甚或相识乃至交往密切。有论者指出：“《梅妃传》篇首记梅妃籍贯，径书‘莆田人’，而不云‘闽之莆田人’，莆田小邑，以中国之大，外方人未必一望而即知其地，其在闽人，固无须注明。”“《梅妃传》的作者是南宋初年一位闽籍或虽非闽籍而关心闽事的文士。”[3]笔者对此推理深表赞同，只是所说“《梅妃传》的作者”应理解为今本修订者或跋文作者。今本《梅妃传》中，所写斗茶之事特具闽瓯地方色彩，也资佐证。

关于定稿时间。有学者根据宣和三年李纲《梅花赋》中已提到梅妃，

---

① 辛文房《唐才子传》卷七，《影印文渊阁四库全书》本。

② 李剑国《唐五代志怪传奇叙录》，南开大学出版社 1993 年版，第 551 页。

③ 张乘健《〈长恨歌〉与〈梅妃传〉：历史与艺术的微妙冲突》，《文学遗产》1992 年第 1 期，第 55 页。

图 65 ［明］仇英《梅妃写真图》，徐悲鸿收藏。

认为《梅妃传》当成于宣和二年之前[1]，此说不妥。前述已言，李纲笔下梅妃与《梅妃传》所写形象迥异，所本不同，更不待言孰先孰后。问题还得从跋文所提两位人物着手。一是朱遵度，郑文宝《江表志》卷二："朱遵度，本青州书生，好藏书，高尚不仕，闲居金陵，著《鸿渐学记》一千卷、《群书丽藻》一千卷、《漆经》数卷，皆行于世。"朱遵度以藏书之富、博学强识闻名于时，人称"万卷""书厨"。当五代乱世，"挈其妻孥携书杂"南下投奔楚王马殷，待之甚薄[2]，遂举家迁南唐金陵（今江苏南京），隐居不仕。其后裔不显，当世守江宁，无力播迁。二是叶梦得，绍圣四年（1097）及第，北宋时任丹徒（今属江苏镇江）尉、婺州（今浙江金华）教授，入京试院检点试官、中

① 程毅中《宋元小说研究》，江苏古籍出版社 1998 年版，第 18 页。
② 马永易《实宾录》卷五，《影印文渊阁四库全书》本。

书舍人、翰林学士，因涉党争，外放辗转知汝州（今河南临汝）、蔡州（今河南汝南）、颍昌府（今河南许昌）、应天府（今河南商丘）、杭州（今属浙江）等，间也奉祠居楚州（今江苏淮安）、苏州（今属江苏）、湖州（今属浙江）。南渡后召至行在，复翰林学士，迁尚书左丞，奔走于扬州前线与杭州间，积极支应、扶持时局。绍兴元年(1131)九月任江东安抚大使兼知建康府（治所驻今江苏南京），次年三月罢归湖州园墅。

绍兴八年(1138)五月再起前任，绍兴十二年(1142)底移知福州(今属福建)，绍兴十四年底落职奉祠归休湖州，直至去世。纵观叶梦得一生仕履行止荦荦清晰，其中绍兴间两任建康，前后累计五年[①]。其唐写本《梅妃传》"得自朱遵度家"事，最有可能发生此间。宋高宗建炎间（1127—1140）建康迭遭兵火，始有南宋驻军军校周德之乱，继而金人攻陷入据，兵马蹂躏，生民涂炭，破坏惨重。叶梦得《紬书阁记》自叙绍兴元年初帅建康时，"营理学校，延集诸生，得军赋余缗六百万以授学官，使刊六经"。绍兴八年再至，"公厨适有羡钱二百万，不敢他费，乃用遍售经史诸书，凡得若干卷"，"为之藏而著于有司"[②]。周煇《清波杂志》卷三也载："建康六朝故都，叶石林少蕴居留日，尝命诸邑官能文者搜访古迹，制图经。"可见建康任上，叶梦得重视当地文教复兴之事，于大兵乱后营建府衙学舍，收购文物遗籍。而金陵朱氏后裔，居此乱世危城，当是家业难守，庋藏离析流失。唐写本《梅妃传》或在其中，幸为叶梦得与跋文作者所得。叶梦得初任建康，为

① 王兆鹏《叶梦得年谱》，《两宋词人年谱》，文津出版社1994年版，第119～281页。

② 叶梦得《紬书阁记》，《建康集》卷四，《影印文渊阁四库全书》本。

时不足半年，来去匆匆，未及经营。再任四年，治迹显明，文教方面经度尤为从容。揣度情形，其获朱遵度家旧藏，应在后一任期内。继而移知福州，或随携入闽，闽士得睹此本，为之润饰行世。因此笔者认为，今本《梅妃传》写定时间当在叶梦得移守福州的绍兴十三年(1143)之后。

至于其时间下限，可以由同时叶廷珪所编《海录碎事》一书推证。该书采录今本《梅妃传》五条，四条摘有文字，另一复出。中华书局2002年版李之亮校点明万历本《海录碎事》："梅妃：梅妃姓江氏，名采蘋，高力士使闽粤，选归侍明皇。性喜梅，所居植梅，上榜曰梅亭。梅开，赋赏花下，夜分不去，以其好，戏名曰梅妃。"(卷一〇下)"《一斛珠》：会夷使至，封珍珠一斛赐妃。妃不受，以诗报上，上怅然，命乐府度新声，号《一斛珠》。"(卷一六)"八赋：梅妃有《萧》《兰》《梨园》《梅花》《凤笛》《玻璃杯》《剪刀》《绮窗》八赋。""《东楼赋》：梅妃为太真忌，迁于上阳宫，以千金祷高力士，求人拟长门赋。力士畏太真势，不果，乃作《东楼赋》。有'嫉色庸庸，妬色忡忡，夺我之爱去，斥我乎幽宫'之语。"(卷一九)不难看出，这四段文字都是今本《梅妃传》相应内容的简单节抄或檃括，唯"《东楼赋》"卷一〇、卷一九两见，而传本《梅妃传》作《楼东赋》，或为误抄所致。《海录碎事》编者叶廷珪，福建瓯宁（今福建建瓯）人，生卒不详，徽宗政和五年（1115）进士，绍兴十八年（1148）秋知泉州，移知漳州。其《海录碎事》自序署时"十九年五月二十七日"，序称知泉州日，公余得闲，取游宦四十年间读书杂抄可用碎事分门别类编成是书。书末又有绍兴十九年十一月漳州通判傅自得所撰后序。可见是书编定于绍兴十八、九年间，而传本《梅妃传》则应成于此前，至迟也不能晚于绍兴十九年五月。

综上可知，今本《梅妃传》写定时间当在叶梦得移任福州的绍兴十三年至绍兴十八年的五六年间（1143—1148），或第二次任职建康以来的十年间（1138—1148），从宽考虑，也只在叶梦得绍兴元年初帅建康以来的十八年间，而定稿者当是叶廷珪之类与叶梦得年龄相若之闽籍人士。

（原载《南京师范大学文学院学报》2006 年第 3 期）

“岁寒三友”缘起考

松、竹、梅为“岁寒三友”是宋代开始流行的一个说法，体现了人们对松、竹、梅三种植物尤其是梅花审美品格的赞美。为了进一步丰富有关认识，以下拟对这一说法的缘起与意义略作探索。

一、出现时间

“岁寒三友”把松、竹、梅三者并比联颂，其间物物组合有一个逐步发展的过程。三者中，松、竹联系较古，如《礼记·礼器第十》：“其在人也，如竹箭之有筠也，如松柏之有心也。二者居天下之大端矣，故贯四时而不改柯易叶。”[①]以松、竹联喻人之表里相应、坚贞正直，开后世松竹齐美并称之先河。晋戴逵《松竹赞》：“猗欤松竹，独蔚山皋。肃肃修竿，森森长条。”[②]唐代于邵有《进画松竹图表》[③]。而在同时，梅花却与桃李一样，被视作旋开旋落之春葩时艳。吴均《梅花诗》甚至有“梅性本轻荡”[④]的说法。鲍照《中兴歌十首》之十：“梅花一时艳，竹叶千年色。愿君松柏心，采照无穷极。”[⑤]梅花荣谢转瞬，一时呈

---

① 《礼记正义》卷二三，《十三经注疏》本。

② 严可均校辑《全上古三代秦汉三国六朝文》全晋文卷一三七，第2250页下。

③ 董诰《全唐文》卷四二五，中华书局1983年版。

④ 逯钦立辑校《先秦汉魏晋南北朝诗》，中华书局1988年版，第1751页。

⑤ 逯钦立辑校《先秦汉魏晋南北朝诗》，中华书局1988年版，第1272页。

艳与松竹之岁寒不改，千年一色恰好构成对立。当人们在连篇累牍地赞美松竹之凌寒耐久、风冽节劲之时，梅花与桃李等众芳一样只是松竹的反衬。这种情况绵延至北宋，如李昉《修竹百竿才欣种植佳篇五首……》："漫栽花卉满朱栏，争似疏篁种百竿。""寒桧老松堪接影，绿杨红杏莫同群。"[①]松竹被视为一类，而杨柳春花则是对立的另一类。在诸花品中，只有兰菊特殊，早在《离骚》时代就奠定了地位。曾巩《菊花》诗道："菊花秋开只一种，意远不随桃与梅。"[②]梅花与桃杏一起仍被人视作一时之艳、轻薄之物。可见"三友"说的关键在于梅花的角色。只有梅花之坚贞品格得到确认，才具有与松竹相提并论、鼎足而三的资格。

"三友"中，梅、竹两者的因缘联系相对深远些。梅与竹有一个生理共性，它们都偏宜于温暖湿润的气候土壤，在我国主要分布在淮河以南尤其是长江以南地区。山间水滨、舍前屋后，无论园艺，还是野生，梅、竹都是习常之物。这为它们联袂进入诗咏骚赋提供了客观条件。晋朝民歌就有这样的咏春之辞："杜鹃竹里鸣，梅花落满道。燕女游春月，罗裳曳芳草。"[③]一句写竹，一句写梅，不难想见作者对景放歌所见江南春日梅竹交映的景象。至唐人钱起《宴崔附马玉山别业》："竹馆烟催暝，梅园雪误（一作映）春。"[④]写的是私人园林梅竹各自为景而又相映生趣的景象。晚唐韦蟾《梅》："高树临溪艳，低枝隔竹繁。"[⑤]所写则是梅竹交生的景色。第一个专注于梅、竹伴生

① 《全宋诗》，第 1 册，第 183 页。
② 《全宋诗》，第 8 册，第 5536 页。
③ 逯钦立辑校《先秦汉魏晋南北朝诗》，第 1043 页。
④ 《全唐诗》卷二三七。
⑤ 《全唐诗》卷五六六。

交映之景，引为诗歌题材的是中唐刘言史，其《竹里梅》写道：“竹里梅花相并枝，梅花正发竹枝垂。风吹总向竹枝上，直似王家雪下时。”[1]宋代诗人梅尧臣任职京城（开封），当地梅花绝少，花时只见于担贩叫卖，因念江南早春梅开之景，有诗道：“忆在鄱君旧国傍，马穿修竹忽闻香。偶将眼趁蝴蝶去，隔水深深几树芳。”“曾见竹篱和树夹，高枝斜引过柴扉。对门独木危桥上，少妇髻鬟犹带归。”[2]这些诗使我们进一步具体感受到南方山间村野梅花繁布、与竹交映的普遍景象。梅竹相映的景色不仅在诗歌中得到了反映，也渐为画家所注意。晚唐五代花鸟画崛起，梅竹是花鸟画中最常见的题材之一。如中唐肖悦《梅竹鹑鷯图》[3]、五代徐熙《梅竹双禽图》、唐希雅《梅竹杂禽图》《梅竹伯劳图》[4]等。

“梅竹”组合的美感在于两者色彩与形态的对比映衬。在竹子青翠郁茂之色的辉映衬托之下，更见出梅花的素洁清秀和明艳俏丽。苏轼《红梅》诗云：“乞与徐熙画新样，竹间璀璨出斜枝。”[5]，以画喻梅，写出了梅竹交映那绘画一般出色的组合效果。对此诗人与画家想必深有同感。在众多梅竹交映的描写中，苏轼《和秦太虚梅花》“江头千树春欲暗，竹外一枝斜更好”句最为警策。这里以竹衬梅，而梅花也只撷一枝，既写出了梅花的清新娟丽，更衬托出一份“幽独闲静”[6]的神韵意趣。影响所及，这一景致成了梅花形象的一个定格，“竹外一

---

① 《全唐诗》卷四六八。

② 梅尧臣《京师逢卖梅花五首》，《全宋诗》，第5册，第3066页。

③ 《宣和画谱》卷一五，俞剑华标点注释本，人民美术出版社1964年版。

④ 《宣和画谱》卷一七，俞剑华标点注释本，人民美术出版社1964年版。

⑤ 苏轼《红梅三首》其三，王文诰辑注，孔凡礼点校《苏轼诗集》卷二一，中华书局1982年版。

⑥ 魏庆之《诗人玉屑》卷一七引《遁斋闲览》，上海古籍出版社1987年版。

枝”成了后世咏梅惯用的套语、画梅习见的构图。

图 66　[清] 康熙朝青花松竹梅纹执壶（汪庆正主编《中国陶瓷全集》，上海人民美术出版社 2000 年版，第 14 册，清代上，第 56 页）。

上述材料足见在“三友”说出现之前梅竹已有了紧密的联姻，并且有了成功的意象经营和揭美。而梅与松之间却缺乏这样“好事成双”的基础。虽然松、梅也有同植的情况，如苏轼《北归度岭寄子由》所写大庾岭“青松盈尺间香梅，尽是先生去后栽”[①]，但远不似江南梅花“水村映竹家家有”[②]那样的普遍，更重要的是两者自然形态差异较大，诗赋绘画中是很少把它们放在一起描写称美的。梅花是花树芳物，其美妙虽可多方演绎，如其疏枝老干后世多所注意，但终属三春芳菲之物。“开花必早落，桃李不如松”[③]，梅花也不能例外。梅花于六

① 苏轼撰，王文诰辑注，孔凡礼点校《苏轼诗集》卷四八。

② 晁补之《谢王立之送蜡梅十首》，《全宋诗》，第 19 册，第 12869 页。

③ 李白《箜篌谣》，瞿蜕园、朱金城校注《李白集校注》，上海古籍出版社 1980 年版，第 255 页。

朝之际引入诗咏，诗人藉以写春色之新至，悲韶华之流逝，目睹情感总在花开花落。而这鲜花“时艳”之物色与松竹之坚久耐忍之特性是大相径庭。就“梅花一时艳”而言，即便是到梅品被推之弥尊的南宋，诗人仍不能不为之感怀兴叹：“何事雪霜际，不随松桧长。”[①]梅花开落一直是古代诗人词客伤春怨逝之情的触媒与寓具。梅、松两象之间的抟合求同、齐观并美远不似“梅竹”之间那样直捷容易。

历史在艰难中演进。中唐以来诗人咏梅开始着眼其凌寒开放、冲雪报春的特性，在与桃、杏、李诸花比较中凸显其精神格调，赋予其独立、傲峭、坚贞的人格意义。在这样的情况下，梅花便逐步与松、竹这两个传统象征形象相联系。最早把梅之物性与松、竹联想一起加以赞颂的是中唐闽越诗人朱庆余，其《早梅诗》曰：“天然根性异，万物尽难陪。自古承春早，严冬斗雪开。艳寒宜雨露，香冷隔尘埃。堪把依松竹，良途一处栽。”[②]这首诗有两点值得注意：一是赞美梅花重点已不在以往诗人常言的“承春早”，而是“斗雪开”，不是称其先春开放、献岁报春，而是着眼于梅花与严寒风雪的对立，由此提出了梅花堪与松竹媲美的观点。二是设想了三者植于一途、相依相伴的形象。这两点正是后来“岁寒三友”说的基本精神。朱氏此诗可以说具备了“岁寒三友”说的雏形。入宋后，类似的比类誉梅之辞不时出现，如北宋中期李觏《雪中见梅花》二首：“品物由来貌难取，共言花卉易凋残。”“宁知姑射冰肌侣，也学松筠耐岁寒。”[③]北宋后期葛胜仲（1072—1144）《菁山梅花盛开……》：“松篁傲雪堪为伴，桃李酣

① 邹浩《次韵文仲落梅》，《全宋诗》，第21册，第14001页。

② 《全唐诗》卷五一五。

③ 李觏著，王国轩校点《李觏集》，中华书局1981年版，第428页。

春未敢先。”[1]这些都可以说是“岁寒三友”说的前奏。

关于“岁寒三友”说出现的具体时间，有两位学者曾撰文提出讨论。一是张仲谋《“松竹梅”何时成“三友”》，引南宋绍兴进士曹冠、姚述尧等人词中明言“三友”的句子及楼钥《题徐可知县所藏扬补之画》一诗中“岁寒只见此三人”诸语为证，认为“北宋末、南宋初，松、竹、梅‘岁寒三友’之称，不仅见诸诗词，而且形之于丹青，似已成为熟知习见的说法。”[2]另一是谢先模《也谈“松竹梅三友”》，引《古今图书集成》卷二〇六草木典“梅部艺文”周之翰《爇梅赋》及前述唐人朱庆余、刘言史诗，认为“松竹梅成三友是在唐时，‘三友’之称，也早于曹冠、姚述尧”[3]。这些考说都提出了一些材料，不无参考价值，但问题远未论定。笔者补说如下：

虽然如谢氏所言，松竹梅三者媲美联誉之言唐已有之，但“岁寒三友”说的正式出现却是宋代的事。谢氏以周之翰《爇梅赋》论证“三友”说之出现远早于南宋，并怀疑周之翰为宋初梁周翰之误，此说无据。梁周翰，宋太祖、太宗朝著名文臣。周之翰，“瑞安人，宣和三年进士，官大宗正丞”[4]。同时张扩《东窗集》卷九有《周之翰除大宗正丞制》，张扩任词臣在绍兴十年前后[5]，周之翰任大宗正丞则当在此间。可见周之翰是南北宋之交人，主要生活在南宋，与诗人陈与义（1090—1138）、张元干（1091—1161）等大致同时。《古今图书集成》把他与王铚、李纲先后序列，大致不错。唯次李纲于周、王之后，不够严格。

---

① 《全宋诗》，第24册，第15673页。
② 张仲谋《“松竹梅”何时成“三友”》，《文学遗产》1988年第1期。
③ 谢先模《也谈“松竹梅三友”》，《文学遗产》1989年第3期。
④ 陆心源《宋诗纪事补遗》卷三七，清光绪癸巳刊本。
⑤ 据《宋史》卷三八〇《杨愿传》推比，张与杨曾同任西掖词职。

王铚，生卒年不详，绍兴初官迪功郎、权枢密院编修官，得高宗赏识，诏改京官，晚年遭秦桧摈斥，避地剡溪山中。李纲（1083—1140），政和进士，是靖康、建炎间抗战派的代表，绍兴十年去世。就年资言，李纲要稍早于周、王二氏。李纲有《梅花赋》，颇著名，作于宣和三年归省故乡梁溪（今江苏无锡）时[①]，赋云："爰有幽人，卜居梁溪。艺松菊于三径，树兰蕙之百畦。丹桂团团，绿竹猗猗。植此梅于其间，庶岁寒之相依。"[②]虽道及梅与松竹同植之事，也有"岁寒相依"之意，却只与桂竹相对成言，未见"岁寒三友"之明确措语。李纲同时还作有《梁溪四友赞》，序称："山居有松竹兰菊，目为'四友'，且字之。松曰'岁寒'，竹曰'虚心'，兰曰'幽芳'，菊曰'粲华'，各为之赞。"[③]松树独称"岁寒"，而梅花未与其友，可见"岁寒三友"说至此尚未成为定说。而周之翰《爇梅赋》则明言："春魁占百花头上，岁寒居三友图中。"据笔者检《全宋诗》《全宋词》及同时宋人别集，这是宋人使用这一说法最早的材料。《全宋诗》载毛滂（1060—？）《（曹彦约昌谷集同官约赋红梅）再赋四十字》有"老友松筠健，贤宗鼎鼐酸"[④]语，然属误收南宋曹彦约作品。参比李纲、周之翰年辈，可见"岁寒三友"说正式出现当在南宋。

笔者作此推测，还有一个根据，这就是黄大舆《梅苑》一书。该书集唐以来咏梅词"四百余阕"[⑤]，据自序编于"己酉之冬"（高宗建

① 据李纲《梁溪全集》附《年谱》，道光十四年刊本。
② 李纲《梁溪全集》卷二。
③ 李纲《梁溪全集》卷一四〇。
④ 《全宋诗》，第21册，第14132页。曹彦约，南宋中期人。毛诗和曹彦约，显系误属。
⑤ 周煇《清波杂志校注》卷一〇，刘永翔校注，中华书局1994年版。

炎三年），正是南宋之初。今本目录五百余首（实存四百一十多首），已窜入一些建炎以后作品。尽管如此，遍检全书，未见“岁寒三友”之立意与措语。以此等规模之咏梅总集，不见一篇道及，可见这一说法之出现或为世所知，当在其后，也就是说最早也应是高宗绍兴年间的事。

“岁寒三友”这一说法很可能最初见于绘画作品。周之翰说“岁寒居三友图中”，明指有《岁寒三友》为题的画。与周之翰同时的张元干有题《岁寒三友图》诗：“苍官森古鬣，此君挺刚节。中有调鼎姿，独立傲霜雪。”[①]客观再现了“三友”画的基本构图。同时画家中，已知扬无咎作有“三友”画。扬无咎（1097—1169），字补之，号逃禅，南北宋之交的著名画家，擅长墨梅、水仙等。南宋中期楼钥《题徐圣可知县所藏杨补之二画》其二：“梅花屡见笔如神，松竹宁知更逼真。百卉千华皆面友，岁寒只见此三人。”[②]所题显系《岁寒三友》。张元干题咏《三友图》或即扬无咎的作品。“岁寒三友”这样的说法也更符合花鸟折枝画的构图方法和命题风格。扬无咎《三友》外另有《三香图》[③]《三逸图》[④]《四清图》[⑤]等。“岁寒三友”符合折枝画中“物以类聚”的组合构思。杨无咎同时作有不少咏梅词，其中有这样的描写：

---

① 张元干《芦川归来集》卷四，《影印文渊阁四库全书》本。

② 楼钥《攻媿集》卷一一，《四部丛刊初编》本。

③ 周密《声声慢·逃禅作梅、瑞香、水仙字之曰“三香”》，唐圭璋编《全宋词》，第5册，第3278页。

④ 周密《声声慢·逃禅作菊、桂、秋荷目之曰“三逸”》，唐圭璋编《全宋词》，第5册，第3278页。

⑤ 吴澄《跋扬补之〈四清图〉（梅兰竹石手卷）》，《吴文正集》卷五六，《影印文渊阁四库全书》本。

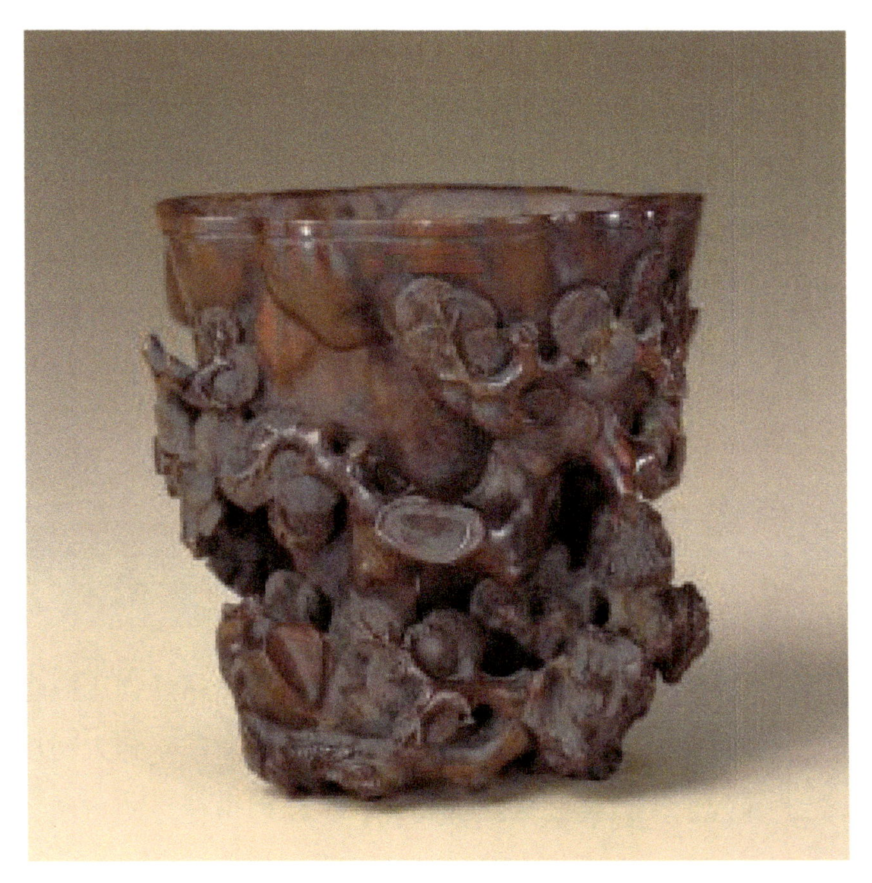

图 67 ［明］沉香木雕松竹梅图笔筒。高 11.9 厘米，口径 11.3 ～ 10.8 厘米，故宫博物院藏。

“天付风流。相时宜称，著处清幽。雪月光中、烟溪影里、松竹梢头。”① 这完全出于画家的眼光，可以看作是其画梅经验的总结，在他看来，梅花的最佳取景是“雪月光中、烟溪影里、松竹梢头”，它们是画梅最适宜的几种构图。这些材料提示我们，“岁寒三友”这一说法首先是绘画的一个命题，由于画作的传布而逐步成为一个流行的说法。笔者就《全宋词》检索，最早运用“岁寒三友”语意的还有：葛立方（？—

① 扬无咎《柳梢青》，唐圭璋编《全宋词》，第 2 册，第 1197 页。

1164）《满庭芳·和傕梅》“结岁寒三友，久迟松筠”[①]；朱淑真《念奴娇·二首催雪》“梅花依旧，岁寒松竹三益”[②]。他们与周之翰、张元干、扬无咎等大致同时，主要生活于高宗绍兴年间。从他们开始，“岁寒三友”才成了咏梅诗词中常见的立意和说法。

二、思想背景

“岁寒三友”说名目虽小，却与唐宋之际士大夫生存方式、意识形态的历史变迁紧密相连，体现了中唐以来封建士大夫自然美意识的时代特征。

首先，它反映了儒家自然“比德”传统即以自然景物比拟道德品性之审美方式的复兴。中唐以来，随着韩、柳、欧阳修等人两次“古文运动”的深入发展，儒学传统得到复兴，伦理道德思潮持续高涨。体现在自然美观念上则是不满足于前人的只知沉吟视听、流连光景，而是倾向于因物“比德”，寄托人生志尚，证示人格情操。理学家更是主张格物致知，潜心理会外物的“义理”之趣，把自然美的欣赏纳入到君子修身养性的道德实践之中。苏轼把友人的林亭建筑直接命名为“种德”，认为“接花艺果”，“其所种者德也”[②]。在理学家看来，花卉林木“若但嗅蕊拈香，朝游暮戏，此禽鸟之所乐，蜂蝶之故志，人所以与天地并立为三者，果如是而已乎”，“所贵善学，在触其类。故观松萝而知夫妇之道，观棣华而知兄弟之谊”，“观兰茝而知幽闲

① 唐圭璋编《全宋词》，第2册，第1341页。

② 唐圭璋编《全宋词》，第2册，第1407页。

② 苏轼《〈种德亭〉叙》，王文诰辑注，孔凡礼点校《苏轼诗集》卷一六。

之雅韵，观松柏而知炎凉之一致”，“举凡山园之内，一草一木，一花一卉，皆吾讲学之机括，进修之实地，显而日用常行之道，赜而尽性至命之事”[1]。正是在这“君子比德”、格物致知、友物辅德等审美理念的支配和影响下，屈之兰、陶之菊等传统“志洁称芳”之象广为人们重视，“比德”之义深入人心。而莲、桂等原本只以色、香见称的卉木，也被宋人逐步赋予了“君子”之用心，开始沁发道德之芳馨。梅花也在接受“比德”超度之列。“岁寒后凋”本是孔子对松柏的赞美（《论语·子罕》），竹色苍苍四时不改堪与其比，现在则又引梅入列，大大凸显了梅花凌寒开放之特征，高揭出凛然不迁、坚贞不屈的德性之义。“岁寒

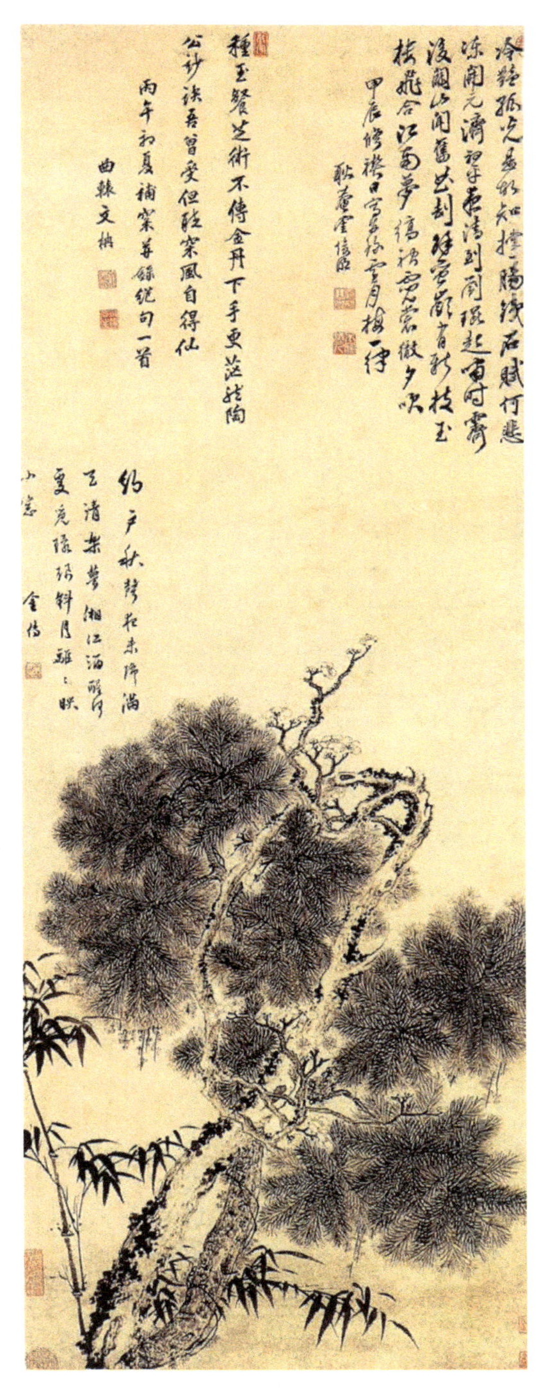

图 68　［清］金俊明《岁寒三友图》，南京博物院藏。

① 胡次焱《山园后赋》，《梅岩文集》卷一，《影印文渊阁四库全书》本。

三友”说的用意重点在梅花。“岁寒三友”说出现之前，诗人喻梅赞梅，多只写其侣霜似雪，赞美其形质素洁。前引李觏诗“宁知姑射冰肌侣，也学松筠耐岁寒”，所谓“姑射冰肌”仍重在视觉形象，而“学松筠耐岁寒”云云，则开始指向道德品格。“岁寒三友”说的出现，揭示了梅花“比德”象征的新高度，梅花获得了与松、竹鼎足而三的儒家道德人格的象征地位。这种“比德”之象的由“二”而“三”、推陈出新，是宋代道德思潮作用下的一个审美新创造，人们在以色香为主的花花世界里发现了一个格侔松竹的刚毅之“象”。“岁寒三友”的联袂组合，以丰富、强劲的感性形象，蕴涵了鲜明、深厚的品德情操意味，成为后世君子贤士喻志写意常用的审美符号。

其次，“岁寒三友”说体现的自然美意识，洋溢着世俗人伦般平易亲和的审美态度，反映了中唐以来新兴封建庶族地主官僚知识分子的生活面貌和精神意趣。从字面上说，“岁寒三友”至少包含两种意义，一是松、竹、梅相与成“三友”，目的是提升梅花的地位。另一种意思则是松、竹、梅三者为人之友。这层意思的基本语源是《论语·季氏》：“益者三友……友直、友谅、友多闻，益矣。”但在唐宋之际也有更现实的背景，清人赵翼在解释“岁寒三友”起源时，曾举元结《丐论》“古人乡无君子，则与山水为友，里无君子，则以松竹为友，坐无君子，则以琴酒为友”诸语及苏轼“风泉两部乐，松竹三益友”诗句为例①。唐宋之际类似的说法还可举出许多。如白居易《北窗三友》：“今日北窗下，自问何所为？欣然得三友，三友者为谁？琴罢辄举酒，酒

① 赵翼《岁寒三友》，《陔余丛考》卷四三，商务印书馆1957年版。董诰《全唐文》卷三八二载元结《丐论》，“山水”作“云山”，“松竹”作“松柏”。苏轼诗句见于《游武昌寒溪西山寺》，王文诰辑注，孔凡礼点校《苏轼诗集》卷二〇。

罢辄吟诗。三友递相引，循环无已时……三友游甚熟，无日不相随。”[①]苏轼晚年贬放岭南，曾以陶、柳诗为“南迁二友”[②]。前引李纲松竹兰菊“四友”说即出现在“岁寒三友”说稍前。同时文人杨恬（徽宗元符年间）也有《三友堂》诗，序称：“火井县厅事之后有小堂，昔人榜之曰思政。余恶其名之浮也，将有易之。而堂之北牖，青山当其前，鸣泉出其下，修竹环列其左右。竹之贤，固古今所重，而山以至静出云雨，生万物，泉虽激而行之万折，曾不变其就下之性，且能随物赋形，类古知道者，是三物皆可友也，是以三友命之……决诉讼，省文案，接宾客，起居食息，无时而去此。所谓三友者，盖不斯须离也。”[③]是以山、泉、竹为“三友”，杨恬交游同好又添以风、月，益为“五友”[④]。刘一止以麈尾为白友、拳石为碧友、古琴为黑友，合为“三友”以名其室[⑤]。南宋陆游《二友》诗则称：“清芬六出水栀子，坚瘦九节石菖蒲。放翁闭门得二友，千古夷齐今岂无。”[⑥]是以水栀、菖蒲为“二友”。《梅花》绝句（其五）又称：“江上梅花吐，山头霜月明。摩挲古藤杖，三友可同盟。”[⑦]是以梅、月、藤杖为“三友”。宋人中有些说法，虽不以“友”命名，意趣却完全相同，最有代表性的当属欧阳修的“六一”：“藏书一万卷，集录三代以来金石遗文一千卷，有琴一张，有棋一局，

---

① 《全唐诗》卷四五二。
② 陆游《老学庵笔记》卷九，《陆放翁全集》本，中国书店1986年版。
③ 杨恬《〈三友堂〉序》，孔凡礼辑撰《宋诗纪事续补》卷六，北京大学出版社1987年版。
④ 宇文氏《〈三友堂〉序》，孔凡礼辑撰《宋诗纪事续补》卷六。
⑤ 刘一止《三友斋赋》，《苕溪集》卷一，《影印文渊阁四库全书》本。
⑥ 钱仲联校注《剑南诗稿校注》卷三四，上海古籍出版社1985年版。
⑦ 钱仲联校注《剑南诗稿校注》卷四四，上海古籍出版社1985年版。

而常置酒一壶。”“以吾一翁，老于此五物之间，是岂不为‘六一’乎。”[①]

这些与物为友的种种情趣和说法，应联系中唐以来封建士大夫生活方式和审美情趣的历史性变化来认识。随着科举制和官僚政治体系的发展，庶族官僚地主阶级知识分子成了统治阶级的骨干。一方面，他们的政治、经济地位相对稳定，也普遍有所改善；另一方面，他们又处于封建专制集权日益强化、封建统治体系日趋严密的生存状态之中，正反两方面的制约推毂使他们的精神面貌与汉唐士人相比有很大的改变。反映在生活情趣和美学思想上，越来越寄情于衣食住行、诗酒山水、琴棋书画，在世俗日常生活的丰富形态中寻求情志的雅适、理想的契悦，以生活的自得和别致标示人格境界的高超。文学艺术创作多样拓展，生活趋于艺术化，奠定了封建社会后期士大夫生活特有的人文面貌和意趣风格。所谓“三友”“五友”既以“三”“五”之数标明了客观物质形态的多样化、丰富性，同时一个“友”字又反映出寄情物色，物我相契，适情畅神的主观精神享受。

这诸多的娱性之“友”，大致不外三类：一类是文化的，琴棋书画即是；一类是生活需用，起居茶酒等；另一便是自然世界，山水草木之类。“岁寒三友”属于第三类，属于“自然美”的审美意识范畴。我们来看看这方面的士人生活情景与审美心理。

首先从物质条件来说。唐以来官僚士大夫阶层的兴起，是与土地私有制和庶族地主经济的发展表里相应的。在土地私有方面具有绝对优势的官僚士大夫推动了城乡私有庄园林亭的普及。虽然其规模远不能与汉唐之际的门阀和寺院大地主大庄园经济相比，但为官有禄而居

---

① 欧阳修《六一居士传》，《欧阳修全集·居士集》卷四四，中国书店 1986 年影印 1935 年世界书局本。

有常产却是更为普遍的社会现象。官僚士大夫普遍地“求田问舍”、购产置业，栽种花木以美化庭院居处，或在田产中别辟小圃种植花木以为日常观览游憩之地，间得应时花果之利。这种情况自北宋中期以来日见明显。《邵氏闻见录》卷一〇称：“洛中公卿士庶园宅，多有水竹花木之胜。”这是北宋洛阳的情况，至南宋得天时、地利之厚予，此风愈演愈盛。文人经营著名者如王十朋之“梅溪”、范成大之“石湖”、张鉴之“南湖”、辛弃疾之“带湖”等。即或规模有限、寓居暂时，也总不忘因地制宜，有所营置。如朱敦儒晚居嘉禾（今浙江嘉兴），词中写道：“一个小园儿，两三亩地。花竹随宜旋装缀。槿篱茅舍，便有山家风味。等闲池上饮，林间醉。”“著意访寻，幽香国艳。千里移根未为远，浅深相间。最要四时长看。”[①]“绿径朱阑，暖烟晴日春来早。自家亭沼。不问人寻讨。携酒提篮，儿女相随到。风光好，醉欹纱帽，索共梅花笑。”[②]这样的私有园圃林亭，就体现的人与自然的关系而言，是一种随时随地的、家常“日涉”的关系。其规模形态虽不象“渔樵丘壑”那样远绝人寰，也不似世族大庄园“茂林修竹”退密藏深，但却具有了更多“人为”的色彩、世俗的情味，体现着“为人”的目的，洋溢着人的情志与意趣。

从审美目的来说，汉唐士人之崇尚“自然”，多表现为遁身山林、托迹仙道，意在全身远害逃避社会、抗志物表唐突名教。而新兴的官僚士大夫自身即是世俗中人、政治中人、“名教”中人、功名利禄中人，其山林之志、自然之趣尚，也就只能是仕宦之余的精神畅想和心理调剂，不可能采取“离世绝俗”之方式，扬厉“高蹈远引”之意态。所谓“自

① 朱敦儒《感皇恩》，唐圭璋编《全宋词》，第2册，第848页。
② 朱敦儒《点绛唇》，唐圭璋编《全宋词》，第2册，第859页。

图69　[元]釉里红松竹梅纹玉壶春瓶。高32.3厘米，口径8.8厘米，故宫博物院藏（杨可扬主编《中国美术全集》，光明日报出版社2003年版，工艺美术编·陶瓷·下册，图37，第36页）。

然”，也就褪去了高远、幽僻、肃穆、神秘的意味，而是以宅园林圃家常日涉的世俗面貌，与人处于人伦亲情般密切和谐关系之中。“人间走遍却归耕，一松一竹真朋友，山鸟山花好弟兄。”[①]“朋友”“弟兄”之谓者，“不斯须离”而相得相乐之谓也。这种人伦关系的比拟，恰切地反映了人与自然关系的日常性、世俗性和亲和性。

正是由于这一趋势，我们看到了自然美认识的进一步深化，看到了物色审美品鉴的细致和丰富。南宋开始关于花卉就逐步形成花品“十友”“十客”等说法。《锦绣万花谷》后集卷三七:“花中‘十友’，曾伯端‘十友’《调笑令》云。取友于十花：芳友者，兰也。清友者，梅也。奇友者，蜡梅也。殊友者，瑞香也。净友者，莲也。禅友者，薝蔔也。佳友者，菊也。仙友者，岩桂也。名友者，海棠也。韵友者，荼蘼也。”同样，由于种植之近便，物色更自觉地用来服务于人的情趣，点缀士大夫的日常生活，寄托人生的情愫，打贴上人格的烙印。我们看到，自北宋后期以来，以松、竹、梅等“植物友”为名号表德者日见增多。现就《全宋词》所载胪列部分:周紫芝号“竹坡居士”(870页)；李弥逊号“筠溪”(1047页)；张抡号“莲社居士”(1409页)；高翥号“菊涧”(2284页)；李刘号“梅亭”(2320页)；史达祖号“梅溪”(2325页)；高观国号“竹屋”(2347页)；许棐号“梅屋”(2863页)；陈卓号“菊坡”(3037页)；龚日升号“竹芗”“竹卿”(3067页)；颜奎号“吟竹”(页3254)；曹良史号“梅南”(3259页)；王亿之号“松间”(3261页)；冯应瑞号“友竹”(3423页)；蒋捷号“竹山”(3432页)；王炎午号“梅边”(3523页)；徐瑞号“松巢”(3524页)，等等不能尽举。“岁寒三友”这一称号的出现正是这些树兰滋蕙、

---

① 辛弃疾《鹧鸪天·博山寺作》，辛弃疾撰，邓广铭笺注《稼轩词编年笺注》，上海古籍出版社1978年版，第136页。

盟花友卉之流行心象的一个特殊表现。

从上面的论述中可知，“岁寒三友”采撷儒教圣言为名，体现了儒家“君子比德”的自然审美意识、君子友贤辅德之道德修养观念的直接影响，同时也包含了中唐以来尤其是宋元之际士大夫阶层托意物色、与物为友，企求超拔流俗、雅意自适之审美理念和精神意态。这两方面曾经属于不同的传统。两宋之际思想文化发展的基本特征就在于儒、释、道的深刻融合，落实在士大夫的精神层面，便是个人品格意识的自觉与高涨。诚如王国维所说：“古之君子，为道者也盖不同，而其所以同者，则在超世之志，与夫不屈之节而已。”[①]生活的恬淡闲适、优雅别致，人格的独立超然、自足自尊成了士大夫阶层最为普遍的心理追求。反映在自然美意识上则是越来越把山水风月的追求视为志趣高雅、人格脱俗的标志，把自然形象美与人的气节情操相联系，加以“比德”象征。这实际是把儒家比德鉴义与道家越世畅神两种自然审美传统打并到了一起。梅花、荷花等花卉在宋代上升为“君子”人格的象征，正是因其既具含了“松竹”那样的儒家“比德”之义，同时兼容着“兰菊”那样的逸士高调，既符合官僚士大夫道德名教、人伦义理，同时也满足了他们优雅自适、标格自尊的心理祈向。“岁寒三友”作为一个组合形象，抟合了松柏这一传统儒者之象与梅花这一新型隐者之象（竹介乎两者之间），有着“超世之志”与“不屈之节”“清气”与“骨气”兼融一体的典型特征。正是因为如此深契着时代精神的脉搏和士大夫阶层的普遍心理，松竹梅“岁寒三友”、梅兰竹菊“四君子”等，成了宋元以来文学艺术中最普遍的题材之一。

（原载《中国典籍与文化》2000 年第 3 期）

---

① 王国维《此君轩记》，姚淦铭、王燕编《王国维文集》，中国文史出版社 1997 年版，第 132 页。

墨梅始祖花光仲仁生平事迹考

北宋后期衡州花光寺长老仲仁以首创墨梅著称于史，然而相关正史与禅宗灯录无传，历代画史有关记载多是寥寥数语，其生平事迹和艺术活动莫得其详。遍检近二十年的中国大陆期刊，未见有关专题论述。1975年台湾方面发表的翁同文《花光仲仁的生平与墨梅初期的发展》[1]一文，对仲仁的名号、籍贯、生平及墨梅技术考论颇详。其中有关仲仁名号、籍贯等方面的结论多可采信，但生平行迹的几个关键时间出于推论，不够确凿。鉴于此，笔者根据同时文人酬赠题咏资料对其生卒、交游重事排比稽考，以翁文为参照，其言之可靠者则从简，其论之疏误者则从详，以期对花光仲仁生平事迹有一个更切实、准确的认识。

一、仲仁的生平

仲仁，会稽人，晚年住衡州（今湖南衡阳）花光山花光寺，为长老，人称花光老、花光仁老、仁老等。同时惠洪有《祭妙高仁禅师文》《妙高仁禅师赞》等文，都明确是为仲仁所作。另同时吴则礼《仁老画梅》诗云："妙高一瓣香，付与毛锥子。"[2]妙高、仁老都同称一人，可见

① 翁同文《花光仲仁的生平与墨梅初期的发展》，台湾《故宫季刊》第九卷第三期，1975年版，第21～40页。

② 吴则礼《北湖集》卷四，《影印文渊阁四库全书》本。

仲仁另有“妙高”之号。惠洪作品称妙高者多作于晚年，大概“妙高”是仲仁晚起或知名较晚的一个称号。翁文认为惠洪诗《光上人送墨梅来求诗还乡》所言光上人为仲仁，误。僧人之名号有名号省称单字的，如仲仁被称为“仁老”，惠洪文中称仲仁弟子“称上人”，未见以寺名、地名省称单字的现象。惠洪文中多次提到光上人，所指非一人。惠洪诗言“南岳有云留不住，东归结伴过湘湄”，可见此光上人由南岳东归路过长沙时向惠洪赠梅求诗。而从惠洪《祭妙高仁禅师文》可知，仲仁曾谋归会稽，未及成行而卒。此人能画墨梅，或即仲仁弟子与画艺切磋之僧友。

仲仁生卒年无明确记载,惠洪《祭妙高仁禅师文》(以下省称《祭文》)在这方面也最有参考价值。此文未署写作时间,但综观惠洪与仲仁交往,可以大致肯定其作于徽宗宣和年间。《祭文》中惠洪回忆道:“去年中秋，宿师云房。为留十日，夜语琅琅。曰我出吴，游淮涉湘。今三十年，倦鸟忘翔。偶如慧晓，怀思故乡。想见明越，云泉苍茫。已遣阿涌，先渡钱塘。不见半年，岭谷想望。讣至惊定，泪落沾裳。思归之念，夫岂其祥。”[①]这里提到的阿涌，乃仲仁之子。宣和二年冬，惠洪在湘西曾与之相会[②]，其受仲仁派遣先行归越当在宣和二年（1120）后。祭文中所说惠洪中秋夜宿花光寺之事，应在宣和三年或此后某年。

根据惠洪诗文作品署年，排比其宣和三年以后之经历：宣和三年

① 惠洪《石门文字禅》卷三〇，《影印文渊阁四库全书》本。

② 惠洪《跋东坡山谷墨迹》：“予自南来，流落山水，久不见伟人，便觉胸次勃土可扫。宣和二年冬，涌师于湘西古寺中出以为示，如见苏、黄连璧下马，气如吐霓也。”见《石门文字禅》卷二七。

(1121) 秋，惠洪在湘西（今湖南长沙西）南台[①]，七月底曾陪即将离任去湘的友人张廓然畅游南台附近山水胜迹（《四绝堂分题诗序》[②]，如非应急，一般不可能在中秋节前再赶至三四百里外的衡州。宣和四年 (1122) 秋七月，惠洪曾到南岳 (今湖南衡山) 方广寺，为僧希先作《跋三学士帖》[③]，衡山南行百里即衡州。宣和五年 (1123) 中秋前一日，惠洪在长沙为其弟子觉慈长老作《跋山谷云庵赞》[④]，不可能于次日（中秋) 夜宿花光。宣和六年 (1124) 秋间行踪不明，七年秋即离湘北上襄沔。纵观惠洪宣和间行踪，以宣和四年、宣和六年有中秋夜宿花光寺的可能，其中宣和四年七月有衡山之行，而宣和六七年间，未见有造访湘南的行迹，因此可以大致认定，惠洪与仲仁花光寺中秋夜谈事在宣和四年 (1122) 。半年后即宣和五年 (1123) 二月仲仁去世，惠洪亲赴灵堂祭奠。明确仲仁的卒年，再逆推其生平经历。惠洪《祭文》叙仲仁自言：“曰我出吴，游淮涉湘。今三十年，倦鸟忘翔。”翁文认为，“今三十年”不明其始于“出吴”还是“涉湘”。我们认为，从仲仁言来，“出吴”既为“翔鸟”，“游淮涉湘”正是早期游方阶段，后来久居衡岳，生活反属安定，所谓“翔鸟”不应由此称始。由宣和四年 (1122) 上推三十年，

① 惠洪《布景堂记》：“宣和三年秋，萍乡文益之还自大梁，过湘上会余，夜语及里中奇豪。”见《石门文字禅》卷二二。

② 惠洪《石门文字禅》卷二四。

③ 惠洪《跋三学士帖》：“秦少游、张文潜、晁无咎元祐间俱在馆中，与黄鲁直居四学士，而东坡方为翰林，一时文物之盛，自汉唐已来未有也。宣和四年七月太希先倒骨董箱，得此三帖，读之为流涕。呜呼，世间宁复有此等人物耶。”见《石门文字禅》卷二七。

④ 惠洪《跋山谷云庵赞》：“……后二十余年，得于衡阳毛氏之家，持以还长沙，开法长老觉慈实其的孙，时年二十三岁，即以付之，临济正脉使流通不断，乃无所媿，此赞其敬之哉。宣和五年中秋前一日题。”见《石门文字禅》卷二七。

是元祐七年（1192），也就是说这一年仲仁始离故乡会稽外出游方。设如“出吴”时二十岁，历三十年不过五十多岁，与惠洪的年龄相当，显然与仲仁的身份、心态及在惠洪等时人心目中的地位不相吻合。窃以为这里的“三十年”当为“五十年”之误。由宣和四年（1122）上推五十年，为熙宁五年（1072），仲仁此年始离越游方。

这一推测可以从邹浩的诗歌中得到佐证。崇宁元年（1102），邹浩忤蔡京，出知江宁府，改杭、越二州，再以谏立刘后事，责衡州别驾，永州（今湖南零陵）安置。此行泊舟花光山下，与仲仁相识。其《谢衡州花光寺仲仁长老寄作镜湖、曹娥墨景枕屏》诗中叙花光生平：“道人秀骨生何许，若耶溪边清气聚。不从章甫事功名，游历诸方参佛祖。祝融峰下忽抬头，觑破虚空笑而舞。折脚木床二十年，门外草深无寸土。偶然消息落人间，挽出花光照今古。”[①]这番对仲仁的赞美，提供了这样一些信息：一、仲仁年轻时无意仕进，一心云游求佛；二、在南岳衡山潜心修炼达二十年之久；三、后来入住花光寺，因以闻名。邹浩稍后《仁老寄墨梅》诗中也说：“马祖庵头挂钵囊，晚随缘出住花光。”[②]马祖庵，寺名，在南岳衡山天柱峰南[③]。可见仲仁入湘之初先在南岳马祖庵修持，入住花光是很晚的事。至于定居花光的具体时间，惠洪《题华光〈梅〉》：“华光绍圣初试手作梅，便如迦陵鸟方雏，已压众鸟。”[④]可见最迟是在绍圣元年（1094）。从绍圣元年（1094）到邹浩责衡州别驾永州安置的崇宁元年（1102），有八九年的时间。由崇宁元年（1102）到花光中秋夜话的宣和四年（1122）又有二十年。再加上南岳潜心修持的二十年，

① 邹浩《道乡集》卷四，《影印文渊阁四库全书》本。
② 邹浩《仁老寄墨梅》其四，《道乡集》卷九。
③ 张栻《南岳唱酬序》，张栻《南轩集》卷一五，《影印文渊阁四库全书》本。
④ 惠洪《石门文字禅》卷二六。

想必最初出吴北上及“渡淮涉湘”至少也应费时一两年。这些累计起来正合“五十”之数。可见惠洪《祭文》中的“三十年”正是“五十年”之误。翁文由仲仁卒年上推“三十年”，视为仲仁定居衡岳之始，其实以绍圣元年（1094）起算，仲仁仅住持花光寺就有三十年之久。

综合上述邹浩与惠洪诗文中的这些信息，可以得出这样的结论：仲仁大约于神宗熙宁五年（1072）离开故乡持钵云游，北上到过淮河一线。大约在熙宁六七年间（1073—1074）“渡淮涉湘”，来到名刹林立的南岳衡山，在马祖庵潜心修炼二十年，道誉渐成。大约元祐八年（1093）或次年即绍圣元年入住衡州花光寺，为长老，由此闻名，并在此度过余生。宣和四年谋归故乡绍兴未成，次年（1123）二月卒于花光。前引邹浩诗“不从章甫事功名，游历诸方参佛祖”中的章甫即指仕宦，或又有弱冠之意。如果离开故乡时二十岁上下，则其出生大约在仁宗皇祐五年（1053）前后，去世时七十多岁。翁文在仲仁元祐八年（1093）入住花光寺，宣和五年去世这两点上与我们的结论完全一致，但前者出于估算，后者则又属于假设，与惠洪祭文中所说“今三十年”仅作简单印证，至于如何与邹浩诗中所说“折脚木床二十年”，“晚随缘出住花光”等环节对应榫接，根本未予考虑。我们这里虽然有些环节也不免出于推论，但各种因素综合考量，较之翁文应更为切实。

二、仲仁的交游

（一）宗门道友与子弟

1. 从誉：从惠洪祭文可知，从誉与仲仁为师兄弟，一时同门翘楚，享誉衡湘一带。仲仁去世，从誉随惠洪亲赴吊唁。详情见翁文。

2. 涌：仲仁子，也为僧，受仲仁影响，能画，又学诗，喜收藏书画，蓄有苏、黄及仲仁字画手迹。宣和三年受遣赴越，联系回归故土事宜。详情见翁文。

3. 惠、称、圆：均为仲仁徒弟。称、圆能传仲仁山水和墨梅画法[①]。

4. 惠洪：惠洪，一名德洪，号觉范，筠州新昌（今江西宜丰）人。北宋末年著名僧人，从政和四年至仲仁去世的近十年中，尤其是宣和年间，与仲仁诗画交酬往还极为密切。惠洪《石门文字禅》《冷斋夜话》中与仲仁有关的作品有诗十一首、词二首、赋赞杂文十七篇。详情见翁文。

5. 僧善权：俗姓高，字巽中，靖安（今属江西）人，名入江西诗派。有《仁老湖上墨梅》诗[②]，当与仲仁有交往。

6. 宣：潭州岳麓山道林寺僧，藏有仲仁湖山水画[③]，或为仲仁所赠。

（二）世俗交游

大致以时间先后排比如下：

1. 华镇：会稽人，与仲仁同乡。元丰二年进士，元祐七年（1092）为道州（治今湖南道县）录事参军[④]，约绍圣四年（1097）离湘回绍兴。华镇《南岳僧仲仁墨画梅花》[⑤]，可能是最早赞述仲仁墨梅的作品。

---

① 惠洪《又惠子所蓄》《又称上人所作》《题华光梅》，《石门文字禅》卷二六。

② 孙绍远《声画集》卷五，《影印文渊阁四库全书》本。

③ 惠洪《又宣上人所蓄》，《石门文字禅》卷二六。

④ 华镇《道州录事厅适斋记》：“元祐壬申岁余来为营道郡督邮，越明年，冬十月葺舍馆之西颓庑，设户牖以为室，既成，目之为适斋。”见《云溪居士集》卷二八，《影印文渊阁四库全书》本。

⑤ 华镇《云溪居士集》卷六。

诗题称仲仁为“南岳僧”而不是后来人们常说的“花光仁老”，时仲仁可能仍在衡山马祖庵，尚未入住花光。时间当在元祐七年华镇赴任道州经过衡山时。

2. 苏轼：苏轼现存作品中无与仲仁交往之迹。惠洪《题华光〈梅〉》：“华光绍圣初试手作梅，便如迦陵鸟方雏，已压众鸟。东坡见之，如黄梅视无姓儿，便肯之。”是说绍圣初仲仁与苏轼相见。绍圣元年六月苏轼谪岭海，元符三年（1100）奉诏内迁，均取道赣水、庾岭，未至衡湘一线，仲仁何以与之相见，不得而知。黄庭坚崇宁三年(1104)过衡州有诗《花光仲仁出秦、苏诗卷，思两国士不可复见，开卷绝叹……》，仲仁所藏苏轼诗卷是苏轼手赠，抑或辗转所得，也无从确定。诗中写道：“何况东坡成古丘，不复龙蛇看挥扫。”[①]前提似乎是苏轼曾亲睹仲仁作画。一种可能是，苏轼绍圣元年谪惠州，仲仁也到过赣上或广东，得以路遇，并互有作品酬赠。仲仁藏有苏轼所画老木，黄庭坚为题字[②]

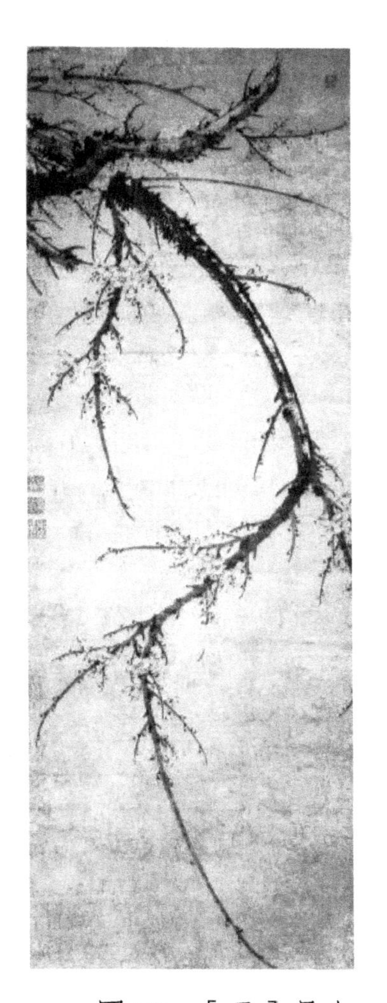

图 70 ［元］吴太素《墨梅图》轴。纸本水墨，纵 116.5 厘米，横 40.4 厘米，载日本兵库县尼崎薮本浩三集。其画梅枝横斜倒悬，颇似王冕，而花头较为疏淡，姿态娟秀。

① 黄庭坚《豫章黄先生文集》卷八，《四部丛刊初编》本。

② 惠洪《跋东坡老木》，《石门文字禅》卷二七。

3. 秦观：绍圣元年（1094）出为杭州通判，道贬监处州酒税。绍圣三年（1096）编管郴州（今属湖南），途经庐山，十月过洞庭，约十一月过衡州，岁末至郴州贬所。元符元年（1098）移雷州（今广东海康）编管，元符三年四月赦还，八月行至藤州（今广西藤县）病卒。今秦观《淮海集》中无与仲仁交往之迹，但据黄庭坚《花光仲仁出秦、苏诗卷……》叙秦观“雅闻花光能画梅，更乞一枝洗烦恼”诸语，可见两人曾有作品往来。今黄庭坚《山谷别集》卷六《书赠花光仁老》两信，当为秦观所作。第一信称“比过骛山，会芝公书记还自岭表，出师所画梅花一枝”。骛山，在衡州耒阳“县东北四十余里”[①]。黄庭坚谪所宜州，溯湘水由衡州西南行，绝不必入耒口绕道衡阳东南之耒阳，而耒阳却是秦观此番迁徙的必由之路。第二信向仲仁求画：“余方此忧患，无以自娱，愿师为我作两枝见寄，令我时得展玩，洗去烦恼，幸甚。某有梅花一诗，东坡居士为和，王荆公书之于扇，却待手写一本奉酬也。”今苏轼集中无和黄庭坚梅诗，而秦观元丰间有《和黄法曹忆建溪梅花》一诗，当时人多称赏，苏轼喜而有《和秦太虚梅花》之作。惠洪《跋石台肱禅师所蓄草圣》：“少游此诗，荆公自书于纨扇，盖其胜妙之极，收拾春色于语言中而已。及东坡和之，如语中出春色。山谷草圣，不数张长史、素道人，遂书两诗于华光梅花树下，可谓四绝。”[②]南宋初吴聿《观林诗话》：“秦太虚与花光老求墨梅书云：‘仆方此忧患，无以自娱，愿师为我作两枝见寄，令我得展玩，洗去烦恼，幸甚。’涪翁和昊字韵梅诗云：‘梦蝶真人貌黄槁，篱落逢花曾绝倒。雅闻花光能画梅，更乞一枝洗烦恼。’谓此也。”“秦太虚云：‘仆有

① 王象之《舆地纪胜》，江苏广陵古籍刻印社 1991 年版，第 534 页。
② 惠洪《石门文字禅》卷二七。

梅花一诗，东坡为和，王荆公尝书之于扇。’有见荆公扇上所书，乃‘月落参横画角哀，暗香消尽令人老’两句。涪翁又爱其四句云：‘清泪斑斑知有恨，恨春相从苦不早。甘心结子待君来，洗雨梳风为谁好。’”这些材料都充分表明《书赠花光仁老》两信本属秦观，而误入山谷集中。综合两信内容，可见秦观经衡州日与仲仁未及深交，行至耒阳骜山口，从他人处得观仲仁梅画，一见倾心，于是修书相求，约以书诗作答。黄庭坚崇宁三年过此，仲仁话及往事，并以秦诗及书信相示，于是黄庭坚括为诗语。所谓“秦、苏诗卷”，仲仁交往实际只及秦观，秦、苏两人梅花唱和诗卷均由秦观抄寄。黄庭坚睹物思人，一门师友，不免连类慨叹之。

4. 邹浩（1060—1111）：元符二年（1099）春除名勒停，羁管新州（今广东新兴），过衡阳大约是在初冬，未及与仲仁相会。崇宁元年（1102）因忤蔡京责衡州别驾，永州安置。次年春，除名勒停，窜昭州（今广西平乐）。崇宁五年（1106）二月离开湖南，归居常州。集中有《谢衡州花光寺仲仁长老寄作镜湖曹娥墨景枕屏》《观华光长老仲仁墨梅》等二十一首题咏或答谢仁老赠画之作，又为仲仁作《天保松铭》（此铭又误入《山谷别集》），写作时间当在崇宁元年秋至崇宁四年间。

5. 陈瓘（1057—1124）：崇宁二年（1103）春与邹浩等同窜岭南，编管廉州（今广西合浦），崇宁五年春量移郴州，得自便，取道衡湘归居明州[①]。陈瓘《了斋集》今不存，《永乐大典》卷二八一二有其《花光仁禅师以墨戏见寄以小诗致谢》一诗，当作于谪居岭南期间。

6. 曾纡：字公卷，一作公衮，曾布子。崇宁元年，曾布与蔡京争，罢相谪居衡州。曾纡兄弟牵连窜废，崇宁二年编管永州（今湖南零陵），

① 陈宣子《陈了翁年谱》，解缙等《永乐大典》卷三一四三，中华书局1960年版。

崇宁五年会赦移和州。崇宁三年黄庭坚赴宜州贬所，寄家室于永州，两人过从甚密。黄庭坚集中有《题花光为曾公卷作〈水边梅〉》诗、《题公卷小屏》《题公卷花光横卷》等文，均为逗留永州时所作。曾纡先黄庭坚一年至永州，黄庭坚所题仲仁画当为崇宁二年所赠。

7. 黄庭坚：崇宁二年因忤赵挺之，编隶宜州（今广西宜山），由鄂州（今湖北武昌）溯湘南行，次年（1104）二月过衡州，与仲仁结识，仲仁为“作梅数枝，及画烟外远山”，黄题诗卷末（《花光仲仁出秦、苏诗卷……》）。山谷另有《题花光画》《题花光画山水》《赠花光老》《（仲仁）所住堂》等作品。详情见翁文。

8. 王宏道：惠洪为其所蓄华光墨梅作赋，称其为王舍人。此舍人非指中书之职，而是当时对一般贵家子弟的尊称，与黄庭坚称王直方父亲为王舍人同例。据惠洪《王宏道舍人赞》，王早年“横槊赋诗，名动塞垒。及其倦也，则浮沅湘，上衡霍，尽室行于山水”①，晚年当定居衡湘一带，潜心书画的创作与收藏。所蓄仲仁墨梅，或为仲仁所赠。

9. 公翼：公翼或为字，名不详。惠洪《题〈橘洲图〉》：“公翼爱橘洲，而使华光图之。”②又蓄有仲仁《湘山树石》，惠洪题跋称其“仕宦三十年”③，可见早年游宦，晚寓衡湘一带。

10. 韩驹（？—1135）：韩驹，仙井监（今四川仁寿）人。《宋史》本传称其“政和初以献颂，补假将仕郎，召试舍人院，赐进士出身，除秘书省正字。寻坐为苏氏学，谪监华州蒲城县市易务，知洪州分宁

---

① 惠洪《王宏道舍人赞》，《石门文字禅》卷一九。
② 惠洪《石门文字禅》卷二六。
③ 惠洪《题公翼畜华光所画〈湘山树石〉》，《石门文字禅》卷二六。

县”。此后入京。今集中有《题花光长老画》：“晓出花光寺，云沙照眼新。归来看图画，借问若为真。”[1]显然到过花光寺，时间应在入仕前，画或为仲仁所赠。

上述仲仁亲朋、交游的情况，都见于元祐末年以来。此前仲仁只是南岳一普通僧人，默默无闻。仲仁所驻的衡州花光寺，地处衡州城南十五里，在衡岳一带乃至在整个湖南原本也不起眼，远不能与衡阳花药寺、衡山福严、方广、南台、上封、胜业、潭州（今湖南长沙）道林、岳麓等寺相比。仲仁入驻前该寺默无所闻，仲仁身后则又重归寂寥。可以说寺因人名，是仲仁住持使花光寺在哲宗绍圣以来名噪一时，声名远播。

仲仁当时之享誉主要是因其绘画。现存释门灯录中没有留下有关仲仁只言片语，同时交游也很少颂其法业道行的，可见当时其在禅林不以道行见重。从有关交游中可以强烈地感受到，当时在仲仁周围乃至整个衡湘一带的佛门同道和弟子们中有一种游心翰墨、爱好诗画，惠洪称之为“以笔墨作佛事”[2]的风气。他们吟诗作画，相互切磋技艺，收蓄名家笔墨，并以此与士大夫文人酬酢交流。仲仁是这方面的佼佼者，能书善画，惠洪《跋四君子帖》[3]中曾把他的书法与秦观、王定国、黄庭坚、邹洪相提并论，其绘画成就更是特立禅林，深为子弟和道友们珍视，竞相宝爱收蓄。仲仁绘画同样为广大士大夫所喜爱，秦观修书相求，黄庭坚反复为之题跋赞咏。可以说正是其绘画这一士人闲业上的造诣使其“身卧云泉之窟”，而“名飞缙绅之间”[4]。

① 韩驹《陵阳集》卷三，《影印文渊阁四库全书》本。
② 惠洪《跋行草墨梅》，《石门文字禅》卷二七。
③ 惠洪《石门文字禅》卷二七。
④ 惠洪《妙高仁禅师真赞》，《石门文字禅》卷一九。

北宋哲宗绍圣以来的朝政，云波诡谲。先是章惇、吕惠卿、曾布等投机新法，假绍述熙丰新法之名，行报复元祐诸臣之实，继而“新党”集团内部矛盾加剧，蔡京当国，大肆排斥异己，罪贬流窜岭外者不绝于湘路。花光寺所在的衡州，地当衡岳南首，北枕蒸水，东带湘江，耒水在此汇入湘江，是当时取道湘江南下两广，北上江汉的必经水路要冲，正所谓“迁客骚人，多会于此”。当时与仲仁交往的谪臣流犯中，即有黄庭坚、秦观这些忠直见谤的元祐旧臣、文采风流的苏门学士，也有实出新党一脉，受蔡京排挤打击，在“元祐党籍”扩大化后受贬的一族，如曾布之子曾纡等。仲仁对他们一视同仁，以绘画为世礼，迎来慰往，热心赠答，广结善缘，留下一幕幕僧俗文游佳话。在这些身遇沉沦、萍随劫波中的文人士大夫心目中，仲仁那份栖迹方外、高隐林麓的境界不啻一道活生生的启示，而其水墨山水和梅画更以超凡出尘的意趣吸引着他们困顿迷茫的心灵，赢得了特别的尊尚和喜爱。与苏门文人的交往对仲仁来说也非同寻常，为其平淡无奇的一生增色不少，尤其是黄庭坚的知遇与赞赏成了后世有关仲仁行迹和画艺有言必称的话头，可以说正是苏、黄的文化反射，使仲仁及其绘画在幽邃的历史长河中留下了一抹光辉。

（原载《南京师大学报》2005 年第 1 期）

“潇湘平远，烟雨孤芳”
——论花光仲仁的绘画成就

北宋后期衡州花光寺长老仲仁以开创墨梅这一文人画类著称于史，然而相关正史与禅宗灯录无传，历代画史有关记载多只寥寥数语，其生平事迹和艺术活动莫得其详。笔者对其生平、交游已有专文考证，主要结论是：仲仁大约于神宗熙宁五年（1072）离开故乡持钵云游，熙宁六七年间（1073—1074）“渡淮涉湘”，来到名刹林立的南岳衡山，潜心修炼二十年。大约元祐八年（1093）入驻衡州（今湖南衡阳）花光寺，为长老，由此闻名，并在此度过余生。宣和五年（1123）卒，享年大约七十多岁。在此基础上，本文就其艺术活动，尤其是开创墨梅的成就及影响加以讨论，以期对这位著名僧人画家的历史贡献有一个全面、深入的认识。

一、仲仁的作品及其流传

讨论仲仁的绘画艺术，首先遇到的问题就是其作品早已失传。今德国柏林东亚美术馆藏纨扇《山水图》，署名仲仁，但未见权威鉴定意见，姑且存疑不论。下面根据历代文人有关吟咏题跋资料，来排比其创作与流布情况。

（一）见于同时作家题咏的作品

1. 黄庭坚：①墨梅“数枝”，为黄庭坚作（《花光仲仁出秦苏诗卷……》，《豫章黄先生文集》卷八，《四部丛刊》本）。②“烟外远山”，为黄庭坚作（同前）。③梅花“一枝”，为秦观作（同前）。④《平沙远水》，黄庭坚题诗：“湖北山无地，湖南水彻天。云沙真富贵，翰墨小神仙。”（《题花光画》，同前卷一一）⑤“山水”（《题花光画山水》，《山谷外集》卷一一，《影印文渊阁四库全书》本）。⑥《水边梅》，为曾纡作（《题花光为曾公卷作水边梅》，同前卷一〇）。⑦“蕙”，屏画，曾纡藏（《题公卷小屏》，同前卷二三）。⑧山水“横卷”，曾纡藏（《题公卷花光横卷》，同前卷二三）。⑨“梅花一枝”，芝公书记藏（《书赠花光仁老》，《山谷别集》卷六，《影印文渊阁四库全书》本。按此信实属秦观）。

2. 华镇：“梅花”（《南岳僧仲仁墨画梅花》，《云溪居士集》卷六，《影印文渊阁四库全书》本）。

3. 邹浩：①“镜湖曹娥墨景枕屏”，寄邹浩（《谢衡州花光寺仲仁长老寄作镜湖、曹娥墨景枕屏》，《道乡集》卷四，《影印文渊阁四库全书》本；《题仁老所画枕屏》，《道乡集》卷一〇）。②“墨梅”“两枝”（《观华光长老仲仁墨梅》，《道乡集》卷五）。③“墨梅”“两枝”，寄邹浩（《仁老寄墨梅》，《道乡集》卷九）。④《李长者出山相》，寄邹浩（《谢仁老寄所画李长者出山相五首》，《道乡集》卷一三）。

4. 陈瓘：“雪梅”，赠陈瓘（《花光仁禅师以墨戏见寄以小诗致谢》，《全宋诗》卷一一九一）。

5. 吴则礼：①《梅》（《仁老画梅二首》，《北湖集》卷四，《影印文渊阁四库全书》本）。②湖南湖北山水“小景”，魏相之藏（《赋

图 71　［元］邹复雷《春消息图》。长卷，纸本水墨，纵 34 厘米、横 221.25 厘米，美国弗利尔美术馆藏。

图 72　［元］邹复雷《春消息图》（局部）。这里将该图从右起分为四截，此处为右起第一幅（上）、右起第二幅（下）。

魏相之所收花光老小景》，《北湖集》卷四）。③山水（《仁老小景赞》，《北湖集》卷五）。④“怪石”（同前）。

6. 惠洪：①《墨梅》（《华光仁老作墨梅甚妙为赋此》，《石门文字禅》卷一，《影印文渊阁四库全书》本）。②“墨梅”，寄惠洪（《仁老以墨梅远景见寄作此谢之二首》，同前卷一）。③山水“远景”，寄惠洪（《仁老以墨梅远景见寄作此谢之二首》，同前卷一）。④交枝“墨梅”（《书花光墨梅》，同前卷八）。⑤《墨梅》“一枝”（《妙高墨梅》，同前卷八。此篇《全宋词》作《浣溪沙·妙高墨梅》）。⑥《墨梅》“一枝”，赠惠洪（《妙高老人卧病遣使者以墨梅相迓》，同前卷一一）。⑦《墨梅》“寒枝”，赠惠洪（《谢妙高惠墨梅》，同前卷一六）。⑧《梅花》（《妙高梅花》，同前卷一六）。⑨“墨戏”梅“一枝”，琛上人所蓄（《琛上人所蓄妙高墨戏三首并序》，同前卷一六）。⑩“墨戏”兰，琛上人所蓄（同前）。⑪“墨戏”“湘山千里色”，琛上人所蓄（同前）。⑫梅花“墨戏”，王宏道藏（《王舍人宏道家中蓄花光所作墨戏甚妙戏为之赋》，同前卷二〇）。⑬《鉴湖图》，仲仁子涌收藏（《题华光鉴湖图》，同前卷二六）。⑭《墨梅》，仲仁子涌收藏（《题墨梅山水图》，同前卷二六）。⑮《山水》，仲仁子涌收藏（同前）。⑯《墨梅》（《题墨梅》，同前卷二六）。⑰《兰》（《题兰》，同前卷二六）。⑱《湘山树石》，公翼收藏（《题公翼所畜华光所画湘山树石》，同前卷二六）。⑲“墨梅”，公翼收藏（《题公翼所畜华光所画湘山树石》，同前卷二六）。⑳《橘洲图》，为公翼作（《题橘洲图》，同前卷二六）。㉑《平沙远水图》，公翼藏并题诗（《题平沙远水图五首》，同前卷二六）。㉒无名（《又题公翼所畜》，

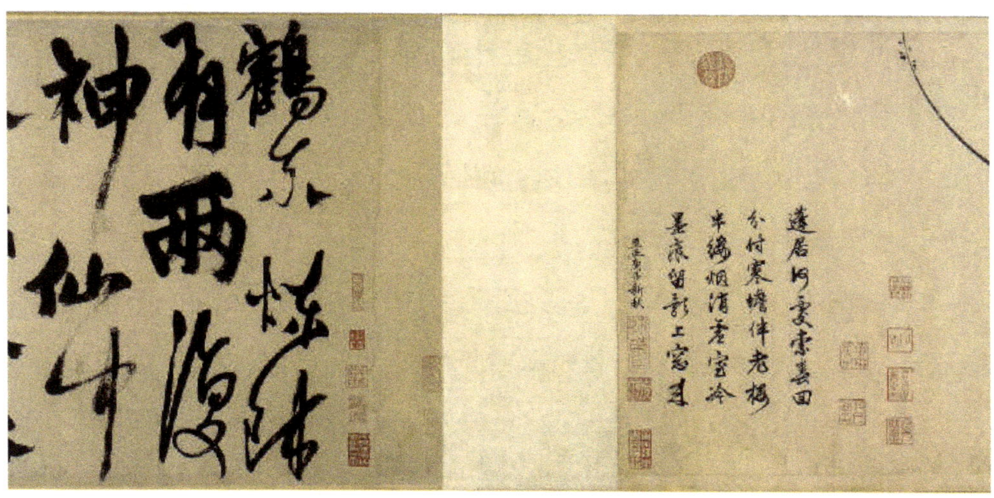

图 73 [元]邹复雷《春消息图》（局部）。此处为右起第三幅（上）和第四幅（下）。邹复雷，元代后期道士，据杨维桢至正二十一年（1361）《春消息图》跋文（时邹复雷在世），邹氏居鹤沙（在今上海南汇县境），主道教洞玄丹房，名其斋曰蓬荜居，人称鹤东或云东道士。复雷长于画梅，时显《题邹复雷〈春消息图〉》称“深得华光老不传之妙，殊名怪状、风枝雪蕊，莫不曲尽其妙”。

同前卷二六）。㉓“寒枝”，宣上人藏（《又宣上人所蓄》，同前卷二六）。㉔山水“平远”(同前)。㉕《湖山平远》，惠子藏（《又(题)惠子所蓄》，同前卷二六）。㉖《梅》，圆禅者所藏（《题华光梅》，同前卷二六）。㉗《橘洲图》，有黄庭坚题诗（《题橘洲图山谷题诗》，同前卷二七）。㉘《墨梅》，有黄庭坚题字（《跋行草墨梅》，同前卷二七）。㉙“潇湘平远”，政和四年赠惠洪（《祭妙高仁禅师文》，同前卷三〇）。㉚“烟雨孤芳”，政和四年赠惠洪（同前）。㉛《墨梅》，黄庭坚所观，惠洪为赋《凤栖梧》《西江月》(胡仔《苕溪渔隐丛话》前集卷五六，人民文学出版社 1962 年版)，然所记不可靠，崇宁三年黄庭坚过衡州，始知仲仁墨梅，时惠洪已归洪州石门。

7. 僧善权:《湖上墨梅》(《仁老湖上墨梅》，孙绍远《声画集》卷五，《影印文渊阁四库全书》本）。

8. 韩驹：山水“云沙”，韩驹所藏（《题花光长老画》，《陵阳集》卷三，《影印文渊阁四库全书》本）。即黄庭坚所题《平沙远水》(周必大《泛舟游山录》，周必大《文忠集》卷一六九，《影印文渊阁四库全书》本）。

（二）南宋以来文人题咏的仲仁作品

9. 僧壁师:《墨梅》(《墨梅》，孙绍远《声画集》卷五），僧壁师题诗中有“花光墨三昧，幻出小梅枝”语，所题当为花光画。

10. 周必大: ①湖水云烟轴，黄超然藏，即黄庭坚所题《平沙远水》，有韩驹题诗 (周必大《泛舟游山录》，《文忠集》卷一六九)。②山“石”轴，黄超然藏，有韩驹题诗（同前）。

11. 释慧空:《墨梅》(《华光墨梅》，《全宋诗》卷一八四九）。

12. 释师范: (①～⑩) “花光十梅”:《悬崖放下》《绝后再苏》《平

地回春》《淡中有味》《一枝横出》《五叶联芳》《正偏自在》《高下随宜》《幻花灭尽》《宝相常圆》(《花光十梅》,《全宋诗》卷二九一八)。

13. 林表民:《墨梅》,徐无竞藏(《题徐无竞所藏花光仁老墨梅》,《全宋诗》卷三〇〇一)。

14. 刘克庄:①“梅”(《花光补之梅》,《后村先生大全集》卷一〇五,《四部丛刊》本)。(②~⑨)八梅卷,“此卷就和靖八诗各摘二字,为梅传神,为和靖笺诗,花光得意之作也,末有郑南明跋甚佳”(《花光梅》,同前卷一〇七)。

15. 王柏:(①~⑩)“十梅”:《悬崖放下》《绝后再苏》《平地回春》《淡中有味》《五叶联芳》《一枝横出》《正偏自在》《高下随宜》《幻花灭尽》《宝相常圆》,寺院收藏(《和诸庵花光十梅颂》《题花光梅十首》,《永乐大典》卷二八一二,中华书局1960年版)。

16. 曾敏行:《墨梅》,陈与义题(《独醒杂志》卷四,《知不足斋丛书》本)。现存陈与义诗《和张规臣水墨梅五绝》为和人之作,只言墨梅,未提画家。诗中也未见同时题咏仲仁墨梅常见的烟暝雨暗一类形容(见后文论述),因此所咏应另有所属。

17. 元好问:《梅》(《花光梅》,《遗山集》卷一四,《影印文渊阁四库全书》本)。诗中“草圣前头一树春”语,或即惠洪《跋行草墨梅》所说有黄庭坚题字的画卷。

18. 王恽:(①~④)《暗香》《疏影》《溪雪》(一作《雪溪》)、《春风》,金高汝砺藏,赵复题字,后归元人宋规,已失其《雪溪》(《题花光墨梅二绝序》,《秋涧集》卷二七,《影印文渊阁四库全书》本;《跋杨补之墨梅后》,同前卷七二)。

19. 魏初:(①~③)《墨梅》(《宋氏家藏花光墨梅》,《青崖集》卷二，《影印文渊阁四库全书》本），魏初诗中称“春风留在三花树，要与东溪结后缘”，所说或即王恽所言《暗香》《疏影》《春风》三幅。

20. 龚璛：《梅南》（《次（姚）筠庵题花光梅南卷》，《存悔斋稿》，《影印文渊阁四库全书》本）。

21. 王沂：《墨梅》（《花光墨梅》，《伊滨集》卷一一，《影印文渊阁四库全书》本）。

22. 王旭：《墨梅》（《题墨梅有感》，《兰轩集》卷二，《影印文渊阁四库全书》本）。王旭诗中有“花光老笔通三昧，剩挽阳和发天趣”句，所题当为花光之作。

23. 吴太素：（①～②）《披风》《洗露》二枝，仲仁临终写赠黄庭坚（吴太素《松斋梅谱》卷一，日本广岛市中央图书馆1988年版）。

24. 汤垕：（①～⑤）写意墨梅，四五本（汤垕《画鉴》卷五，《影印文渊阁四库全书》本）。

25. 张昱：①《梅》（《题华光梅》，《可闲老人集》卷一，《影印文渊阁四库全书》本）。②《梅》（《僧华光画梅》，同前卷一）。

26. 陶宗仪：《墨梅》（《题墨梅》，《南村诗集》卷四，《影印文渊阁四库全书》本）。陶诗云：“花光三昧幻冰魂，满纸春风带墨痕。”所题当为花光作品。

以上二十多家的记载和题咏，共得仲仁画作107例，其中扣除前后明确重复题咏16种，得91例。这其中又有一些是不太可靠的，如吴太素《松斋梅谱》所载临终赠黄庭坚《披风》《洗露》，黄庭坚先仲仁去世十八年，可见所谓临终赠画纯然是由山谷诗语附会而言。其中又不乏讹传与假托，如王恽所跋宋规藏《溪雪》《春风》四画，王恽早年《宋东溪墨梅图序》一文中则称宋规“醉中出示所制《溪雪》《春风》

等图”[1]，前后矛盾，不免令人生疑。又如所谓“花光十梅”，颇有寺院画僧托为祖师组图传授墨梅画法的形制。撇去这些因素，大致仍有数十幅之多。但这其中大量笼统地称《墨梅》的，仍应有一些前后反复题咏的现象，并不能准确地反映仲仁作品的流传数量。但分析上述材料，可以明确这样几点认识：

一、仲仁作品元以后即失传。现所见题咏仲仁绘画的诗文作品，时代最晚的是元末明初的张昱、陶宗仪，此后无复仲仁画迹新的记载，画史著述中有关材料多属抄缀、复述前人文字。

二、仲仁绘画题材多样，仲仁同时文人题咏的51例中，墨梅27例，山水18例，兰蕙3例，石1例，人物1例，题材不名1例。可见仲仁的绘画创作是山水、花鸟、人物兼而有之，而以墨梅、山水最为擅长。

三、进入南宋以来，有关仲仁的题咏和记载都是关于墨梅的，未见人们提及其他题材的作品。可见人们对他的关注已完全集中到墨梅上，而忽视了其他方面的贡献。历史总是不断地遗忘的，仲仁最终只以墨梅画家著称于史。

二、仲仁的山水画

惠洪《祭文》回忆仲仁赠给他的绘画是“潇湘平远，烟雨孤芳”，惠洪称赞仲仁弟子的绘画也是“袖里两枝烟雨，门前一片潇湘”[2]，这两句完全可以用来概括仲仁绘画创作的两大题材：平远山水与水墨写梅。上一节题跋资料的统计也充分证明这一点。除了后世广为人知

---

① 王恽《秋涧集》卷四一，《影印文渊阁四库全书》本。

② 惠洪《又称上人所作》，《石门文字禅》卷二六，《影印文渊阁四库全书》本。

的墨梅成就外，仲仁的山水画很有特色，在当时受到的关注和欢迎至少不亚于墨梅。黄庭坚作品提到仲仁山水之处就多于墨梅，其中称赞仲仁《平沙远水》“笔意超凡入圣法也，每率此为之，当冠四海而名后世”（《题花光画》），评价非同一般。惠洪作品中有大量反映人们竞相宝蓄仲仁绘画的材料，其中也是墨梅与山水题材平分秋色。

从时人酬咏题跋可见，仲仁山水画属于典型的江南山水，其中以潇湘湖山最多，如《湘山树石》《橘洲图》等，所画是“橘洲断岸平远”（惠洪《又称上人所作》），“烟外远山”（黄庭坚《花光仲仁出秦、苏诗卷……》）之类。也画过故乡鉴湖一带山水风景，如《镜湖曹娥墨景》《鉴湖图》。从题材上说，这是从南唐画家董源、巨然以来江南山水画派的传统风景，“没有险峻的山峦，奇巧的装点，平稳的山势，高下连绵，映带无尽，林麓洲渚，山村渔舍，是一片江南景色”[①]。董、巨之山水画，笔法平淡简率，多细长皴线，擅长表现“峰峦出没、云雾显晦”[②]、幽远空漠之意境。仲仁也复如此，“数笔何处山，领略分树石。远含千里姿，间见复层出”（惠洪《仁老以墨梅远景见……》），“曹娥江接贺家湖，环以峰峦暝烟雨”（邹浩《谢衡州花光寺仲仁……》）。景物多是缓坡委迤，洲渚连绵，平远虚旷之景；意境较之董、巨更呈水波荡漾，云霭弥漫，烟雨迷蒙之气。揣度其画法，是轻用笔而重墨晕，皴法渗软，淡墨轻染，因而多有一种水气空濛、云里雾里的意韵效果，与米家父子的风格更为接近。黄庭坚形容为“道人烟雨笔”（《题花光画山水》），不难想其仿佛。

五代以至北宋初期是水墨山水画逐渐走向成熟的时代，这一时期并

① 谢稚柳《鉴余杂稿》（增订本），上海美术出版社 1996 年版，第 294 页。
② 米芾《画史》，《影印文渊阁四库全书》本。

称的代表画家是关仝、李成、范宽和董源，入宋后李成、范宽领导的北方画派声势较大，但董源、巨然那种平淡虚旷、温润秀逸的画风在南方地区从未中断，并在不断的演进之中。宋初淮南僧人“惠崇工鹅雁鹭鸶，尤工小景，善为寒汀远渚潇洒虚旷之象，人所难到”[①]。仲仁的画风正与之一脉相承。北宋后期米芾父子着力标举董源、巨然画风，喜绘云山变没之景，重意趣而轻写形，以水墨烘染为主要表现形式，史称“米点皴”，标志着水墨山水写意画风的进一步发展。明代李日华曾有这样一种看法：“花光、惠崇喜用王洽泼墨法写湘西山水，极有神韵，二米实祖述之，非创作也。”[②]米芾与仲仁同时，先仲仁十六年去世，说米氏祖述仲仁，显然不恰当，但也由此揭示了仲仁的山水画风在传承和发扬董、巨以来江南画派云水旷荡、烟云弥漫的画风画法上所起的作用。而且从下面的论述中可知，这种画风在一定程度上促进了墨梅这一文人新画类的诞生。因此，对仲仁山水画的成就不容忽视。

三、仲仁是否首创墨梅

仲仁创始墨梅，这已属画史常识，但实际仍存挑战。南宋张元干有《龙眠〈墨梅〉》一诗[③]。龙眠，李公麟（1049—1105），字伯时，号龙眠居士，熙宁进士，著名画家。朱淑真《墨梅》：“若个龙眠手，能传处士诗。借他窗上影，写作雪中枝。”[④]所题也应是他的作品。

① 夏文彦和《图绘宝鉴》卷三，《影印文渊阁四库全书》本。

② 李日华《恬致堂集·明文征明横塘诗意》，孙岳颁等《佩文斋书画谱》卷八七，《影印文渊阁四库全书》本。

③ 张元干《芦川归来集》卷四，《影印文渊阁四库全书》本。

④ 《全宋诗》，第28册，第17973页。

又邓椿《画继》卷三记米芾水墨写意，“其一纸上横松梢，淡墨画成，针芒千万，攒错如铁，今古画松，未见此制……其一乃梅、松、兰、菊，相因于一纸之上，交柯互叶，而不相乱。以为繁则近简，以为简则不疏，太高太奇，实旷代之奇作也。”李公麟元符三年（1100）因风痹致仕，崇宁六年（1106）去世，米芾大观元年（1107）去世，都较仲仁早卒十多年，如果他们有水墨写梅之作，应不在仲仁之后。这在一定程度上反映了北宋后期墨梅画得以孕育的文人画发展背景，但李、米二氏属大家手笔偶一为之，却不以此名世，当时和以后都很少有人提及。

北宋后期的画坛，仲仁之外还有其他一些以画梅闻名的画家，如周纯、康道人、颜博文等。周纯，字忘机，成都人，生卒不详，久居荆楚，亦称楚人。少为浮屠，弱冠游京师，以诗画为佛事，多与士大夫游，其中与王寀最为密切，宣和元年因坐其累编管惠州，流落不知所终。康道人，当为道士，名姓、事迹不详，曾献画朝廷，又尝为朱勔画全树梅花帐。颜博文，字持约，德州人，政和八年进士，能诗善画，建炎元年因佞谀张邦昌，流窜澧州（湖南澧县）、贺州（今广西贺县）等地。这三人人品多疵，政和、宣和间以诗画活跃于汴京一带，趋奉权奸佞贼。他们画梅渊源师承不一，但都颇擅声名。从时间上说，他们都比仲仁略晚一辈，成名时间也晚于仲仁十几年。由此可见，虽然实际上很难彻底认定谁是墨梅的始作俑者，但仲仁是第一个以墨梅称名的画家，则毫无疑问。

不仅如此，历史总交织着客观的机遇与主观的选择。仲仁南岳高僧的特殊身份和幽逸品格，与孤山幽吟的林逋一样，正是梅花题材创作的理想开拓者。北宋哲宗绍圣以来的朝政云波诡谲、斗争激烈。先是章惇、吕惠卿、曾布等投机新法，假绍述熙丰新法之名，行报复元祐诸臣之实，继而“新党”集团内部矛盾加剧，蔡京当国，大肆排斥异己。罪贬流窜岭外者不绝于湘路，花光寺所在的衡州，地当衡岳南首，北枕蒸水，东带湘江，耒水在此汇入湘江，是当时取道湘江南下两广，北上江汉的必经水路要冲，正所谓“迁客骚人，多会于此”。仲仁以方外高僧的超脱身份，对他们一视同仁，以画卷为世礼，迎来慰往，热心赠答，广结善缘，留下一幕幕僧俗文游佳话。墨梅这一新兴的艺术样式由此走出了林麓僧隐的狭小圈子，进入主流士大夫的世界。在这些末路相逢的文人士大夫看来，仲仁那份栖迹方外、高隐林麓的境界不啻一道活生生的人生启示，而水墨山水和梅花那戏墨为禅悟淡远玄妙、超凡出尘的意趣正对应着对他们困顿迷茫的心灵，因而赢得了特别的尊尚和喜爱。正是各路文人普遍的倾心感动和交口称赞，尤其是黄庭坚、秦观，据说还有苏轼等元祐名士的品题称赏，有力地扩大了仲仁水墨写梅的影响，确立了墨梅创始者的形象。苏、黄的影响不只表现于当时，更是决定着未来。由于苏、黄的文化地位，后世著述中有关仲仁之处也多以与苏、黄的翰墨世缘为谈资，仲仁墨梅始祖的形象越来越深刻地镌入中国艺术的历史长廊。

四、仲仁墨梅的特色

仲仁墨梅早已失传，今天我们只能从同时题咏诗文中揣磨其仿佛。从中不难感到，处于筚路褴褛中的仲仁墨梅，既包含着后来墨梅艺术发展的基本理念，同时在具体的笔墨技法和意趣风格上又有着初创阶段的鲜明特征。

仲仁画梅不取全树，多写三两横枝。黄庭坚所说“花光为我作梅数枝”（《花光仲仁出秦苏诗卷……》），“梅花一枝”（《书赠花光仁老》），邹浩所说“生出两枝遥寄我”，“宛然风外数枝斜”（《仁老寄墨梅》），惠洪所题多称“一枝”，显然都是一二疏影横斜的形象。这种取景的简化是后来墨梅取景构图的基本模式。南宋后期的刘克庄曾比较仲仁与后辈墨梅大家扬无咎两人款式、风格的不同：“补之画梅花尤宜巨轴，花光则不然，直以矮纸稀笔作半枝数朵，而尽画梅之能事。”（《花光梅》）可见仲仁画梅纸幅短小，构图与用笔也都是比较疏简的一路，深得当时文人画戏墨写意的新精神。

花朵的画法可以说是墨梅最关键的因素，在墨梅初起阶段尤其如此。“世人画梅赋丹粉，山僧画梅匀水墨。”（华镇《南岳僧仲仁墨画梅花》）梅花花色白洁，传统画梅勾勒填粉，仲仁改以淡墨点瓣，后世称为墨晕法或墨渍法。这是一种破弃常识、“颠倒黑白”的大胆创意，当时人们有关题咏，多联系仲仁禅僧的特殊身份来加以理解，把它归因于佛家不执法相、不拘本位、勘破情识、透脱自在的心性和智慧：“大空声色本无有，宫徵青黄随世识。达人玄览彻根源，耳观目听纵横得。禅家会见此中意，戏弄柔毫移白黑。”（华镇《南岳僧仲仁墨画梅花》）就北宋中期以来文学艺术中不断高涨的主观“尚意”“写神”美学思潮而言，佛教尤其是禅宗的自觉本心、无住无念的本体论和方法论无疑是重要的思想源泉。但在墨梅的开创中作用最为直接的可能仍然是绘画艺术本身，北宋中期以来花卉画中不断增长的水墨写意和以墨作色的倾向应是水墨写梅产生的关键因素。

至于花朵的具体画法，华镇诗中写道：“三苞两朵笔不烦，全开半函如向日。疏点粉黄危欲动，纵扫香须轻有力。”（《南岳僧仲仁墨画

图 74　[清] 金农《梅花图》册（其一），上海博物馆藏。

梅花》）可见是疏淡点剔的笔法。而其枝干的画法，华镇诗写道“寒枝鳞皴节目老”，与后来扬补之的走线飞白写梗的笔法则明显不同，而是一种以墨色皴染纹理的传统方法。从华镇诗中的叙述顺序，可以大致看出，仲仁的画法是这样的，首先是以浓淡不一的墨色大块刷染背景（“浅笼深染起高低”），继而以浓墨皴染出树干枝条，再稀疏地点缀姿态各异的花朵。

从大的方面说，仲仁的画法以墨色晕染为主，不仅背景的淡墨渲染，同时枝干、花瓣、小的花蕾大都以水墨点皴而成，因而总体上有一种烟色弥漫、形象朦胧的视觉效果。同时诗人有关仲仁墨梅的题咏中，大多表达了一种云深深、雨濛濛甚而隔雾观花的感觉。邹浩：“香云漠漠护颜色，世眼欲睹诚难哉。”（《观华光长老仲仁墨梅》）“依约江南山谷里，溪烟疏雨见精神。”（《仁老寄墨梅》）惠洪：“烟昏雨毛空，标格终微见。”（《仁老以墨梅远景见寄作此谢之》）“见之已愁绝，那复隔烟雨。”(《书华光墨梅》)“从来病眼错黄昏，隔雾相看更相恼。”（《华光仁老作墨梅甚妙为赋此》）“那料高人笔端妙，一枝留得雾中看。”（《琛上人所蓄妙高墨戏三首并序》）“水苍茫而春暗，村窈窕而烟暮。忽微霰之溅衣，惊一枝之当路。”（《王舍人宏道家中蓄花光所作墨梅甚妙戏为之赋》）“华光作此梅，如西湖篱间烟重雨昏时见，便觉赵昌写生不足道也。”（《题墨梅》）南宋以来人们也不时复述着类似的观感，如僧壁师（生活于南宋中期）:“花光墨三昧，幻出小梅枝。烟重月华薄，冰蕤暗弄姿。”（《墨梅》）元好问：“花光笔底春风老，寂寞岭南烟雨痕。”（《墨梅》）

何以有如此感觉，最有可能的解释是，仲仁墨梅包含了其鉴湖、潇湘一类水墨山水画云烟明灭、水气溟蒙之意境、笔法的渗透。仲仁的墨梅中本就有一些以山水衬景的取景与构图，如《水边梅》《湖上墨梅》，这类作品中三两梅枝“疏影横斜”与湖天汀沙、水风云月一类淡晕之景相为衬托、浑然一体，是梅花写生，也是山水小品。僧善权《仁老〈湖上墨梅〉》写道：“会稽有佳客，薖轴娟考盘。轩裳不能荣，老褐围岁寒。婆娑弄泉月，松风寄丝弹。若人天机深，万象回笔端。湖山入道眼，岛树萦微澜。幻出陇首春，疏枝缀冰纨。初疑暗香度，似有危露漙。纵观烟雨姿，已觉齿颊酸。乃知淡墨妙，不受胶粉残。为君秉孤芳，长年配崇兰。”湖山掩映、岛树透迤与疏枝冰蕊统一在一片淡墨晕染、烟雨溟蒙的视境之中。在专题的墨梅作品中，想必仲仁在墨写花枝外的空白处，有饱蘸水墨横落纸面的大块淡墨晕染烘托。或者就在描写主景之前，如华镇诗中所说，先行“浅笼深染起高低”（《南岳僧仲仁墨画梅花》），作大块或整幅水墨淋漓的背景铺垫。墨晕花枝与大块的水墨渲刷相互渗透，就极易形成了一种朦胧模糊的效果。这种水气淋漓、烟云明灭的气象是江南画派山水画，也应是仲仁山水画中常见的效果。我们设想，在墨梅开创的历史起点，仲仁由江南水墨山水写意的丰富实践，扩展至梅花这一江南地区最常见的花卉题材，以江南画家水墨写意的理念和笔法来演绎和发挥梅花的幽姿清韵，把江南画派云雾显晦、云气迷蒙的技法、意韵带到了墨梅画中，从而使这一新生的画类与生俱来地带着某些胎息江南山水画派淡墨写意、烟雨迷离的痕迹，这应是极其自然的事。黄庭坚把仲仁山水画称为“烟雨笔”（《题花光画山水》），惠洪则把仲仁墨梅称为“烟雨孤芳”[①]，相同的形容正清晰地揭示了两者内在的联系。

对仲仁墨梅的这一特点，元人好（hào）用一个“影”字来形容，强调其水墨晕染、如幽似幻的效果，如《画鉴》说“花光长老以墨晕作梅花，如影然”。元人还虚构了一个卧于花下，“值月夜见疏影横窗，疏淡可爱，遂以笔戏摹其状，视之殊有月夜之思”[②]的故事。有关观影得画的情节也见于关于墨竹起源的解释中，其实这种“影子”之说远不如“烟昏雨重”的比喻更切近仲仁墨梅的观赏效果。把仲仁开创墨梅归因于月下观影的灵感，也远不如归根于水墨山水画的启发或延伸更近其实。

① 惠洪《祭妙高仁禅师文》，《石门文字禅》卷三〇。

② 吴太素《松斋梅谱》卷一，日本广岛市中央图书馆 1988 年版。

五、仲仁墨梅画风在南北宋之交的影响

仲仁这种淡墨晕染、烟雨朦胧的墨梅画法有着明显的草创色彩，在整个墨梅艺术发展史上也几乎可以说是昙花一现。南渡后墨梅艺术突飞猛进，比仲仁大约晚半个世纪的扬无咎（1097—1171）青出于蓝而胜于蓝，在仲仁的基础上大有变化。扬无咎是一个诗词、书画兼擅的文人画家，依照南宋人的看法，他“学欧阳率更楷书殆逼真，以其笔画劲利，故以之作梅，下笔便胜花光仲仁”[①]。其墨梅圈法勾瓣、飞白写梗，是一种以线型笔法为主的画法，更多融入了书法的笔法及意趣，典型地体现了文人画艺术发展的技巧原则。这种画法成了后来墨梅艺术发展的主流范式，而仲仁这种淡渍晕朵、烟雾渲染的画法则渐成旁门支流。但从现存南北宋之交有关墨梅的题咏资料看，在仲仁生前和身后的一段时期即哲宗绍圣至高宗绍兴的六七十年间，仲仁的画法画风却占有绝对主导的地位。

当时江南僧画中墨梅较盛，绍述仲仁画风也最为明显。仲仁的弟子自然如此，惠洪题称上人画称其“袖里两枝烟雨，门前一片潇湘”（《又称上人所作》），可见深得仲仁画髓。释祖可《求初老墨梅》：“手开玉玺心希有，乃得横烟冰雪姿。”[②]张元干《题忠上人墨梅》：“结习未除羞老眼，更看淡墨幻空花。”[③]南宋绍兴间释士珪《安上座所作墨梅》：“道人色心净，了见造物根。笔端开此花，胸中有丘园。清香凝寒夜，疏枝卧黄昏。撞钟西湖寺，见月罗浮村。老眼隔烟雾，一笑

① 赵希鹄《古画辩》，《洞天清禄》，《影印文渊阁四库全书》本。

② 《全宋诗》，第22册，第14611页。

③ 张元干《芦川归来集》卷四。

作篱藩。”[1]士人墨梅也有类似效果的，如董颖《题龙岩居士墨梅》：“黑雾玄霜遮缟袂，玉妃谪堕畏人知。”[2]张嵲《题鲜于蹈夫墨梅二绝句》：“不御铅华着素衣，玉奴风调似清姿。何郎不作凌风句，幻出江南烟雨时。”[3]值得注意的是，前面提到的政、宣间活跃于汴京画坛的周纯、颜博文等人墨梅也有迹象表明存在与仲仁类似的效果。如周纯，其《满庭霜·墨梅》写道：“脂泽休施，铅华不御，自然林下真风。欲窥余韵，何处问仙踪。路压横桥夜雪，看暗淡残月朦胧……寒生墨晕，依约形容。似疏疏斜影，蘸水摇空。收入云窗雾箔，春不老芳意无穷。”[4]所谓“暗淡”“朦胧”，“云窗雾箔”，“寒生墨晕，依约形容”，不难感受与仲仁墨梅相同的追求。颜博文也复如此。张子文《墨梅三绝》：“未许卷帘新月上，却教烟雨恼黄昏。”“谁人貌得春风景，远看如烟近却非。”[5]张氏三首，后二首与陈与义《次韵何文缜题颜持约画水墨梅花二首》韵同，当是同时唱和之作，所题为颜持约的作品。所谓“烟雨黄昏”“远看如烟”云云，与人们对仲仁墨梅的形容何其相似乃尔。此间众多未名画家《墨梅》作品的有关题咏之什，类似的比喻如出一辙，几乎成了当时水墨写梅画的一个代名词。可见仲仁这种胎息山水，淡墨晕染、“烟重雨昏”的墨梅画法在墨梅开创之初体现着某种历史发展的必然，时人或承其风泽，或不约而同，风会所趋，极其流行。

（原载《南京艺术学院学报》2005年第1期）

---

① 《全宋诗》，第27册，第17861页。
② 《全宋诗》，第32册，第20346页。
③ 张嵲《紫微集》卷一〇，《影印文渊阁四库全书》本。
④ 唐圭璋编《全宋词》，第2册，第699页。
⑤ 《全宋诗》，第30册，第19218页。

赵孟坚《梅谱》校释

一、解 题

赵孟坚（1199—1267？），字子固，号彝斋居士，寓居嘉兴海盐（今属浙江）。据《四库全书总目》之《彝斋文编》提要，赵孟坚生于宁宗庆元五年（1199），卒于咸淳三年（1267）五月前。其中生年据赵孟坚《甲辰岁朝把笔》诗所说，确凿无疑。卒于咸淳三年前的说法，则本于叶隆礼为赵孟坚《梅竹谱》跋称“予自江右归，颇悟逃禅笔意，将与之是正，而子固死矣”，叶氏跋文所署时间为咸淳三年五月，是赵孟坚卒于此前无疑。周密《齐东野语》卷一九：“庚申岁，客辇下。会菖蒲节，余偕一时好事者邀子固各携所藏，买舟湖上，相与评赏。”庚申岁是景定元年（1260），赵孟坚《梅竹谱》自己也有跋语，署时为景定元年十月，是当卒于此后。再看赵孟坚《梅竹谱》诸家跋文，叶隆礼进一步提到，“乡人云，子固近日声价顿伟，片纸可直百千，予未敢谓信。一日鬻书者携数纸来少室，果印所闻。岂人情不贵于所有，而贵于所无耶”①。揣其语气，应是赵孟坚去世不久。还有赵孟淳、董楷、赵孟濼三人题跋，他们都是赵孟坚的至亲密友，跋文都作于咸淳四年，

① 赵琦美《赵氏铁网珊瑚》卷一二，《影印文渊阁四库全书》本。

文中也都特别感慨“先兄已矣”，“彝斋已矣”，沉痛之情显然出于孟坚新丧不久。因此可以说，赵孟坚应卒于咸淳三年（1267）春，最早也不会出于咸淳二年之前，卒时六十八九岁。

赵孟坚出身宋皇室，与赵孟頫同属宋太祖十一世孙，但他家这支与皇室关系已很疏远，境况相当清贫。赵孟坚对自己的早年生活作过如下描述:“天支末裔，苦节癯儒，面墙独学于穷乡，艰辛备至。”[1]“既无师友以切磋，又蔑简编之阅复。食荠不云肠苦，负薪每自行吟。”[2]可见确实贫苦。理宗宝庆二年（1226）中进士，延宕多年始得官，任太平州繁昌（今属安徽）县官，兼转运司幕职，转安吉州（今浙江湖州）司法参军。淳祐四年（1244）任诸暨（今属浙江）县令，两年后因御史奏讽，罢归故里。宝祐三年（1255）投靠贾似道[3]，官终左藏库提辖，身后有知严州之命[4]。

赵孟坚生命的最后十多年，因游贾似道门下，又得左藏库提辖这一分管国家财赋收入的肥差，生活状况有较大改观。周密称其“修雅博识，善笔札，工诗文，酷嗜法书，多藏三代以来金石名迹，遇有会意时，虽倾囊易之不靳也。又善作梅竹，往往得逃禅（引者按: 扬无咎）、石室（引者按: 文同）之妙，于山水为尤奇，时人珍之。襟度潇洒，有六朝诸贤风气，时比之米南宫（引者按: 米芾），而子固亦自以为不慊也。东西薄游，必挟所有以自随，一舟横陈，仅留一席为偃息之地，随意左右取之，抚摩吟讽，至忘寝食。所至，识不识望之，而知

① 赵孟坚《谢泉使贾秋壑先生京状》，《彝斋文编》卷三，《影印文渊阁四库全书》本。

② 赵孟坚《投泉使秋壑贾先生启》，《彝斋文编》卷四。

③ 赵孟淙《题皇甫表墨梅》，赵琦美《赵氏铁网珊瑚》卷一二。

④ 周密《齐东野语》卷一九，中华书局 1983 年版。

图 75　［宋］扬无咎《四梅图》。纸本墨笔，纵 37.2 厘米，横 358.8 厘米，故宫博物院藏。扬无咎（1097—1171？），字补之，自号逃禅老人、清夷长者、紫阳居士。临江清江（今江西樟树）人，寓居洪州南昌。绘画尤擅墨梅，水墨人物画师法李公麟。书学欧阳询，笔势劲利。此图写梅花未开、欲开、盛开、将残四种状态。后自书《柳梢青》词四首，分咏四梅。自题："范端伯要予画梅四枝，一未开，一欲开，一盛开，一将残。仍各赋词一首，画可信笔，词难命意，却之不从，勉徇其请。予作有《柳梢青》十首，亦因梅所作，今再用此声调，盖近时喜唱此曲故也。"文中提到的"端伯"，名直筠，为范仲淹的曾孙。自题作于"乾道元年"，即公元 1165 年，扬氏时年六十九岁。后幅有元人柯九思和诗，清人笪重光等人题记。

为米家书画船也”[①]。赵孟坚已从早年的寒儒末宦成为一名傍附豪门，安居辇下，优游湖上，书画擅名的风流雅士。

赵孟坚诗、书、画俱善。论书推重晋唐楷法，对二王颇为着意，存世书法墨迹多行书，世称有米芾之风。画擅兰蕙、水仙、梅竹，用笔劲利流畅，淡墨微染，风格秀雅，深得文人推崇，有《墨兰图》《墨水仙图》《岁寒三友图》等传世。文集名《彝斋文编》，原本已佚，今有清四库馆臣据《永乐大典》辑本四卷。

赵孟坚最擅画兰蕙、水仙，古人多为题咏。早年“爱作蕙兰”，“晚年步骤逃禅，工梅竹，咄咄逼真”[②]。其弟赵孟淳回忆说：“予幼年侍彝斋兄游，见其得逃禅小轴及闲庵横卷，卷舒坐卧未尝去手，是以尽得杨、汤之妙。”[③]赵孟坚认真研究过扬无咎、汤正仲以来江西画家写梅的技巧门径与源流得失，以所著《梅谱》作了较为详细的总结和阐发。

所谓《梅谱》，其实是两首为友人墨梅所作题画诗，题目分别是《里中康节庵画墨梅求诗，因述本末以示之》《康不领此诗，又有许梅谷者仍求，又赋长律》。两诗与另一首题墨竹诗《王翠岩写竹求诗，亦与》三首，并赵孟坚三篇及同时亲友多篇相关跋文，有手书连卷见于明人赵琦美《赵氏铁网珊瑚》、朱存理《珊瑚木难》等记载，其中部分手书真迹流传至今。梅、竹三诗手卷，纸本，纵33.5厘米，横327厘米，美国纽约大都会艺术博物馆收藏。另辽宁省博物馆藏徐禹功《雪中梅竹图》赵孟坚跋文中也记录了第一首诗歌。除了这些文献著录和书画

① 周密《齐东野语》卷一九。
② 赵琦美《赵氏铁网珊瑚》卷一二。
③ 赵琦美《赵氏铁网珊瑚》卷一二。

真迹外，友人周密《癸辛杂识》前集中也专门加以记载，题称《赵子固梅谱》，景定元年（1260）赵孟坚自己的跋文也自称“三诗皆梅竹谱也”[1]。

图 76　［宋］赵孟坚《岁寒三友图》，台北故宫博物院藏。此图水墨作松、竹、梅折枝，钤印二：子固、彝斋。三枝左下出，相互穿插映衬，梅枝为核心，梅花数十朵，有花有苞，正侧仰背花都有，十分生动。

赵孟坚自称，作这两首墨梅诗的目的是“以诗述逃禅宗派”。赵孟坚明确提出了“逃禅宗派”这一概念，认为扬无咎（补之）、汤正仲为代表的江西画家是墨梅画法的正统所在，主张画梅当取法于此，所谓“此诗之作，谓学梅江西止尔”[2]。两首诗歌阐述了“逃禅宗派”

① 赵琦美《赵氏铁网珊瑚》卷一二。

② 赵孟坚跋徐禹功《雪中梅竹图》，赵琦美《赵氏铁网珊瑚》卷一一。

的基本情况，大致包括两方面：

一、关于江西画派的师承统绪，主要见于前一首诗。由花光仲仁到扬无咎再到汤正仲，是该派正宗所在，以下是僧定、刘梦良、鲍夫人、毕公济、扬季衡、雪篷等人，在稍后另一题记中赵孟坚又增补了徐禹功、谭季萧二人[1]，评价他们的优劣得失。僧定以下几人均名姓不彰，有宋一代仅见赵孟坚提及。按其所说顺序，分析扬无咎以下江西十人的年辈，大概分为三代，扬无咎以及同在临江慧力寺师从花光僧人的谭逢原是第一代，这应是江西墨梅之始。第二代以汤正仲为核心，徐禹功、僧定、刘梦良、扬季衡、鲍夫人属于同辈。毕公济、雪篷、谭季萧与赵孟坚大致同时或稍早，是第三代。

二、关于这一派的画法，主要见于后一首诗。诗中这方面的内容较为丰富、具体。“回视玉面而鼠须”，“糁缀蜂须疑笑靥”，“踢须止七萼则三，点眼名椒梢鼠尾”。“笔头三踢攒成瓣，珠晕一圆工点椒。”这是花头的形状与画法。花头画法是墨梅技法的重点，宋伯仁《喜神谱》虽然有百图之多，但赵孟坚这里却概括了逃禅一路墨梅画法的关键，着眼点不在花蕊的形态，而是须七萼三、三踢成瓣等简明扼要的笔法。“枝枝例作鹿角曲”“枝分三叠墨浓淡”“浓写花枝淡写梢，鳞皴老干墨微焦”“稳拖鼠尾施长条”等是枝干画法。宋伯仁《梅花喜神谱》于枝干构图并不关注，而赵孟坚抓住墨梅发枝写干的主要形态，侧重说明具体运笔用墨之法。“尽吹心侧风初急，犹把枝埋雪半消。松竹衬时明掩映，水波浮处见飘飖。黄昏时候朦胧月，清浅溪山长短桥。闹里相挨如有意，静中背立见无聊”等等，则是不同的取景构图。因此，这两首诗可以说是宋人对“逃禅宗派”墨梅画法最为简明、系统的总

① 赵孟坚跋徐禹功《雪中梅竹图》，赵琦美《赵氏铁网珊瑚》卷一一。

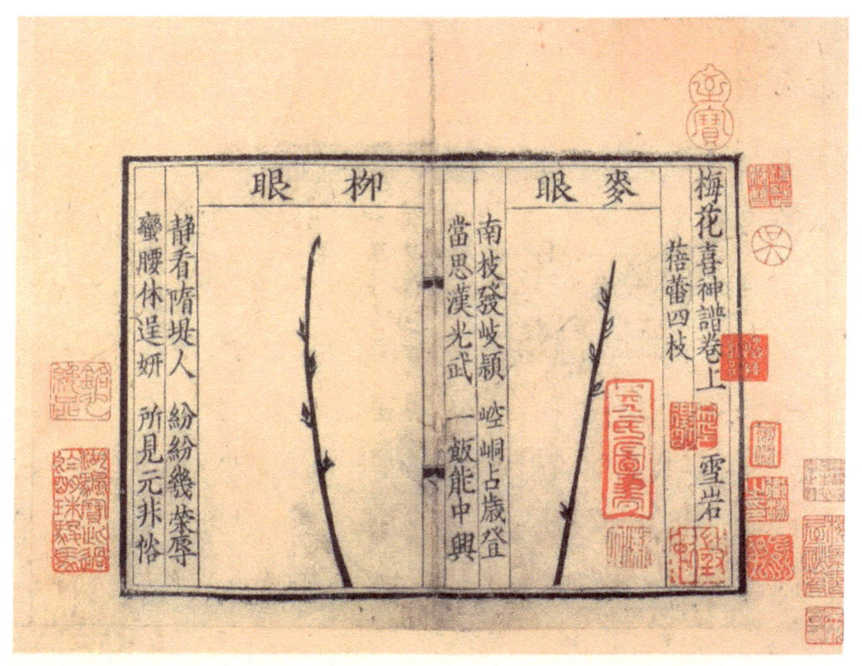

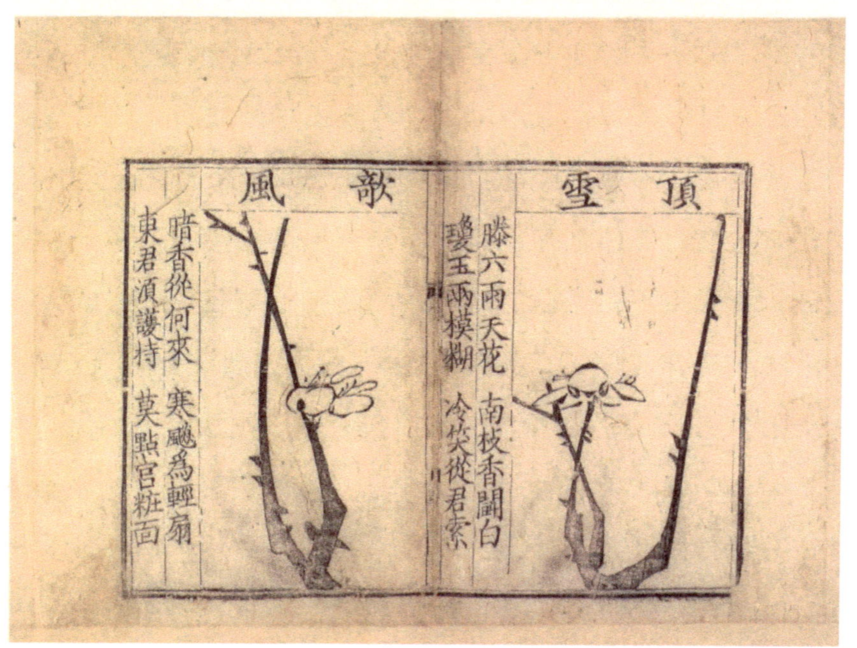

图 77 ［宋］宋伯仁《梅花喜神谱》书影，宋刻本。该书是中国第一部专门描绘梅花种种情态的木刻画谱，因宋时俗称画像为喜神，故名《梅花喜神谱》。

结和阐发，包括圈花与发枝、墨色与笔法、构图与立意等主要内容。其中许多说法，如鼠须、椒眼、鹿角、鼠尾、三踢成瓣、七须萼三等成了后世墨梅画法的固定名目或术语，构成了墨梅技法的经典内容。

我们的整理，以《四库全书》本赵琦美《赵氏铁网珊瑚》卷一二著录的诗歌文本为依据，以同书卷一一、明朱存理《珊瑚木难》卷四、康熙四十九年刻本沈季友《槜李诗系》卷三、《四库全书》本《两宋名贤小集》卷三七五、中华书局 1988 年版周密《癸辛杂识》前集、美国纽约大都会艺术博物馆藏赵孟坚《梅竹诗谱三首》图卷、辽宁省博物馆藏徐禹功《雪中梅竹图》卷赵孟坚跋文等相关记载、作品及墨迹作参校，并详加注释。

二、校 注

赵子固梅谱 [1]

里中 [2] 康节庵 [3] 画墨梅求诗，因述本末 [4] 以示之

逃禅 [5] 祖 [6] 花光 [7]，得其韵度之清丽。闲庵 [8] 绍 [9] 逃禅，得其萧散 [10] 之布置。回视 [11] 玉面 [12] 而鼠须 [13]，已自工夫较 [14] 精致。枝枝例 [15] 作鹿角曲，生意由来端若尔。所传正统谅未绝 [16]，舍此的传皆伪耳。僧定花工枝则粗 [17]，梦良意到工则未 [18]。女中却有鲍夫人 [19]，能守师绳不轻坠。可怜闻名未识面，更有江西 [20] 毕公济 [21]。季衡丑粗恶拙祖 [22]，弊到雪篷觞滥矣 [23]。所恨二王无臣法 [24]，多少东邻拟 [25] 西

子[26]。是中有趣[27]岂不传，要以眼力求其旨。踢须止七[28]萼则三[29]，点眼名椒[30]梢鼠尾[31]。枝分三叠墨浓淡[32]，花有正背多般蕊[33]。夫君[34]固已悟筌蹄[35]，重说偈言[36]吾亦赘[37]。谁家屏障得君画，更以吾诗疏[38]其底。

[注释]

[1] 此题据周密《癸辛杂识》前集所拟标题。

[2] 里中：乡里、本地。

[3] 康节庵：人名，康应是姓氏，节庵应是字号。

[4] 本末：原委、来龙去脉。

[5] 逃禅：扬无咎（1097—1169），字补之，号逃禅老人，清江（今江西樟树市）人，寓南昌。主要生活于宋高宗年间，诗、书、画均享盛名，尤擅画梅，以书家笔法圈花写枝，奠定了后世墨梅的基本画法，影响深远，有《四梅图》等传世。书学欧阳询，笔势劲利，小字清劲。亦能词，有《逃禅词》。

[6] 祖：以……为祖师，此指尊其为师，由其派生。

[7] 花光：名仲仁，会稽（今浙江绍兴）人，早年在江淮一带漫游修行，后来到了南岳衡山，大约元祐末（1093）住持衡阳花光寺，人称花光仁老，宣和五年（1123）卒。工绘画，多画江南平远山水、释道人物和兰蕙，尤擅墨梅，为佛门所重，也受苏轼、黄庭坚等文人喜爱，后世尊为墨梅始祖。

[8] 闲庵：汤正仲，字叔雅，号闲庵，临海（今浙江台州）人，扬无咎外甥，生平不详。元吴太素《松斋梅谱》卷一四：“江西人，后居台州黄岩，杨无咎之甥，自号闲庵。”是说本为江西人。解缙等《永乐大典》卷二八一二引南宋许景迂《野雪行卷》：“汤叔雅，临海士人，工画墨梅，名继江西杨补之，年八十余乃卒。无子，有女能传其业，笔力差不及其父，而妩媚过之。”陈耆卿《题汤正仲〈墨梅〉》：“闲庵笔底回三春，平生爱为梅写真。只今龙钟已八十，双瞳挟电摇青旻。”

可见享年至八十余，主要生活于南宋中期（宋孝宗至理宗朝，1163—1240年）。元夏文彦和《图绘宝鉴》卷四称其“开禧年贵仕”，不知何据。工绘画，善画梅竹松石，水仙、兰也佳，书法学褚遂良，颇有造诣。书画得扬补之真传，擅长画梅，也有所创新。

[9] 绍：继承。

[10]“萧散”，原作“潇洒”，《珊瑚木难》同，美国大都会艺术博物馆藏卷、辽宁省博物馆藏徐禹功图卷作“潇散”，此据《赵氏铁网珊瑚》卷一一、康熙四十九年（1710）刻本沈季友编《槜李诗系》卷三、《影印文渊阁四库全书》本陈思编《两宋名贤小集》卷三七五所收赵孟坚此诗改。萧散：疏散、闲淡。

[11]“视”，同书卷一一作“观”。

[12] 玉面：形容所画花朵的形象，梅花洁白如玉，故称玉面。

[13] 鼠须：是说所画花蕊如鼠须。

[14]“较”，同书卷一一作“欠”。

[15]“例”，原作“倒”，此据《赵氏铁网珊瑚》卷一一改。

[16]“未绝”，原作“末节”，《珊瑚木难》、美国大都会艺术博物馆藏卷并同，此据《槜李诗系》卷三、《两宋名贤小集》卷三七五所收赵孟坚此诗改。此句，同书卷一一作“第传正印有由自”，或是。

[17] 僧定：人名，为僧人，定当人名或法号，生平不详。花：花头。工：精巧。枝：树枝，此指画梅枝。此句是说，僧定花头画得较好，而树枝却画得一般。

[18] 梦良：人名，刘梦良。元夏文彦和《图绘宝鉴》卷四：“杨季衡，洪都人，补之侄，画墨梅得家法，又能作水墨翎毛。又有刘梦良，亦乡里亲党，俱写墨梅。”是说刘梦良与扬无咎、扬季衡同乡，都是清江人。赵孟坚为徐禹功《雪中梅竹图》所作跋称“刘有名，流落江湖间”，然宋、元间除赵孟坚和《图绘宝鉴》外，未见有他人提及。此句是说刘梦良的绘画立意尚可，而笔法不精。《图绘宝鉴》卷

五在“元人”中又记载一条：“刘梦良，蜀人，画梅花，宗扬补之。”与卷四所载作为扬补之（无咎）乡人、亲党之刘梦良的时代和籍贯均不同，不是同一人。蜀人刘梦良与虞集（1272—1348）大致同时，虞集《道园学古录》卷二九《蜀人刘梦良效杨补之掀篷图》：“锦屏山下花如锦，却爱清江野水边。放笔岂能无直干，掀篷方欲斗清妍。”同上卷三〇《题梦良梅》：“诗翁白发对青春，看遍江边玉雪新。我是锦城城里客，开图更忆锦屏人。”都是题咏刘梦良墨梅，称其为蜀人或锦屏山人，锦屏山在四川阆中县。虞集《道园遗稿》卷五《题梦良梅》题下自注：“梦良墨妙，近仿清江，时出晴昊之繁稍，以充润其清苦。此卷乃又淡泊相遭之极者也，把玩久之。梦良自称锦屏山人，盖与予皆蜀人也。岁月相望虽久，宁无故乡之思，故为赋此。”称其“近仿清江”，是此刘梦良与虞集为同时同乡人。“工则未”，《赵氏铁网珊瑚》卷一一作“花则未”。

[19] 鲍夫人：当时一位女画家，生平未详。

[20] “更有江西”，原作“云有江南”，此据《赵氏铁网珊瑚》卷一一改。

[21] “毕公济”，《珊瑚木难》、美国大都会艺术博物馆藏卷、《癸辛杂识》前集同，《槜李诗系》作“陆公济”。毕公济：人名，生平未详，当是赵孟坚同时画家，江西人。赵琦美《赵氏铁网珊瑚》卷一二所载大德五年(1301)吴亮采(熙载)跋赵孟坚画：“及长大宦游四方，于江西士友间，多见杨逃禅、毕公济墨迹游戏，天真清绝，令人意消。”元虞集《道园遗稿》卷五有《毕公济掀篷梅》。

[22] 季衡：扬季衡，扬补之（无咎）侄。元夏文彦和《图绘宝鉴》卷四：“杨季衡，洪都人，补之侄。画墨梅得家法，又能作水墨翎毛。”庄肃《画继补遗》卷上：“补之画梅，须于枝杪作回笔，似有含苞气象，季衡欠此生意耳。”“拙”，同书卷一一、辽博本作“札”。祖：开风气之人。此句是说扬季衡的画法粗丑恶劣，是当时这一风气的始作俑者。

[23] 雪篷：当为人之室斋别号。孟坚同时江湖诗人姚镛（1191—？），字希声，

号雪篷，剡（今浙江嵊县）人，曾通判吉州，知赣州，嘉熙元年（1237）归居剡中。清童翼驹《墨梅人名录》引戴复古《怀雪篷姚希声使君》“梅花差可强人意，竹叶安能醉我心”诗语，以为赵孟坚所指为此人。然姚镛籍贯既非江西，又不以画知名，孟坚所云应非此人。赵孟坚同时略早又有韩雪篷者，名字、籍贯不详。苏泂（1170—？）《泠然斋诗集》卷八《赠韩雪篷》：“平生未信简斋诗，一见韩君更不疑。六月掀篷问溪雪，眼明开遍两三枝。”诗有赞其画梅之意，孟坚所指或即此人，与苏泂同时。

[24]“所恨”，同书卷一一作“所谓”。二王无臣法：语出《南史》卷三二《张融传》：“（张）融善草书，常自美其能，帝曰：‘卿书殊有骨力，但恨无二王法。’答曰：‘非恨臣无二王法，亦恨二王无臣法。’”二王，王羲之、王献之父子，东晋著名书法家。此句借用此典，连同下句是说当时人自以为是，实际并不尊重扬补之、汤正仲二人墨梅的意趣和画法。

[25]“拟”，美国大都会艺术博物馆藏卷同，《赵氏铁网珊瑚》卷一一、《珊瑚木难》作“效”。

[26]西子：西施。此句是说当时人学扬补之、汤叔雅，也是东施效颦，只得皮毛。

[27]“是中有趣”，《赵氏铁网珊瑚》卷一一作“此中有秘”。

[28]“踢须止七”，《赵氏铁网珊瑚》卷一一作“须分七出”。踢须：画梅术语，指画梅花花须，花须即梅蕊的花柱和蕊条。止七：画花须，不超过七根。

[29]“萼”，《赵氏铁网珊瑚》卷一一作“蒂”。萼：环列花朵外面的叶状薄片。一般花萼多五片，而侧面所见仅三片。

[30]点眼名椒：椒，此处指花椒内的黑子。墨梅画法中有“椒眼”一目，是梅花蓓蕾画法中的一种，以墨点蕾如椒子一般。

[31]梢鼠尾：是说画梅梢如鼠尾。

[32] 此句是画梅发枝方法，是说梅枝应有曲折，一般可分为三次转折或三个层次，墨色也相应有浓淡变化。

[33] 此句是花头的画法，花有正面和背面之分，而花蕊也因花的姿势不同而有多种变化。此两句与前两句，《赵氏铁网珊瑚》卷一一颠倒先后。

[34] 夫：发语词，无意义。君：称呼诗题中所说康节庵。

[35] 筌蹄: 筌，捕鱼的笼子。蹄，捕兔的工具，用以系住兔脚，故称蹄。筌蹄，比喻为达到某种目的的手段和工具。

[36]“重说”，同书卷一一作“曾说”。偈言：佛经中的颂词，四句为一偈。这指上面梳理、介绍的扬补之等人这些画法常识，也像口诀一样。

[37] 赘：累赘、啰唆。这是一种自谦的说法。

[38]“疏”，同书卷一一同，《癸辛杂识》前集、《槜李诗系》作“跋”。疏：疏通、解释其义。这里是说，以自己的这首诗附在画后，作为扬补之等人画法的一种解说，以便于人们了解。同时包含自谦，所谓权且以此诗作为康节庵这幅的画的一个注脚或跋语。

康不[1]领此诗，又有许梅谷[2]者仍求，又赋长律[3]

浓写花枝淡写梢，鳞皴老干墨微焦[4]。笔分三踢攒成瓣[5]，珠晕一团工点椒[6]。糁缀蜂须凝笑靥[7]，稳拖鼠尾施长条[8]。尽吹花[9]侧风初急[10]，犹把[11]枝埋雪半消[12]。松竹衬时明掩映[13]，水波浮处见飘飖[14]。黄昏时候朧明月[15]，清浅溪山长短桥[16]。闹里相挨如有意，静中背立见无聊[17]。笔端的历[18]还成戏[19]，轴上纵横不是描[20]。顿觉坐成春盎盎，因思行过雨潇潇[21]。从头总是扬[22]汤法，拼下工夫岂一朝[23]。

[注释]

[1]“不”，美国大都会艺术博物馆藏卷同，《珊瑚木难》作“子”。

[2] 许梅谷：人名，生平不详，梅谷或为别号，当为一画家。

[3] 长律：排律，因为超过八句，而称长律。

[4] 此句是说老树树干的画法。鳞皴：鱼鳞一样密布的皴皮或裂痕。

[5] 此句是花瓣的画法，是说三笔画成一瓣。画谱传言，扬无咎三笔画一瓣，元人王冕两笔画一瓣，而清金农等人则一笔圈一瓣。

[6] 此句是说花蕾的画法。椒眼是较小的花蕾，而珠晕应指较大的花蕾。

[7] 此句是花头的画法。花冠如笑脸，上缀花须和蕊珠。糁（sǎn）：饭粒，也指散粒状的东西或纷散的状态，此形容花须上的花粉。靥：脸上酒窝，也指脸上妆饰。

[8] 此句是说枝梢的画法，鼠尾是形容其细长的形状

[9]“花”，原作“心”，《珊瑚木难》、美国大都会艺术博物馆藏卷并同，此据《槜李诗系》卷三改。

[10] 此句是说梅花的姿态，花朵若多为侧面，则表明有风。

[11]“把”，《珊瑚木难》、美国大都会艺术博物馆藏卷同，《槜李诗系》卷三作“带”。

[12] 此句是说树枝的姿态，雪犹未消时枝应略显被埋之势。

[13] 此句是说松竹掩映烘托的取景。

[14] 飘飖：同“飘摇”。此句是说水边飘零的取景。

[15]“胧明月”，美国大都会艺术博物馆藏卷作“胧明月”同，《癸辛杂识》《珊瑚木难》作“朦胧月”。此句是说黄昏之月烘托梅花或明或暗的取景，林逋诗句“暗香浮动月黄昏”即属其中一种。

[16] 此句是说以溪山、小桥衬托梅花的取景。

[17] 此两句是说画中两梅枝的不同构图，会有不同的效果，或者还包括人与梅枝之间不同组合，也有不同的含义（有意、无聊）。

[18]“历”，美国大都会艺术博物馆藏卷作“沥”，《珊瑚木难》作“皪”。的历：同的皪，光亮、鲜明的样子。

[19]“还成戏”，有注“一作明非画”，《癸辛杂识》《珊瑚木难》、美国大都会艺术博物馆藏卷作“明非画”，或是。

[20] 这两句意思大致相同，是说画家画梅并不描绘形似，画家甚至并不是在画梅，而是梅花自身托迹显现。

[21]“潇潇”，美国大都会艺术博物馆藏卷、《槜李诗系》同，朱存理本作“萧萧”。这两句紧承上两句，是说所画梅意境生动，总给人一种如坐春风、如沐春雨的感觉。

[22]“扬”，美国大都会艺术博物馆藏卷同，《珊瑚木难》作“杨”。

[23] 这两句是说，以上所说都是扬补之、汤正仲的正宗画法，要着力追求，“工夫”并不只在一天两天。

（原载程杰校注《梅谱》，第132～141页，中州古籍出版社2016年版。）

张镃《梅品》校释

一、解 题

张镃（1153—1235），宋临安（今浙江杭州）人，先世居成纪（今甘肃天水）。早年字时可，改字功父，号约斋居士。南渡名将张俊曾孙。累官承事郎、直秘阁、权临安通判，宋孝宗淳熙十四年（1187）以主管华州云台观退闲临安故园[①]。宁宗开禧三年（1207）为左司郎官，参与谋诛韩侂胄，事成后为卫泾等奏弹，贬居广德军（今安徽广德）[②]。嘉定四年（1211）又参与谋杀史弥远，事泄“除名，象州（引者按：今属广西）羁管”[③]，二十四年后卒[④]。

张俊当高宗朝颇受宠遇，优积财富。子孙承其遗产，庄田广布。张镃尤善经营，园池声色富甲天下，生活极其奢侈淫糜。其南湖别墅在杭州古城东北隅，依山面湖。湖水俗称白洋湖，南宋后期水面剧减，又称白洋池。别墅占地百亩，湖水在宅南，因名南湖。别墅经始于淳

---

① 杨万里《张功父请祠甚力，得之，简以长句》，《诚斋集》卷二三，《四部丛刊》本。

② 卫泾《后乐集》卷一一，《影印文渊阁四库全书》本。

③ 脱脱等《宋史》卷三九。

④ 吴泳《张镃追复奉议郎致仕制》：“一偾二纪，遂死瘴乡，士之不幸，亦可悯矣。”《鹤林集》卷九，《影印文渊阁四库全书》本。

图78 ［清］虚谷《梅鹤图》。纸本设色，纵145.2厘米，横78.9厘米，故宫博物院藏。自林逋开始，梅与鹤随之一起浸染了隐逸意趣。

熙十二年（1185）[①]，自称“昨倦处于旧庐，遂更谋于别业。园得百亩，地占一隅，幽当北郭之邻，秀踞南湖之上……劳一心而经始，历二岁而落成”[②]。最初植桂较多，因而总名“桂隐”。同年因疾求获祠禄，归居养闲，于是大事经营，历时十四年，于庆元六年（1200）完成。全园分东寺、西宅、南湖、北园、众妙峰山五大部分[③]，山水之胜、规模之大为当时京城私园翘楚。又以贵胄子弟，好为结交，杨万里、陆游、尤袤、周必大、姜夔等名公雅士，纷至游赏，题品揄扬，使这一偏隅私园渐成名区胜迹。

南湖别墅盛况维持未久。张镃出身世家，处世并不守分，于朝廷、宫闱之争涉嫌颇深，加以生活奢侈淫糜，因而招致非议颇多。庆元元年（1195）即遭放罢，开禧三年（1207）参与诛杀韩侂胄，事后不久遭忌被劾，贬居广德军，嘉定四年除名勒停，羁管象州，最终沦死瘴乡。这一连串打击，不仅彻底葬送了张镃的政治生命，也从根本上动摇了张镃“门有珠履、坐有桃李”[④]的生活基础。也许这一原因，从张镃被贬以来，南湖桂隐几乎销声匿迹，很少有人提及[⑤]。绍定间（1228—1233），园东张镃捐建之广寿慧云寺也遭火焚[⑥]，元至正间（1341—1368）被毁。入明后寺院虽一再重建，但附近园池逐渐湮废，并入民

---

① 张镃《玉照堂梅品》序，周密《齐东野语》卷一五。

② 张镃《舍宅誓愿疏文》，孙梅《四六丛话》卷二六，清嘉庆三年吴兴旧言堂刻本。

③ 张镃《约斋桂隐百课》序，周密《武林旧事》卷一〇，《影印文渊阁四库全书》本。

④ 杨万里《张功父画像赞》，《诚斋集》卷九七。

⑤ 戴表元《剡源集》卷一〇《牡丹宴席诗序》《八月十六日期张园玩月诗序》记张镃诸孙在园中雅集宾朋，诗酒唱和之事，园在杭州，但非南湖。

⑥ 张柽（chēng）《〈广寿慧云禅寺碑〉跋》，阮元《两浙金石志》卷一〇，清道光四年（1824）刻本。

居[①]，有些陈年古梅为当时豪门所得[②]。入清后此地更是一片民居蔬圃，民国以来“四旁居民侵作茭田”[③]，逐步淹没在鳞次栉比的民居街市之中，无迹可寻了。

尽管南湖风景早已烟消云散，但张镃现存大量相关作品，尤其是围绕南湖桂隐三部奇特的著作，提供了园林风景和园居生活的丰富信息：一是嘉泰元年（1201）的《赏心乐事》，按月列单，排比四时八节宴游享乐项目，其中除少量湖上行游外，多为园中宴集游乐之事，内容极其丰富[④]。二是次年所著《桂隐百课》，详细罗述南湖别墅的园林景观。三是《玉照堂梅品》，总结梅花欣赏活动的经验和要求。三种分别记载在宋末周密《武林旧事》《齐东野语》两书中，从不同方面展示了杭城园林艺术和富贵文人休闲娱乐生活的生动情景和优雅情趣，有着独特的历史、文化价值。我们这里介绍的《玉照堂梅品》，见于周密《齐东野语》卷一五。

---

① 沈朝宣《（嘉靖）仁和县志》卷一一：“广寿慧云禅寺即张家寺，在白洋池北。宋张循王俊宠盛时，其别宅富丽，内有千步廊，今为民居，故老犹口谈之。旧有花园，废久，惟存假山石一二，今寺中有留云亭、白莲池，皆其所遗。其前白洋池号南湖，拟西湖为六桥，桥亦埽迹。宋淳熙十四年王之孙名镃者舍宅建寺，尚遗王像，寺僧至今崇奉。宋致仕魏国公史浩撰碑记。”

② 袁宏道《西湖（二）》：“石篑（引者按：陶望龄，绍兴人，号石篑，万历十七年会元）数为余言，傅金吾园中梅，张功甫家故物也。”《袁中郎全集》卷八。汪砢玉《西子湖拾翠余谈》卷上：“西山雷院傅庄是张功甫玉照堂旧基(引者按：此说误），今香雪亭有梅千树。”王穉登《过傅家园》（《王百谷集十九种》越吟卷上）：“幺么社鼠与城狐，一失冰山势便孤。松竹尽荒池馆废，行人犹说傅金吾。”傅金吾，名迹不详。王世贞《弇州四部稿》续稿卷一八〇有与“傅金吾养心”书，称傅氏为明初大将傅友德后裔，养心当为其字或号，所称金吾，意其为锦衣卫官。袁与王同时，两人所说当为一人。

③ 李榕、吴庆坻等《杭州府志》卷二〇，民国十一年（1922）铅印本。

④ 周密《武林旧事》卷一〇。

玉照堂是南湖桂隐中集中植梅之处。张镃比较喜爱梅花，认为春色万紫千红中，梅花最为完美：“群芳非是乏新奇，或在繁时或嫩时。唯有南枝香共色，从初到底绝瑕疵。”[①]桂隐所植花木中，最初以桂树为重[②]，梅花后来居上。“不但归家因桂好，为梅亦合早休官。”[③]张镃现存1100多篇诗文，咏梅之作90余首，数量远过于其他植物，重要的有《玉照堂观梅二十首》组诗。早在建园之初，即着手玉照堂梅景的种植。原地本有古梅数十株[④]，又从西湖北山别墅移来不少江梅[⑤]，总计植梅三百株，占地十亩。在堂东、西分别植缃梅、红梅二十株。梅林外开涧引水环绕，水上修揽月、飞雪二桥[⑥]，可以乘舟往来游赏，张镃有“一棹径穿花十里，满城无此好风光”的诗句形容，成了当时文人春日赏梅竞相造访的热门景点[⑦]。后来又有所增植，《桂隐百课》

---

① 张镃《玉照堂观梅二十首》其五，《南湖集》卷九，《影印文渊阁四库全书》本。

② 张镃《庄器之贤良居镜湖上，作“吾亦爱吾庐”六诗见寄，因次韵述桂隐事报之，兼呈同志》其三：“吾亦爱吾庐，第一桂多种。西香郁天地，不假风迎送。”《南湖集》卷一。

③ 张镃《玉照堂观梅二十首》其四，《南湖集》卷九。

④ 最初所栽大约即此数十棵古树为主，另有少量新树。淳熙十五年早春张镃《玉照堂观梅二十首》（《南湖集》卷九）其二十“高窠依约百年余”，即咏这一批古树。其十三“霁光催赏百株梅”，可见除原有古梅外，另有添植，合约百株左右。

⑤ 张俊府第在当时杭城南清河坊，另在西湖南山、北山均有别墅。周密《武林旧事》卷五记北山路迎光楼，属张循王府。

⑥ 张镃《约斋桂隐百课》，周密《武林旧事》卷一〇。

⑦ 诗词作品可证者有：杨万里《走笔和张功父玉照堂十绝句》，《诚斋集》卷二一；史达祖《醉公子·咏梅寄南湖先生》，唐圭璋编《全宋词》，第4册，第2347页；张镃《走笔和曾无逸掌故约观玉照堂梅诗六首》《玉照堂次韵（潘）茂洪古梅》《祝英台近·邀李季章（引者按：李壁字季章）直院赏梅》《满江红·小圃玉照堂赏梅，呈洪景庐（引者按：洪迈字景庐）内翰》，《南湖集》卷九、一〇。

称“玉照堂，梅花四百株”。补种可能以红梅为主，开禧元年（1205）张镃《祝英台近•邀李季章直院赏玉照堂梅》有“春到南湖，检校旧花径。手栽一色红梅，香笼十亩”句[1]。不仅梅景盛大，游赏活动也较频繁。《赏心乐事》所载137项宴游活动中，就有正月“玉照堂赏梅”、二月“玉照堂西缃梅”“玉照堂东红梅”、四月“玉照堂青梅”（食果）、十二月“玉照堂看早梅”等七项赏梅项目。《玉照堂梅品》正是产生于这些梅景建设和欣赏活动的士人风雅氛围之中，建立在这些富贵生活基础之上。

《玉照堂梅品》前有序言，回顾经营玉照堂梅园的经过和风景之胜，交代写作目的。正文内容分花之宜称与憎嫉、荣宠与屈辱两两对立的四类，分别罗列各种情景项目，合计共58个条目，从正反两方面为梅花风景及其欣赏活动制定条例。作者不满于人们“身亲貌悦”，只知爱好花色，而对梅花的“标韵孤特”碌碌无知，“不相领会”等种种俗陋表现，根据梅花“性情”，设计“奖护之策”，指点宜忌，分别雅俗，制定行为准则，倡导高雅情趣。因此，所谓“梅品”并不是范成大《梅谱》记载的梅花“品种”之“品”，而是欣赏活动的“品位”之“品”。

这种著述体例有一定的历史渊源。传晚唐李商隐《杂纂》有“杀风景”一项，举“清泉濯足、花上晒裈、背山起楼、烧琴煮鹤、对花饮茶、松下喝道”数条，以表戒忌[2]。北宋中期邱濬《牡丹荣辱志》为各色牡丹划分品级，论列相关花卉之亲疏关系，并就圃艺、观赏之事分别

① 张镃《南湖集》卷一〇。此词系年据今人曾维刚《张镃年谱》，人民出版社2010年版，第230～231页。

② 蔡絛《西清诗话》卷上，张伯伟编校《稀见本宋人诗话四种》，江苏古籍出版社2002年版，第188页。

宜忌、宠辱等不同[1]，集中反映了当时人们对牡丹的尊尚、喜爱之情和丰富的园艺、观赏经验。张镃《玉照堂梅品》显然从中受到启发，较之邱濬所列更为简洁、明朗。

《玉照堂梅品》全篇58条，既包含了作者本人独到的赏梅情趣和体悟，同时也积淀了宋初林逋以来梅花欣赏的丰富经验和习尚。其中32条正面条例，如“佳月”“微雪”“孤鹤”“竹边”“松下”“疏篱”“纸帐”“膝上横琴”“石枰下棋”等，都是宋代文人咏梅、赏梅中最常见的观赏角度、环境氛围和活动方式，简明、系统地展示了士大夫文人梅花欣赏中不断发现、逐步积累并业已形成共识的成功经验。

图79　［明］杜堇《梅下横琴图》，上海博物馆藏。梅下抚琴是雅人高致，与梅之神韵品格十分匹配。

其中特别值得一提的是“扫雪煎茶”。在李商隐《杂纂》中，“对花饮茶”是“杀风景”之事。一般公认，鲜花与美酒都有几分风情绮丽、风流豪宕的色彩，“花间尊前”“赏花饮酒”是生活的常见情景，而茶与酒之间性味相敌，茶与花

① 吴曾《能改斋漫录》卷一五，《影印文渊阁四库全书》本。

图 80　［明］唐寅《古人诗意图》。图中植物为松竹梅。

也是清苦与绮艳风调迥异，因而花下饮茶被视为大“杀风景”。但在宋代，梅下饮茶大破其戒[①]，并且逐渐被认为是尊视梅花的一种方式。邹浩《同长卿梅下饮茶》：“不置一杯酒，惟煎两碗茶。须知高意别，用此对梅花。”[②]以茶对梅，正是以非常之饮对非常之花。到了南宋，“商略此花宜茗饮，不消银烛彩缠缸”[③]，“竹屋纸窗清不俗，茶瓯禅榻两相宜”[④]，饮茶与坐禅、弹琴、下棋等同时成了与梅品格神韵最为匹配的幽适闲雅之事。张镃把“扫雪煎茶”作为梅花“宜称”，正是这些生活情趣的反映。

反面的 26 条戒条，主要针对那些与梅花品格貌合神离，甚至大乖其趣的圃艺和娱乐行为，如“谈时事”“论差除”（谈论官职）、“赏花动鼓板”（赏花时征歌选舞）、“作诗用调羹、驿使事”，同时也包括一些随着艺梅赏梅风气的流行而日益滋长的市俗、大众行为，如“酒食店内插瓶”“青纸屏粉画”等。

① 吴芾《梅花下饮茶又成二绝》，《湖山集》卷一〇，《影印文渊阁四库全书》本。
② 邹浩《道乡集》卷一三，明成化六年（1470）刻本。
③ 刘克庄《和方孚若瀑上种梅五首》，《后村先生大全集》卷五，《四部丛刊》本。
④ 张道洽《梅花二十首》，《瀛奎律髓》卷二〇，《影印文渊阁四库全书》本。

张镃这一著作可以说正是站在南宋“中兴”时期梅花欣赏盛况空前、继往开来的历史制高点上，以制定宜、忌条例的方式，系统揭示了梅花观赏的基本方法、情趣氛围，寄托了忌俗求雅的理念品位。这也属于梅花圃艺、观赏高潮来临之际学术上的一种积极反应，是对丰富的梅花欣赏实践的简要总结，对高雅的欣赏情趣的系统倡导。

颇堪玩味的是，依据宋人梅花审美的严格理念，梅花是隐者、贫士之花，与山蹊村居、竹篱茅舍最为相宜，但张镃是位贵胄公子，生活又极其奢靡。周密《齐东野语》卷二〇记载，其于古松间用铁索悬吊亭台于半空中，夜里与友人登临观赏，又记其举牡丹之会，以数百佳丽分着不同牡丹衣饰，依次歌舞娱客，可见其所谓“赏心乐事”之一斑。其生活作风与梅花应该是最不“宜称”的，其玉照堂梅花也应是典型的“种富家园内”或种贵家园内，正是他所说的梅花“屈辱”之事。但又正是他，留下了《玉照堂梅品》这部艺梅赏梅的风雅条例，系统地总结了梅花欣赏的成功经验和高雅情趣。这样一种人格与行为间的矛盾，一方面进一步说明了当时梅花爱好的普遍性，同时也使我们具体感受到了梅花欣赏作为封建士大夫阶层生活情趣和审美意识的内在统一性。张镃虽然是一个贵胄公子，但正如杨万里《张功父画像赞》所描写的：“香火斋祓、伊蒲文物，一何佛也；襟带诗书、步武琼琚，又何儒也；门有珠履、坐有桃李，一何佳公子也；冰茹雪食、雕碎月魄，又何穷诗客也。约斋子，方外欤？方内欤？风流欤？穷愁欤？”[①]这样一种出入儒释，亦仕亦隐，生活上穷奢极欲、养尊处优，人格上又幽逸自期、清贫相高的多重人格，可以说是宋以来封建士大夫的普遍心理格局。张镃对梅花的喜爱，对梅艺之事的着意，正是其风雅诗

① 杨万里《诚斋集》卷九八。

客之一面的体现。但作为一个“佳公子”的生活内容和思想情趣无疑也有所渗透。我们在《玉照堂梅品》宜忌分辨中，一方面感受到对梅花寒瘦野逸、清雅闲淡之神韵标格的维护，另一方面也发现对“列烛夜赏”“专作亭馆”“花边歌佳词”等富贵娱乐之事的倡导。一方面是对利禄之徒、功名之心、浮喧之境等士林习俗的抵制，另一方面则是对市井社会附庸风雅之情态的摈弃。因此可以说，《玉照堂梅品》的条例统一了“穷诗客”与“佳公子”两方面的是非爱憎，是一个比较全面、系统，同时也是比较优越、高雅的审美主张，植根于封建士大夫精神和物质两方面养尊处优的生活底蕴，在封建士大夫梅花审美观念和方法上有着典型的代表性。这是张镃《玉照堂梅品》的精神文化意义所在，值得我们认真玩味。

我们这里的整理，以中华书局1983年版宋周密《齐东野语》卷一五所载为底本，该书以涵芬楼《宋元人说部书》中夏敬观校本为依据，又经一定的校勘，是目前所见《齐东野语》中最上佳的版本。《永乐大典》卷二八一〇完整收录了《齐东野语》所录《玉照堂梅品》，是现存最早的抄本，内容较为可靠。如序言最后所署的时间，《齐东野语》诸本多作“绍兴甲寅人日”，是绍兴四年（1134），此时张镃尚未出生，而《永乐大典》所录作“绍熙甲寅人日”，就十分合理，显然它本或因“熙”与“兴”之繁体形似而误书。我们以此作参校，并对全部文字详加注释。

二、校 注

玉照堂梅品

梅花为天下神奇，而诗人尤所酷好。淳熙岁乙巳[1]，予得曹氏荒圃于南湖之滨[2]，有古梅数十，散漫弗治[3]，爰辍地[4]十亩，移种成列。增取西湖北山别圃[5]梅，合三百余本，筑堂数间以临之。又挟以两室，东植千叶缃梅，西植红梅，各一二十章[6]，前为轩楹[7]如堂之数。花时居宿其中，环洁辉映，夜如对[8]月，因名曰[9]玉照。复开涧环绕，小舟往来，未始半日[10]舍去。自是客有游桂隐[11]者，必求观焉。顷亚太保[12]周益公秉钧[13]，予尝造东阁[14]，坐定[15]，首顾予曰："'一棹径穿花十里，满城无此好风光'[16]，人境可见矣！"盖予旧诗尾句，众客相与歆艳[17]。于是游玉照者，又必求观焉。

值春凝寒，又[18]能留花，过孟月[19]始盛。名人才士，题咏层委[20]，亦可谓不负此花矣。但花艳并秀，非天时清美不宜，又标韵孤特，若三闾大夫[21]、首阳二子[22]，宁槁山泽，终不肯俯首屏气，受世俗湔拂[23]。间有身亲貌悦，而此心落落[24]不相领会，甚至于污亵[25]附近，略不自揆[26]者。花虽眷客，然我辈胸中空洞，几为花呼叫称冤，不特三叹、屡叹，不一叹而足也。因审其性情，思所以为奖护之策，凡数月乃得之。今疏[27]花宜称[28]、憎嫉[29]、荣宠[30]、屈辱[31]四事，总五十八条，揭之堂上。使来者有所警省，且世[32]人徒知梅花之贵而不能爱敬之[33]，使予[34]之言传闻流诵，亦将有愧色云。绍熙甲寅人日[35]约斋居士书。

［注释］

[1] 淳熙岁乙巳：宋孝宗淳熙十二年，为乙巳年，公元 1185 年。

[2] 南湖，湖水名，在杭州古城东北隅、艮山门之西，俗称白洋池。张镃在此经营别墅，占地百亩，依山面湖。湖水在宅南，因名南湖。别墅经始于淳熙十二年（1185），十四年初步落成，最初植桂较多，因而总名“桂隐”。同年因疾求获祠禄，归居养闲于此，于是大事经营，历时十四年，于庆元六年（1200）完成。全园分东寺、西宅、南湖、北园、众妙峰山等五部分。

[3] 弗治：芜乱，未经治理。

[4] 辍地：拨地，分出地块。

[5] 别圃：指其在西湖北山的园林别墅。

[6] 章：指较大的树。大材称章，《史记》货殖列传：“山居千章之材。”

[7] 轩楹：指堂前栏杆。

[8] “对”，《永乐大典》作“珂”。

[9] “曰”，《永乐大典》无。

[10] “日”，原作“月”，此据《永乐大典》改。

[11] 桂隐：张镃南湖别墅的总名。

[12] “亚太保”，《永乐大典》作“亚保”。亚太保、亚保：少保。古时太师、太傅、太保称“三公”，为辅佐国君掌管军政大权的最高官员。三公的副职为少师、少傅、少保，合称“三少”。唐宋时均已为荣誉官衔，并无实权。据《宋史》周必大本传，光宗绍熙三年（1192），周必大以左丞相拜少保、益国公。

[13] 周益公秉钧：周益公，周必大（1126—1204），吉州庐陵（今江西吉安）人，字子充，号平园老叟，绍兴进士，曾任中书舍人、枢密使等。淳熙十四年（1187），拜右丞相，进左丞相，后遭谏官何澹弹劾，出判潭州（今湖南长沙），宁宗初以少傅致仕。秉钧：任宰相、执掌国政。

[14] 东阁：宰相招待宾客之所。

[15] “坐定”，原作“坐定者”，此据《永乐大典》删“者”字，“者”当

因下文“首”字形似而误书。四库本《齐东野语》作“坐甫定”。

[16] 此句不见于张镃《南湖集》。

[17] 歆艳：羡慕。

[18] “又”，《永乐大典》作“反”。

[19] 孟月：四季中的第一个月，此指春天第一个月，即正月。

[20] 层委：重叠、累积。

[21] 三闾大夫：指屈原，屈原曾任此职。

[22] 首阳二子：首阳，山名，在今山西永济南。二子：伯夷、叔齐，商末孤竹君的两个儿子。相传其父遗命要立次子叔齐为继承人，孤竹君死后，叔齐让位给伯夷，伯夷不受，叔齐也不愿登位，先后都逃到周国。周武王伐纣，二人叩马谏阻。武王灭商后，他们耻食周粟，采薇而食，饿死于首阳山。

[23] 湔拂：湔，洗刷；拂，鼓动。此指受世俗影响和左右。

[24] 落落：碌碌，众多、庸碌的样子。

[25] 污亵：污秽、轻慢、不庄重。

[26] 自揆：自制、自尊。

[27] 疏：梳理、列述。

[28] 宜称：适宜、相配。

[29] 憎嫉：反对、忌讳。

[30] 荣宠：荣耀、宠幸。

[31] 屈辱：委屈、羞辱。

[32] “世”，原作“示”，此据《永乐大典》改。

[33] “之”，原作“也”，此据《永乐大典》改。

[34] “予”，原作“予与”，“与”衍，此据《永乐大典》删。

[35] “熙”，原作“兴”，此据《永典大典》改。绍熙甲寅：宋光宗绍熙五

年，为甲寅年，公元 1194 年。人日：农历正月初七。《荆楚岁时记》记载：晋董勋问礼俗云："正月一日为鸡，二日为狗，三日为羊，四日为猪，五日为牛，六日为马，七日为人……今一日不杀鸡，二日不杀狗，三日不杀羊，四日不杀猪，五日不杀牛，六日不杀马，七日不行刑，亦此义也。"

花宜称（凡二十六条）

淡阴，晓日，薄寒，细雨，轻烟，佳月，夕阳，微雪，晚霞。珍禽，孤鹤，清溪，小桥，竹边，松下，明窗，疏篱，苍崖，绿苔。铜瓶[1]，纸帐[2]。林间吹笛[3]，膝上横琴，石枰下棋，扫[4]雪煎茶，美人淡妆簪戴。

［注释］

［1］铜瓶：铜等优质金属所制，用以盛水、插花的器皿。梅花瓶花、插花的最早信息出现在北宋中期。张先（990—1078）《汉宫春·蜡梅》："银瓶注水，浸数枝、小阁幽窗。"郑獬《和汪正夫梅》："欲酬强韵若为才，昨夜归时趁月来。寂寞后堂初醉起，金盆犹浸数枝梅。"稍后张耒《摘梅花数枝插小瓶中，辄数日不谢，吟玩不足，形为小诗》《偶摘梅数枝致案上盎中，芬然遂开，因为作一诗》，说的都是。对瓶插之事留心颇多的是稍后的华镇，其《梅花一首序》："余于花卉间尤爱梅花，每遇于园林中，徘徊观览而不忍去，意欲列植成林，构屋其间，朝夕见之而后慊，然贫而未能为此也。至其敷荣之日，则置数枝于研席，聊以慰其所好。"《早梅花二首序》："早梅花时，虽蹀雪冲寒，必先采撷置研席间，素华射窗，流芳盈室，弦歌其侧，欣适无涯。"简洁地道出了剪枝插瓶，用于室内陈设简单易行、贫富皆宜的特点和花光清雅、芳香盈室的意境。此后，陈与义、吕本中、范成大、杨万里、赵蕃等人诗中就颇多瓶梅之事。

［2］纸帐：纸制的蚊帐，也包括其他纸制用以遮掩、装饰的帐幔。宋代人口

增加，丝、麻等纤维资源供应紧张，而造纸材料丰富价廉，纸的生产比较发达，于是出现了纸制的衣被帐幔等日用品。清贫之家和僧隐之士多见使用，也成了下层文人、僧侣道士清贫生活的写照。纸上画梅，尤其是水墨写梅比较方便，因而当时纸帐多以墨梅图案装饰。此事北宋末年即已出现。朱松《三峰康道人墨梅三首》注："康画尝投进，又为朱勔画全树帐极精。"康道人，生平未详，曾为朱勔画墨梅帐。所说应不是蚊帐，而是绘画的帷幕。南北宋之交朱敦儒《鹧鸪天》："道人还了鸳鸯债，纸帐梅花醉梦间。"稍后刘应时《祐上人制纸帐作诗谢之》："睡里山禽弄霜晓，梦回明月上梅花。"与张镃同时的陈起《纸帐送梅屋小诗戏之》："十幅溪藤皱縠纹，梅花梦里闷氤氲。裴航莫作瑶台想，约取希夷共白云。"说的都是画有梅花的蚊帐。

[3] 林间吹笛：汉魏乐府有《梅花落》，为笛曲，因此梅与笛因缘深厚，李白《与史郎中钦听黄鹤楼上吹笛》"黄鹤楼中吹玉笛，江城五月落梅花"，说的就是黄鹤楼上悠扬的《梅花落》笛声。姜夔《暗香》"旧时月色，算几番照我，梅边吹笛"，是最著名的诗句，后世以此题绘图、谱曲、作诗、著书者颇多。

[4]"扫"，《永乐大典》作"滴"。

花憎嫉（凡十四条）

狂风，连雨，烈日，苦寒。丑妇，俗子，老鸦，恶诗。谈时事，论差除[1]，花径喝道，对花张绯幕[2]，赏花动鼓板[3]，作诗用调羹、驿使事[4]。

［注释］

[1] 差除：官职。差：差遣。宋代官制，官位只是计薪的级别，而差遣才是实际担任的职务。除：授予官职。

[2] 绯幕：红色帷幕，用以挡风、围护等。

[3] 鼓板：板，用以打节拍的乐器。此处鼓板当指打击一类喧闹的乐器，与箫笛、琴瑟等不同。鼓板也是当时市井一种杂艺，如《东京梦华录》卷八："百戏如上竿趯弄、跳索、相扑、鼓板、小唱、斗鸡、说诨话、杂扮……之类，色色有之。"周密《武林旧事》卷一〇记当时市井杂艺有小说、影戏、唱赚、小唱、鼓板、杂剧、杂扮、诸宫调等行当。动鼓板是指赏花时以此类艺人演奏助兴。

[4] 调羹、驿使事：两个梅的典故。先秦《尚书·商书·说命下》："王曰……尔惟训于朕志，若作酒醴，尔惟曲糵；若作和羹，尔惟盐梅。"六朝《荆州记》："陆凯与范晔相善，自江南寄梅一枝诣长安与晔，并赠诗曰：'折花奉驿使，寄与陇头人。江南无所有，聊赠一枝春。'"这两则故事成了咏梅最常用的典故。陆游《老学庵笔记》卷八："国初尚《文选》，当时文人专意此书，故草必称王孙，梅必称驿使，月必称望舒，山水必称清晖。至庆历后，恶其陈腐，诸作者始一洗之。"即是说的这种情景。

花荣宠（凡六条[1]）

主人好事，宾客能诗，列烛夜赏[2]，名笔传神[3]，专作亭馆，花边歌[4]佳词。

［注释］

[1] 此六条为花之荣爱、宠遇之事，宛委山堂《说郛》本《玉照堂梅品》作："为烟尘不染；为铃索护持；为除地镜净，落瓣不淄；为王公旦夕留盼；为诗人阁笔评量；为妙妓淡妆雅歌。"明顾起元《说略》卷二八所载同，而田汝成《西湖游览志余》卷一〇所载"为王公旦夕留盼"条作"为主人旦夕留盼"。这都与此本迥异，而《永乐大典》所收与此本全同，应以此为是。《齐东野语》诸刻本多缺"主人好事"以下六事，《说郛》本所说，当为明代好事者拟补。

[2] 北宋李复《王氏园置烛观梅》、胡舜陟《秉烛赏梅》所写即烛下游观或

燃烛对饮。更热闹铺张的方式则是燃烛枝头，形成“火树银花”，以恣观赏。这种情形大多出现在元宵节庆活动中。南宋赵彦端《诉衷情·雨中会饮赏梅，烧烛花杪》：“殷勤与花为地，烧烛助微温。”比张镃稍晚的吴潜《霜天晓角·戊午十二月望安晚园赋梅上银烛》：“梅花一簇，花上千枝烛。照出靓妆姿态，看不足，咏不足。”

[3] 名笔传神：名笔，名家手笔；传神，传神写照。这是说名家为梅绘画。

[4]“歌”，《永乐大典》作“讴”。

花屈辱（凡十二条）

俗徒攀折[1]，主人悭鄙，种富家园内，与粗婢命名[2]，蟠结作屏[3]，赏花命猥妓[4]，庸僧窗下种[5]，酒食店内插瓶，树下有狗屎，枝上晒衣裳[6]，青纸屏粉画[7]，生猥巷[8]秽沟边。

［注释］

[1]“俗徒攀折”，《永乐大典》同，明正德刻本、《津逮秘书》本《齐东野语》作“主人不好事”。

[2] 与粗婢命名：宋人多有以梅为侍女命名之事。龚明之《中吴纪闻》卷一：“吴感，字应之，以文章知名，天圣二年（引者按：公元1024年）省试为第一，又中天圣九年书判拔萃科，仕至殿中丞。居小市桥（引者按：在苏州），有侍姬曰红梅，因以名其阁，尝作《折红梅》词。”王之望《汉滨集》卷二《倚江亭会，上虞伯逵送梅花并二绝句，坐上次韵，并调贺子忱》：“喜见江梅又着花，插来不怕帽檐斜。高标幽韵谁真似，人在风流贺监家。”注称：“贺子忱家侍儿有以梅名者。”贺充中（1090—1168），字子忱，政和五年（1115）进士，南渡后隐居天台山中，绍兴八年（1138）起用，绍兴三十年参知政事。范成大《石湖诗集》卷六《赏雪骑鲸轩，子文夜归酒渴，侍儿荐茗饮蜜浆，明日以诧同游，戏为书事，

图 81 ［宋］马逵《赏梅图》。

邀宗伟同作》："不知严夫子，迎门生暖热。梅香不可耐，但觉酒肠煬。"注称"梅即侍儿小名"，是说友人子文家有侍女名梅。严焕，字子文，绍兴十二年（1142）进士，曾通判建康府，知江阴军。宋周必大《文忠集》卷四《邦衡置酒出小鬟，予以官柳名之，闻邦衡近买婢名野梅，故以为对（戊子十一月）》，是说胡铨（字邦衡，1102—1180）家婢女名野梅。在元明杂剧中，"梅香"成了婢女的通称。

[3] 蟠结作屏：宋徽宗汴京艮岳中有蜡梅屏一景，李质《艮岳百咏·蜡梅屏》："冶叶倡条不受羁，翠筠轻束最繁枝。未能隔绝蜂相见，一一花房似蜜脾。"可见是由竹竿拦束蜡梅丛枝而形成的屏风状景观。南宋绍兴间（1131—1163），杭州西湖西北鲍家田尼庵梅屏，名动都城，宋高宗曾派画师前往图绘以进。后释居简《梅屏赋》专为描写，从其中"玉颓可扶，雪妍可编"，"若堵立十丈于蓬莱千仞之巅，北枝奔而不殿，南枝徐而不先"云云，可见其形制与艮岳蜡梅屏大致相同，改以

江梅为之，密植花树，编枝成屏，形似一堵高墙。这种造景方式刻意求奇，背离了梅花疏秀淡雅之神韵，因而张镃视为梅花“屈辱”之事。

[4] 命猥妓：命，使用。猥妓，众妓。猥，主要指人多杂滥，也含有品格卑贱之义。

[5] 庸僧窗下种：梅种僧窗下并不俗，如宋李弥逊《偶成》：“蘧然真梦午钟回，独倚风轩数落梅。鼻观得香无处觅，僧窗寂寂定初开。”杨万里《普明寺见梅》：“城中忙失探梅期，初见僧窗一两枝。犹喜相看那恨晚，故应更好半开时。”所写均为寺僧窗下之梅，关键是僧不可庸。庸僧指僧人中的平庸、低俗之流。

[6]“枝上”，原作“枝下”，明正德刻本、明《津逮秘书》本《齐东野语》同，此据《永乐大典》和《稗海》本《齐东野语》改。“枝上”“枝下”晒衣，生活中俱不难见，亦均不雅。梅非灌木，开花之枝多宿年嫩条，晒衣其上，不够方便，此处所指讽似应以“枝下”为是。然上一条已说“树下”，此处当以“枝上”更为合理。

[7] 青纸屏粉画：古人造纸，根据需要染上黄、青、赤、缥、桃红等不同颜色，青纸当是青、蓝色的纸张。屏，屏风。粉画，粉彩着色的画。

[8] 猥巷：普通的市井街巷。

（原载程杰校注《梅谱》，第 38 ~ 53 页，中州古籍出版社 2016 年版。）

元代画家吴太素《松斋梅谱》评介

元吴太素《松斋梅谱》在我国失传已久，罕有人知，却是一部体系全面、内容丰富、非常重要的画梅谱著，值得我们特别重视。

一、编　者

吴太素，字季章，号松斋，余姚人。清康熙四十四年（1705）敕编《佩文斋书画谱》误作“吴大素”[①]，后世如乾隆童翼驹《墨梅人名录》等均沿其误。关于其籍贯，多认为是会稽，《松斋梅谱》自序也署“会稽吴太素”，然会稽是古郡名，如王冕是诸暨人，画上自署多称“会稽王元章”，吴太素之称会稽亦然，实是余姚人。同时余姚人宋禧《重过倪氏深秀楼十首》其五：“风流吴老子，作画爱梅花。醉看

① 《佩文斋书画谱》卷五四，注称出于“《书画史》”。显然有误，考吴太素存世梅画，有文肃世家、吴太素、季章三印，足证其名太素字季章不误。该谱所引《书画史》有三种，一是刘璋《书画史》，二是《皇明书画史》，另一未署编者。其中有一处写作“刘璋《皇明书画史》”，所指均应为刘璋所编《皇明书画史》。黄虞稷《千顷堂书目》卷一五：“刘璋《明书画史》三卷。字圭甫，嘉定人。末一卷，璋同邑童时补正，时字尚中。”《四库全书总目》提要称：“是书成于正德乙亥，载洪武以来善书画者得三百七十余人，而释子六人并缀于末。又附元代名家及五季、宋、金之姓氏隐僻者九人，别为一卷。每人寥寥数言，不备本末，粗具梗概而已。”刘璋原书不存，是其本误，还是四库馆臣误抄，无从考证。

西窗影，更阑候月华。”深秀楼在浙江上虞，诗有注语：“吴老子，吾邑季章先生也。”[①]吴太素出身在一个富裕乡绅之家，自南宋乾道以来，其祖先“三世埋铭，尽钜公笔叙”，其惠民济众之事闻名乡里，然未见有仕宦功名[②]。吴太素早年曾在四明山结庐隐居，慈溪黄玠有《余姚吴季章松斋图》诗[③]，描写其山中生活，时间大约在顺帝至元间（1335—1341）或稍早。诗称“之子秀骨须眉苍，与松为游三十霜”，是说吴太素山居遨游三十载，而身体极为强健，其号松斋，当出于此。设若吴太素二十岁始山居遨游，至此应五十岁左右。这与《松斋梅谱》自序所说年龄信息大致吻合。自序作于至正九年至十一年间（1349—1351），序称“漫浪湖海”，“迨今四十余年”，此时应在六十岁上下，其出生当在前至元二十八年（1291）前后。由此可见，吴太素比王冕

① 宋禧《重过倪氏深秀楼十首》其五，《庸庵集》卷八，《影印文渊阁四库全书》本。

② 顾存仁修，杨抚等纂《（嘉靖）余姚县志》卷一四《吴自然传》。吴自然是南宋末年人，其行实见陈著《吴谊甫墓志铭》，《本堂集》卷九一，《影印文渊阁四库全书》本。吴自然，字谊甫，曾祖松年，子垓、埏，孙镛、钥，曾孙洧、灏、濬。关于吴太素与吴自然的关系见杨维桢《跋姚江吴氏三叶墓志文》（载汪砢玉《珊瑚网》卷一二《元名公翰墨卷》）：“余读姚江吴氏三叶墓志文，而因知世运之有高下也。始铭南堂老人者，唐公震也，其言虽涩，而犹清狷可喜，时盖去乾道中兴未远也。中铭雁峰隐人者，陈公著也，其言萎甚，盖宋就衰矣。及观铭天台赏官者，臧公梦解也，其言约以则，蔚乎有古章，时则圣元一统已五十年矣……季章父为三叶后也，隐居行谊，无忝其先，其能光远而有耀者哉。至正丁亥秋一日铁崖山人杨维桢书。”杨氏跋文作于至正七年（1347）。吴太素应是吴自然的后裔。

③ 黄玠《余姚吴季章松斋图》，《弁山小隐吟录》卷二，《影印文渊阁四库全书》本。

(1303？—1359)[①]年长大约十岁左右。而其去世，尚在其后，因为明洪武年间入仕的两位浙东后生乌斯道、郑真的文集中都有与吴太素交往的诗歌，有可能生活到元末甚至明初。

吴太素生活态度与王冕大致相近，一生“自甘岩壑”[②]，“漫浪湖海”[③]四十余年。除四明山松斋隐居外，大约至正初年，曾寓居绍兴城南[④]。至正八年（1348），王冕南归隐居绍兴城南九里，诗中称吴太素“东邻吴季子”[⑤]，说明此时吴太素也居住绍兴城南。大约在

① 王冕生年原有后至元元年（1335）、至元二十四年（1287）两说，均由其子王周的生卒年误属或据其年龄逆推，已为学界否定。其生年无确切资料可以落实，只能大致推测。现存王冕作品中最早的年代信息是至元二年（1342）两首诗：《结交行送武之文》“今年丙子旱太苦，江南万里皆焦土”，《喜雨歌赠姚炼师》“今年大旱值丙子，赤土不止一万里”。王冕儿子王周的生卒年有吕升《山樵王先生行状》明文记载，生于至元（误作至正）乙亥即至元元年（1335），卒于明永乐五年（1707）。一般多以为王冕二十五岁左右生王周，是王冕当生于至大三年（1310）左右。我们认为王冕出生应该更早些，王冕三十岁所作《自感》长诗，回顾自己“蹭蹬三十秋，靡靡如蠹鱼。归耕无寸田，归牧无尺刍。羁逆泛萍梗，望云空叹吁。世俗鄙我微，故旧嗤我愚。赖有父母慈，倚门复倚闾”，提到的只是父母，感慨的只是上对父母，无以“反哺”，深怀愧疚，却无一句下对妻儿之意，可见其三十岁时尚未成家立业，全赖父母供养。也就是说，王冕结婚生子应在三十岁之后，我们设若此后即积极张罗结婚生子，他应比王周大三十二岁左右，则其生年当在大德七年（1303）前后。

② 郑真《题吴季璋松斋》，《荥阳外史集》卷九一，《影印文渊阁四库全书》本。

③ 吴太素《松斋梅谱》自序，《松斋梅谱》卷首，中州古籍出版社2016年版程杰校注《梅谱》本。

④ 王冕《寄太素高士》：“我昔扁舟上耶溪，寻君直过丹井西。”《竹斋集》卷下，《影印文渊阁四库全书》本。

⑤ 王冕《山中杂兴》其五：“东邻吴季子，潇洒亦堪怜。”《竹斋集》卷下。

生命的最后，他又回到四明山旧居①。

吴太素善画，长于山水、松竹等，尤工写梅，自称“予生僻好梅，每于溪桥山驿、江路野亭之间，见其花必徘回谛观，有得于心，辄应之于手”②。画法师承扬无咎一派，现存《雪梅图》《墨梅》《松梅图》，均藏于日本③，另传有至正元年（1341）《群仙拱寿图》④。其孙吴孟文能传家法，也擅画梅，闻名于洪武间⑤。

二、编刊时间

《梅谱》自序称作者潜心画梅四十余年，老来笔力胜出非曩日比，可见此谱作于晚年。其内容并非完全自撰，序称“悉取诸家手诀及旧藏画卷”，“以己意删繁补略”，显然多有取材他人撰述。明确可考者至少有宋伯仁《梅花喜神谱》、范成大《梅谱》、张淏《会稽续志》、邓椿《画继》、陈景沂《全芳备祖》。第一、二两卷的理论、技法条目也是内容、形式乃至风格口吻各不一样，显然并非出于一人之手。

---

① 乌斯道（慈溪人）《春草斋集》诗集卷五《吴季章松斋》：“江海归来雪满颠，青松老大屋平安。日长宴坐清阴底，松子俄然打竹冠。”《影印文渊阁四库全书》本。

② 《松斋梅谱》自序，《松斋梅谱》卷首。

③ 吴太素《雪梅图》，绢本，挂轴，水墨，现藏日本新泻市永田町，私人收藏；《墨梅》，纸本，挂轴，水墨，见于日本兵库县尼崎薮本浩三集；《松梅图》，绢本，挂轴，水墨，现藏日本山梨县大山寺。关于吴太素的作品，请见美毕嘉珍《墨梅》，江苏人民出版社 2012 年版，第 371 ～ 373 页，此处信息均源于该书。

④ 上海人民美术出版社 1981 年版俞剑华《中国美术家人名辞典》第 276 页“吴大素”传所引，不知所据。

⑤ 凌云翰《吴孟文墨梅》：“吴生妙绝宫墙画，不向冰纨寄墨痕。怪得炎天见梅蕊，姚江知有季章孙。”《柘轩集》卷一，清光绪武林往哲遗著本。

序又称“乃锓诸梓，以广其传”，是当时正式刊行过。第四卷辑录宋伯仁《梅花喜神谱》，卷末有吴太素自跋，称“因予所缉《梅谱》成，乃复列之第四卷”，所署时间是“至正辛卯重阳日”，是至正十一年（1351）。据此，吴太素先完成前三卷，是年补辑第四卷。后面各卷如出其手，应在是年以后。今日本藏抄本第十五卷末有至正九年（1349）张雨（1283—1350）跋文。既然此跋时间在卷四吴太素跋文的两年前，应属前三卷完成时，可见前三卷完成于至正九年（1349）夏或以前。鉴于第五卷以下各卷规模与前四卷变化悬殊，可能未必尽出吴太素之手，或者第五卷以下均由书商组织他人根据吴太素部分遗稿补编，具体编辑和最终成书时间不明。但张雨跋中所言墨梅发展史的情况与十四卷所收墨梅画家的情况又有一定的对应性，也有可能全书均由吴太素完成，第四卷为最后插入，则全书完成时间在至正十一年。不管实属哪种情况，考虑到至正十九年（1359）起浙东时局变化，干戈动荡，全书的编撰、刊行工作最迟应在此前完成，才为合理。

三、版　本

《松斋梅谱》的所见最早著录为明嘉靖间晁瑮《晁氏宝文堂书目》：“《松斋梅谱》，元刻，不全。”[①]明确称作元刻，可见元末正式付刊过，但未载明编者和卷数。明万历间，王思义《香雪林集》卷二五、卷二六辑录此谱，称吴太素《画梅全谱》，可见此时《松斋梅谱》在中土尚不难见。清初黄虞稷《千顷堂书目》卷一五载有“《松斋梅谱》

① 晁瑮《晁氏宝文堂书目》卷下，《续修四库全书》本。

十五卷”，但未署撰者姓名。《明史》艺文志同出黄氏之见，也不载编者。可见，入清后人们对此书已不甚了解，编者和卷数都较模糊。厉鹗《南宋院画录》曾引用此书三条，称“吴太素《画梅全谱》”，或是从明万历间王思义《香雪林集》间接所得。据说晚清陆氏皕宋楼曾入藏一部，后流入日本，为静嘉堂所藏[①]。但陆心源《皕宋楼藏书志》、日人河田罴《静嘉堂秘籍志》、静嘉堂文库诸桥辙次《静嘉堂文库汉籍分类目录》均未见著录。日本岛田修二郎对《松斋梅谱》版本有过专门研究，所著《解题松斋梅谱》一文也未提及静嘉堂藏本。上海书画出版社1993年版卢辅圣主编《中国书画全书》第2册收录《松斋梅谱》，有文无图，称“以日本静嘉堂文库本断句排印”，不知所说何据[②]。

该书在我国已经失传，据岛田修二郎介绍，日本有四个手抄本：一、近卫本，阳明文库藏本；二、浅野本，广岛市立浅野图书馆藏本；三、妙智院本，天龙寺妙智禅院藏本；四、富冈本，富冈益太郎藏本（大东急记念文库）。上述四种中，近卫、浅野、富冈本属于同一系统，妙智院本文字稍异。四本中都缺原十五卷中的卷七、八、九、十、十五共5卷，其他文字脱讹也大同小异，所谓静嘉堂文库本也是如此，都应属同一个祖本传抄而成。最初的抄本可能出于五山僧人之手，所据刻本应是元末明初的来华僧人带回的，或已有残缺。

笔者近年辗转了解到，《松斋梅谱》传入日本的时间，日本文献有明确的记载。日人瑞溪周凤（1391—1473）《脞说补遗》：“刻楮子（引者按：瑞溪自号，瑞溪有《刻楮集》）谓，《松斋梅谱》永亨甲寅岁

---

① 谢巍《中国画学著作考录》，上海书画出版社1998年版，第254页。

② 该本多数衍脱讹误处与浅野本相同，但也有少量文字优于抄本，可资订补。似乎在岛田修二郎所说四种抄本外，日本确有另一种抄本或浅野等抄本的抄校本存在。笔者此稿成于仓促，未及查寻，待考。

始自大明来。予谒双桂肖翁（引者按：惟肖得岩，一号双桂，1360—1437），翁指座隅素屏风曰：'七十年来欲见而未得者，忽焉在此！'予就而见之，宋广平《梅花赋》也，盖以《梅谱》张于屏面也。"《松斋梅谱》卷十二收有宋璟《梅花赋》全文。永亨当为永享之误，永享甲寅当明宣德九年（1434），这去《松斋梅谱》第四卷自跋所署的至正十一年（1351），已过去八十多年①。只是所说传本是刻本还是抄本，内容完整还是残缺，都未交代。

据日本学者岛田修二郎推测，现存四种抄本出现在15世纪到19世纪。四个抄本中，近卫本出现最早，大约产生于15世纪末期。浅野本质量最优，观其书写风格应属16世纪早期的抄本。富冈本出现时间最晚，大约出于19世纪早期。岛田修二郎据浅野本解题、校定的《松斋梅谱》，与影印浅野本合订，由广岛市立中央图书馆1988印行②。

就浅野本等抄本现存全书内容可见，第一卷至四卷每卷篇幅都较大，相互间也较平衡，而第五卷以后，每卷规模变小。浅野本第五卷只有14目图谱，也许正是原书的实际规模。第六卷稍大，包括现在我们辑补的条目，应该有部分属于第七至第十卷散失的内容，合计尚存46目。如果按浅野本第五卷14目的分卷规模，则第六卷至第十卷共5卷，大概应有图70幅，目前的46目，加上第3卷中"叠玉"以下8幅，可能属于第六卷以下的内容。累计54目，占了77%。而所谓第十五卷，

---

① 近年笔者审阅南京大学学位论文，两见引证其事，引起注意。明确论述请见董舒心《论日本苏诗注本〈四河入海〉的学术价值》，南京《古典文学知识》2012年第3期。

② 笔者所见为日本早稻田大学教授内山精也先生赐赠之该书复印件，谨此志谢。内山精也先生曾留学复旦大学，师从王水照先生，主治宋代文学，著述颇丰，乃东瀛该领域之佼佼者，为中、日同仁所重视。

则应承上为“画梅人谱”，我们从《香雪林集》中仍能发现一些浅野本删节的内容。汇集日藏《松斋梅谱》抄本、王冕《梅谱》、《华光梅谱》、《香雪林集》诸书可资补佚的内容，最终结果可能是，全书的条目实际缺失并不太多，只是原书的分卷信息严重模糊了，编排次序也不免错乱。

抄本卷七以下缺失的内容主要出于三种情况：一是由于图谱临摹的困难，抄者不善绘事，未能忠实原本，卷六以下图谱或节而不抄，或录文弃图，而导致目前这种卷七以下数卷连缺、一些图目有文无图的现象。二是抄者作为禅僧自身的兴趣，对原书僧人野逸之流的内容严守不误，而其他内容多有删节。比如岛田修二郎即认为卷十四、十五的“画梅人谱”详录僧人传记，其他人士的记载多较简略，而画院画家更是一人不存，就典型反映了禅僧的主观喜好。三是有意无意的精简删节、脱漏错简，这种现象在全书各卷都程度不等地存在着，卷六以下为甚。对这样一部体系周备的重要梅谱来说，在刻本失传的情况下，抄本的这些缺失是极为可惜的，但综合王冕《梅谱》《华光梅谱》《香雪林集》诸书散见资料以及抄本最后附录的汉字假名混交文三十多条补说，进行参证辑校，可以有所弥补，这是我们这里着力进行的。

四、内容补订

今所见抄本《松斋梅谱》不仅缺漏明显，而且各卷误书、衍脱、窜乱、删节所在多有。岛田修二郎解题和校定本就四种抄本做了细致的比勘校对工作，指明了许多错误。但其意仅止于此，我们致力全书的补辑，尽可能恢复全书内容。

对《松斋梅谱》补辑作用最大的莫过于元王冕《梅谱》、明人《华光梅谱》和明王思义《香雪林集》三书。王冕《梅谱》《华光梅谱》，尤其是后者，备受美术界重视。前者见于明《永乐大典》，应该属于《松斋梅谱》刊行后不久的托名改编本。对王冕《梅谱》的编撰者，学术界有不同的看法。日人岛田氏疑其为元末明初人托名节取《松斋梅谱》而成，台湾张光宾的看法则完全相反，认为《松斋梅谱》的“主要资料来源，是以王冕梅谱为基础，又辑录编者自藏前代画梅谱诀而成”[①]。笔者以为，王冕有可能编过梅谱，元末鄞县定水寺僧来复（1319—1391）《胡侍郎所藏会稽王冕梅花图》诗：“会稽王冕双颊颧，爱梅自号梅花仙。兴来写遍罗浮雪千树，脱巾大叫成花颠。有时百金闲买东山屐，有时一壶独酌西湖船。暮校梅花谱，朝诵梅花篇。水边篱落见孤韵，恍然悟得华光禅。我昔识公蓬莱古城下，卧云草阁秋潇洒。短衣迎客懒梳头，只把梅花索高价。不数杨补之，每评汤叔雅。”[②]同时会稽钱宰《题画梅和王山农韵》：“自从上苑成尘土，无复当年旧歌舞。源上桃花不记秦，九畹芳兰已忘楚。不如山人卧云松，破屋长在梅花东。传家别有花作谱，放手直欲先春风。见花如见山人面，谁道人间亡是公。”[③]两人均与王冕有交往，两人所言不约而同，似非泛泛称颂，应实有所指。但两人所说均为回忆王冕至正八年（1348）南归绍兴隐居后的生活，而《松斋梅

① 张光宾《元吴太素松斋梅谱及相关问题的探讨》，严文郁等《蒋慰堂先生九秩荣庆论文集》，第443—446页，1987年台北“中国图书馆学会”发行、台湾商务印书馆经销本。

② 僧来复《胡侍郎所藏会稽王冕梅花图》，《御定历代题画诗类》卷八四，《影印文渊阁四库全书》本。

③ 钱宰《临安集》卷一，《影印文渊阁四库全书》本。

谱》末尾张雨跋署至正九年、吴太素自跋时间为至正十一年。张雨为吴太素《松斋梅谱》所作跋文盛赞王冕画梅成就，建议吴太素谱中应添上王冕，并未说王冕自有《梅谱》之编。张雨、王冕、吴太素三人相互熟识，如果王冕有梅谱之作，想必张雨或吴太素都会言及。这表明王冕没有梅谱之作，至少到吴太素编成《松斋梅谱》前四卷的至正十一年，未有梅谱问世。如王冕最终确有《梅谱》撰成，时间也当在《松斋梅谱》之后，或者实际并未完成，更未及印行。王冕《梅谱》今仅见于《永乐大典》卷二八一二墨梅条下，后世未见明确著录，所有条目均出于《松斋梅谱》卷一、卷二，最大的可能是好事者节取《松斋梅谱》而成，而附在当时画梅声名鼎沸的王冕名下。

所谓《华光梅谱》应属同一性质，现存《华光梅谱》主要有两种，一为明万历十八年（1590）詹景凤补辑《王氏画苑补益》卷二所载《华光梅谱》，二是清顺治间宛委山堂本《说郛》所收《画梅谱》。编者署“元华光和尚”（或道人），显然都误书时代，华光道人是宋人，而非元人。此两种实出一源，文字内容与版式基本相同。所收内容基本出于《松斋梅谱》，也属吴谱的简编本，当为明中叶永乐之后、万历之前人所为。与王冕《梅谱》不同，所选内容以技法口诀为主。其中有些片断不见于《松斋梅谱》，或者融入了编者及同时人的画梅经验。

两书实际都由《松斋梅谱》第一、二两卷的内容精简而成，正可用以校补《松斋梅谱》。两书中多出部分不免有少量后人新添或细节改易，但孰是孰非难于具体判别，一并补入相应位置，详明所属，以备参考。一般说来，出于王冕《梅谱》者，因与《松斋梅谱》时间相近，相对可靠些，而仅见于《华光梅谱》者当多属后出。

尤其值得注意的是，明万历间刻本王思义《香雪林集》卷二五、二六收辑《松斋梅谱》，较日本四种抄本相关内容都更为完整，且图文多配套齐全。该书第二十五卷称吴太素《画梅全谱》（清厉鹗《南宋院画录》所引吴太素梅谱内容当出此），主要辑录《松斋梅谱》第一、二卷的条目。其中《扬补之写梅论》《汤叔雅写梅论》《论形》《论骨情性》等，都是很重要的论说，而抄本未见。该卷《画梅人谱》则应是《松斋梅谱》卷一四、一五中的内容，但多有删简，不过也有一些条目不见于抄本，如马远、毛益、陈宗训等，都是画院画家，想必《松斋梅谱》"画梅人谱"原本有画院画师一类，但都被抄本删节了。该书第二十六卷称《画梅图诀》，题下称"华光图诀四十八、范补之图诀一百、宋器之图诀五十六"三类，所谓范补之当是扬补之之误，实际所收为48幅花头图，继而100幅为宋伯仁《梅花喜神谱》的图谱（起首"麦眼""柳眼"2图与七言诗"麦眼""椒眼"互换位置），再接56幅枝干图，另有"麦眼""椒眼"2幅花蕾图（附七言句），共206目图谱，较卷首所说三种204幅多出2幅。这些内容对应抄本《松斋梅谱》卷三至卷六的图谱，与抄本相较，不仅数目超出不少，而且诗、图对应俱全。这些不仅可以弥补抄本的缺失，对我们了解《松斋梅谱》全貌也大有帮助。

我们的整理，以日本广岛市立中央图书馆的影印浅野本为底本，以《永乐大典》本王冕《梅谱》、明詹景凤《王氏画苑补益》本《华光梅谱》、《四库全书存目丛书》影印万历刻本《香雪林集》、上海书画出版社1993年版《中国书画全书》所收标点日本静嘉堂本《松斋梅谱》以及岛田修二郎校本提供的日本其他三种抄本信息汇辑参校，补阙订讹，尽可能恢复原书规模，核定原书内容。凡底本所无、参校诸书补辑的条目和段落以仿宋字显示，谱文中原有的注解以楷体字显示。我们所作的校勘、补辑说明以脚注显示，补辑的图像出处也在该图图目的脚注中说明。对谱中所涉重要的人名、地名、专业术语等，就我们所知，一并在脚注中略作解释和说明，以方便阅读。我们的最终成果，编入程杰校注《梅谱》，中州古籍出版社2016年3月出版。

五、全书内容

根据我们整理后的结果，介绍全书内容：

1．卷首：吴太素自序，叙编辑、出版缘起。

2．卷一、卷二：画梅的基本理论和技法口诀。共53条，每条都有简短标题，论说、口诀、诗歌、名录等形式兼而有之。内容包括墨梅的起源、梅花的形象特性、画梅的取景品目、构图原则、技法要领、初学指南等方面。少数条目属于一般原理，多数是具体技法、有较强的实用性、指导性。这些材料的编排顺序并无规律，形式多样，风格不一，来源复杂。其中有些当为吴太素自撰，但多数则属辑录他人所说，或略施整理。第一卷《取象》条下，有九段称“三昧”所说口诀，《华光梅谱》存其七条，所谓三昧，可能是元朝一位墨梅画家的别号。除这一署名信息外，其他条目均无作者、出处的任何迹象。应该说这些内容都应出于吴太素、三昧这样名不见经传的底层画家之手。从时间上说，这些内容多出于南宋后期，尤其是元朝。对此可举出一些内证，如卷二《论理》以阴阳之道阐发梅花特性，引用《朱子语类》卷七四、卷七六中的两段话，这应是元朝朱熹学说盛行后的观点。又如卷二《胶纸法则》中提到“今市货中名为灰纸者”，灰纸是元代比较常见的一种纸张。这些都透露了这些条文的时代信息。

3．卷三至卷六：画法图谱。卷三、卷四是花头图谱。卷三抄本40目，我们由《香雪林集》补8目，每条一幅图象，配有标题和诗。标题如孩儿头、丫环头、莺爪等，都是比喻花头形状。诗诀为七言四句，对图形和画法加以解释。卷四为转录宋伯仁《梅花喜神谱》内容，但抄本仅82条，可能是抄者疏漏或节略，此据《香雪林集》补齐。与景定重刊本《喜神谱》相比，图像差别明显，花朵、枝梢和走向多有增加和变异，当非严格临摹，而是据目重绘。与《香雪林集》相比，除个别次序不同，构图基本相同，说明后者的图谱应全取诸《松斋梅谱》。卷末有吴太素跋文。卷五、卷六是枝干图谱。卷五20目，均有图，标题如鹤膝、鹿角、铁戟、桑条、女梢、弓势等，形容枝干，极其形象，所配诗诀也是七言四句。卷六共辑46目，应该包括卷六以下至卷十的内容。其中前36条图文俱全，所配图解七言绝句和骚体文兼而有之。后8条有文无图，诗文七言、六言、三言皆有，也只两句，似抄录未全。另从浅野本末尾日文说明补得两目，诗图并无。这46目，揣其名目和诗文品诀，多数与卷五同类，属于枝干画法。“深雪漏春”以下无图名目，多属取景构图之法，是否还有些其他写意名目，合有四卷的分量，不得而知。在画梅技法中这已非基础内容，构图复杂，《香雪林集》或因此而不取。值得注意的是，卷六中多数诗歌、韵语与卷三、卷五之重在画法解说不同，与《梅花喜神谱》的题诗比较接近，多就名目泛泛题赞，很少涉及具体画法。而偏偏这些图目，大多又与第一、二卷中技法条文和口诀中所说技法术语相对应，五、六两卷尤其是第六卷中，不少图目可能即根据开头两卷中的技法要领绘制的，但对应的文字口诀中却很少技术指导的内容，与第三卷的写法差别明显。这也进一步说明，第五卷至第十卷的图诀，未必全出吴太素本人，有可能是书坊据吴太素遗稿增编而成。特别提请读者注意，抄本的绘画笔法稚拙，较《香雪林集》差甚，如欲观图学法，请取后者为宜[①]。

4．卷一一：梅花品种谱。抄缀范成大《梅谱》，有删节，缺官城梅、蜡梅条，所见条目中也多有删节、误置和改动。如：消梅条下增引一首七律诗。古梅条下删去会稽、湖州等地品种的描述，增添了僧德珪诗一首，此人似为吴太素同时人。而绿萼梅条下“干或奇古，而又绿藓封枝……”至所引俞亨宗古梅诗，应属古梅条下“会稽余姚皆有之”后，这段文字辑自《会稽续志》卷四“物产·古梅”条。又千叶黄梅条下“剡中为多”云云，也取自该书。“逃禅别法”一条当由卷一、卷二误置。而卷末“江路野梅”条又与卷六末尾内容相近。对此，我们一一进行了调整。

5．卷一二、一三：梅花诗赋杂抄。卷一二列宋璟、朱熹、杨万里三人梅花赋各一篇与五言四句诗。卷一三是七言四句诗与七言古诗。两卷中诗歌部分主要摘抄《全芳备祖》前集卷一、卷四的梅花门与红梅门、蜡梅门的作品，次序及作者、文字等方面的错误也一仍原书。细考所取条目，有详前略后的现象，即开头部分照抄，而后面选抄。这种情况的出现，原书编者和抄本抄者两方面的因素都不能排除。另有少量诗句如七言四句中的李尧夫、谢无逸诗，未见今本《全芳备祖》，后者或有脱简，或者吴太素又兼取其他资料。值得注意的是，在《全芳备祖》中词作占有很大的分量，而今本《松斋梅谱》一首未见。联

---

① 日本抄本的绘图笔法十分拙劣，显属非能画者所作，花枝之间多是机械涂写，结构多不切实际，图中内容与诗中所述也多难对应，而《香雪林集》的图式则出于专业画手，笔法简洁，图像生动，图形与图目、诗文所说多较吻合。但为了尽可能保留底本的面貌，除补辑之目外，我们这里底本原有之图悉数采用。《香雪林集》今有《四库全书存目丛书》影印明万历刊本，较为易得。读者如有兴趣，可取《香雪林集》卷二六图诀观赏揣摩。

系宋人多有画梅题词的现象，而元人类似情况极其少见，《松斋梅谱》这种重诗轻词的现象应属编者态度的反映，并不是抄者删节的结果。

6．卷一四：画梅人谱。前有小序。共著录33条35人小传，分“前代帝王”“王公宗戚”“达官逸士”“方外缁黄”四类。从《香雪林集》所收画家小传可知，另应有画院画师一类。这种分类有宋人邓椿《画继》的影响。就时代而言，宋金31人，元朝4人。从小传内容看，大部分条目可能主要抄缀某一《画竹谱》，如魏彦燮传中提到的《高氏竹略》之类著作中的“画竹人谱”写成，因为多数画家的传记总以画竹方面的事迹为重点，而画梅的内容似乎只是随文添上去的。即便如扬无咎、汤叔雅这样在开头两卷推为墨梅至圣、宗师的人物，传记中关于画梅的记载都极为简淡[1]。这些都令人怀疑，这类内容可能是书坊人士抄缀而成的。小传中写得最详细的是“方外缁黄”中的僧人以及元朝的“达官逸士”，对他们的人品经历、画艺尤其是画梅的成就介绍比较具体，这固然有抄者的因素，但也反映了编者的态度。金人赵秉文的传记中称其“扶持吾道几卅年”，赵秉文喜爱道教，这段材料可能出于一位道教人士的著作。

7．卷尾：张雨跋。张雨（1283—1350），字伯雨，号贞居、句曲外史，钱塘（浙江杭州）人。茅山派著名道士，早年居茅山，晚年居杭州开元宫。博学多闻，诗文、书法、绘画俱工，有《句曲外史集》、书迹《台

① 岛田修二郎《松斋梅谱解题》，见广岛市中央图书馆编印之吴太素《松斋梅谱》。岛田修二郎认为，稍后《图绘宝鉴》相关的人物传记可能取材于《松斋梅谱》。但《图绘宝鉴》中同样的传记内容中一般没有生硬地添加“写梅”方面的细节，这表明后者并非转录《松斋梅谱》，而是从当时所见竹谱一类书中直接取资。是否《松斋梅谱》的续编者取材《图绘宝鉴》呢，显然也不可能，因为《松斋梅谱》的传记内容多比《图绘宝鉴》详细，而不是反过来。

仙阁记》等传世。该文作于全书前三卷完成之至正九年（1349），原应置于第三卷或第四卷之末，大约在全书十五卷编成后被移到卷尾。张雨跋中主要叙述了赵孟坚《梅谱》诗及其跋文所述逃禅一系墨梅流派的传承情况。《松斋梅谱》前两卷虽然汇辑了近50多条画梅的理论和技法资料，偏偏未收赵孟坚的《梅谱》诗及相关论说。张雨对此深感遗憾："季章为梅写真一世，类谱以传，宁有不知其派系者哉。予故录于前而续于后，此谱中不可无者，季章其知予言。"至正九年（1349）张雨为赵孟坚《梅谱》及手迹所作的题词中，也特别强调了"逃禅正派"的地位，见《式古堂书画汇考》卷四五。遗憾的是后续各卷并未吸收这一建议，今本所见"墨梅人谱"未见对赵孟坚所述僧定、扬季衡、刘梦良、毕公济、鲍夫人、徐禹功、谭季萧等人进行增补。接着赵孟坚诗歌开列的名单，张雨又增加了赵孟坚父子、赵孟頫夫妇以及王冕，视为墨梅正统的延续，可以说反映了他对墨梅发展史的认识。而吴谱"墨梅人谱"中除赵孟坚、赵孟頫外，对王冕并未提及。全书提到的元人，主要属于元朝中前期文人，并未延续到王冕生活的元朝后期。如果"画梅人谱"出于吴太素之手，以他与王冕的交谊、当时王冕画梅的实际影响以及张雨的建议，他应该为王冕立传作些介绍的，而偏偏没有。这些情况都使我们进一步怀疑，第五卷之后的内容有可能并不出于吴太素。

六、价值地位

《松斋梅谱》15卷，是一部规模较大、内容丰富、体制周备的专题画学著作，包括了画梅理论和技法、花头和枝干图式、生物品种谱、画梅人谱、梅花诗赋等几大方面，可以说涵盖了梅花专题最主要的知识体系。全书的体例可能受到早前竹谱一类编著的启发。画竹是整个文人花鸟画中出现较早的题材，更是文人画中独立较早的一个重要类型，无论在创作理论还是实践经验上都有先驱的意义。元大德三年（1299）李衎《竹谱》20卷，包括画竹谱、墨竹谱、竹态谱、竹品谱四大方面，体系完备而详赡。《松斋梅谱》与之相比，不重自述己见，而是以汇辑资料、编类知识为主，材料来源也不如其广博，但除大量技法口诀与品目图谱之外别立画家传记和文学作品，兼有画谱与画史、画学与类书之多重性质，可以说也不乏创意，是一部视野更为开阔、体制更为周备的墨梅文化全书，代表了墨梅艺术成熟与繁荣时期的文化视野和理论成就。

《松斋梅谱》最值得关注的还是墨梅技法的丰富内容。此前宋伯仁的《喜神谱》虽称图谱，但意在图说梅花各阶段形态，不以画法为意。赵孟坚的梅谱虽称梅谱，其实只是两首叙述之诗，而《松斋梅谱》有两卷理论资料与技法口诀，有四卷乃至八卷图谱，相互呼应，图文配合，充分展示了墨梅绘画的思想观念、技法源流、取象构图、姿态形体、圈花剔须、发枝写干、运笔用墨、初学入门、技法宜忌、花头枝干图式等系统内容，汇集了12世纪中期至14世纪中期尤其是南宋后期至元朝广大墨梅画家的理论思考和经验总结，是宋元时期墨梅技法的一个资料集成。

在画谱的条目中，所有技法要领和主张，多打着“华光（仲仁）、逃禅（扬无咎，字补之，号逃禅）、闲庵（汤正仲，字叔雅，号闲庵）”的名号[①]，属于赵孟坚所推举的“逃禅宗派”“扬汤之法”的画法体系。

① 吴太素《松斋梅谱》自序，《松斋梅谱》卷首。

而具体的形式以通俗诗歌、口诀和图谱为主，无论是花枝构图还是笔法技巧都形成了一整套形象化的技法术语，有着鲜明的基础性和实用性，极便于初学者理解、掌握和传诵。这些内容在其他文人写作中，包括文人画家的题咏、记录中都很少涉及。笔者曾利用《中国基本古籍库》《四库全书》等电子信息系统，就《松斋梅谱》开头两卷的内容逐条检索，最终只发现三条资料与《松斋梅谱》内容相近：一是赵孟坚的两首梅谱诗。二是元中叶真州人龚璛《题赵子固画岁寒三友图次韵》“借问僧窗梅几梢，从来只合谷芽焦。孤芳未辨切磋玉，细萼深藏繁衍椒。宣仲韵高春破点，补之豪迈气抽条”[1]云云。三是《永乐大典》梅卷墨梅下所载一条：“赵宗英堕甑扫梅有云：‘枝不对生，花不并发。一偃一仰，枝梢向上。’写竹有云：‘剔一，迸二，攒三，聚四。’虽造妙不以言传，少资初学。”其中最后一条与《松斋梅谱》的说法最为接近，所谓赵宗英，或非人名，而是指赵宋宗室英俊，实际是当时的无名之流，堕甑或其室号。这位宋室遗少应该也是一位写梅能手，《松斋梅谱》中的技法口诀和姿形图式应该就主要出于宋元时期这类无名或底层画家、画师之手。这类画艺的总结和指导很少出现在中上流士大夫文人的著作之中，《松斋梅谱》以资料汇集的方式，集中保存了他们丰富的技法秘诀和创作经验，这是《松斋梅谱》最可宝贵的内容。

以华光仲仁为开山，以扬无咎（逃禅）、汤叔雅（闲庵）为代表的技法系统是我国文人水墨写梅技法的核心体系，奠定了我国古代墨梅这一重要文人画类的基本传统。这一传统经过近250年的发展，到

① 龚璛《存悔斋稿》，元至正五年（1345）抄本。

元代后期吴太素、王冕这个时代已完全成熟[1]。《松斋梅谱》作为这一绘画流派基本艺术理念和绘画技法的资料集成，可以说正是这一成熟阶段来临之际的产物，是这一绘画传统进入成熟阶段的标志。虽然由于编者吴太素声名不彰，又值元明易代之际的干戈动荡，《松斋梅谱》的流传都受到明显限制，后世获睹其书者寥寥无几，但它却通过王冕《梅谱》《华光梅谱》两部托名文献简编的特殊方式相继传播。清人《芥子园画谱·梅谱》中的《青在堂画梅浅说》就主要选录《松斋梅斋》前两卷的内容。《松斋梅斋》丰富的技法内容和创作理念，经过后世反复的精简和提炼，成了墨梅写作中最基本、最流行的经典信条，产生了深远的影响[2]。

（原载程杰校注《梅谱》，第214～228页，中州古籍出版2016年版。）

---

① 王冕的画法在此基础上有了很多新的灵感和创造，比如他所擅用的大“S”构图法，虽然在《松斋梅谱》的图谱中有类似构图，如“树挂蟠龙”“金鸾展羽”，但只是偶然一见，并未得到特别强调。就《松斋梅谱》所收图谱而言，其画法仍主要指示初学者最基本的技法要领，因而构图多属扬无咎、汤叔雅、赵孟坚这个时代嫩枝气条为主、清秀婉雅的风格。

② 对《松斋梅谱》的研究，除日本岛田修二郎、美国毕嘉珍外，杭州中国美院孙红博士论文《天工梅心——宋元时期画梅艺术研究》，台湾学者张光宾《元吴太素松斋梅谱及相关问题的探讨》都有涉及。

梅花纸帐的文学意趣

纸帐，亦楮帐，即纸制的蚊帐，“也包括其他纸制用以遮掩、装饰的帐幔”[①]。它是在唐宋时期人口剧增，绵、麻制品短缺时出现，后随元代棉花广泛种植和使用而逐渐消亡的一种纸制生活用品。纸帐原为贫寒之物，文人在其上插梅、画梅、题诗咏梅遂形成“梅花纸帐”这一文人清品。进入文学吟咏的梅花纸帐意象，在诗词中更多成为抒情主人公幽逸清绝的生活写照。明清时期，梅花纸帐在日常生活中已很少实际使用，但其清高优雅的符号意义却一直受到文人的称道和赞美。

一、从纸帐到梅花纸帐

唐宋时期以纸制帐是受“树皮布”制衣的启发。三国末吴人陆玑在《毛诗草木鸟兽虫鱼疏》中指出：“榖……今江南人绩其皮以为布，又捣以为纸，谓之榖皮纸。”[②]干宝《搜神记》与《后汉书·南蛮西南夷列传》均载蛮夷的远古尊神盘瓠与妻子隐居山林后，子孙“织绩木皮，染以草实”[③]制作五色衣服之事。南朝梁陶弘景著《名医别录》也说：“楮，此即今构树也。南人呼谷纸亦为楮纸，武陵人作谷皮衣，

① 范成大等著，程杰校注《梅谱》，中州古籍出版社 2016 年版，第 49 页。

② 陆玑《毛诗草木鸟兽虫鱼疏》，中华书局 1985 年版，第 29 ～ 30 页。

③ 范晔《后汉书》卷一百十六，《影印文渊阁四库全书》本。

甚坚好。”[①]树皮，既可绩皮成布制衣，还可捣之为纸，布与纸的共通之处，为“以纸制帐”提供可能性。农史学家游修龄认为，唐宋两朝六百年间，人口的剧增与绵麻供求不足形成矛盾，一些缺衣少被的人，自然想到利用纸张来做纸衣、纸袄、纸被，以资御寒[②]，其中即包括纸帐。纸帐于唐末产生，至两宋使用最盛，文人专咏蔚为大观。至元，棉花的大面积种植及棉制品的使用迫使纸帐的实际使用逐渐减少，但元明清诗词中的纸帐意象却仍在使用。

明高濂《遵生八笺》记载纸帐的制法是“用藤皮茧纸缠于木上，以索缠紧，勒作皱纹，不用糊，以线折缝缝之，顶不用纸，以稀布为顶，取其透气”[③]。据载，纸帐是经多层纸张叠合而成，并要勒作如鱼鳞般的皱纹以增加弹性，使其柔软，不易崩坏。帐身为藤皮纸或桑皮纸，极其厚密，可用针线缝补，帐顶为稀布所制，以便透气。纸帐既可张设于卧室，也可用于“还费纸重重”[④]的书房，甚至在舟中也可“低垂纸帐绝纤埃”[⑤]。作为绵麻的替代品，纸帐初为僧道或“贫民寒士”[⑥]御寒之用，使用阶层颇广。山居者“纸帐梅花绝类僧”[⑦]，普通文士“纸帐光迟饶晓梦”[⑧]，平民称赞纸帐是“贤哉楮先生，不以贫不顾”[⑨]。纸帐具有挡风防尘、抗寒保暖、避蚊防暑、障翳眼目、美化居室等功能，

---

① 李时珍《本草纲目》，人民卫生出版社 1982 年版，第 207 页。

② 游修龄编著《农史研究文集》，中国农业出版社 1999 年版，第 443 页。

③ 高濂《遵生八笺》卷八，《影印文渊阁四库全书》本。

④ 苏辙《和柳子玉纸帐》，《栾城集》卷四，上海古籍出版社 1987 年版，第 82 页。

⑤ 王柏《舟中和陈子东》，《鲁斋集》卷三，《影印文渊阁四库全书》本。

⑥ 戴家璋《中国造纸技术简史》，中国轻工业出版社 1994 年版，第 243 页。

⑦ 尹廷高《山居晚兴》，《玉井樵唱》卷中，《影印文渊阁四库全书》本。

⑧ 陆游《雨》，《剑南诗稿》卷七，《影印文渊阁四库全书》本。

⑨ 胡寅《纸帐》，《斐然集》卷一，《影印文渊阁四库全书》本。

一年四季均可使用，尤以冬季使用最盛。晚唐时期，纸帐意象进入文学书写。齐已《夏日草堂作》有“纸帐卷空床”[1]之句，首次在诗词中运用纸帐意象。五代徐夤更是作单篇《纸帐》诗，开专咏纸帐意象之先河。苏轼、苏辙、苏过、朱敦儒等大家的吟咏，也使纸帐在诗词意象中占有一席之地。

图82　梅花纸帐。崇祯十三年刊吴兴闵氏寓五本《西厢记》插图第十三“就欢”，绘张生房里的架子床，三面矮栏，周匝“飘檐”，上面挂着梅花帐（扬之水《古诗文名物新证合编》，天津教育出版社2012年版，第391页）。

纸帐的实际运用和文学影响不断扩大，催生了梅花纸帐的产生和

① 齐已《夏日草堂作》，《白莲集》卷一，《影印文渊阁四库全书》本。

使用。文人为改变纸帐的贫寒之窘，提高纸帐的审美意蕴，便在纸帐上画梅花、芙蓉、翠竹、蝴蝶等物，增加纸帐的清韵、清气，其中以画梅纸帐最为著名。纸帐多作御寒之用，梅花也在寒冬初春盛放，节令上的接近为两种意象的组合提供了现实基础。纸帐于宋时使用最多，而梅花也以宋时吟咏最盛，宋人与梅结友、以梅比德，将梅自室外移至室内，为纸帐提供了插梅、画梅的场所。张镃《玉照堂梅品》系统揭示了梅花观赏的基本方法和情趣氛围。他认为“花宜称凡二十六条”，指出品梅最相宜的欣赏标准包括“竹边”“松下”“疏篱”“纸帐”“膝上横琴”等。可以说，这不仅是张镃自己独到的赏梅情趣和体悟，也是“宋代文人咏梅、赏梅中最常见的观赏角度、环境氛围和活动方式”[①]。由此可见，纸帐中观梅，已成宋人公认的赏梅习惯和体验。可以说，梅花纸帐的形成与梅花在宋时审美地位的提高是分不开的。

南宋林洪《山家清事》记载梅花纸帐的详细制法和样式曰：“法用独床。傍植四黑漆柱，各挂以半锡瓶，插梅数枝，后设黑漆板约二尺，自地及顶，欲靠以清坐。左右设横木一，可挂衣，角安班竹书贮一，藏书三四，挂白尘一。上作大方目顶，用细白楮衾作帐罩之。前安小踏床，于左植绿漆小荷叶一，置香鼎，然紫藤香。中只用布单、楮衾、菊枕、蒲褥。乃相称‘道人还了鸳鸯债，纸帐梅花醉梦间’之意。”[②]从以上记载可知，梅花纸帐与纸帐梅花同为一物。林洪长期寓居杭州，一直以江湖隐士标榜，是江湖文人的代表。他喜好考察江湖清客独特的衣食起居用品，对梅花纸帐的形制记载更是细致入微。值得一提的是，梅花纸帐可省称为“梅花帐”“梅帐”“纸帐梅”，是纸帐的一个

① 范成大等著，程杰校注《梅谱》，中州古籍出版社2016年版，第40～41页。
② 林洪《山家清事》，中华书局1991年版，第2页。

品种，但并不等于纸帐。这一点从高濂《遵生八笺》对纸帐的记载和林洪《山家清事》对梅花纸帐的描述便知。纸帐一般是指单一的蚊帐或帐幔，而梅花纸帐据林洪描述是除帐幔、帐身外，还有踏床、枕被、靠板、横木、书贮等物，是对一整套卧具的统称。当然寻常人家一般不会有这么复杂的设置，可能只以纸帐插梅罢了。再者，纸帐一般是白色素屏，可画蝴蝶、翠竹、百花、山水等物，而梅花纸帐或插梅、或画梅、或题诗咏梅，总与梅花元素相关。而后世所谓的梅花纸帐，即主要是指这种“画有梅花图纹的帐幔”①。纸帐与梅帐容易被人混淆解析，如程伯安先生所编《苏东坡民俗诗解》将苏轼《纸帐》诗中的纸帐意象解释为“亦名梅花纸帐，纸作的帐子”②，王臣先生编《一种相思两处愁：李清照词传》将李清照《孤雁儿》词“藤床纸帐朝眠起”的纸帐亦解释为“梅花纸帐”③。李清照作此词，前有小序曰：“世人作梅词，下笔便俗。予试作一篇，乃知前言不妄耳。”④《孤雁儿》是借咏梅抒怀旧之思，词作从纸帐着笔，很可能指的就是“梅花纸帐”，但并非意味着纸帐即梅花纸帐。

梅花纸帐进入文学吟咏在北宋初见端倪，南宋时期发展愈盛。据笔者目前所见资料，宋徽宗政、宣之际的康道人，曾为北宋大臣朱勔画墨梅《全树帐》，极为精绝。后朱松有诗《三峰康道人墨梅三首》曰：“不学霜台要全树，动人春色一枝多。”作者自注：“康画尝投进，又

---

① 程杰《中国梅花审美文化研究》，巴蜀书社2008年版，第185页。

② 程伯安编《苏东坡民俗诗解》，中国书籍出版社1994年版，第147页。

③ 王臣编《一种相思两处愁：李清照词传》，湖南文艺出版社2013年版，第178页。

④ 李清照《李清照词集》，上海古籍出版社2014年版，第68页。

为朱勔画全树帐，极精。”[1]此时的梅花纸帐已然进入文学书写，但称谓十分隐晦，并未出现完整字样。值得注意的是，朱勔是宋徽宗宠臣，巧取豪夺，劣迹斑斑，生活极其奢侈腐化。而北宋时期纸帐仍多为贫寒隐逸之人所用，康道人以墨梅写帐作“投进”之用，应不会送画有梅花的蚊帐给朱勔。故而笔者猜测，这里的“全树帐”未必就是蚊帐，可能是画有梅花的帷幕饰品，作室内装饰之用。

梅花帐在发展初期指代帷幕而非蚊帐的情况于诗词曲中已有痕迹。宋末陈仁子《题黎晓山梅帐》：“观黎晓山梅图，苍石荦确，兰竹萧疏，鸣雁嗈嗈，翠禽小小，忽有疏蕊横陈眼界，直若日暮罗浮，残雪未消，缺月微明，香芬袭人，翠羽刺嘈其上，起睆树梢，杳不知是雪，是月，是仙，是花。”[2]从陈仁子的题跋中似乎看不出与纸帐、睡卧、床具有关的信息。由首句“观黎晓山梅图”，可以猜测这里的“梅帐”有可能即指画梅的帷幕，未必是蚊帐。宋王质《满江红·听琴》曰：“纸帐梅花，有丛桂、又有修竹。是何声、雪飘远渚，泉鸣幽谷。”诗人将“梅花”“修竹”“丛桂”等清雅形象与纸帐结合，让抒情主人公高雅人格色彩不断被强化。笔者推测这里的纸帐梅花也应是弹琴之人住所的帘幕，若是在听琴这样高雅的审美活动中出现蚊帐意象，恐怕少了很多的韵味。另明高濂《玉簪记》写的是潘必正与陈妙常的爱情故事，第二十一出《姑阻佳期》写妙常在园中等潘生的唱词：“【月儿高】（旦扮夜妆上：）松梢月上，又早钟儿响。人约黄昏后，春暖梅花帐。倚定栏干，悄悄的将他望……等了这一会，不见他来。我且回房，再作区处。倦立亭

① 《全宋诗》第33册，第20757页。
② 陈仁子《牧莱脞语》卷一三。

前看月色，且回鸳帐坐香销。”[①]根据唱词分析，妙常于园中等待潘生，园中有亭，亭有栏干，上挂梅花帐。妙常久不见潘生，便于闺房鸳帐之中坐等。如此一来，于亭中设置的梅花帐应是亭子四周，栏干之旁的帷幔，也应并非蚊帐。这种环境设置与王质《满江红 · 听琴》的场景有些类似。

许慎《说文解字》载:“帷，在旁曰帷。”刘熙《释名•释床帐》:“帷，围也，所以自障围也。幕，络也，在表之称也……帐，张也，张施于床上也。”[②]有时，幕、帷与帐很难区分，文人也常将其混用。在旁乃帷，是指以纸（或布）环绕四周的遮蔽物，类似今天的帘子。前文《玉簪记》中设于亭中的梅花帐即相当于“帷”，而《广雅》又曰:“帷幕，帐也。”《释名》将帷与帐同置于“床帐”条释义，故而这些画有梅花的饰品，即使没有张设在床上，仍称“梅花帐”也不足为奇。

经检索，约在宋高宗前后，朱敦儒、王质、蔡戡、程洵等人在诗中开始使用“纸帐梅花”这一称谓进行文学创作，“梅花纸帐”遂成纸帐的一类进入文学吟咏。朱敦儒《鹧鸪天》：“道人还了鸳鸯债，纸帐梅花醉梦间。”程洵《用前韵入闽》：“山中有高士，纸帐梅花冷。”赵信庵《梅花》：“夜深梅印横窗月，纸帐魂清梦亦香。”陈著《入城似吴竹溪》：“夜床安纸帐，晓枕梦梅花。”通过这些诗词佳句可以遥想此时的梅花帐便是用于营造良好睡卧氛围的蚊帐。发展到明清时期，梅花帐基本上均指蚊帐而非帷幕了。

梅花纸帐高雅幽逸的符号意义生成是经过无数文人点化而最终定

---

① 冯金起《中国古典文学作品选读•明代戏曲选注》，上海古籍出版社 1983 年版，第 115 ～ 116 页。

② 刘熙《释名》，中华书局 1985 年版，第 94 页。

型的。梅帐初为江湖清客幽逸生活所用，后逐渐流行开来，受大众追捧，使用愈多，歌咏愈盛。南宋末的国事让人心忧，很多文人四方流寓时多借梅花纸帐发归隐之意，推动了梅花纸帐符号意义的生成。辛弃疾《满江红》词："纸帐梅花归梦觉，莼羹鲈脍秋风起。"借梅花纸帐、莼羹鲈脍，抒思乡心切，不如归去之意。周密《疏影·梅影》："记梦回，纸帐残灯，瘦倚数会清绝。"记梅帐上之梅影，灯已燃尽，梅影清瘦，十分清雅幽静，如入梦境。从江湖文人到词作名家，从纸帐到梅花纸帐，南宋文人与梅结友，以梅花纸帐反映个人高雅情操和对政治权势的憎恶。另受林逋梅妻鹤子文化内涵影响，梅花纸帐更成文人羡慕归隐、超逸高雅生活的向往。这一符号意义影响了明清甚至民国时期文人对梅花纸帐的印象和创作。

文人在梅花纸帐上的风雅活动主要有插梅、画梅、题咏梅诗三种。但需指出，对于梅花纸帐而言，有时是只插梅或只画梅，表现为单一形式；有时却是两种或三种方式并存，常见如画梅与题诗并存等。

二、梅花纸帐之插梅

挂瓶插花由来已久，而且所插地点、花种各有不同。纸帐上所插之花，最常见者为梅花，或有少量其他种类，例如茉莉、芍药等。宋人常在纸帐上插梅花枝，他们在吟咏纸帐时也常表现插梅之雅。元黄庚有《和李蓝溪梅花韵》："插向胆瓶笼纸帐，长教梦绕月黄昏。"[①]清人孙尔准《阴雨积日小霁，蜡梅已作花矣，招客小饮有赋》："金

① 黄庚《和李蓝溪梅花韵》，《月屋漫稿》，《影印文渊阁四库全书》本。

图 83　《人镜阳秋》辑录历史故事，多宣扬忠孝节义道德，每事一图。如图所示，帐幔上即画有梅花，且画于帐身。明代汪廷讷撰，汪耕画，黄应组刻木版画。

屋深藏未可得，铜瓶小插安能摹……安排纸帐参横后，醉倒便倩花枝扶。”[①]两首诗均是描写在纸帐中插梅的闲逸之态。梅帐，初为江湖文人所喜爱。林洪《山家清事》记载“梅花纸帐”曰：“法用独床。傍植四黑漆柱，各挂以半锡瓶，插梅数枝。”[②]林洪指出江湖文人有在床柱上挂瓶插梅枝之癖。明高濂记载梅帐“榻床外立四柱，各柱挂以铜瓶，插梅数枝”[③]，起居安乐其中，可资颐养者。两人都有对梅花纸帐上插梅之事的记载。

正因梅花纸帐的四柱上插有梅花，才使得帐内得以熏染梅花之香，后世便有“梅花熏纸帐”[④]之语。梅花的冷冽和清幽之气熏染在纸帐上，便烘托出主人公闲静淡雅和清心寡欲的精神状态。梅花凌霜斗雪独自盛开，冰肌玉骨，香远益清。诗人以此类推，形容纸帐上梅花之香为“抱寒香”，“晓风偷入红梅帐，一枕香痕玉箸齐”[⑤]“梅帐香生蕊正含”[⑥]等，使得眠于梅帐中之人“高冷”形象凸现眼前，故有“斗帐香浓梦未知，下榻先留高士卧”[⑦]之语。从纸帐到梅花纸帐，所卧之人经历了“贫士”到“高士”的角色转化。这一转化也将纸帐由清贫落魄的日用品形象，转化成幽逸高雅的审美艺术形象。

在纸帐上插梅有清心寡欲之意，故梅花纸帐一定程度上是“寡欲”

① 孙尔准《阴雨积日小霁，蜡梅已作花矣，招客小饮有赋》，《泰云堂集》诗集卷二。

② 林洪《山家清事》，中华书局1991年版，第2页。

③ 高濂《遵生八笺》卷八，《影印文渊阁四库全书》本。

④ 胡仲弓《夜过萧寺》，《苇航漫游稿》卷三，《影印文渊阁四库全书》本。

⑤ 范允临《春晓阁诗八首》，《输寥馆集》卷一，《四库禁毁书丛刊》第101册，第224页。

⑥ 王特选《自祝》，《四库未收书辑刊》八辑，第26册，第505页。

⑦ 沈学渊《销寒分咏四首·梅花帐》，《清代诗文集汇编》第560册，第162页。

的象征。林洪《山家清事》“梅花纸帐”条评价朱敦儒词“道人还了鸳鸯债，纸帐梅花醉梦间”正有此意。道人需节欲养身，卧于梅花纸帐中，不能常有云雨之欢。因而，林洪指出：“古语云：‘服药千朝，不如独宿一宵。’傥未能以此为戒，宜亟移去梅花，毋污之。”高濂亦云：“倘未能了雨云，业能不愧此铁石心，当亟移去寒枝，毋令冷眼偷笑。”两人都认为梅花纸帐应最好独眠，以求清心寡欲。故纸帐应是“清斋安眠独卧，以梅花寒香为伍”[①]，如若不能禁欲，也要移去纸帐边上的梅花，生怕凌辱了插梅之意。梅花纸帐的“寡欲”情怀与其在佛道之人中的盛行一脉相承。受求仙炼道，不如独卧梅帐思想影响，梅花纸帐不仅是文人清品还具仙风道韵。经《全宋诗》检索，第一个使用“梅帐”一词的文人是宋末卫宗武，他在《和南塘嘲谑》一诗中写道“梅帐道人新活计”，认为梅帐乃道人新的手艺。元韦珪也说梅帐是“春融剡雪道人家”[②]。道家讲究治心养气的心性修养，提倡信道之人要追求无为清静的炼养之旨，深受文人推崇。文人在使用寒酸的纸帐之时，亟须为窘迫的生活状态开脱，并努力寻找高妙的精神解释和理论依据。于是，文人在受到道教谨守贫贱、淡泊清净修炼之法影响的同时，逐渐以独卧梅帐的形式，警醒自己少思淫欲、清淡潇洒。文人也常借梅花纸帐意象表明学道之人的闲适之情，吐露自己的艳羡之意。元初黄庚《冬夜即事》：“纸帐梅花暖，布衾春意多。道人无妄想，梦不到南柯。”他的《夜坐即事》亦云：“道人不作阳台梦，纸帐梅花伴独眠。”元刘仁本：“道人芋栗煨将熟，纸帐梅花且自眠。”[③]这几首诗都指出道人

① 尹文《中国床榻艺术史》，东南大学出版社 2010 年版，第 116 页。

② 韦珪《纸帐梅》，《梅花百咏》，台湾商务印书馆 1981 年版，第 33 页。

③ 刘仁本《榾柮窝》，《羽庭集》卷三，《影印文渊阁四库全书》本。

不做阳台、南柯之梦，所以心无妄想，独眠梅帐之中，反得安稳清梦，亦能养心、养性、养神。从这一层面上说，梅花纸帐是“寡欲”的象征。

但值得思考的是，“独眠梅帐”场景还多在才子佳人等爱情题材的戏曲中出现，成为“多欲”的典型性暗示。创作者以梅帐来刻画男女主角的相思别离之情，互诉独居之苦，情意绵绵。元末明初贾仲明《李素兰风月玉壶春》第二折中，女主人公李素兰之养母，教育因爱恋她女儿而不思功名的李唐斌，劝其求官，别再迷恋李素兰。李唐斌伤心难过，唱道：“玉壶生拜辞了素兰香，向着个客馆空床，独宿有梅花纸帐，那寂寞，那凄凉，那悲怆，雁杳鱼沉两渺茫，冷落吴江。”玉壶生即李唐斌也，他若离开李素兰，便只能独守空房，独卧梅帐之中，这是何等寂寥？何等凄凉？李唐斌用独宿梅花纸帐，来烘托形单影只的凄凉，借此表达对李素兰的不舍之情。明毛晋编撰的《六十种曲》中，《鸣凤记》《龙膏记》《霞笺记》《红梨记》《还魂记》《绣襦记》《锦笺记》《蕉帕记》《水浒记》《琴心记》等十余部戏曲，在描述男女主人公相思别离、互诉衷肠时，皆提到纸帐意象。梅帐张设于床上，乃夫妻二人共卧之处，一旦分别，便觉形单影只，有“纸帐梅花冷”[①]之感。梅帐意象也表达了良人未归、独守空房的凄苦之情。《霞笺记》中李彦直与名妓张丽容坠入爱河，怎奈李父为御史中丞，断然不能接受声名不好之女子为媳。家庭矛盾使得两人备受相思之苦。两人合唱《哭相思》一曲曰：“不如收拾闲风月，纸帐梅花独自熬。”明王錂《寻亲记·诮夫》：“花本无心，蜂蝶空飞倦，到不如纸帐梅花独自眠。”如若不能结为夫妻，何不各自独眠，相安无事。在爱情题材的戏曲中，男女主人公都盼望出双入对，鸾屏凤榻，正如《红梨记》中老旦安慰谢素秋所说，小姐

① 阮大铖《燕子笺》，黑龙江人民出版社1987年版，第87页。

正是妙龄芳华，“怎肯守梅花纸帐清寡”。梅花纸帐中，温柔缱绻，春色撩人，不免引起人们对爱情的憧憬和渴望，对良人的思念和牵挂。

正所谓“诗言志”，诗词中的梅花纸帐多为树立抒情主人公“寡欲”淡泊、无欲无求的隐士形象而设立。作为卧具，戏曲中的梅帐意象既丰富了人物形象的塑造又深刻了生活环境的刻画，成为夫妻恋人情感表达的重要道具，从此意义上说，梅花纸帐又有着“多欲”的典型性暗示。“寡欲”与“多欲”的意蕴在梅花纸帐上形成张力，佛道与世俗的观念在梅花纸帐意象上并行不悖，足见梅帐雅俗共赏的魅力之处。林洪《山家清事》所言在梅花纸帐上插梅是为云雨之戒，后世竟也发展成夫妻恋人的相思之念。可以说，文学创作的不断深化和演变也逐渐推动了梅花纸帐多重审美意味的形成。

三、梅花纸帐之画梅

文人喜爱画梅于纸帐之上。林洪所述“梅花纸帐”需在纸帐上插梅，是江湖清客幽逸清绝生活的代表物品之一，但较为复杂，寻常人家少用。其实，后世所谓的梅花帐主要是指这种画有梅花图纹的帐幔。康道人以善画墨梅而声名大噪，曾为北宋大臣朱勔画全树《梅花帐》。可知，至迟至北宋末年，帐幔上已有画梅之风。梅帐上不单单只画梅花，亦伴有他物。如前陈仁子有《题黎晓山梅帐》[1]文，据他描绘梅帐上除画有梅花外，其间还画有苍石、兰竹、鸣禽、残雪、缺月等物，与梅花相得益彰。总之，梅帐营造了一种恍若罗浮清梦的睡卧氛围，

① 陈仁子《牧莱脞语》卷一三。

文人卧宿其中，俨然融入一派空灵佳境。

画梅纸帐在明、清时期发展蔚为大观。明高濂在《遵生八笺》“纸帐”条指出：“纸帐……或画以梅花，或画以蝴蝶，自是分外清致。”[①]梅花、蝴蝶均画于纸帐之上，减却纸帐平常日用之俗，反添艺术欣赏之雅。画梅纸帐受到很多江湖隐士、画家墨客的追捧，他们不惜将笔墨深入及此，吟咏传唱。明王璲《题梅花》“纸帐夜寒清梦觉，梨云空满画中开”，清顾文彬《浣溪沙》“静掩铜铺数漏签，画梅纸帐晚寒尖”等均是对画梅纸帐的吟咏。林则徐在《贺新郎·题潘星斋画梅团扇顾南雅学士所作也》一词中曰：“问几生，修到能消受？纸帐底，梦回后。”自注：“君又有画梅纸帐。”可见，至清末，画梅纸帐仍受文人喜爱。

画梅纸帐也能让所卧睡之人如入馨香之室。此时的梅香便是主人公自己从画梅纸帐中主观臆想出来的。画梅虽难画其香，但文人在吟咏画梅纸帐时，仍将梅香牵引至纸帐上，仿佛望梅即得其香。如此一来，一赞画梅之真，似有暗香袭来；二赞纸帐之精，实乃文人清品。臆想之香，难以言传，却隐喻着所卧之人高洁的品格气质，大有此时无香胜有香之意。纸帐之香对卧者而言的最佳效果便是“梦香”，“梅香纸帐梦蘧蘧”[②]“纸帐笼香梦亦嘉”[③]“纸帐魂清梦亦香”[④]等都是形容睡卧纸帐中梦香之语。梦境的真真假假，融和梅帐香味的似有若无，衍生出一番宁静平和的卧室场景，让人如痴如醉，如梦如幻。

---

① 高濂《遵生八笺》卷八，《影印文渊阁四库全书》本。

② 裘曰修《秋怀同人分赋拈得上平声六首下平声三首》，《清代诗文集汇编》第332册，第511页。

③ 吕浦《竹溪稿》卷上。

④ 赵信庵《梅花》，陈景沂编，程杰、王三毛点校《全芳备祖》前集卷一花部，浙江古籍出版社2014年版，第33页。

值得一提的是，明清的画梅纸帐较于宋代而言变化有二：

一则作画地点由帐身移至帐额。宋康道人作“全树帐”，画于帐身；明既有“画梅横斗帐”[1]，也有于帐额画梅风气，两者并存。帐额、帐檐、帐眉都是指床帐前幅上端所悬之横幅，为床帐的装饰。清代画梅纸帐虽有使用，但很多已经发展成为泼墨帐额而非帐身。这与明清时期床具的发展，帐额的流行有一定的关系。画梅于帐额在清代十分流行，士大夫之间亦以此相互题赠。清冯询有《画梅帐檐为高郁文上舍（景周）题（高扬州人）》曰“君有五色笔一枝，倩友却画寒梅姿”；清章黼《台城路》前有小序曰“余慈柏为余画梅花帐额”[2]语，余慈柏为清代画家，专工花卉，小有名气，故而章黼收到余慈柏画的梅花帐额后特作词以记之。清金农还在《为沈君学子画梅帐额（十七句八十六字）》称自己画梅是“洗尽铅华，疏影横枝”；清易顺鼎《刘笛友画梅花帐额为曾茂如题》夸赞刘生“画梅如画龙”，并声称卧于这样的纸帐中即使酷寒天气也“浑不觉”。画梅帐额上的题诗之作多人情世故、附庸风雅，诗中常相互吹捧，缺乏一定真实情感。

二则所画梅花颜色由单一转向多样。纸帐为白色，故有“素幅凝香四面遮”[3]之语。北宋末年画梅纸帐产生以来，在纸帐上以水墨写梅颇为流行，宋康道人便是画墨梅高手。明清画梅颜色更加丰富，不但有画墨梅纸帐，还有画红梅纸帐、粉红画梅纸帐及红绿画梅纸帐等不同颜色。清冯询《为李菊堂贰尹（载谟）题粉红画梅花帐檐》有“红雪画成谁悟得”之句，将帐檐上的粉红梅花拟作“红雪”。清末金武

---

① 费元禄《纸帐梅花》，《四库禁毁书丛刊》集部第62册，第294页。

② 章黼《台城路》，《续修四库全书》第1731册，第499页。

③ 韦珪《纸帐梅》，《梅花百咏》，台湾商务印书馆1981年版，第33页。

祥在其《粟香随笔》[①]中记载，汉军旗画家李明斋，长期侨居江西，工于绘事，曾在吉安绘红绿梅花帐檐，并题诗“一枕罗浮香梦醒，红红翠翠影横斜”。此事还引起了“同校诸君”的争相题词，其中冯子良太守云“青红儿女态”、漆弼南孝廉云“绿意红情寄一枝”、桂靖如茂才云“迷离五色辨难真”等。众人诗中多言纸帐红绿梅花之色，“皆极工稳”。文人之间以画梅纸帐相互吟咏，演绎了一场关于纸帐的文学佳话，颇具趣味。

画梅纸帐的流行甚至还推动了梅画的发展。汪士慎，清代著名画家，扬州八怪之一。他擅画花卉，尤擅画梅，所画之梅，气清而神腴，墨淡而趣足。乾隆八年（1743年），他与高翔登文选楼并合绘《梅花纸帐》巨制[②]，疏干繁枝，获得一致赞誉。程梦星、马曰琯、马曰璐、全祖望等都作诗吟咏，传为艺术史与文学史上的佳话。

四、梅花纸帐之咏梅

文人士大夫也偏爱在梅帐上题诗咏梅，诗词文作品均有，尤以诗居多。清曹庭栋在《老老恒言》中记载：“纸可作帐出江右……盖自宋元以来，前人赏此多矣，如有题咏并可即书于帐。”[③]纸帐的制作材料以纸为主，客观上为在纸帐上题诗带来可能性。宋元题帐作品流传下来较少，明清却得到大范围传播，且所题之诗多与梅花相关。梅帐题诗大体可分为他帐我题和自帐自题两种类型，但他帐我题（含题赠类）

---

① 金武祥《粟香随笔》粟香二笔卷一。

② 王咏诗编《郑板桥年谱》，文化艺术出版社2014年版，第80页。

③ 曹庭栋《老老恒言》卷四，《丛书集成续编》上海书店1994年版，第428页。

较多，亲笔亲题者少。

书于梅帐上的诗作多为题赠类作品，作诗之人尤喜以画、以诗、以帐比德主人的品格志向，绝无批评之语，都于一片盛赞中皆大欢喜。明黄汝亨《为王木仲太史题梅花帐是日木仲东归》、明公鼐《梅帐为周野王题》、明梅鼎祚《泰符自金陵携画梅帐子为楚游拈高季迪句题頞》、清樊增祥《为蒯明府题墨梅帐额》、清王嘉曾《题缪毅斋（孟烈）梅花帐额》等均为代表作品。从诗名即可判断，诗作或为友人应邀题之，或为高官权势题之，或拜名人显赫题之，题诗缘由大多在标题中一目了然。其中受邀应制的成分要远远大于真实感情的流露，然而这也是中国人喜欢贬低自己抬高别人行为处事习惯的体现。

自宋至明清，在梅帐上题诗一般有以下几个发展特点：

第一，题诗位置由帐身发展至帐额。宋元人有感时直书于帐，而到清代，从题诗的标题即可看出，所题诗文多在帐额上。如清易顺鼎《酷相思·题红梅帐额》与《题笠丈红梅帐额》、清朱孝纯《为穆荔帷题梅花帐额》等。龚自珍有《虞美人》一词，前有题序曰："陆丈秀农杜绝人事，移居城东之一粟庵，暇日以绿绡梅花帐额索书，因题词其上。"[①]可见，清时，在梅帐上的题诗吟咏常被题于帐额之上。

第二，题诗内容多与梅花相关。宋时题梅帐诗多直言画事，明清除夸赞画工之精、画意之深外，还大量运用与梅相关的典故和符号意义来烘托意境。明人黄汝亨赠题梅帐"柳枝攀折不胜情，赋得梅花赠远行"[②]，取南北朝诗人陆凯《赠范晔》"折梅逢驿使，寄与陇头人。江南无所有，聊赠一枝春"之典故；明公鼐（zī）赠给周野王的梅帐诗

① 龚自珍《龚自珍全集》，上海古籍出版社1975年版，第564页。

② 黄汝亨《为王木仲太史题梅花帐是日木仲东归》，《寓林集》寓林诗集卷六。

图84　《水浒传》第五回“小霸王醉入销金帐”，如图所示，梅花即画于帐额之上（施耐庵著，李保民配图本《水浒传》，上海古籍出版社2004年版，第41页）。

曰“江妃啮袖敛霞痕，堕艳飘香撒光景”[1]，即用梅妃江采萍之典故。明梅鼎祚《泰符自金陵携画梅帐子为楚游拈高季迪句题額》“携取江南春梦好，月明林下美人来”，用的是唐人柳宗元《龙城录》中“罗浮一梦”[2]的故事；清吴辛甲《题汪景仙梅花帐额》“君不见林逋先生新品题嗜梅，愿得梅为妻，梦回酒醒满床月，坐披纸帐燃青藜”。愿效仿林逋梅妻鹤子隐者风范云云。此时，在题梅帐的诗中运用与梅花有关的典故，暗示着梅帐这一物象已经退居为吟咏梅花的载体，而非诗中主体。人们吟咏梅帐更多转向对梅花隐逸情怀的效法和睡卧中美人相伴的梦幻憧憬，是梅文化在日常生活中的另一种体现。

清代，文人雅集之时在梅花纸帐上题诗或歌咏梅花帐，甚至还有组诗出现。金武祥《粟香随笔》[3]记载，李明斋绘红绿梅花帐檐，引起“同校诸君”的争相题词，颇具趣味。汪士慎与高翔合绘《梅花纸帐》，程梦星、马曰琯、厉鹗、方士庶、王藻、马曰璐、陈章、闵华、陆钟辉、全祖望等皆作诗歌吟咏称赞。马曰琯《梅花纸帐歌》：“相传古有梅花帐，此帐未见徒空闻。偶然发兴以意造，人称好事同欣欣。搓挲玉茧辨帘路，裁缝冰楮严寸分。巢林古干淡著色，高子补足花缤纷。写成完幅挂竹榻，垂垂曳曳波浪纹。清绝难成梦，香多不散云。曙后也应来翠羽，更深还拟拌湘君。帐中何所枕，一囊秋露黄菊醞。帐中何所覆，芦花半压白云芬。戏蝶忽三五，变化麻姑裙。问谁来试之？予意最殷勤。短檠

---

① 公鼐（zī）《梅帐为周野王题》，《浮来先生诗集》七言古诗卷一。

② 唐人柳宗元《龙城录》载：隋人赵师雄游广东罗浮山，傍晚在林中小店遇一美人，与之饮酒交谈。后师雄醉酒沉睡，待到东方既白时醒来，发现睡于梅树之下。后也用“罗浮”“罗浮美人”“罗浮梦”等代指梅花。

③ 金武祥《粟香随笔》粟香二笔卷一。

摇影罗浮云，诗境来朝定不群。”[①]马曰璐《梅花纸帐歌》：“梅花的乐留夜色，纸帐清过蚊幮纱……道人高卧鹤一警，消受不胜香雪冷。”[②]程梦星《梅花纸帐歌》：“鼻观香生梦觉时，不知冷卧罗浮里。”[③]从这些题咏中我们知道，清人马曰琯言及梅花纸帐乃“相传古有”“此帐未见”，虽未见实物，但向往不已。汪士慎遂绘巨幅梅花纸帐，后高翔“补足花缤纷”。马氏兄弟作诗表达喜悦之情。众人皆赞其宛若真物，如庄周梦蝶，乃“道人高卧”“冷卧罗浮”。这次文人雅集的诗画成果，让汪梅成为扬州一绝，汪画更加声名远播，可惜如今已不知此画下落[④]，只从留存下来的《梅花纸帐歌》诗作中可以想象推测当时的景象。

五、梅花纸帐与文人之雅

纸帐借梅花之“雅”来摆脱自身之“俗”。在纸帐上无论是插梅、画梅还是题诗咏梅都有两种意蕴。一种体现“梅妻鹤子”的隐逸情怀和高雅趣味，用梅花的冰清玉洁来标榜和警示自身，故而纸帐写梅是与幽雅相配的。[⑤]这类作品常以梅帐上的梅花进行比德，进而隐喻品格。吴龙翰在宋亡后，学陶隐居，修炼丹药，不问世事。他的《楼居狂吟》其三曰“平生睡债何时足，春在梅花纸帐边”[⑥]，自述隐居生活的慵懒闲

---

① 马曰琯《梅花纸帐歌》，《沙河逸老小稿》卷二，《丛书集成初编》本。
② 马曰璐《梅花纸帐歌》，《南斋集》卷二，《丛书集成初编》本。
③ 程梦星《梅花纸帐歌》，《今有堂诗集》，《五觋集》。
④ 刘金库《国宝流失录》，辽海出版社 1999 年版，第 59 页。
⑤ 夏承焘等著《宋词鉴赏辞典》下册，上海辞书出版社 2013 年版，第 2012 页。
⑥ 吴龙翰《楼居狂吟》，《宋集珍本丛刊》第 103 册，第 530 页。

适。清人谢启昆颇为艳羡，认为隐居之中最爱吴龙翰的楼居生活，称赞和总结吴龙翰的隐居生活是“隐居自爱楼居适，一树梅花纸帐边”，道出隐居出世的生活状态之一便是独卧梅花纸帐中。另一种是表现“罗浮一梦”的人生幻想和爱情美梦，这也是戏曲中常用梅花纸帐表示夫妻感情的原因。古代人们常在床铺和屏风上画梅、绣梅，也常表示“枕席之欢和年轻女人”[①]。君子书生都期待着于睡榻之旁有美人相伴，便将梅帐之梅臆想成能够“春宵一刻”的姬妾，于平淡无奇的夜晚聊以慰藉，也在情理之中。“寡欲”与“多欲”两种意蕴借梅花的文化内涵在纸帐上完美演绎，虽看似相悖，但均是文人“幽逸”生活的外在表现。

梅花纸帐这一生活用品，体现出宋人爱梅赏梅的风骨情趣和日常生活中嗜雅避俗的审美追求。自宋代流行开后，梅帐已然成为一个具有文化底蕴的审美符号而持续为后人所吟咏，如清人陈鹏年《戊戌元旦二首》《癸酉元旦，同吴一士，同侪吕山中候晓作》均有梅花纸帐意象出现。但明清文人歌咏梅帐之作，多把笔墨施之于梅花，而将对纸帐的描写淡化成歌咏梅花的载体和背景，不予突出，这也与纸帐在明清阶段很少实际使用有关。其实，明清出现的“梅帐”有些并非以纸为之，实为“绢类”或“蕉布”[②]制作而成，但清人仍以“梅帐”称之，足见影响之深。

近代著名诗人、教育家及爱国志士丘逢甲（1864—1912）《菊枕》

---

① 高罗佩《中国古代房内考》，商务印书馆2007年版，第264页。

② 清吴嵩梁《香苏山馆诗集》今体诗钞卷七收有《悼春杂诗》“莛树阴阴藓砌青，游丝飞絮入窗棂，一方绣榻无人扫，匹似春寒睡未醒。”下有解释曰：“一作墨梅花帐无人卷。注曰：琉球蕉布质轻如绢，为姬制帐甫成，汤雨生骑尉将之粤，为留一日，画梅而去。”于注中可见，蕉布所制画梅帐也称为墨梅花帐。

诗曰："梅花纸帐芦花被，一样清高惬素心。"[1]诗中仍用梅花纸帐预示清高之意，足见梅花纸帐符号意义的影响之远。

（本篇作者胥树婷。为其硕士学位论文《论纸帐、纸衣、纸被——生活应用、文学书写和文化意义的阐释》中一节，题目为新拟，文字有增订。）

① 李宏健注《丘逢甲先生诗选》，暨南大学出版社2014年版，第38页。

“宝剑锋从磨砺出，梅花香自苦寒来”出处考

“宝剑锋从磨砺出，梅花香自苦寒来”是一道砺志格言，寓意精辟醒豁，语言简洁生动，又采取联语的格式，朗朗上口，广为人们传诵引用。但遗憾的是，对其性质和出处都不甚了了，甚至有一些误传。引者多称古语、古诗、古联、古谚，出处有称《增广贤文》《警世恒言》的，更多则称《警世贤文》，也有进一步具体到《警世贤文·勤奋篇》的。

《增广贤文》又名《古今贤文》《昔时贤文》《增广昔时贤文》，今有传本。《警世恒言》书名误，明人有《警世通言》《醒世恒言》《喻世明言》，世称“三言”，未闻有所谓《警世恒言》者。查“三言”及《增广贤文》均未见有“宝剑”“梅花”两句。

所谓《警世贤文》，引者有称明人所作，但检索古今书目，未见有关于此书的任何信息。从互联网上检得以《警世贤文》命名的书籍信息最早出现在1995年版袁毅鹏主编《当代民间名人大辞典》、1996年版司惠国主编《中国当代硬笔书法家大辞典》中，两书都著录黑龙江省某县印刷厂一位年轻书法爱好者曾出版《……颜字警世贤文》。如今这位先生在书法、篆刻界小有名气，笔者戊戌年春节前后电话和微信与其联系，他称作品书于1993年，内容见于网络，为“左宗棠”（音）的版本。笔者不免生疑，于是再三请教，承其以微信提供了当年书写的文字，内容约当今网上所见《警世贤文》前半部分，只是稍有节选，条文顺序也略有变化。同时还提供了这样一些信息和看法：

一、他肯定《警世贤文》“没有作者”，决非一人所作。二、当年他书写所据是正式出版物，书名《警世贤文》，是一本科普读物类小册子，出版时间大约在1989—1992年，他只是辑抄了其中部分内容。遗憾的是这位先生并未提供所书《……颜字警世贤文》的图像，因而无法落实其当年所书文字的真实面目。

如今从互联网上能检到《警世贤文》两种版本：

一种当是原始文本，具体又有两种成品形式：一种是大号宋体字印刷的大张横幅挂图，正文后缀以黑体字四字八句品赞之语。有可能是私制售卖品，有不少网友报道见过，如今在孔夫子旧书网上还能查到待售品。还有一种是手制红栏格毛笔书写的16开线装小册。笔者经孔夫子旧书网从沈阳某书商处购得，封面和卷末钤有“正波之印”“李子正波印章”等闲章，当是李正波所书。多有笔画错误，当是二手仿制，或也曾用于销售。封面署时“丙子年春”，是1996年。2001年长春时代文艺出版社出版的辽宁作家洪峰（籍贯吉林）《模糊时代》，这是一部描写辽南山区乡村生活的小说，开篇写到地主家庭出身的吕有文“这个读过私塾的小文化人手里拿着一本泛黄的线装书”（第7页），就是《警世贤文》，他读了一段，正是如今网售大张挂图《警世贤文》上印有的文字，显然素材应出于这一印本。2002年以来，网络文章渐多引用这一文本。

第二种为类编本，将原本条目按内容分为勤奋、守法、疏财、惜时、修性、修身、处人、待人、防人、是非、宽人、取财、人和、安心、受恩、听劝、谦谨（谦多误作歉）、防忧、劝善、正气等20篇，每篇一条至数条不等。分类稍显繁琐，而名目也不够妥贴。笔者反复搜索，未见有印本报道，内容主要见于网络。改编者不明，或即原编者所为。

网上能搜检到2005年9月有相关信息。这一类编本最迟在军事医学科学出版社2006年版温信子编著的《每一天身心健康支持手册》已大量引用（第157、159～163、165～168、177页），同年底江苏教育出版社版南通名师编写组所编《初中思想品德作业本（七年级下册）》（第119页）、2007年黑龙江教育出版社出版的董义主编《现代汉语》（第446页）也见引用，可见类编本最迟应成于2005年。“宝剑、梅花”联在上述两种版本的《警世贤文》中都有，类编本则见于其中的“勤奋篇”。2008年以来，互联网上下引用者遂多称出于《警世贤文·勤奋篇》。

考《警世贤文》内容，主要抄录《增广贤文》中较为通俗易懂、适应当今人情世故的条文。另有少量不见于《增广贤文》，则多属当代流行的格言、俗谚，如“疾风知劲草，烈火见真金”、“书山有路勤为径，学海无涯苦做舟”、“智慧源于勤奋，伟大出自平凡”、“板凳要坐十年冷，文章不写一句空”、“书到用时方恨少，事到经过才知难”、“少壮不经勤学苦，老来方悔读书迟”、“与人方便，自己方便”、“不怕一万，当怕万一”等，尤其是最后的许多条目，都是上世纪八九十年代广为人知的警句俗语之类。

笔者近半个月在互联网上下求索，发现与《警世贤文》有关的信息最早多与东三省尤其是黑龙江省这一地区、书法爱好者这一群体有关，因而妄自揣测，所谓《警世贤文》最初有可能由黑龙江省或东北某位书法爱好者出于个人兴趣抄辑而成，本以自娱和赠友，时间当在上世纪90年代早期。适逢90年代中叶以来市场经济尤其是互联网信息蓬勃发展，编者或其周围朋友、熟人有意或无意印刷商品销售，又推送至网络，被人们误作《增广贤文》之类传统蒙学或古贤语录文献资料，由东北而华北而全国，由书法界而教育界而政法界，由市场而网络广泛流传，俨然成真。也正是在上世纪八九十年代，“宝剑、梅花”一联脍炙人口，风头极盛，遂被辑录其中。因此我们说，“宝剑、梅花”两句不是什么古诗名句、古人名联，更非出于明人，而是上世纪八九十年代流行的时语俗谚。

接着的问题是，这一时语俗谚或流行格言起于何时。民间俗谚远非名家名言、经典语录那样有确切的文本依据和具体的历史源头。好在如今信息化时代，各类电子文献和网络信息数据的检索比较方便，检古籍和民国年间各类数据库未见有“宝剑”两句的任何信息，所见都在新中国成立后。就上海图书馆《全国报刊索引》和《读秀》搜索引擎检索，两句用作文章标题最初都以单句出现。最早以“宝剑”一句作为标题的文章是《新华日报》1961 年 5 月 4 日第 2 版的金惠风《宝剑锋自磨砺出》。以“梅花”句作标题也同时出现，只是数量稍多些，最早是《中国青年报》1961 年 7 月 26 日第 4 版继功的《梅花香自苦寒：从老艺术家们的苦功谈起》，只是六字。同年《山西日报》12 月 21 日王文绪《梅花香自苦寒来——青年女教师杨耀兰的故事》，则是完整一句为题。1962 年《羊城晚报》、1964 年《新华日报》都有同样七字完整一句作正标题的报道或短文。而所见最早将两句合为一联的是李欣《黎明即起，洒扫庭除》一文：“扫除政治垃圾的革命工作，也和扫地类似，须有朝气，这就是反映新兴社会力量的革命斗志、胜利信心和大无畏精神。有这股干劲，革命者才能百折不挠，才能将革命进行到底。‘宝剑锋从磨砺出，梅花香自苦寒来’，没有顽强的斗志，就锻炼不出来真正的革命者。”稍后 1964 年上海人民出版社出版的署名白夜《（思想修养丛书）革命热情和求实精神》中“苦干与实干”

一题也引用这两句来论述苦干精神（第 31 页），1965 年上海教育出版社编辑出版的《劳动日记》选辑董加耕等下乡知青日记，其中胡建良 1963 年 12 月 1 日的日记也引用了这两句（第 92 页）。“文化大革命”中后期的 1975 年，上海人民出版社编辑出版的《工农兵豪言壮语选》也收有包含此句的誓言（第 57 页）。值得注意的是：一、这些文章中，这两句都以引号标出，是否有更早的来源或出处，目前尚不得而知。二、这些引用又都未说明性质。笔者以为，这两句有可能是当时新近合成的说法，人们觉得精辟简练，易于记诵而乐于引用而已。

时光到了 1978 年拨乱反正、改革开放的“新时期”，人民群众精神焕发，各行各业奋发图强，以“梅花”“宝剑”单句为标题的人物事迹报道和社会文化杂谈开始频繁出现，年甚一年。再次将两句意思并列一题的首推上海理论工作者周锦尉《锋从磨砺出，梅自寒霜来——访著名经济学家许涤新》一文，载《文汇报》1980 年 7 月 29 日。次年即 1981 年，南京新闻工作者谈嘉祐在《陕西戏剧》第 3 期发表《宝剑锋从砥砺出，梅花香自苦寒来：访著名剧作家陈白尘》的文章。1982 年 2 月 13 日，《山西日报》有报道题作《艺精磨砺出，梅香寒苦来》，《河南戏剧》第 2 期有文章题作《剑锋磨砺出，梅香苦寒来》，《大众电视》第 11 期作者鸿升的文章题作《锋从磨砺出，香自苦寒来》，这些细节略异的措辞固然有各自文章的表达需要，但从中也不难感受到当时人们对这一 60 年代早已出现的完整两句并不熟悉，在新的条件下，这一联语以不同形式开始重铸而复兴。1985 年 8 月 13 日《人民政协报》，题目作《宝剑锋从磨砺出，梅花香自苦寒来——记民盟内蒙古自治区委员会创办的青城大学》（作者邵炎），则是又一次两句并列完整出现。此后这两句以标准的完整句式作为标题的现象层出不穷，而其他环境和方式的引用也更为频繁。

就上述我们掌握的情况而言，“宝剑”“梅花”两句酝酿于上世纪60年代初期社会各方面极其困难，革命斗志激发鼓舞的岁月。“改革开放”的新时期，作为人们表达刻苦磨炼、坚忍不拔、奋发图强之精神信念最简切有力、生动形象的说法，再次迅速流行起来，持续至今。因此，“宝剑”一联的性质不是古语而是今谚，是当代社会新生的流行谚语，产生于新中国前三十多年社会主义革命和建设事业的生活土壤，是当代广大人民群众精神意志和集体智慧话语的结晶。

就笔者所见，最早作为谚语正式著录这一联的是广东人民出版社1982年6月出版的汪治《谚语新编》（第16页），同年稍后辽宁人民出版社出版的耿文辉《语言之花：动植物山水喻谚语》（第154页）也作为谚语进行介绍，更重要的著录则是次年即1983年中国民间文艺出版社出版的《（中国谚语总汇·汉族卷）俗语（上）》（第19页）。因此我们说，“宝剑”“梅花”这一谚语或谚联最早出现于1961—1963年间，最权威的著录见于1983年中国民间文艺出版社出版的《（中国谚语总汇·汉族卷）俗语》（第19页）。我们引用“宝剑锋从磨砺出，梅花香自苦寒来”一联，如需标注出处，以目前所见最早完整引用的李欣《黎明即起，洒扫庭除》一文和作为权威著录的中国民间文艺出版社《俗语》一书为好，尤以后者为宜。

（原载《盐城师范学院学报》2018年第2期）

南京国民政府确定梅花为国花之史实考

国花是现代民族国家一个重要的象征资源或常见标志，包含着国家自然资源和民族历史传统、文化特性等方面的宝贵信息，备受人们重视。世界各国国花大都属于民间约定俗成，出于正式法定的少之又少，世界大国中只有美国的国花由国会决议通过。从这个意义上说，我国也非没有国花。明清以来尤其是民国初年，人们多称牡丹为国花。1927年南京蒋介石政权建立后，明确推尊梅花为国花，为社会普遍接受和使用，产生了显著的影响。这一政治遗产为台湾当局所继承，20世纪70年代以来，在国际社会“青天白日”“青天白日满地红”等“国家”标志按例受到排斥时，台湾地方多以梅花图案“作弹性运用”[①]，形成一定的惯例。尤其是“台独”势力逐渐兴起后，岛内人士对梅花的象征意义和文化蕴涵关注渐多，20世纪80年代初期台湾岛内曾出现“推广梅花运动”[②]，其重视程度可见一斑。大陆改革开放以来，国花问题渐受关注，以梅花为国花的呼声一度最高，民国年间梅花为国

---

① 孙镇东《国旗国歌国花史话》，台北县鸿运彩色印刷有限公司1981年印本，第111页。该著的“国旗国歌国花”兼1949年前后两阶段而言，1949后“中华民国”的称呼，有悖“一个中国”原则，立场是错误的，有必要特别指出。以下类似情况，就此一并说明，一般不作文字处理。

② 孙镇东《国旗国歌国花史话》，第110～111页。另可见蒋纬国《谈梅花，说中道，话统一，以迎二十一世纪》，台湾“国家图书馆”藏本1997年版，出版单位不明。

花一事常为人们谈起，出现了一些相关史实的介绍文章[①]。然而据笔者考察，海峡两岸的相关说法多只以当时党政机构的两三篇公文为依据，对整个过程的全面把握不够，一些关键细节不乏误解。我们这里综合当时政府公文、媒体消息和其他有关史料，广泛参考海峡两岸的研究成果，对这一问题进行较为深入、细致的梳理、考述，力求全面、准确地再现整个过程的真实情景。

一、国民政府拟选国花前的民间舆情

现代意义上的国花评议是中华民国成立后开始的，最初人们多主张牡丹，也有因北洋政府设授嘉禾章，而认为“嘉禾”（水稻）是国花者。牡丹自古与君主威权、富贵荣华联系较多，“五四”运动以来，受“反封建”思潮的影响，赞成者渐少，而梅、兰、菊等精神寓意鲜明之花渐受推重[②]。1926—1927 年北伐战争的胜利，奠定了国民党的统治基础，1928 年底“东北易帜”，全国形式上基本统一，从此进入以蒋介石为核心的南京国民政府统治时代。随着国家政权机构建设的全面展开，作为国家标志的国旗、国徽和国花的讨论逐步摆到了议事日程。民间有关国花的讨论又一次兴起，1927 年 10 月“双十”国庆节前，《申报·自由谈》发表张菊屏《规定国徽国花议》，提出：“惟国徽、国花，虽勿逮国旗需要之繁，其代表国家之趣旨，要亦相若。每逢庆祝宴会之际，与国旗并供中央，自陈璀灿辉皇之朝气，亦盛大典礼必具之要

① 刘作忠《民国时期的国花与市花》，《文史精华》2000 年第 11 期。

② 对北洋政府时期国花讨论的有关情况，请见笔者《中国国花：历史选择与现实借鉴》，北京语言大学《中国文化研究》2016 年夏之卷（第 2 期）。

件也，似不宜任其长付缺如。”该文认为牡丹淫艳，不足为国花，而梅、兰、荷“类皆恬退独善之旨，处今竞争剧烈、强食弱肉之世，而犹以恬淡相崇尚，在私人尚觉非宜，其可以是方国家乎”，因而主张“升菊为国花”，理由是：“坚劲傲霜，正符国人沉毅耐劳之美德；而菊号黄花，可喻吾黄裔；花于双十节，适应国庆之期，可备礼堂供养；而清季革命诸役，实以广州省城一举为最烈……今诸烈士合葬于黄花岗，恰与国花同名，亦足慰英灵于地下。”[①]同时，也有人提出异议，主要顾虑菊花是日本国花，“我国亦以菊为国花，岂不互相冲突”[②]。随着国民革命纪念节庆系统的逐步形成，人们更多将国花与国庆等国家仪式相联系，菊花花期适值“双十”国庆节前后，从20年代中期国民革命运动兴起以来，举为国花的呼声越来越高，梅、兰、荷等传统名花虽间也有人主张，但远不足比。这是国民政府正式拟议国花前的舆论背景。

二、以梅花为国花最先由内政部拟议发起

以梅花为国花，最初由国民政府内政部礼制服章审订委员会第18次会议首先提出，时间在1928年10月26日。该委员会属于内政部发起成立的一个议事机构，由军委会、外交部、大学院（教育部）、工商部、司法部等单位派员参加，内政部长薛笃弼任主席，主要职能是审定各类制服式样、军政徽章图案乃至公私各类礼仪程式。该会10月16日第17次会议曾决定向社会征求国徽图案，并明确了截止期限和酬金数

① 《申报》1927年10月2日。

② 蔡心部《国花》，《申报》1927年10月19日。

额[①]，而拟定国花之选应即自认属于同类职权范围内的事务。该会由薛笃弼倡议成立，薛属冯玉祥系的核心人物，进入10月以来，一再向行政院请辞内政部长，已经中央政治会议批准，并改任卫生部长，目前处于等候交接状态。也许预料其主导的礼制服章会将“人走茶凉”，难以维持，第18次会议就成了该会的“闭会式”[②]，正是这次会议决议拟梅花为国花。11月1日，内政部长薛笃弼正式离任，当日以其名义呈文行政院：“国花所以代表民族精神、国家文化，关系至为重要，如英之蔷薇、法之月季、日之樱花，皆为世界所艳称。吾国现当革命完成，训政开始，新邦肇造，不可不厘定国花，以资表率。兹经职会第十八次会议决议，拟定梅花为国花，其形式取五朵连枝，用象五族共和、五权并重之意。且梅花凌冬耐寒，冠冕群芳，其坚贞刚洁之概，颇足为国民独立、自由精神之矜式，定为国花，似较相宜。”请求行政院“核转国民政府鉴核施行”[③]。

三、教育部奉命核议，认为梅花为国花备极妥善

1928年11月6日，行政院第二次会议议及此事，决定发交教育部

---

① 《申报》1928年10月17日报道《礼制服章之审定》。

② 《申报》1928年10月27日报道《礼制服章会闭会》。

③ 薛笃弼《内政部长薛笃弼原呈》，国民政府教育部《公函（第三六九号十八年一月十七日）》附，《教育部公报》1929年第1卷第2期。该公文未署日期，《中华民国国民政府行政院指令（第一一号）》：“令卸任内政部长薛笃弼呈一件呈报，于十一月一日交卸内政部长职务，请鉴核备案由，呈悉，准予备案。”可见薛氏此呈是11月1日离职时交代报呈。

会核[1]。11月28日，教育部审议认为“定梅花为国花，备极妥善”，对内政部的意见极表支持，只是因梅花五瓣，可以象征五权，建议将五朵连枝改为三朵，用以“取喻三民主义”[2]。事后教育部社会教育处处长陈剑翛《对于定梅花为国花之我见》一文介绍了教育部的审议情况，此文发表于1928年12月5日的上海《国民日报》，稍后国民党中央宣传部的公文中特别提及，而今论者多未引示，全文并不太长，现抄录如下，个别误排处径予订正，并重新标点：

对于定梅花为国花之我见

陈剑翛

现在世界文明各国，都取一种花以为国花，如美国以蔷薇，日本以樱花为国花，凡有什么盛典或纪念，没有不拿她那种特别标识出来，表示其国民性之特点。近来内政部发起的礼制服章委员会提议定梅花为国花，以国民政府发交教育部核议，教育部的部长、次长先生又发给我们研究，叫我们有什么意见尽可提出供参考。我于是乎审议了几次，结果以为，以梅花为国花，是异常妥善的。理由不消说是很多，举其大者：

① 关于此次行政院会议的时间，见《申报》1928年11月7日新闻报道《行政院会议》，而文件批发机构为行政院秘书处。

② 国民政府教育部：《公函（第三六九号，十八年一月十七日）》，《教育部公报》1929年第1卷第2期。关于教育部此次会议的时间，记载较为缺乏，此据《蜀镜》画报1928年第42期报道《梅花将为国花》。韩信夫、姜克夫主编《中华民国大事记》（中国文史出版社1997年版）第2册，第921页：“（1928年11月）是月，国民政府经内政部提议交教育部会核，正式决定以梅花为国花，并拟用三朵连枝象征三民主义，五瓣象征五权。”未能明确时间，当是据12月《申报》等媒体报道逆推。

（甲）梅之苍老，足以代表中华民族之古老性。冰肌、玉骨，铁干、虬枝，所以形容梅之苍老者。我中华立国四千余年，民族的存在，更有悠久的历史，在世界史上，我国可算是个老大哥国家。这样的远古，大概只有梅的老态，够得上代表的。

（乙）梅之鲜明，足以代表中国随时代而进化的文明及其进程中政治的清明。梅花的美，自古已经有多少人形容过了，清香曲态，蝉叶蝇苞，黄金的萼，碧玉的枝，这是多么的美，恐怕非屈原再世，不能描模尽致罢。自古及今，我中华民族的生活，由草昧而游牧，由游牧而农业，由农业而工业商业。我中华的政治，由混沌而酋长，由酋长而君王，由君王而民主，都是因时代而孕生的新的进化、新的文明。这样的新，惟有梅花的鲜，足是应期而代表一切。中国的政治，在历史上，不管任何政体，任何国体，总有一个时期曾一度一度的表现清明，也惟有梅花的明媚，可以拿来代表。是故黄帝缔造之功，有周一代之治，汉唐之阐明人事，近世之借镜欧西，匪特使我中华民族，举世清明，益见广大，我中华民族胥于是赖，而代表这种清明精神者，其惟梅罢？还有春为岁首，梅花则动香于破腊，开丽于初春。际兹革命初期，庄严灿烂，亦必有俟于梅，方能代表一切。

（丙）梅之耐寒，足以代表中华民族之坚苦卓绝性。梅，本是岁寒三友之一，是以她开花的时候，正是百花凋谢之日，或近霜而破雪，或却月而凌风。谁能当此？谁能于此艰难困苦的状态中，挣扎生存？取譬我中华民族，恰好相当。所以黄帝的时候，我们先与苗族争个你死我活。周秦以后，北有匈奴，西有氐羌，而我仍能维持我的黄河流域文化。五胡乱华，毕竟有隋来统一中土。元、清两代，汉族统治权虽失去三百余年，而游牧者与白山黑水间之民，反乃同化于我的经济、政治和社会的一切生活。这样的环境，这样的侵凌，而我整个的中华大族，始终未尝失却东方的一等地位，是非赋有坚苦卓绝的精神而何？而这样的精神，试问除以梅花比拟而外，有谁可以拿来做个配头？

根据以上三个理由，于是有前项审议的结果。将谓不足，请再以《梅花赋》节录在下边，作为审议报告的结论：

素英剪玉，轻蕊捶金，绛蜡为萼，紫檀为心。凌霜霰于残腊，带烟雨于疏林。漏江南之春信，折赠远于知音。含芳雪径，擢秀烟村，亚竹篱而绚彩，映柴扉而断魂。丰肌莹白，耿寒月而飘香。傅说资之以和羹，曹公望之以止渴。

文中所持中华民族的概念有些大汉族主义的色彩，带着一定的时代局限。最后缀录宋人李纲《梅花赋》的语句，采摘也不够精当，这都是此文瑕疵所在。该文明确透露了这样的信息，教育部的审议意见主要即采用了陈剑翛的研究结果，包括“备极妥善”之类措辞都出于陈氏之言。陈氏主管的社会教育司，当是教育部中与社会各界联系最多的一个部门，后来媒体对两部有关消息的报道，多与陈氏此文措语雷同，很有可能即出于该司的发布。

据国民党中央宣传部奉命审查国花案的文件介绍，此后教育部“委托艺术院绘定制服帽徽图样，于徽内分绘折枝全开梅花三朵（引者按：教育部改拟图案）及五朵者（引者按：内政部原议图样）各一式，以备呈送行政院选择”[1]。可能是这个技术环节耽搁了一些时间，教育部的审议结果最终拖到1929年1月才上报行政院。教育部回复行政院秘书处的公文见于《教育公报》1929年第1卷第2期，所署时间为民国十八年（1929）1月14日[2]，去该部11月底的审议结论已过去一个半月了。

四、内政、教育部拟定梅花，两部首长或起关键作用

在内政、教育两部的国花创议中，两部首长尤其是担任大学院（教育部的前身）院长的蔡元培可能起过潜在而重要的作用。蔡元培是浙江绍兴人，任教育部的前身大学院院长。据画家郑曼青回忆，1928年“岁首余访蔡公孑民(引者按: 蔡元培字孑民)……孑公亦赞道此花(引者按: 指梅花）不已，夏间欣闻孑公举以为国花”[3]。可见早在1928年夏间，蔡元培即已向有关方面提议以梅花为国花。礼制服章审定委员会即成立于这年6月，蔡元培的建议或即向该会提出，以蔡元培的社会地位，其实际影响不难想见。蔡元培的继任蒋梦麟是蔡元培的学生，浙江余姚人。内政部长薛笃弼是当时著名的勤政廉明之士，在任“颇知注意于精神建设”[4]，与蔡元培公事交往也密切。由这三位掌权，内政、

① 陈哲三《有关国花由来的史料》，《读史论集》，国彰出版社1985年版，第164页。

② 教育部向行政院秘书处的这一复函中并未提到宣传部所述委托艺术院绘图的细节，显然行文于宣传部咨询之后，当发觉此事另有重要口径运行，本部已有工作无足轻重，所以略而不述。另同时报载，教育部部务会议极少，议事不够正常。

③ 郑曼青《国花佳话》，《申报》1928年12月15日。

④ 闻铃《薛笃弼之革命联语》，《申报》1928年10月2日。

教育两部的意见也就很容易达成一致，这是拟议梅花为国花整个过程中最为简捷高效的一段。

五、社会舆论对两部意见的迅速反应

值得注意的是，虽然教育部的呈复明显耽搁了，但由内政部发起、教育部议定的消息却被媒体及时捕捉到，迅速见诸报端。《蜀镜》画报以《梅花将为国花》为题报道："南京专员（引者按：11月）二十九日下午一时电：内政部前呈行政院，请以梅花为国花，由行政院二次会议决交教育部审议。昨经教育部审议结果，以梅花为国花，异常妥善，并说明理由有三（引者按：以下即录陈文所说三点理由）。""教育部根据以上理由，拟具意见书，呈复行政院，提出国务会议核定。"[①]《革命华侨》杂志11月《国内大事纪要》[②]、《申报》1928年12月1日《中国取梅花为国花》也有内容大致相同的报道。而社会人士对消息的理解更是热情放大，12月8日《申报》"自由谈"栏目发表"采子女士"《国花诞生矣》，直称："内务部提出，教育部通过，三朵代表三民，五瓣代表五权。久经国人讨论之中国国花问题，乃于国民政府指导下之十七年岁暮，由内务部提议，经国府发交教育部会核，而正式决定以梅花为吾中华民国之国花矣。"是认为国民政府已正式确定梅花为国花了。此后《申报》连日刊载文章热情赞誉，爱梅好梅之士更是乐于借题发挥。以《申报》在当时传媒中的地位，产生的社会影响可想而知。

---

① 《蜀镜》画报第1卷第42期第1页，戊辰年11月12日（公历1928年12月23日）出版。

② 《革命华侨》1928年第5期新闻报道《国内大事纪要·定梅为国花》。

六、国民政府财政部筹镌新币，申请确定国花作为装饰

国民政府财政部筹划镌刻国币新模型，边沿拟刻国花作装饰，没有经过行政院，而是直接呈文国民党中央执行委员会，请求选定国花并予公布[①]。今两岸论者均以为这是国民政府确定梅花为国花一案的最早发起者，实际情况却不是。南京国民政府中央银行于 1928 年 11 月 1 日才在上海开行[②]，12 月 18 日正式接受原银行公会的上海造币厂[③]。筹铸新币应在其后，整个事情总有一个运作过程，申请颁示国花图案最快也只能在 12 月底。稍后陆为震《国花与市花》一文即称财政部呈请是在“十七年岁暮”[④]，即 1928 年底，所说时间应是可靠的。这比内政部 10 月底的决议晚了整整两个月，比教育部的会核结果晚了一个月。

七、国民党中央宣传部审查结果认为梅、菊、牡丹三者可择其一

国民党中央执行委员会接到财政部的申请后，即批交中央宣传部核办。宣传部承办此事的具体时间不明，查教育部向行政院秘书处复文的时间为 1929 年 1 月 14 日，当在宣传部征询后，向行政院所作追

① 此事见中央宣传部呈中央常务委员会文（正式标题未明），载陈哲三《有关国花由来的史料》，《读史论集》，第 164 页。

② 《民国日报》1928 年 11 月 1 日报道《中央银行今日开幕》。

③ 《民国日报》1928 年 12 月 18 日报道《造币厂定今日正式接受》、12 月 19 日报道《中央造币厂昨日正式接受》。

④ 《东方杂志》1929 年第 26 卷第 7 期。

补呈复，而宣传部的研讨应在同时，其结论则在1月14日之后。台湾学者陈哲三《有关国花由来的史料》披露了宣传部事后的呈复全文，据述宣传部审议中发现“报载教育部已在选拟国花”，遂致函教育部了解情况，并汇总各方不同意见，包括教育部官员陈剑翛的文章，详加审议，“研究不厌求详”。“审查结果，以为梅花、菊花及牡丹三种中，似可择一为国花之选。”[①]以此具文呈报中央执行委员会。国民党中央宣传部的工作虽然远在内政、教育两部之后，但却是较重要的一环。其所列梅、菊、牡丹三花正是民国以来国花讨论中呼声最高的三种，呈文以梅花排第一，又详述内政、教育两部的意见，并且特别提到陈剑翛《对于定梅花为国花之我见》一文，俨然也有一定的倾向性，对下一步中央执行委员会的决议不无影响。

八、国民党中央执行委员会的决议

1929年1月28日下午3时，中央执行委员会举行第193次会议，出席会议的有胡汉民（广东番禺人）、孙科（广东中山人）、戴传贤（浙江吴兴人），列席的有陈肇英（浙江浦江人）、周启刚（广东南海人）、陈果夫（浙江吴兴人）、白云梯（内蒙宁城人）、缪斌（江苏无锡人）、邵力子（浙江绍兴人），会议主席为孙科[②]。会议讨论了宣传部的报告，形成决议，并据以专函国民政府：“经本会第一九三次常会决议：

① 陈哲三《有关国花由来的史料》，《读史论集》，第164～165页

② 《中国国民党中央执行委员会第一九三次常务会议记》，中国第二历史档案馆编《（中国国民党中央执行委员会）常务委员会会议录》（七），广西师范大学出版社2000年，第162～170页。

采用梅花为各种徽饰，至是否定为国花，应提交第三次全国代表大会决定。”要求“通饬所属，一体知照”[1]。这一决议明显包含两层意旨：一是以梅花为徽饰云云，隐有满足财政部关于国币图案的紧迫需求；二是国花事关大体，适国民党全代会在即，遂将最终决定权上推全会。从最终结果看，由于国民党中央执行委员会的权威地位，这一决定实际是整个国花确定过程中最为关键的一步。

图 85　民国十九年（1930）四川梅花双旗图五角试铸铜币一枚（网友提供）。

九、国民政府的通令

接到中央执行委员会通知，按其要求，国民政府于 2 月 8 日发布

① 《国民党中央执行委员会公函》（1929 年 1 月 31 日），台湾“国史馆”档案《梅花国花及各种徽饰案》230—1190 之 1196 ～ 1197 页。《中央党务月刊》1929 年第 8 期第 170 ～ 171 页所载此件《中国国民党中央执行委员会公函》，时间作 1929 年 1 月 29 日。

第 109 号训令，几乎照本宣科地抄录了中执会的全文，下发直辖各部门和全国各省市[①]。至此完成了法律上的重要一步，即由国民政府通令指定梅花为各种徽饰纹样。这可以说是整个国花案中最明确、切实的规定，为后来社会各界所遵行，产生了广泛而实质的影响。

十、国民党第三次全国代表大会的讨论无果而终

国民党第三次全国代表大会历经周折于 1929 年 3 月 18 日在南京开幕，21 日上午为第 6 次会议，后半段议程安排讨论中执会的国花提案。焦易堂、段锡朋、吴铁城、陈家鼐等大会发言，据《天津益世报》报道："焦易堂主张取消，段锡朋主延期，吴铁城主张以青天白日为国徽，陈家鼐（引者按：原作鼎，误）主张以梅花为国花。"[②]而台湾学者提供的会议记录说法不一："焦易堂（反对梅花，主张用黄菊花）、段锡朋（主张由国民大会定出）、吴铁城（用青天白日显国徽）、陈学鼐（赞成焦易堂主张）。"[③]主要异点在焦、陈二人的态度，焦氏为陕西武功人，赞成菊花比较合理，会议记录所说更为可信，或者发言时不便直接反对梅花，而力主"取消"。陈家鼐是湖南宁乡人，对他的意见两处记载截然相反，无从取信。但这些信息至少说明当时发言中，有菊花与梅花两种鲜明对立的意见，还有主张延期、主张此事应归国民会议等不同看法，异见纷纭，分歧较大，一时难以统一。广州《国民日报》报道称："国花案，讨论时有主张不用者，往返辩论，

① 《国民政府公报》，第 91 号，河海大学出版社 1989 年版缩影本。

② 《天津益世报》1929 年 3 月 22 日报道《第三次全代大会之第四日》。

③ 陈哲三《有关国花由来的史料》，《读史论集》，第 165 页。

无结果，十二时宣告散会。”[①]下午为第7次会议，接着上午的未完议程继续讨论，徐仲白、张厉生、程天放等发言[②]，“多谓系不急之务，结果原案打消”[③]。会后大会秘书处具文函告中央执行委员会称：“经提出本会十八年三月廿一日七次会议，并经决议：不必规定。”[④]

为何三次全代会出人意外地未能就国花作出决定。数月后《东方杂志》有文章解释称，“查第三次全国代表大会开会，适湘案发生后，时局骤现紧张。列席诸代表，皆未遑注意及之，故有打消之决议”[⑤]。所谓湘案，指当时李宗仁为首的桂系势力控制的武汉政治分会发出决议，免去蒋介石一派鲁涤平的湖南省主席一职，改命何键担任，同时调叶琪的第九师、夏威的第七军向长沙开进施压，鲁涤平仓皇逃走，这是后来蒋桂战争的导火索。今台湾方面有学者也认为“当时适值武汉政治分会发生撤换湖南省主席鲁涤平，调兵入湘风波”，国花一案受到冲击，未能形成结论[⑥]。此说不确，所谓湘事案起于2月21日，查原国民政府国史馆筹备委员会所纂《中华民国史史料长编》，3月2日、11日，蔡元培、李济深、吴稚晖等人两度赴沪与李宗仁协调查办，3

---

① 广州《国民日报》1929年3月22日报道《三全会第六次正式会议》。

② 《中央日报》1929年3月22日第七次会议报道。

③ 《申报》1929年3月22日报道《三全会通过四要案》。同时《天津益世报》的报道《第三次全代大会之第四日》作“决议：原案撤销。”陈哲三《有关国花由来的史料》提供的会议记录称：“徐仲白、张厉生和程天放等代表发言，最后决议：不必规定。有陈果夫签名。”见陈哲三《读史论集》，第165页。

④ 陈哲三《有关国花由来的史料》，见陈哲三《读史论集》，第165页。台湾孙逸仙博士图书馆所存铅印本第七次大会纪录：“决议：毋庸议。”见孙镇东《国旗国歌国花史话》，第104页。

⑤ 陆为震《国花与市花》，《东方杂志》1929年第26卷第7期。

⑥ 孙镇东《国旗国歌国花史话》，第97～102页。陆为震《国花与市花》即持同样的看法，见《东方杂志》1929年第26卷第7期。

月 13 日中央政治会议作出决定对湖北政治分会张知本、胡宗铎等人免职，张知本等人也表示愿意接受处分[①]。三全会第一天即 3 月 18 日下午的会议，即以 220 名代表起立的隆重方式作出决议，要求国民政府严令制止叶琪等的军事行动[②]。3 月 20 日，蒋介石发表关于处置湖南事变的声明，表示要以法令制裁地方，维护统一[③]。虽然后来此事仍有波折，但在国花案讨论前，所谓湘事案已大体处置到位。整个三全会各项议程也大致按会前规划有序进行，国花案的讨论也是如此，湘案对此没有任何直接影响。国花案最终未能形成实质决议，主要是因为会上意见分歧较大，大会发言由上午延至下午，耗时太长，下午的发言者无心再议，多认为此事是“不急之务”，主张取消。最后启动停止讨论程序，当天与会 212 人，最后以 164 票“赞成撤回原案”[④]，使此案以不了了之。

十一、国花的影响

尽管 1929 年国民党三次全会最终未能就国花作出决定，但由于国民政府 2 月 8 日通令全国以梅花作为徽饰，实际即已承认梅花是中华

① 中国第二历史档案馆：《中华民国史史料长编》（国民政府国史馆筹备委员会编纂未刊稿），南京大学出版社 1993 年，第 27 册，第 165、204、206、209 ～ 210 页。

② 《民国日报》1929 年 3 月 19 日报道《第三次全国代表大会特刊（第九号）》。

③ 中国第二历史档案馆：《中华民国史史料长编》（国民政府国史馆筹备委员会编纂未刊稿），第 27 册，第 230 页。

④ 广州《国民日报》1929 年 3 月 23 日报道《三全会第七八次全体会议》。当天出席会议代表人数，据上海《国民日报》1929 年 3 月 22 口报道《第三次全国代表大会特刊（第十二号）》。

民国的国花。正如前节所述，从 1928 年 12 月以来，媒体就积极报道，刊载相关文章，对国民政府确定梅花为国花交口称赞，并多应景礼尊之举。梅花的国花地位得到了全社会的普遍认可，“虽无国花之名，而已有国花之实”[①]。这充分表明，正式确定国花是人心所愿，而梅花之选也是当时众望所归。这里我们主要就《申报》1929—1931 年间有关信息，择其要者胪列如下，以见日常生活各方面对国花的反应：

1929 年元旦署名“梅花馆主”《特别点缀之十八年元旦》因梅兰芳演出，而热情发挥：“国民政府今既定梅花为国花矣，在今日国花煌烂、万民欢忭之时，而全国景仰之梅兰芳，适出演于中外共瞻之大舞台。国花、梅花，相映成趣，有此特别点缀，益显中华民国欣欣向荣之佳兆。”

⊙伍大光請國府贈梅花於美

▲以五千本遍植華京紀念公路
▲以五千本分植石普兩大公園

我國駐美使館參贊伍大光、近上條陳於國民政府、請贈梅花於美、以聯邦交、茲探錄其原文如下、「竊以美京華盛頓、地方雅潔、佳木繁陰、風景清幽、甲於全美、市內公園、爲數四百九十、素有花園市之稱、其中大公園凡十、如石溪公園、（Rock Creek Park）占地一千七百七十六英畝、普陀麥公園、（Potomac Park）占地七百二十三英畝、其尤著者也、就樹木之數論之、蔭蔽之樹、凡一十萬有五千本、較之向以多樹著名有樹九萬五千本之巴黎市、尚超出一萬本、裒然居世界都市之首、（參看美人 Haskin 所著 "The American Government" 第四百七十五頁）用是列邦士女、裙屐聯翩、聚修息游、尤稱樂土、其普陀麥公園、帶河環湖、風景尤勝、數年前、日本曾贈美政府以櫻樹多株、遍栽湖畔、每當春和景明、櫻花絢爛、游人絡繹、轂擊肩摩、近以美國交通便利非常、竟有自美西乘二三日汽車或乘五六小時飛機來美京賞櫻花者、其盛況可見一斑矣、竊念我國梅花、色質香三者、均過櫻花、大光猶記十七年冬、供職南京司法院時、中央政治委員會、曾有以梅花爲國花之決議、誠以梅花之爲物、其質清高、其香雋逸、其色嫵艷、而其花五瓣、與漢滿蒙回藏五族共和、及孫總理五權憲法之數、又恰相符、定爲國花、洵稱妥協、惜以數年以來、國民黨全國代表大會、無暇議及、致未頒行、顯雖無國花之名、而已有國花之實、美國地方、雖亦間有梅花、然其質香色、均遠非我國梅花之比、向未掛人齒頰、大光之愚、以爲華盛頓天氣、與我國寧滬、略相伯仲、倘土質不甚相遠、則以我國梅種、饋贈美國、亦一雅事、況一九三二年（即明年）二月二十二日、爲美國開國偉人華盛頓出生二百週年紀念、美國各處、於兩三年以前、已紛紛立會籌備、屆時將舉行空前盛大之慶典、美京與華盛頓故居所在之芜農山、（Mount Vernon）相距僅二十五英里、現正鳩工庀材、另闢一汽車公路、以資紀念、其開路典禮、定於來年華盛頓誕辰舉行、路旁蔭蔽之樹、亦正籌議選種、擬請鈞府飭下實業部、遴選梅花佳種一萬本、貽贈美國政府、請其以五千本遍植於華克紀念公路（由華盛頓至芜農山之新公路）兩旁、以五千本分植於石溪普陀麥兩公園、則不出數年、梅樹成林、蔚然深秀、當夫春日融和、風光明媚、梅花似錦、士女如雲、固足點綴名勝、以壯游觀、抑亦於中美邦交、無形裨益不淺矣云云、

图 86 《伍大光请国府赠梅花于美》，《申报》1931 年 8 月 18 日。

3 月 12 日石师《总理逝世纪念新话》建议在中山陵园“多植梅树以造中山林”。

3 月 15 日《江苏省会造林运动大会》（时江苏省会在镇江）报道：大会主席台“上正中悬总理遗像，前设演讲桌，两旁设记录席，左右设军乐台。总理像前及演讲桌上各陈设国花红绿梅二盆，四周悬党、国旗及竹布标语”。

① 《申报》1931 年 8 月 18 日《伍大光请国府赠梅花于美》。

4月3日浮邱《农学院举行樱花会》一文对农学院举办专题樱花会提出批评："中大农学院，为吾国农学最高之学府，凡一花一木，一举一动，宜为全国民众所观感。今乃以日本之樱花开会，其亲日之心，可谓热烈而浓厚。然未知吾国以梅花为国花，其亦数典而忘其祖耶。日本之樱花，以为院中作点缀品则可，以为举行开会，则不可。"希望国家最高学府的农学院以种植国花为主，而不宜以樱花为主。

1930年1月19日刊登"国花牌香烟"的通栏广告，所谓"国花牌香烟，即梅花牌香烟"。

1931年8月18日《伍大光请国府赠梅花于美》："我国驻美使馆参赞伍大光近上条陈于国民政府，请赠梅花于美，以联邦交。"（图86）这些消息，既有内政，也有外交；既有公共纪念活动，也有商业市场行为；既有对相关礼尊之举的热情赞扬，也有对不当举措的严厉批评：从不同方面展示了国花的确定给社会生活带来的显著影响，反映了人们对国花梅花的普遍爱尚和礼敬。

各界文人对于国花的反应也较热情。1931年，湖南衡阳夏绍笙（1875—1939）著《国花歌》一册，于右任题签，铅印出版。全书自称其体为"乐府大篇"，以二十四节大型组诗，历叙中华民族历史和历代爱梅掌故，最终归结梅花为民族精神之象征，祈愿国民崇尚梅花精神，开出强盛国运："回首前朝蒙耻日，那知此花推第一。若使钧天扬大名，应教文化称无敌。"1933年出版之《（民国）增修华亭县志》地理志观赏花卉类，以梅花第一。梅之花期最早，古方志物产志即多列为诸花之首，而此时立场和说法明显不同："现定梅为国花，故首列之。”[1]这些都可见人们传统的爱梅尚雅之心，随着梅花定为国花而与时俱进，表现出新的思想情趣，形成了新的风尚。

十二、国民党政权迁台后对“国花”的确认

国民党政府正式承认梅花为“国花”要等到三十五年后，即败退台湾十五年后的1964年。据台湾方面的有关介绍，同样由“内政部”发起，建议“行政院”明定梅花为“国花”，“行政院”于1964年7月21日以台（五三）内字第五〇七二号指令答复“内政部”：“准照该部所呈，定梅花为‘中华民国国花’，惟梅花之为国花，事实上早为全国所公认，且已为政府所采用，自不必公布及发布新闻。”[2]不难看出，公文的态度、措辞与1929年国民政府的通令何其相似乃尔，主要仍属于承认既定事实，并未就此事发布任何明确决定和政令。

上述我们以近乎编年的方式，主要就1928年、1929年间民国南京政府选定梅花为国花之过程，相关社会背景和反应以及后续有关信息进行全面、细致的考述。与海峡两岸以往有关论述多有不同，我们认为有这样几个细节有必要特别强调一下：

一、南京国民政府拟选国花之事，起因不是通常认为的财政部筹铸国币的申请，而是由国民政府内政部礼制服章审定委员会首先发起，时间在1928年10月底。

---

① 郑震谷《（民国）增修华亭县志》，民国二十二年（1933）石印本，第一编地理志。

② 孙镇东《国旗国歌国花史话》，第107页。也见博闻《梅花是怎样成为国花的》，《综合月刊》1979年第5期，第128～131页。

图87　中华台北奥组委会会旗采用梅花图案。图片网友提供。

二、在整个过程中，国民政府教育部的审议意见起了较为重要的作用，而大学院（教育部前身）院长蔡元培，尤其是教育部社会教育司长陈剑翛等人的意见又是其中的核心，值得重视。

三、内政、教育两部拟定梅花为国花的意见早在1928年11月底即已透露给社会，在国民政府通令前就产生了一定的影响。

四、1929 年 3 月国民党第三次全国代表大会上国花一案最终流产，并不是如人们所说因“湘事”风波冲击，而是会上主张梅花、菊花等不同意见分歧较大，争论不休，一时难以统一，只能不了了之。

进一步观察整个过程,有这样几个现象值得注意,有必要引以为鉴:

一、在我们这样地大物博、人口众多、历史悠久、传统深厚的国家，对于国花这样的礼文之选，名花繁多，不胜其择，各有所好，见仁见智，意见较难统一。民国初年以来便众说纷纭，“五四”以来，尤其是 1925 年以来，菊花的呼声最高，而梅花显属后起，在内政、教育两部中受到重视，与两部长官和职员中江浙人士居多有关。由于前期沟通、协商、酝酿明显不足，直接付诸国民党全国代表大会讨论，人多口众，不免争论不休，无果而终。

二、党政分头操作，相互不免交叉、牵制，程序支离，议事难成。国花一案本由内政部发起、教育部核议，都属国民政府系统之内。以内政部最初呈文所说是呈请行政院“核转国民政府鉴核施行”[①]，教育部的审议意见最终也按例呈复行政院，这应该是国花这类国家典制事体的正常运作渠道，国民党三全会上段锡朋也主张此事应“由国民大会定出”[②]。而中间财政部抛开此途，直接报请国民党中央执行委员会，适值国民党全代会筹备在即，遂至推到了党的全代会上。试想如果财政部不另拜山头，内政、教育、财政三部申请和呈复都正常归口上达国民政府行政院，由当时的国务会议讨论决定，事情就不会节外生枝，程序会顺畅很多，结果就可能完全不一样。当然历史不容假设，

---

① 薛笃弼《内政部长薛笃弼原呈》，国民政府教育部《公函（第三六九号十八年一月十七日）》附，《教育部公报》1929 年第 1 卷第 2 期。

② 陈哲三《有关国花由来的史料》，《读史论集》，第 165 页。

在事关国家象征这样严肃的事体上，国民党统治机构政出多门，各寻山头，反映了国民党建政之初党政机构的发育不良、分工不明、派系林立及其议政决策程序的支离失范，因此最终导致国花审议案这样一种明显的“烂尾”工程。

三、民心高于法令，文化大于政治。内政、教育两部至国民政府的整个程序尚未走完，两部拟梅为国花的初步意见一经披露，便为社会热情认可，并且直接误解为国民政府已正式确定国花，消息不胫而走。后来国民政府的正式训令和国民党三全会取消国花一案引起的关注都远为逊色，1929 年以来，梅花作为中华民国国花得到了全社会的实际公认和礼尊。这一现象颇为耐人寻味，它一方面表明，国花是国家象征的重要内容，全社会对此充满期待，当政者必须高度重视，认真对待。而另一方面也不难感受到，民心所向即国花所在。虽然梅花作为国花自始以来并未得到任何政治和法律的明文规定，但至少在民国当时，梅花作为国花是一个妙契时势、深得民心的选择，为社会广泛认可，造成既成事实，产生了较为广泛而深远的影响。这充分反映了梅花在我国传统名花中极其崇高的文化地位和广泛的群众基础，值得我们今天国花讨论者深思。

（原载《南京林业大学学报》人文社会科学版 2016 年第 3 期）

中国国花：历史选择与现实借鉴

我国迄今没有法定意义上的国花，国人念及，每多遗憾。三十多年来不少热心人士奔走呼吁，也引起了社会舆论和有关方面的一定关注。此事看似简单，但“国”字当头，小事也是大事，加之牵涉历史、现实的许多方面，有些难解的传统纠葛，情况较为复杂，终是无果而终[①]。如今改革开放进一步深入，政治局面愈益安好，世情民意通达和谐，社会、文化事业蓬勃发展，为国花问题的解决创造了良好的环境，带来了许多新的机遇，值得我们珍惜。

国花作为国家和民族的一种象征符号，大都有着深厚的历史文化渊源和广泛的民俗民意基础，在我们这样幅员辽阔的文明古国、人口大国，尤其如此。历史的经验值得总结，我们这里主要就我国国花选择的有关史实和现象进行全面、系统的梳理、考证，感受其中蕴含的历史经验和文化情结，汲取对我们今天国花问题的借鉴意义。

---

① 关于改革开放以来国花讨论和评选的情况，已有不少学者从不同角度进行专题综述和评说，请参见陈俊愉《我国国花评选前后》，《群言》1995 年第 2 期；蓝保卿、李战军、张培生《中国选国花》，海潮出版社 2001 年版；林雁《中国国花评选回顾》，《现代园林》2006 年第 7 期；温跃戈《世界国花研究》，北京林业大学 2013 年博士学位论文。

图 88　姚黄（网友提供），牡丹花之名贵品种，欧阳修《洛阳牡丹记》引钱惟演语曰："人谓牡丹花王，今姚黄真可为王。"

一、我国国花的历史选择

国花是现代民族国家一个重要的象征资源或符号标志，世界绝大多数国家的国花大都属于民间约定俗成，出于正式法定的少之又少，世界大国中只有美国的国花由议会决议通过。从这个意义上说，我国并非没有国花，至迟从晚清以来，我国民间和官方都有一些通行说法。我们从长远的视角，追溯和梳理一下我国国花有关说法的发展历史。

（一）我国传统名花堪当"国花"之选者

我国地大物博，植物资源极为丰富，有"世界园林之母"之称。

我国又有上下五千年的历史，有着灿烂辉煌的文明，因而历史上广受民众喜爱的花卉就特别丰富。今人有“十大传统名花”之说，分别为梅花、牡丹、菊花、兰花、月季、杜鹃花、山茶花、荷花、桂花、中国水仙[①]。我们也曾就宋人《全芳备祖》、清代《广群芳谱》《古今图书集成》三书所辑内容统计过，排在前10位的观花植物依次是梅、菊、牡丹、荷、桃、兰、桂、海棠、芍药、杏[②]。古今合观，两种都入选的为梅花、牡丹、菊花、兰花、荷花、桂花6种，是我国传统名花中最重要的几种，我国国花应在其中。

这其中最突出的无疑又是牡丹和梅花。唐代牡丹声名骤起，称“国色天香”，北宋时推为“花王”。同时，梅花的地位也在急剧飙升，称作“花魁”“百花头上”。也有称梅“国色”的，如北宋王安石《与微之同赋梅花得香字》“不御铅华知国色”、秦观《次韵朱李二君见寄》“梅已偷春成国色”，另清人陈美训《梅花》也说“独有梅花傲雪妍，天然国色占春先”。到了南宋，朱翌《题山谷姚黄梅花》诗称：“姚黄富贵江梅妙，俱是花中第一流。”同时，陆游与他的老师、诗人曾几讨论“梅与牡丹孰胜”[③]，说明当时人们心目中，牡丹与梅花的地位已高高在上，而又旗鼓相当，两者的尊卑优劣开始引起关注，成了话题。元代戏曲家马致远杂剧《踏雪寻梅》虚构诗人孟浩然与李白、贾岛、罗隐风雪赏梅，核心情节是李白、孟浩然品第牡丹、梅花优劣，李白赞赏牡丹，孟浩然则推崇梅花，各陈己见，相持不下。最后由两位后生贾岛、罗

① 陈俊愉、程绪珂主编《中国花经》，上海文化出版社1990年版，第13～14页。

② 程杰《论中国花卉文化的繁荣状况、发展进程、历史背景和民族特色》，《阅江学刊》2014年第1期。

③ 陆游《梅花绝句》自注，钱仲联校注《剑南诗稿校注》卷一〇，上海古籍出版社2005年版。

隐调和作结，达成共识：“惟牡丹与梅蕚，乃百卉之魁先，品一花之优劣，亦无高而无卑。”清朝诗人张问陶说得更为精辟些：“牡丹富贵梅清远，总是人间极品花。”[①]这些说法显然都不只是诗人个人的一时兴会，而是包含着社会文化积淀的历史共识。透过这种现象不难感受到，从唐宋以来，在众多传统名花中，牡丹、梅花各具特色，各极其致，备受世人推重，并踞芳国至尊地位。也正因此，成了我国国花历史选择中最受关注的两种，这是我们首先必须了解的。

（二）明清时牡丹始称国花

关于古时牡丹称作国花的情况，扈耕田《中国国花溯源》一文有较详细的考述[②]，我们这里就其中要点和扈文注意不周处略作勾勒和补充。

牡丹从盛唐开始走红，史称由武则天发起，首先在西京长安（今陕西西安）。权德舆《牡丹赋》称“京国牡丹，日月寖盛”，是“上国繁华”之盛事，刘禹锡《赏牡丹》诗称“惟有牡丹真国色，花开时节动京城”，又有人誉为“国色朝酣酒，天香夜染衣”（唐人所载此两句前后颠倒），后世浓缩为“国色天香”，都是一种顶级赞誉，与“国”字建立了紧密的联系。宋初陶穀《清异录》记载，五代周世宗派使者南下接触南汉国王刘铱，对方很是傲慢，大夸其国势，接待人员赠送茉莉花，称作“小南强”。宋灭南汉，刘铱被押到汴京开封，见到牡丹，大为惊骇。北宋官员故意说，这叫“大北胜”，是借牡丹的丰盈华贵弹压南汉人引以自豪的茉莉，这是牡丹被明确用作一统王朝或大国气

① 张问陶《丙辰冬日寄祝蔡葛山相国九十寿》，《船山诗草》卷一三，清嘉庆二十年刻、道光二十九年增修本。

② 《民俗研究》2010 年第 4 期。该文主要就清末牡丹钦定国花的前史进行追溯和分析，对所谓慈禧钦定之事却未及追究。

图 89　魏紫（网友提供），牡丹花之名贵品种。明清时始称牡丹为国花。

势的象征。到北宋中叶，牡丹盛于洛阳，被称作“花王”，为人们普遍认可。唐宋这些牡丹佳话，说明从牡丹进入大众视野之初，就获得人们极力推重，得到“国”字级的赞誉，奠定了崇高的地位。这可以说是牡丹作为国花历史的第一步。

牡丹被明确称作“国花”始于明中叶。李梦阳（1473—1530）《牡丹盛开，群友来看》：“碧草春风筵席罢，何人道有国花存。”[①]此诗大约作于正德九年（1514），感慨开封故园牡丹的荒凉冷落，所谓“国花”即指牡丹。稍后嘉靖十九年（1540），杭州人邵经济《柳亭赏牡丹和弘兄韵》“红芳独抱春心老，绿醑旋添夜色妍。自信国花来绝代，

① 李梦阳《空同集》卷三三，《影印清文渊阁四库全书》本。

漫凭池草得新联”[1]，也以“国花”称杭州春游所见牡丹。这都是牡丹被称作“国花”最早的诗例。必须说明的是，这时的“国花”概念，包括整个古代所谓“国花”，与我们今天所说不同，所谓“国”与人们常言的“国士”“国手”“国色”“国香”一样，都是远超群类、冠盖全国的意思，其语源即唐人“国色天香”之类，远不是作为现代民族国家象征的意义。

明万历间，北京西郊极乐寺的“国花堂”引人瞩目。寺故址在西直门外高梁桥西，本为太监私宅，有家墓在，后舍为寺[2]。据袁中道（1575—1630）《游居柿录》《西山游后记·极乐寺》记载，万历三十一年（1603），有太监在此建国花堂，种牡丹[3]。万历末年，寺院渐衰，清乾隆后期、嘉庆初年，寺院园林复兴，“于寺左葺国花堂三楹，绕以曲阑，前有牡丹、芍药千本”，“游人甚众”[4]。乾隆十一子、

---

① 邵经济《泉厓诗集》卷九，明嘉靖刻本。

② 宋懋澄（1570—1622）《极乐寺检藏募缘疏文》：“燕都城西有极乐寺，建自司礼暨公。”《九钥集》文集卷四，明万历刻本。司礼，明代内官有司礼监，负责宫廷礼节、内外奏章，由宦官担任，明中叶后权势极重。明嘉靖、万历间，内官有暨盛、暨禄等。明王同轨《耳谈类增》卷一〇《咄嚳篇·汪进士焚死极乐寺》：“寺始为贵珰宅，贵珰家墓尚在，其后舍而为寺。”明万历十一年刻本。

③ 袁中道《珂雪斋集》外集卷四《游居柿录》：“极乐寺左有国花堂，前堂以牡丹得名。记癸卯夏，一中贵（引者按：中贵指显贵的侍从宦官）造此堂，既成，招石洋（引者按：王石洋）与予饮，伶人演《白兔记》。座中中贵五六人，皆哭欲绝，遂不成欢而别。”明袁中道《珂雪斋集》前集卷一五《西山游后记·极乐寺》：“寺左国花堂花已凋残，惟故畦有霪隆耳。癸卯岁（引者按：万历三十一年），一中贵修此堂，甫落成，时汉阳王章甫寓焉，予偶至寺晤之。其人邀章甫饮，并邀予。予酒间偶点《白兔记》，中贵十余人皆痛哭欲绝，予大笑而走，今忽忽十四年矣。”明万历四十六年刻本。

④ 法式善（1752—1813）《梧门诗话》卷四，清稿本。

成亲王永瑆为题“国花堂”匾额。“后牡丹渐尽，又以海棠名。”[①]1900年“庚子事变”，京城浩劫，极乐寺风光不再[②]。20世纪30年代中叶，曾任北洋政府秘书长的郭则澐（1882—1947）、极乐寺主持灵云等人积极兴复，种植牡丹、芍药等，游人渐多[③]。

这一起于明代，绵延300多年的寺院牡丹名胜，虽然盛衰迭变，却给京师吏民留下了深刻的记忆，强化了牡丹的“国花”专属之称，对民国以来“国花牡丹”的观念和说法产生了深远的影响。民国四年（1915），商务印书馆初版《辞源》解释“国花”一词：“一国特著之花，可以代表其国性者。如英之玫瑰、法之百合、日本之樱，皆是。我国向以牡丹为国花。北京极乐寺明代牡丹最盛，寺东有国花堂额，清成亲王所书（《天咫偶闻》）。”所说“国花”概念完全是现代的，而

---

① 震钧（1857—1920）《天咫偶闻》卷九，清光绪甘棠精舍刻本。道光、咸丰、同治间，人们盛赞极乐寺海棠之美，多称国花堂为“国香堂”，或者一度曾因海棠名而改额“国香堂”。如宝廷《极乐寺海棠歌》：“满庭芳草丁香白，海棠几树生新碧。数点残花留树梢，脂枯粉褪无颜色。国香堂闭悄无人，花事凋零不见春。尘生禅榻窗纱旧、佛子浑如游客贫。”《偶斋诗草》内集卷五。宝廷《花时曲》其三：“海棠久属国香堂，极乐禅林石路傍。老衲逢人夸旧事，花时来往尽侯王。”《偶斋诗草》外次集卷一九，清光绪二十一年方家澍刻本。王拯《极乐寺看海棠，时花蕊甫齐也，用壁间韵》：“不见当时菡萏水，国香堂畔护签牌（往时寺门荷花极盛）。”《龙壁山房诗草》卷九，清同治桂林杨博文堂刻本。清林寿图《三月三日过国香堂饮牡丹花下》，《黄鹄山人诗初钞》卷三，清光绪六年刻本。又张之洞《（光绪）顺天府志》卷五〇食货·海棠：“京师海棠盛处……西直门外法源寺大盛，花时游燕不绝，其轩额曰‘国香堂’。”清光绪十二年刻十五年重印本。时宣德门外法源寺也以海棠盛，此称西直门外，或指极乐寺。

② 清光绪三十三年（1907），清陈夔龙《五十自述，用大梁留别韵》自注：“京师极乐寺花事甚盛，自经庚子之乱，国花堂不可问矣。”《松寿堂诗钞》卷五，清宣统三年京师刻本。

③ 傅增湘《题龙顾山人抚国花堂图卷》，《中国公论》第3卷第4期，第138页。

所举书证正是说的明清这一景观。另民国时颐和园、中央公园（后改名中山公园）等地种植、装饰牡丹，多称国花台[①]，命名应都受其影响。

同样是在北京，另一经常为人们提及的是，慈禧曾经敕定牡丹为国花，在颐和园建“国花台”。这一说法，信疑参半，扈氏文几无涉及，有必要略作考述。就笔者搜检，该说最早见于中国建筑工业出版社1983年版，陈文良、魏开肇、李学文所著《北京名园趣谈》：“国花台又名牡丹台，在排云殿以东，依山垒土为层台，始建于1903年。台上遍植牡丹，慈禧自尊为老佛爷，常以富贵花王牡丹自比，因而敕定牡丹花为国花。并命管理国花的苑副白玉麟将国花台三字刻于石上。”[②]书名既称“趣谈”，自非严肃的史学著作，所说又未提供文献依据，或出于故老传言。首先，所说“敕定”一语措辞不当，以清政府当时情况，就此专门下达诏书，可能性不大。作者反复搜检晚清、民国年间信息，也未见任何相关报道。如今报载《清宫颐和园档案》（营造制作卷、园囿管理卷）出版，不知可有内容涉及，有待检索。其次，白玉麟应作白永麟，该书1994年第二版也未改过，1992年陈文良主编《北京传统文化便览》同样沿其误[③]。白永麟号竹君，满族人，为颐和园

---

① 颐和园的情况见下文所论。中央公园的情况请见贾珺《旧苑新公园，城市胜林壑——从〈中央公园廿五周年纪念刊〉析读北京中央公园》提供的统计表《中央公园1914—1938年建设内容》，张复合主编《中国近代建筑研究与保护（5）》，清华大学出版社2006年版，第523页。另1935年汤用彬、彭一卣、陈声聪《旧都文物略》叙中山公园：“北进神坛稷台南门，入门有国花台，遍植芍药。”见《旧都文物略》书目文献出版社1986年版，第57页。所说芍药当指芍药与牡丹合植，因牡丹种植成本较高，或以形近的草本芍药代替，但国花之名当属牡丹而非芍药。

② 陈文良、魏开肇、李学文《北京名园趣谈》，中国建筑工业出版社1983年版，第312页。

③ 陈文良主编《北京传统文化便览》，燕山出版社1992年版，第574页。

八品苑副，因感当时捐税繁重，民不聊生，官吏贪渎，贿赂公行，宣统元年（1909）上书摄政王条陈时事，绝食而死，名动一时[①]。

但这一说法也非全然无根之谈。首先，慈禧喜欢牡丹确有其事。此间曾在宫廷服侍过的德龄和美国女画家凯瑟琳·卡尔的回忆录都曾提到，颐和园“到处是富贵的牡丹、馥郁的郁金香和高洁的玉兰”[②]，仁寿殿慈禧宝座“雕刻和装饰的主题是凤凰和牡丹……实际上整间大殿所有装饰的主题都是凤凰和牡丹。老佛爷的宝座的两侧各有一朵向上开着的牡丹”[③]。其次，清宫颐和园有一处称作“国华台”的地方[④]。清末民初多篇颐和园游记都写到，宣统二年（1910），柴栗粢游记称，颐和园长廊“北有山，山巅有台，曰国华台，高数十仞。台下有殿，殿曰排云殿”[⑤]。民国六年（1917），加拿大华侨崔通约（1864—1937）曾“在山巅国华台眺望，近之则黄瓦参差，远之则平原无际”[⑥]。美国画家卡尔称“万寿山麓有一处大花台，宫里称作‘花山’。牡丹被看作花中之王，每逢鲜花盛开的时节，便姹紫嫣红，散发着醉人的花香，这里也就成了名副其实的花山”[⑦]，所谓“花山”所指应即国

① 赵炳麟《哀白竹君》题序，余瑾、刘深校注《赵柏岩诗集校注》，巴蜀书社2014年版，第182页。

② ［美］凯瑟琳·卡尔《美国女画师的清宫回忆》，故宫出版社2011年版，第218页。

③ ［美］德龄公主著，刘雪芹译《我在慈禧太后身边的日子》，长江文艺出版社2001年版，第15页。

④ 赵群《清宫隐私：一个小太监的目击实录》，湖南文艺出版社1999年版，第139页。

⑤ 柴栗粢《故宫漫载·颐和园纪游》，《清代野史》第八辑，巴蜀书社1987年版，第321页。

⑥ 崔通约《游颐和园记》，《沧海诗钞》，沧海出版社1936年版，第183页。

⑦ ［美］凯瑟琳·卡尔《美国女画师的清宫回忆》，第110页。

华台。国华台的规模较大，有可能涵盖今颐和园国花台以上大片山坡。1917 年北京铁路部门编印的《京奉铁路旅行指南》称，颐和园“最著者为山巅之国华台”。清宫太监回忆录也称“国华台下排云殿”①，而不是反过来讲排云殿旁国华台。民初人们游览颐和园，大多会提到国华台，可见在当时颐和园景观中的地位。再次是时间，称建于光绪二十九（1903）也比较合理。从容龄、德龄姐妹和卡尔的回忆录可知，光绪三十年（1904）五月间慈禧已在此款待各国大使夫人游园，并赠送牡丹②。而该年底，慈禧七十大寿，一应准备早就开始，国华台之建造应以上年即光绪二十九年（1903）更为合理，最迟也应在光绪三十年（1904）春天。

另一问题是国花台的题匾。今国花台石刻匾额无署款，颐和园管理处所编《颐和园志》称国花台匾由“白永麟奉太后旨所书”③，不知所据，疑也出陈文良等人所说。清末民初人所说均为“国华台”，若出白氏所书也当以“国华台”为是。

综合各方面的信息，所谓颐和园国花台本作“国华台”，规模较大，约建于 1903 年秋冬至 1904 年早春，以种植和陈设牡丹为主。所谓“华”即花，至迟 1935 年已见人们写作“国花台”④，也称牡丹台⑤。国花台的命名应是沿袭明人极乐寺“国花堂”旧例。清末民初言之者，

① 赵群《清宫隐私：一个小太监的目击实录》，第 139 页。

② 裕容龄《清宫琐记》，北京出版社 1957 年版，第 22、30 页。

③ 颐和园管理处编《颐和园志》，中国林业出版社 2006 年版，第 333 页。

④ 朱偰《游颐和园记》附记，《汗漫集》，正中书局 1937 年版，第 23 页。

⑤ 1935 年北平经济新闻社出版的马芷庠《北平旅行指南》颐和园“写秋轩”条下记“轩之西稍下，即为牡丹台”，今北京燕山出版社 1997 年版书名作《老北京旅行指南》，见第 162 页。1936 年中华书局出版的倪锡英《都市地理小丛书·北平》也作牡丹台，见南京出版社 2011 年版第 92 页。

图 90 ［清］恽寿平《牡丹图》。

均未提到有御旨制名颁定国花之事。不仅清末民初，即整个民国时期，尚未见有这方面的任何记载和信息，而只有反指此事“当年固未有明确规定之明文”[①]。可见有关说法掺杂了一些传闻，并不完全可信，但与极乐寺国花堂一样，都属明清旧京遗事，对牡丹国花之称的流行也有显著的促进作用。

（三）民国早期对国花的讨论

中华民国的建立开创了一个全新的时代。人们对国花的认识也随之发生了明显的变化，不再是传统“国色”“花王”之类赞誉，而是具有明确的现代民族国家象征、徽识的概念。民国年间的国花观念和说法可以1927年国民党统治政权的确立为界分为两个时期，此前为北洋政府时期，此后为南京政府时期。我们这里说的民国早期即北洋政府统治时期，具体又以“五四”运动为界分为两个阶段。

最早以现代眼光谈论国花的是民国元年（1912）《少年》刊物上的无名氏时事杂谈《民国花》一文，就当时北洋政府以“嘉禾”（好的禾谷）作勋章（通称嘉禾章）、货币图案一事发表感想，认为嘉禾包含平等和重农的进步思想，“从此，秋来的稻花，可称为民国花了”。这是将“国花”视作民族国家象征的第一例，可见当时也有嘉禾为我国国花一说。

民国最初十年，人们多承明清京师国花堂、国华台之说，主张或直认牡丹为国花。1914年，著名教育家侯鸿鉴应钱承驹之约编写“国花”一课教材，首明国花的意义和地位：“各国均有国花，而与国旗同为全国人民所敬仰尊崇者也。”“国花者，一国之标识，而国民精神之所发现也。”他认为民国国花应为牡丹，我国五千年虽“无国花之称”，

① 张菊屏《国花与向日葵》，《申报》1928年10月12日。

图 91　民国嘉禾铜元（网友提供）。当时有嘉禾为国花之说。

但花王牡丹备受尊崇，“牡丹富贵庄严之态度，最适于吾东亚泱泱大国之气象，尊之为国花，谁曰不宜”。他希望通过国花课程的教授，“以见国花之可贵，使由爱物而知爱国”[①]。1920 年“双十节”，《申报》发表黛柳《我中华民国之国花（宜以牡丹）》一文，举世界国花的八种情形，认为牡丹为“我华之特产”，“吾华所特艺”，“花之至美者”，“吾国性所寄，吾国民所同好”，“以言国花，则无宁牡丹”。同时报

① 侯鸿鉴《国花（教材）》，《无锡教育杂志》1914 年第 3 期。

载有谈论牡丹牌牛奶广告者，称“牡丹尤为中国之国花，用之以称牛奶，当得中国人之欢迎”[①]。这其间也有称赞菊、水仙为“国花”的[②]，但都非明确主张，终不似牡丹之说流行。

牡丹为国花之说一直贯穿整个北洋政府时期，即便“五四”新文化运动后社会、文化风气大变，此说仍多认同赞成者。比如1924年《半月》杂志之《各国花王》《东方杂志》之《各国之国花》两短文，都称我国国花为牡丹[③]。1925年鲁迅《论“他妈的”》也提到牡丹为“国花”的说法。1926年《小朋友》杂志第215期伯攸《国花》一文认为我国国花只有菊、稻（即前言嘉禾）、牡丹三种最有资格，但菊花是日本皇室标志，稻花观赏性不够，所以仍以牡丹最宜为国花。1926年吴宓、柳诒征等人游北京崇效寺赏牡丹，吴宓诗称：“东亚文明首大唐，风流富贵牡丹王。繁樱百合争妍媚，愿取名花表旧邦。”所说樱花、百合分别为日本和法国国花，诗人自注称：“欲以牡丹为中国国花。”[④]是说牡丹出于我国大唐盛世，作为文明古国的代表，足与日本、法国等列强媲美抗衡。

1919年“五四”运动以后，有关讨论明显进入一个新阶段。受“五四”新文化运动的影响，人们努力摆脱封建帝制皇权传统的影响，因而多抛弃封建时代已蒙国花之称的牡丹，转而主张菊、梅等富有民族性格和斗争精神象征之花，其中尤以赞成菊花者居多。1923年《小说新报》

---

① 佚名《广告公会开会记》（新闻报道），《申报》1920年10月30日。

② 宛《双十歌集·国花——菊》、冰岩《双十歌集·国花——水仙》，《妇女杂志（上海）》1920年第6卷第10期。

③ 分别载《半月》1924年第3卷第21期、《东方杂志》1924年第21卷第6期。

④ 吴宓《前题（游崇效寺奉和翼谋先生）和作》其三，《吴宓诗集》（吴学昭整理），商务印书馆2004年版，第141页。

图92　江梅（网友提供）。最接近野生原种，花瓣圆形，五瓣，质洁香清。柳宗元《早梅》诗云："朔吹飘夜香，繁霜滋晓白。"

载颍川秋水《尊菊为国花议》一文即认为牡丹是"帝制时代""君主尊严"下的国花，"而民国时代则否"，应选择菊花，理由是：一、菊之寿可当五千年文明之悠久；二、菊之花期与"双十节"相应；三、菊之色彩多样与国旗五色相配；四、菊分布繁盛与我四亿民众相似。至于香远而益清、花荣而不落、风雨而不摧等更可见国风之清远、国民性之坚劲。"菊花之为德也如是，比之牡丹，实胜万万"，故宜尊为国花[①]。1924年曹冰岩的《国花话》也倾向菊花：菊"不华于盛春时节，而独吐秀于霜风摇落之候，其品格有足高者"，较牡丹更宜为国花[②]。最值得注意的是1925年著名诗人胡怀琛的《中国宜以菊为国花议》：

① 《小说新报》1923年第8卷第6期。
② 《半月》1924年第4卷第1期。

“各国皆有国花，中国独无有。神州地大物博，卉木甚蕃，岂独无一花足当此选？窃谓菊花庶乎可也。菊开于晚秋，自甘淡泊，不慕荣华，足征中国文明之特色，其宜为国花者一也；有劲节，傲霜耐冷，不屈不挠，足征中国人民之品性，其宜为国花者二也；以黄为正色，足征黄种及黄帝子孙，其宜为国花者三也；盛于重阳，约当新历双十节，适逢其时，其宜为国花者四也。夫牡丹富贵，始于李唐，莲花超脱，源于天竺，举世所重，然于国花无与。国花之选，舍菊其谁？爰为斯议，以俟国人公决。”[①]全文不足200字，概括菊花宜为国花的四点理由，言简意赅。当时许多报刊转载[②]，影响甚大。

图93　朱砂梅（网友提供）。北宋《西清诗话》云：“红梅清艳两绝。”

---

① 《申报》1925年10月10日，又见《新月》1925年第1卷第2期。

② 胡怀琛《中国宜以菊为国花议》编者按，《孔雀画报》1925年第11期。

同时也有举梅花为国花的，如《申报·自由谈·梅花特刊》杨一笑《梅花与中华民族》，罗列梅花的种种美好、高尚之处，均足以表示中华民族的优良品格："中国民族开化最早，梅花占着春先；中国民族有坚忍性，给异族暂时屈服，不久会恢复，梅花能冒了风雪开花，正复相同；中国民族无论到什么地方，都可生存，梅花不必择地，都可种的；中国民族的思想像梅花的香味，是静远的；中国民族的文学像梅花的姿势，是高古的；中国民族的道德像梅花的坚贞；中国民族的品格像梅花的清洁。以上看来，梅花有中国国花的资格，所以大家要爱他了。"[①]也有举兰、莲荷，如《申报·自由谈》所载阿难《国华》，一气举牡丹、嘉禾（稻）等前人所言和古人所重兰、莲、菊等多种，"皆可为国花矣"[②]，所举多为传统所重的道德品格寓意之花，而其取喻也多与菊花之议相近，强调高雅的品格、坚定的意志等思想精神象征。

（四）民国南京政府确定梅花为国花

在我国国花评选史上，1929 年南京国民政府拟定梅花为国花是一件不容忽视的大事。对于具体过程，笔者《南京国民政府确定梅花为国花之史实考》一文有详细考述[③]，此处也仅就其关键细节和有关现象简要勾勒。

1926—1927 年北伐战争的胜利，奠定了国民党的统治基础，1928 年底"东北易帜"，全国基本统一，从此进入以蒋介石为核心的南京国民政府统治时代。随着国民党政权和国民政府机构建设的全面展开，作为国家标志的国旗、国歌、国徽和国花的讨论都逐步提上议事日程。

---

① 《申报》1925 年 3 月 6 日。

② 《申报》1923 年 6 月 2 日。

③ 载《南京林业大学学报》人文社会科学版，2016 年第 3 期。

国花虽不如国旗、国歌之类重要，但也引起社会各界的热情关注，从1928年10月以来，官方有关机构开始行动，拟议梅花为国花。

关于此事的起因，一般认为是国民政府财政部筹铸新币，需要确定国花图案作为装饰，于是向国民党中央执行委员会提出。其实不然，早在该年10月26日，国民政府内政部礼制服章审定委员会第18次会议即决议以梅花为国花[①]，具文呈请行政院报国民政府核准[②]。行政院随即交教育部核议，11月28日教育部完成审议，对内政部的提议深表赞同，并具明三种理由："（甲）梅之苍老，足以代表中华民族古老性；（乙）梅之鲜明，足以代表中华随时代而进化的文明，及其进程中政治的清明；（丙）梅之耐寒，足以代表中华民族之坚苦卓绝性。"[③]同时认为梅之五瓣可以表示"五族共和，五权并重"，采用三朵连枝可以"代表三民主义"[④]。媒体对两部意见随即加以报道[⑤]，产生了一定的影响。而财政部的申请则在该年末[⑥]，中央执行委员会与国民党中宣部相应的审议和决定更晚至1929年1月。

国民党中央执行委员会接到财政部的申请后，即批交中央宣传部

---

① 《蜀镜》画报1928年第42期《梅花将为国花》。

② 教育部《公函（第三六九号，十八年一月十七日）》附《内政部长薛笃弼原呈》，《教育部公报》1929年第1卷第2期。

③ 《蜀镜》画报1928年第42期《梅花将为国花》。教育部社会教育处处长（不久升任教育部参事）陈剑翛《对于定梅花为国花之我见》一文详细介绍了教育部的审议意见，此文发表于1928年12月5日的上海《国民日报》。

④ 教育部《公函（第三六九号，十八年一月十七日）》，《教育部公报》1929年第1卷第2期。

⑤ 《革命华侨》1928年第5期新闻报道《国内大事纪要·定梅为国花》；《申报》1928年12月1日《中国取梅花为国花》。

⑥ 陆为震《国花与市花》称财政部呈请是在"十七年岁暮"，《东方杂志》1929年第26卷第7期。

图 94　[明] 陆复《梅花》。绢本墨笔，纵 205.3 厘米，横 108.7 厘米，台北故宫博物院藏。画中题诗："大雪围林僵叶木，老梅潇洒正开华。"

核办。宣传部函询教育部有关拟议情况，并综合各方意见，最终“审查结果，以为梅花、菊花及牡丹三种中，似可择一为国花之选”[①]，以此具文呈报中央执行委员会。1929 年 1 月 28 日，中央执行委员会第 193 次会议讨论了宣传部的报告，形成决议，并据此专函国民政府：“经本会第一九三次常会决议：采用梅花为各种徽饰，至是否定为国花，应提交第三次全国代表大会决定。”要求“通饬所属，一体知照”[②]。接到中执会通知，按其要求，国民政府于 2 月 8 日发布第 109 号训令[③]，将中执会的决议通告全国，要求国民政府各部门、全国各省市知照执行。至此完成了法律上的重要一步，即由国民政府通令全国，指定梅花为各种徽饰纹样。

国民党第三次全国代表大会于 1929 年 3 月 18 日在南京开幕，21 日上午的第 6 次、下午的第 7 次会议，连续讨论中央执行委员会的国花提案。上午讨论中有主张菊花者，有赞成梅花者[④]，也“有主张不用者，往返辩论，无结果，十二时宣告散会”[⑤]。下午的发言者“多谓系不急之务，结果原案打消”[⑥]。会后大会秘书机构具文函告中央

① 陈哲三《有关国花由来的史料》，《读史论集》国彰出版社 1985 年版，第 164 ～ 165 页。

② 国民党中央执行委员会公函（1929 年 1 月 31 日），台湾“国史馆”《梅花国花及各种徽饰案》230—1190 之 1196 ～ 1197 页。《中央党务月刊》第 8 期所载此件《中国国民党中央执行委员会公函》，时间作 1929 年 1 月 29 日。

③ 《国民政府公报》第 91 号，河海大学出版社 1989 年版缩影本。

④ 陈哲三《有关国花由来的史料》，《读史论集》，第 165 页。

⑤ 广州《国民日报》1929 年 3 月 22 日《三全会第六次正式会议》。

⑥ 《申报》1929 年 3 月 22 日新闻报道《三全会通过四要案》。同时《天津益世报》的报道《第三次全代大会之第四日》作：“决议：原案撤销。”陈哲三《有关国花由来的史料》提供的会议记录称：“徐仲白、张厉生和程天放等代表发言，最后决议：不必规定。有陈果夫签名。”见陈哲三《读史论集》，第 165 页。

执行委员会称："经提出本会十八年三月廿一日七次会议，并经决议：不必规定。"[①]整个案程以不了了之。

图 95　民国时期陆海空军奖章（网友提供），中间为梅花图案。

在整个国花拟议过程中，进入视野的主要有三种花，即国民党中宣部筛选的"梅花、菊花及牡丹"，这也正是民国以来国花选议中最受推重的三种。而国民党三全会的最终讨论只是纠结在梅、菊两花上，则是"五四"运动尤其是国民革命兴起以来，人们更重民族品格、革命精神象征的新风向。两花中梅花又属于后来居上，最终推为国花首选，应与国民党统治体系中江浙一带人士的数量优势和核心地位有关。内政部的拟议可能出于蔡元培的推荐，蔡元培是浙江绍兴人，任教育部的前身大学院院长。据画家郑曼青回忆，1928 年初他去拜访蔡元培，

① 陈哲三《有关国花由来的史料》，《读史论集》，第 165 页。台湾孙逸仙博士图书馆所存铅印本第七次大会纪录："决议：毋庸议。"见孙镇东《国旗国歌国花史话》台北县鸿运彩色印刷有限公司 1981 年印本，第 104 页。孙氏此著所谓"国旗国歌国花"均兼 1949 年前后两阶段而言，1949 年后"中华民国"的称呼及相应的各类符号，有悖"一个中国"原则，有必要特别指出。本文引证的台湾著述中多有类似情况，就此一并说明，一般不作文字处理。

蔡氏盛赞梅花不已："访蔡公孑民（引者按：蔡元培字孑民）……孑公亦赞道此花（引者按：指梅花）不已，夏间欣闻孑公举以为国花。"[①]可见早在1928年夏天，蔡元培即已向有关方面提议以梅花为国花。内政部发起的礼制服章审定委员会主要职能是审定各类制服式样、军政徽章图案乃至公私各类礼仪程式，成立于这年6月，蔡元培的建议或即向该会提出。以蔡元培的社会地位，其实际影响不难想见。而决定梅花为徽饰的中央执行委员会第193次会议与会人员，也以南方尤其是江浙一带人士为主，他们一般都熟悉和喜爱梅花，对确定梅花为国花有着不可忽视的潜在作用。

尽管国民党第三次全国代表大会最终并未就国花作出明确决定，但会前国民政府已正式通令全国以梅花为各种徽饰，实际上已经承认了梅花的国花地位。而且早在年前，内政、教育两部拟议意见出台之初即被媒体及时报道，并被人们解读为国民政府已正式确定梅花为国花，受到热情传颂[②]，可见梅花作为国花在当时是一个深得民心的选择。此后无论人们言谈，还是各类大型场合的仪式，多尊梅花为国花，梅花的国花地位得到了全社会的普遍认可，"虽无国花之名，而已有国花之实"[③]。

国民党政府之正式承认梅花为"国花"要等到35年后的1964年，时去1949年败退台湾也过去15年了。同样由"内政部"发起，建议"行

---

① 郑曼青《国花佳话》，《申报》1928年12月15日。

② 《申报》1928年12月1日《中国取梅花为国花》。《申报》12月8日"自由谈"栏目采子女士《国花诞生矣》："内务部提出，教育部通过三朵代表三民，五瓣代表五权。久经国人讨论之中国国花问题，乃于国民政府指导下之十七年岁暮，由内务部提议，经国府发交教育部会核，而正式决定以梅花为吾中华民国之国花矣。"

③ 《申报》1931年8月18日《伍大光请国府赠梅花于美》。

政院”明定梅花为“国花”，“行政院”于1964年7月21日以台（五三）内字第五〇七二号指令答复“内政部”：“准照该部所呈，定梅花为‘中华民国国花’。惟梅花之为‘国花’，事实上早为全国所公认，且已为政府所采用，自不必公布及发布新闻。”[①]与1928—1929年间的情景有些相似，并未就此形成任何正式决定和政令，主要仍属于承认既定事实。

二、对当今国花评选的借鉴意义

综观明清以来，尤其是民国年间我国国花问题的众多意见和实际选择，包含了丰富的社会文化信息和历史经验教训，值得我们今天思考和处理国花问题时认真汲取，引为借鉴。

（一）国花是重要的国家象征资源和民族文化符号，广大民众对此有着普遍的文化期待和知识需求，必须引起重视

当代学者研究表明，“在国家相关象征中，尤其是国旗、国歌、国玺、国徽、国花等，乃是近代国家必须遵循一定形式以拥有的”[②]。国旗、国歌等是近代民族国家的主要标志或徽识，国花虽不如国旗、国歌重要，但也同属近代民族国家兴起以来的文明产物，备受人们关注。近代以前，我国可以说是一个统一皇权体制下的巨大文明社会或文明体系，人们怀有“普天之下，莫非王土；率土之滨，莫非王臣”的大一统信念，

① 孙镇东《国旗国歌国花史话》，第107页。也见博闻《梅花是怎样成为国花的》，台北《综合月刊》1979年第5期第128～131页。

② ［日］小野寺史郎《国旗·国歌·国庆——近代中国的国族主义国家象征》，社会科学文献出版社2014年版，第9页。

没有民族主权国家的明确意识。中华民国成立以来，人们的民族国家和国民意识迅速兴起，“国旗”“国歌”等作为国家符号徽识越来越受到重视和尊敬，而“国花”也就受到人们越来越多的关注和期待。对这一观念意识的转变，1924年“双十”国庆节时曹冰岩《国花话》有一段总结：“代表国徽者有国旗、国花……吾国数千年来闭关自守，鄙视邦交，虽数经匈奴、契丹、女真之骚扰，而国民之国家观念至薄，即至尊之国旗，亦漠然视之。故骚人墨客之品花制谱，屡见不鲜，而国花之名，初未之前闻也。自开海禁，国人始稍稍知国旗之当尊也，而连及国花。”[1]对于国花的重视，可以1926年《小朋友》杂志的常识讲解为代表：“世界各国，都有一种唯一的国花，用来代表一国的国性。它的使命虽不如国旗那么伟大，但是做国民的，自然都应该尽力

图96 ［清］马逸《国色天香图》。立轴，绢本设色，纵101.7厘米，横49.5厘米，南京博物院藏。

① 曹冰岩《国花话》，《半月》1924年第4卷第1期。

地爱护它，像爱护我们的国家一般才是。”[①]正是出于这样的现代立场，虽然牡丹已有国花之称，因其传之帝制时代，未经新生的共和政府或现代国民会议确认，却很难名正言顺，视为当然。

因此我们看到，大多数情况下，人们谈及国花问题都明显的底气不足，心存遗憾。比如 1914 年第 1 期《亚东小说新刊》之《各国花王一览表》，所举英吉利蔷薇、日本樱花等均为国花，我国自然是牡丹，称“花王”而不称“国花”，显然是照顾我国国花未明的现实。1924 年第 6 期《东方杂志》几乎同样的《各国之国花》名录，称我国牡丹为“花王”，而其他各国为“国花”。前引 1925 年“双十”国庆节胡怀琛《中国宜以菊为国花议》开端即言：“各国皆有国花，中国独无有。神州地大物博，卉木甚蕃，岂独无一花足当此选？”而北伐战争胜利，新的“青天白日满地红”国旗基本确定之后，人们对国徽、国花等就更为期待。1927 年 10 月 2 日《申报》发表之张菊屏《规定国徽国花议》：“凡籍一物以表扬国家之庄严神圣者，厥有国旗、国徽、国花之三事……惟国徽、国花，虽勿逮国旗需要之繁，其代表国家之趣旨，要亦相若，每逢庆祝宴会之际，与国旗并供中央，自陈璀灿辉皇之朝气，亦盛大典礼必具之要件也，似不宜任其长付缺如。”1928 年 10 月“双十”国庆后，该作者又著文称：“国花之为用，虽无济于治道，有时亦有裨于国光。彼世界列邦，凡跻于国际之林者，几罔不有国花。独吾华以四千余年文明之古国，而至今犹付缺如，不可谓非文物上之一缺憾也。”[②]遗憾之情、急切之意溢于言表。

而一旦 1928 年底所谓国民政府确定国花的消息传出后，各界人

---

① 伯攸《国花》，《小朋友》1926 年第 215 期。

② 张菊屏《国花与向日葵》，《申报》1928 年 10 月 12 日。

士言之莫不欢欣鼓舞，此后再言国花，则无不理直气壮，扬眉吐气。1936 年易君左《中华民国国花颂》：“国花代表国家姿，神圣尊严画与诗。德意志为矢车菊，美利坚国为山栀……或取其香或取色，或嘉其义足昭垂。唯我中华民国国花好，世无梅花将焉归？铁骨冰心称劲节，经霜耐冷岁寒时。品端态正资望老，情长味永风韵宜……论香论色（引者按：原误作香）论品格，此花第一谁能移？仙胎不是非凡种，天赐此花界华夷。我辈爱花即爱国，国与梅花同芳菲。”[①]将梅花与其他各国论列比较，透过国花的赞颂，寄托民族豪情、爱国热情，这应是当时广大民众的共同心声。总之，人们普遍认为，国花可以表“国性”，见“民性”，可以展“国姿”，扬“国光”，其作用不可小觑。国人“由爱物知爱国”，“爱花即爱国”，国花的确

图 97　［清］慈禧《红梅》（网友提供）。图有徐郙题款，徐郙（1836—1908），同治元年状元。

① 易君左《中华民国国花颂——廿五年四月十六日作》，《龙中导报》1936 年第 1 卷第 4 期。

定对社会舆情和国民心理带来的变化是极为鲜明和积极的。

历史何其相似，改革开放前的30年，新中国一穷二白，百废待兴，国花之事远非当务之急，因而长期无人问津。而改革开放以来，经济建设蓬勃发展，国家逐步富强，民众富而好礼，社会日益文明，国际交往更是大大拓展。在这样的情况下，无论是从一般文化知识和公共信息，还是国家象征和社会仪式层面，我国国花是什么的问题成为一个社会各界普遍关心，随时都可能面临的问题。而一旦遇到疑问，“世界列邦诸国，皆有国花，以表一国之光华”，“我国以四千余年之文明古国，开化最早，花卉繁殖甲于全球，岂可无国花一表国之光华乎”[①]，这一民国年间早已出现的诘问就不免油然而生，令人抱憾不已，成了一个长期困扰人们的文化问题。因此从上世纪80年代以来，我国各界有识之士、热心之人积极建言献策，奔走呼吁，广泛协商，竭力推动，甚而在年度“两会”正式提交提案议案，期求有所改变。应该说，这些行动都代表了广泛的民意需求，值得国家领导机关和社会政治、文化相关层面的关注和重视。

进而从国际交往的角度看，在全球化迅速发展的今天，国家间的文化竞争、“仪式竞争”[②]、软实力竞争日益加剧，作为现代国家象征之一的国花，有必要引起重视。不管国花信息的实际来源有怎样的差别，在世界各国“国花”基本明确的情况下，如果我们的说法一直模糊不清，作为一种重要的国家象征元素、民族文化知识长期悬而未

---

① 王林峰《中央明令以梅花为国花论》，《崇善月报》1930年第69期，第41页。

② 英国著名的历史学家埃里克·霍布斯鲍姆（Eric Hobsbawm）认为，19世纪70年代至20世纪初有一个世界性的国家象征塑造和国家间仪式竞争过程。一个世纪后的今天，随着全球化的加剧，不同文化间的竞争也愈益凸显，而各国也日益重视国家仪式和文化形象的塑造和传播。

决甚至付之阙如，总是一种不应有的信息缺失。这对我们这样一个历史悠久、人口众多的世界大国来说，是极不应该的。社会舆论和普通民意都不免难堪，有必要尽早采取行动，以适当的方式尽快加以弥补。而在另一方面，与国旗、国歌、国徽等国家标志不同，国花有着更多自然美好物色的观赏价值、大众民俗资源的生动形象、民族传统文化的历史内涵，按民国年间人的说法，“亦多轶闻韵事”[1]。不同国家的民众之间，会表现出更多关心和了解的热情，表现出更多互相欣赏、彼此尊重的情感。如今国家倡导“文化强国”建设，对于国花这样一种更为大众化、形象化的国家形象符号，更多美好、温情和人性化色彩的国际文化交流信息，我们更有必要高度重视，主动落实到位，积极加以利用。

（二）国花是“国家大事”，以国家层面的法律法令最为权威，是解决国花问题最理想的方式

世界各国的国花中，由来并不统一，有正式立法确认的如美国，但大多只是民间约定俗成或历史传统而已，具体的情景多种多样。1920年黛柳《我中华民国之国花（宜以牡丹）》举世界各国国花有八种类型：“一、其国树艺术所特长者，英国之蔷薇；二、其国所特茂者，印度之罂粟；三、其国民性所最相协者，日本之樱花；四、其国民所公爱者，伊国之雏菊；五、其国诸花中之香艳绝伦者，法国之百合；六、其国历史传说所关系者，苏格兰之蓟；七、其国国王所特爱者，德国之蓝菊；八、其国迷信俗尚所关系者，埃及之芙蕖。”[2]所说各国国花不尽确切，但所举类型大致全面。而我国是一个世界大国，幅员辽

① 曹冰岩《国花话》，《半月》1924年第4卷第1期。

② 《申报》1920年10月10日。

阔，人口众多，历史悠久，植物资源极为丰富，相关情况就远不单纯，其复杂性远非世界其他民族可以比拟。

我国有极为丰富的名花资源，即就历史上以“国”字称颂的就有兰、牡丹、梅花等多种，另如菊、荷等也都历史悠久，种植普遍，备受钟爱和推重。选择多，分歧就大，割舍也更难。民国以来的国花讨论中，上述花卉都有不少主张者，言之者也都头头是道，理由十足，各是其是，喋喋不休，很难形成统一意见。即便如国民党将各方意见归结为梅花、菊花、牡丹三种候选，国民党全代会上依然在梅、菊间相持不下，争论不休，上下午两次会议最终仍是议而未决。

图 98　［清］雍正珐琅彩梅花牡丹纹碗，故宫博物院藏。

这一现象告诉我们，在我们这样地大物博、人口众多、历史悠久、传统深厚的国家，名花资源十分丰富、历史积淀极其浩瀚、文化传统无比深厚、民意诉求极其多样，如果完全听任社会清议，要想取得一致意见是极为困难的。近 30 年国花评选的历程，几乎显示了同样的情形，是一花、两花还是多花，是牡丹还是梅花，还有菊花、兰花、荷花等其他，众说纷纭，最终只是给问题的解决平添纠结，增加难度。

而反过来，由于民国当年内政、教育两部明确提议梅花为国花，最终国民政府实际也明确规定用作各种徽饰图案，这显然是远不充分和彻底的程序，但就是这一系列政府行为及传言，给民众带来了国家决定的信息。而向来“呶呶于国花问题者”[①]，转而一片赞美之声，迅速形成主流意见。作为新定国花的梅花，也是“一经品题，身价十倍”[②]。由于国民党三次全代会实际并未通过梅花的提案，1929 年初社会上仍有零星反对梅花，主张其他花卉的声音[③]。但从 1929 年 3 月国民政府正式通令全国以来，所有反对之声几乎烟消云散，梅花就成了全社会普遍尊奉的国花了。

这种社情民意的前后变化，充分显示了国家政权的力量。这不仅是因为国花这样的国家礼文之事有着国家层面解决的政治责任、体制要求，更重要的还在于我们这样“官本位”传统比较深厚的社会，由国家权力机构形成决议，颁布法令，具有更权威的色彩，容易得到社会的普遍认同，形成统一的全民共识。而近 30 多年，我国的国花讨论和评选活动不可谓不积极、不热烈，有关意见也不可谓不合理、不科学，尤其是 1994 年全国花卉协会这样的民间组织发起的国花评选活动，操作也不可谓不民主、不规范，但最终都无法修成正果，关键就在于民间组织的权威性和公信力易遭轻薄，难孚众望。因此历史和现实都告诫我们，像国花这样与经济民生相去较远的礼文符徽之事，众说纷纭，

---

① 采子女士《国花诞生矣》，《申报》1928 年 12 月 8 日。

② 百足《梅开光明记》，《申报》1928 年 12 月 24 日。

③ 如竹师《对于国花之我见》，上海《平凡》1929 年第 1 期。

极难统一，只有通过最高权力机关、政治机构决定和法令的权威方式才易于达成一致。

至于具体的方法或途径，笔者曾提出过系统的建议：一、由全国人大代表或专门委员会提出议案，付诸全国人大或其常委会投票表决，这是最隆重、最具权威性的方式；二、由全国政协成员即委员个人或界别、党团组织等提案，进行联署或表决，交付中央政府即国务院酌定颁布；三、中央政府直接或委派其相关部门进行论证并颁布；四、由全国性的民间组织向中央政府提议和请求，由中央政府酌定颁布。在广泛的社会讨论和民众推选基础上，通过国家权力机关的法律、法令或决议的方式正式确定国花，这样一种民主与法制相结合的方式，应是我们评选和确定国花最理想的方式[①]，也应是最有效的方式。

（三）牡丹、梅花双峰并峙的地位是历史地形成的，民国间对两花前后不同的选择充分体现了两花象征意义的两极互补，两花并尊是我国国花的最佳选择

在前引黛柳《我中华民国之国花(宜以牡丹)》一文所说八种情形中，我国的情况十分特殊。与国土狭小、自然生态环境相对单一的国家不同，我国幅员辽阔、人口众多、植物资源丰富、农耕文明极度发达，无论着眼于生物资源、经济种植和观赏园艺，还是其历史作用，任何单一的植物都不可能有绝对优势。我们历史悠久的中央集权大一统体制也不可能有欧洲中小国家那些花卉植物成为民族图腾、王室徽识之类情形。因此，我们的国花形象主要应孕育于悠久的历史陶冶和文化积淀，体现“国民性所最相协”的民族传统文化精神和“国民所公爱”即广

① 程杰《关于国花评选的几点意见》，《梅文化论丛》中华书局2007年版，第24页。

大人民的情趣爱好。这应是我国国花的必然特性，也是我国国花产生的基本条件和客观规律。

上述历史梳理充分显示，我国名花资源丰富，而牡丹、梅花尤为翘楚，唐宋以来两花一直高居群芳之首，备受人们推重。民国间虽然有北洋政府嘉禾（稻花）和伪满政府的高粱、兰花等国花名目[①]，也有对菊花的强烈呼声，但综观民国年间的各类议论和实际行动，人们最终心愿还是高度聚焦在牡丹、梅花两花上，并先后以一民一官的方式实际视作或用作国花。我们改革开放以来三十多年的国花讨论，虽然众说纷纭，主张较多，但呼声最大的仍属牡丹、梅花两花。如1986年11月20日上海文化出版社、上海园林学会、《园林》杂志编辑部、上海电视台“生活之友”栏目联合主办的“中国传统十大名花评选”，依次是梅花、牡丹、菊花、兰花等。而北方地区的评选，牡丹多拔头筹，如天津《大众花卉》杂志1985年第6期公布的当地十大名花评选，结果是牡丹第一，梅花第三，排在最前面的不出牡、梅两花。在各类国花评选和讨论中，最终纠结的仍不出梅花、牡丹两花的取舍，有所谓“牡丹与梅花之争”一说，明显地分为主牡丹、主梅花两派[②]。唐宋以来我国传统名花逐步形成，尤其是民国以来一个多世纪不同背景下国花论争的历史，无不充分显示牡丹、梅花在我国传统名花中双峰并峙、难分高下的地位，多少有些时下常言的“巅峰对决”色彩。从南宋陆游等人“梅与牡丹孰胜”的讨论和元曲李白、孟浩然品第牡丹、梅花优劣的戏剧性想象，到民国间牡、梅两花短暂轮桩和近三十年国花评

---

① 请参见《申报》1933年4月26日持佛《国花》，1943年5月9日《满皇赠汪主席大勋位兰花章颈饰，昨在京举行呈赠仪式》。

② 荣斌《国花琐议——兼议牡丹与梅花之争》，《济南大学学报》2001年第5期。

选中的两花激烈“争宠”，不难感受到我国国花选择上的一种历史宿命，牡丹、梅花无疑同是我国国花的必然之选，有着等量齐观的历史诉求和民意基础。

两花形象风格和象征意义各极其致、各具典型，不仅历史地位和民意基础相当，而且相互间有着有机互补、相辅相成的结构关系。清人张问陶说的“牡丹富贵梅清远”，元人唱词所说“这牡丹天香国色娇，这梅花冰姿玉骨美。他两个得乾坤清秀中和气，牡丹占风光秾艳宜欢赏，梅花有雪月精神好品题”[①]，都简要地揭示了两者各极其致、截然不同的审美风范和观赏价值。民国年间对牡丹、梅花的各类主张更是从现代国花的角度标举两者物色风彩、精神象征上的不同典范意义。推重牡丹者多强调其壮丽姿容和繁盛气势。如侯鸿鉴《国花教材》称牡丹“体格雄伟，色彩壮烈，足以发扬民气、增饰国华”。黛柳文章称牡丹“姿态堂皇，气味馥郁，既壮丽，亦极妩媚”，并从当时赏花风气的变化着眼，认为国人“素贵幽馥清姿”，但近来受欧洋花卉园艺影响，也开始追求玫瑰一类“硕艳”之花，表明在近代以来“世味浓厚，竞存剧烈”情势下，一味崇尚梅、菊那样的清淡隐逸，已“无益实际”，而趋于欣赏牡丹丰硕壮丽之花，用以寄托“国势日益隆盛，民气日益振作”的时运和强国富民的气势[②]。这些见解充分反映了近代以来国人饱经列强侵凌后对民族振兴、国家强盛的迫切期待，牡丹成了这种强国之梦的绝好写照。而“五四”新文化运动以来，人们盛举菊、梅等，

① 马致远《踏雪寻梅》，明脉望馆钞校本。

② 黛柳《我中华民国之国花（宜以牡丹）》，《申报》1920 年 10 月 10 日。

则同属另一种价值取向，注重精神品格方面的象征意义①。具体到梅花，则特别强调"梅之苍老"可以象征我国悠久历史，"梅之耐寒足以代表中华民族之坚苦卓绝"②。这是思想解放、国民革命、社会变革之际对人的品格意志、斗争精神的高度推崇和积极追求。主牡丹者多强调其风容和气势，举梅花者多赞颂其品格和意志，充分说明牡丹和梅花，由各自形象特色所决定，其文化象征意义都各有其侧重或优势，也有其薄弱或不足。纵向上看，民国短短近40年中，最初民间多以牡丹为国花，后来官方转以梅花为国花，历史正是以这样前后变革、两极迥异的选择，充分展示了牡丹、梅花审美风范和象征意义上各极其致、两极对立的格局。

近三十年，我国国花久拖未决，很大程度上即与两花之间这种相互对立、两难选择的传统困境有关。同时，我们也看到一些努力破解这种历史困局的主张，比如主张两花乃至多花并为国花。从世界各国国花的实际情况看，其中不乏有两花乃至多花的，如意大利、葡萄牙、比利时、保加利亚、墨西哥、古巴等国即是③。据学者对42个国家国花数量的统计，一国两花的占30.96%，两花以上的合计超过三分之一④，可见也不在少数。纵然世界各国尽为一国一花，以我们这样有着"世界园林之母"美誉的世界大国、文明古国，选择两花乃至多花作为国花，也是完全合情合理的。在这类意见中，牡丹、梅花并为国

① 笔者《牡丹、梅花与唐、宋两个时代——关于国花问题的历史借鉴与现实思考》："山茶、月季等娇美形象和神韵气势大致为牡丹所笼罩，兰、荷、菊等的淡雅气质和品格立意则由梅花所代表。"《梅文化论丛》，第20页。

② 陈剑翛《对于定梅花为国花之我见》，《民国日报》1928年12月5日。

③ 金波《世界国花大观》，中国农业大学出版社1996年版。

④ 温跃戈《世界国花研究》，第124页。

花即“双国花”的主张无疑最受欢迎。最早明确提出这一主张的是陈俊愉先生，1988 年其《祖国遍开姊妹花——关于评选国花的探讨》一文称赞两花“互补短长”：“梅花是乔木，牡丹是灌木。梅花以韵胜，以格高，古朴雅丽，别具一格；牡丹则雍容华贵，富丽堂皇。”梅适宜大规模林植，牡丹最适宜花坛、药栏一类营景；“梅花适宜长江流域一带栽培，牡丹最宜黄河流域附近种植”①。认为两花并为国花，特色互补，相辅相成，定会广受人民群众欢迎。这一意见一出，社会各界赞成颇多。2003 年，笔者《牡丹、梅花与唐、宋两个时代——关于国花问题的历史借鉴与现实思考》一文尝试通过唐重牡丹、宋尊梅花的历史现象，阐发牡丹、梅花文化意义的两极张力。牡丹、梅花分别代表黄河、长江两大流域的不同风土人情，反映贵族豪门、普通民众两大阶层的不同情趣好尚，分别包含外在事功与内在品格、物质文明与精神文明、国家气象（“外王”）与民族精神（“内圣”）两种不同文化内涵②。而“天地之道一阴一阳，万物之体一表一里，这种二元对立的意义与功能，如能相辅为用，构成一个表里呼应、相辅相成的意义体系，更能全面、充分、完整地体现我们的文化传统，代表我们的民族精神，展示我们的社会理想”③。牡丹、梅花并为国花能充分利用象征意义的两极张力和互补格局，获得博大和深厚的文化寓意

---

① 陈俊愉《陈俊愉教授文选》，中国农业科技出版社 1997 年版，第 280 页。《植物杂志》1982 年第 2 期济南董列《我国的国花——梅花与牡丹》：“我国人民视梅花与牡丹为珍品，值得誉为国花。”将两花并称，认为都堪当国花，但并非明确的“双国花”主张。

② 程杰《梅文化论丛》，第 17 ～ 20 页。该拙文中“两花并礼”“两花并尊”之意误作“两花并仪”，借此机会，请予订正。

③ 程杰《牡丹、梅花与唐、宋两个时代——关于国花问题的历史借鉴与现实思考》，《梅文化论丛》，第 19 页。

和象征效果。

因此，无论从深远的文化传统、近代以来国花选择的历史经验，还是从现实的民意需求、学术认识看，两花并尊都是我国国花的最佳选择[①]。正如我们在已有文章中所说，“只有牡丹与梅花相辅为用，方能满足社会不同之爱好，顺应文化多元之诉求，充分体现历史传统，全面弘扬民族精神”，展示国花“作为国家象征的传统悠久、涵盖广大、理想崇高和意义深厚”[②]。无疑，这也是破解近30年我国国花评选现实僵局最明智的选择。

（四）牡丹、梅花作为我国国花的历史值得全面尊重，牡丹、梅花是海峡两岸全体中国人共同的国花，两花并尊是中华文化兼融并包、伟大祖国和平统一的美好象征

众多信息表明，世界各国国花多因本国资源、历史或文化等方面地位重要之花约定俗成，真正立法确认的少之又少[③]。按此惯例，反观我国的情况，既然明清以来牡丹长期被称作国花，民国间又曾经一番决策以梅花为国花，如果再一味说我国没有国花，就不符事实，有悖常理，不免给人数典忘祖、妄自菲薄之感。在相关国家权威决定或正式法律法令尚不到位的情况下，根据明清以来尤其是民国以来我国

① 民国间倡菊花为国花者，多称菊为草本，分布较广，色以黄为主，与吾炎黄子孙黄种人者适相配合。揆之今日，若以牡丹与菊花组合为国花，一木一草，也颇搭配。但民国间已有文章注意到，菊科植物世界广布，不如梅与牡丹殊为我国特产。梅与牡丹虽同为木本，但牡丹重在花色观赏，而梅有果实利益。我国代表性的观赏花卉多出于实用资源和经济种植，也以木本居多，梅虽不入传统“五果”，但与桃、杏等同属蔷薇科李属果树，我国种植历史悠久，经济价值显著，作为国花更能体现我国农耕社会的深厚基础和我国花卉园艺的民族特色。

② 程杰《梅文化论丛》，第19～20页。

③ 温跃戈《世界国花研究》，第131页。

国花选议、实行的历史实际，称“牡丹、梅花”为我国国花，是完全合情合理的。至少仿民国初年商务印书馆《辞源》对“国花”的解释，称“我国旧时以牡丹、梅花为国花”或“我国旧时先后以牡丹、梅花为国花”，则是绝对正确，也是完全应该的。

遗憾的是，这一有理有据的说法一直未能正常出现和通行，应是我国近代以来社会剧烈变革、海峡两岸长期分裂对峙以及社会“官本位”传统等多种因素影响所致。我国近代以来的社会转型包含“反帝”和“反封建”，民族独立和社会变革的双重任务，由老大帝国、中华民国而中华人民共和国的政治变革极为剧烈。仅就作为国家象征的“国旗”而言，由晚清大龙旗而北洋政府五色旗、南京国民政府青天白日满地红旗，最终归为中华人民共和国五星红旗，短短半个多世纪不断更张，打着时代风云和政治理念的鲜明烙印。而其中文化传统的印迹和民众生活的作用却明显减少，相互之间有着更多变革和超越的明确追求，继承性、兼容性因素也就微不足道。“国花”意识多少受到影响，民国早期所说国花牡丹和南京国民政府所定国花梅花之间即有鲜明的变革性和对立性，相关说法也就难以从容通达[①]。

1949 年以来，海峡两岸严重对峙，导致国花话语上多有避忌，这其中最麻烦的是梅花。与国花牡丹主要出于民间约定俗成不同，梅花作为国花出于 1927 年国、共决裂后国民党南京政府不太充分的官方决定，政治色彩相对明确些。在国、共两党代表的两种民族、国家命运之争中，其遭遇就不免有些尴尬。1949 年国民党政权败退台湾，海峡

① 1935 年出版的马芷庠《北平旅行指南》颐和园“写秋轩”条下记“轩之西稍下，即为牡丹台”（今北京燕山出版社 1997 年版书名作《老北京旅行指南》，第 162 页），而同时朱偰《汗漫集》中《游颐和园记》附记却仍称“国花台”。非名称不一，而是说者立场不同而已。

图99　牡丹与梅花，两花共尊，并为国花，是最佳选择。

两岸长期处于严重的敌对状态。台湾当局继承南京国民政府的政治遗产，一直沿用“中华民国”的国号、宪制及其国旗、国花等“国家”标志。上世纪70年代中华人民共和国重返联合国，尤其是80年代以来，随着中华人民共和国国际影响的不断扩大，台湾当局所谓“国旗”“国徽”一类标识的使用场合明确受到限制，而“弹性使用”[①]原来所谓“国花”

① 孙镇东《国旗国歌国花史话》，第111页。

梅花图案作为替代就逐步形成惯例。在这样的一系列政治情势下，我们对于国花的概念就不能全然客观地继承以往的历史内容，必然有所避忌。尽管新中国最初 30 年，由于无产阶级革命思想和传统道德品格精神的双重影响，人们对富含斗争精神喻义之梅花的实际推重都要远过于牡丹，但在日常的国花表述中一般采用国民党建政前的民间说法，只称牡丹为我国国花，对梅花作为国花的历史地位避而不谈，这是不难理解的。

同时，我们也要清醒地看到，国花的性质与国旗、国歌、国徽终是有所不同，国花是客观的生物载体，有更多民族历史文化传统的性质，也有更多大众审美情趣的因素。无论是牡丹还是梅花，都是“文化中国”[①]最经典的花卉，是中华民族共同的文化符号，值得所有炎黄子孙备加珍惜。牡丹、梅花的国花地位都是历史地形成的，有着深远的文化渊源和广泛的民意基础。无论出于民间还是官方，都是我国国花选择上不可分割的历史，值得海峡两岸人民和全球华人共同尊重。

具体到梅花，虽然有一些政治纠葛，但我们必须明确这样一些事实和信念。台湾自古是，将来也永远是中国的一部分，这是无可改变的事实。梅花作为“中华民国国花”自始至今没有得到任何法律明文的支撑，其被尊为国花更多依恃民意的力量。文化永远大于政治，文

---

① “文化中国”这一概念最初起源于海外华人社会，表示作为炎黄子孙对中华民族传统文化的认同。后来不少文化学者将其用作中华传统文化精神及其相应社会载体的简明称呼，进而中国大陆文化和社会工作者又视作国家文化形象的代名词。有关这一概念的起源及其内涵的演化情况，请参阅张宏敏《“文化中国”概念溯源》，《文化学刊》2010 年第 1 期。我们这里用其广义，并以第二义为主。

化传统必定重于意识形态。梅花“是中国人的花”[①]，是中华民族共同的文化符号，为全体炎黄子孙同尊共享，其文化意义及其影响远非任何单偏政治实体可以垄断和限制。而反过来，梅花的“中华民国国花”之称最初又主要出于中国大陆深厚的社会沃土，其根源于中国文化的属性对于“台独”势力的“去中国化”倾向无疑是一个有力的牵制，对于认同“一个中国”原则的广大台湾同胞和海外侨胞来说，则又是一个生动的文化感召、美好的精神纽带[②]。这样的现实作用值得我们重视。

1978年以来，两岸紧张关系逐步缓解，和平发展大势所趋。尤其是2005年国共两党首脑会谈、2015年海峡两岸领导人务实会面以来，两岸同属一个中国、两岸必将和平统一、两岸增进交流共同发展已日益成为海峡两岸人民共同而坚定的信念。在这样的积极形势下，人们对国花这样一种超政治、超“主义”，主要体现大众民意、民族精神和文化传统的象征载体，胸襟会更为开阔远大，态度会更为切实通达。更容易捐弃前嫌，面向未来；更愿意包容共享，合作创新；更能够立

---

① 邓丽君演唱的《梅花》有着浓郁的中国情结，最后一句刘家昌原词作“它是我的‘国花’”，显然偏指“中华民国”，而蒋纬国先生的改编本则将此句改作“它是中国人的花”，见其《谈梅花，说中道，话统一，以迎二十一世纪》卷首（台湾“国家图书馆”藏本，第2版，1997）。这一微妙的改动，充分显示了蒋纬国先生不为狭隘的政治利益所囿，着眼于民族团结、两岸统一大业的广阔胸怀。

② 上世纪80年代初，蒋纬国先生在台湾倡导“推广梅花运动”，其《谈梅花，说中道，话统一，以迎二十一世纪》称：“梅花自古以来为国人所崇敬的事实，至少有三千年以上的历史。”“任何中国人，不论在国内、在国外，都以爱梅为荣。”“梅蕴藏着中国人的特性本质，散发着中国人的道统，凝聚着人类的人性文化。”“我爱梅花，更爱中华，具民族统一精神。”把梅花作为中华民族性格、中华文化精神的象征，通过这种特殊方式，激发台湾人民对民族团结振兴、国家和平统一的信念和行动。

足于民族和国家，秉承传统，面向世界，形成共同话语。我们相信，牡丹、梅花是“文化中国”最经典的花卉，两花的历史地位和符号价值必将得到两岸人民和全球华人共同尊重和喜爱，而两花并尊国花也更能展现我中华神州地大物博、万类溥洽的气概，体现我华夏文化兼融并蓄、运化浑瀚的特色，象征我伟大祖国和平统一、两岸人民团结一体的美好前景。

当然，针对两岸分治的现实，目前我们对国花的表述尚要适当顾念一下具体现实场合或政治语境。一般指称我国国花时，严格以“牡丹、梅花”即所谓“双国花”作为一个整体，不单独指称和使用梅花为国花。在与台湾当局的相应标志不免并列、易于混淆的场合，则可改用牡丹一种。我们相信这只是目前两岸分治尚未结束时的一种权宜之计，而等到国家完全统一时，牡丹、梅花同为国花，人民自由、快乐地尊事礼用的情景必将来临。

（原载北京语言大学《中国文化研究》2016 年夏之卷）